高等职业院校土建专业创新系列教材

房屋建筑学

(第 3 版)(微课版)

胡建琴　崔　岩　主　编

程肖琼　唐文斐　副主编

清华大学出版社

北　京

内 容 简 介

本书致力于教材的数字化建设，全书分为上、下两篇。上篇主要阐述了一般工业与民用建筑的构造原理，涵盖了地基与基础、墙体、楼地层、楼梯与电梯、屋顶、门窗、变形缝以及单层厂房等关键内容；下篇则专注于建筑设计的基础知识和民用建筑设计实例的探讨。同时，本书配套有 PPT 课件、视频、动画、案例图纸等丰富的数字课程资源，这些资源以二维码形式呈现，丰富了教与学的素材，使学习内容变得无限延展。

本书充分考虑了不同地区的建筑特色，与当前行业规范保持高度一致。其特点在于内容新颖，重点突出，图文并茂，资源丰富，且紧密贴合当前师生的需求，有效化解教学难点，辅助教师实现高效教学。

本书既可作为职业院、专科院校土木工程类各专业的教材使用，也可作为土木工程领域岗位培训的教材或技术人员的设计参考书籍。

图书在版编目(CIP)数据

房屋建筑学 ：微课版 / 胡建琴, 崔岩主编. --3 版. -- 北京 ：清华大学出版社, 2025. 6.
(高等职业院校土建专业创新系列教材). -- ISBN 978-7-302-69262-1

Ⅰ. TU22

中国国家版本馆 CIP 数据核字第 2025FV8681 号

责任编辑：石　伟
封面设计：刘孝琼
责任校对：徐彩虹
责任印制：宋　林
出版发行：清华大学出版社
　　　　　网　　　址：https://www.tup.com.cn, https://www.wqxuetang.com
　　　　　地　　　址：北京清华大学学研大厦 A 座　　　　邮　　　编：100084
　　　　　社 总 机：010-83470000　　　　邮　　　购：010-62786544
　　　　　投稿与读者服务：010-62776969, c-service@tup.tsinghua.edu.cn
　　　　　质量反馈：010-62772015, zhiliang@tup.tsinghua.edu.cn
　　　　　课件下载：https://www.tup.com.cn, 010-62791865
印 装 者：三河市人民印务有限公司
经　　销：全国新华书店
开　　本：185mm×260mm　　　　印　　张：20.25　　　　字　　数：489 千字
版　　次：2006 年 3 月第 1 版　　2025 年 6 月第 3 版　　印　　次：2025 年 6 月第 1 次印刷
定　　价：59.00 元

产品编号：096381-01

第3版前言

本教材在第2版的基础上进行了再次修订。依据教育部最新颁布的建筑工程相关专业教学标准，以及《国务院关于印发国家职业教育改革实施方案的通知》(国发〔2019〕4号)等相关政策文件，为适应职业技术教育的发展需求，结合本科层次职业教育、应用型本科教育及高职高专建筑工程相关专业的培养目标，本教材引入了住房和城乡建设部推广的新工艺、新规范、新标准，确保内容紧跟国家规范，及时更新新工艺、新技术，力求内容新颖、理论精炼，突出时代性与适用性，与当前建筑科技发展水平及职业教育发展需求紧密契合，展现前瞻性。

在教材修订过程中，我们深入贯彻立德树人的根本任务，践行"三全育人"理念。遵循教育教学规律及学生成长规律，深入挖掘建筑知识点与技能点中的思政元素，展现建筑新技术与建筑历史文化中蕴含的建筑精神与文化精髓。精选典型思政素材，旨在传承与弘扬中华建筑文化，体现新时代精神风貌。

教材下篇精心设计了课程思政的实践路径，将爱国、奉献的理想信念，规范严谨、团结协作的职业素养自然融入实践教学之中。建筑设计部分配套课程设计训练、设计任务书及民用建筑设计实例，可根据不同专业及学时要求灵活调整。通过实训任务，培养学生质量意识、求实创新精神及问题解决能力，增强其职业自豪感与社会责任感。

本教材结构清晰、重点突出、编排合理、图文并茂。上篇围绕建筑工程房屋构造组成展开，各章节内容与教学单元紧密相连，设有内容提要与教学目标，章末附有能力提升思考题；下篇则侧重于建筑设计理论与设计能力训练。书中包含5个单元实训项目及2个工程施工图案例，旨在提升学生建筑构造设计、识图及建筑设计能力，契合项目化教学需求。

本教材致力于富媒体数字化建设，资源丰富、更新迅速，支持自由组合、按需学习，紧跟时代步伐。随书附有PPT课件、视频、动画、案例图纸等多样化数字课程资源，部分资源以二维码形式呈现，较大地丰富了教学内容与形式，助力教师高效教学，满足师生多元化需求。

本教材由校企合作共同编写，编写团队包括兰州石化职业技术大学的胡建琴(前言、绪论及第5、7、8、10章，第11章的11.2、11.3、11.6、11.7节)、崔岩(第9章及第11章的11.5节)、唐文斐(第2、4、6章及第11章的11.4节)，茂名职业技术学院的程肖琼(第1、3章及第11章的11.1节)，以及广东安邦建筑设计有限公司高级工程师张美玲和甘肃第七建设集团股份有限公司的骆军参与修订、资料收集与审核工作。

在编写过程中，我们广泛参考了相关教材、视频、图片及网络资料，引用了设计公司提供的建筑设计图纸及国家现行规范、规程与技术标准，并得到了相关企业专家的支持与帮助，在此深表感谢！本教学资源仅供教学使用。

鉴于编者水平、信息获取及资料收集有限，加之建筑领域新技术、新工艺、新材料的快速迭代，书中难免存在不足之处，恳请行业专家、同行和读者及时反馈给我们，以便再版修正。

编　者

第2版前言

光阴似箭，转眼间，本书的第1版已经出版六年之久。承蒙广大读者的厚爱与清华大学出版社的鼎力支持，加之建筑新技术在建筑构造领域的广泛应用，第1版的发行量远远超出了笔者的预期。这促使笔者深感有必要对内容进行更新，再版此书，以更好地回馈读者。

第2版对原书的主要章节进行了补充与内容的更新、修改。第2版修订所遵循的原则如下：

(1) 先进性与基础性相结合。注重实用、先进、科学的观点与行业规范，精心策划组织教材内容，突出重点和难点，精选基础与核心内容。依据建筑工程职业岗位实际工作任务所需的知识、能力和素质要求，选取内容。同时，兼顾不同地域及经济区域建筑的特点，以增强教材的兼容性，展现出内容新颖、重点突出、图文并茂、资料丰富、与现行规范同步的特点。

(2) 科学性与职业性相融合。本书上篇以建筑构造为核心，依据建筑工程房屋构造的组成来组织教材内容和教学单元，并紧密结合当前建筑行业的发展趋势，将建筑节能构造巧妙地融入教材之中，同时采用国家现行的最新标准与规范。下篇则精心设计了六个单元实训任务与指导，以及两个贴近实际应用的综合案例，适合项目教学，旨在培养学生的职业能力和职业素养，充分体现了"工学结合"的教育理念，为教学实施提供了坚实的支撑。

(3) 教材建设与教学改革相协调。本书内容的更新紧密跟随教学改革的步伐，由简入繁，工学结合，理论与实践反复穿插，实现了理论课中的实践应用与实践教学中的理论指导相互渗透、相辅相成的良好效果。在充分利用多媒体等现代化教学手段的基础上，可灵活采用现场教学、任务驱动、项目导向等理论与实践一体化的教学模式。

(4) 配套资源丰富多样。本书配套有省级精品课程网站(http://jpkc.lzpcc.edu.cn/11/hjq/index.asp)、素材库、电子教案及课件、视频资料、在线习题测试等，教学组织形式生动活泼，具有显著的示范和辐射效应。

参与本书第2版编写工作的人员包括：兰州石化职业技术学院的胡建琴(编写前言、绪论及第5、7、8、11、13、15章，第6章的6.6节，第14章的14.2节、14.3节、14.6节)；兰州石化职业技术学院的崔岩(编写第9、10、12章及第14章的14.1.2节、14.4.2节、14.5节)；广东交通职业技术学院的肖芳(编写第2章、第6章的6.1～6.5节、第14章的14.4.1节)；茂名职业技术学院的程肖琼(编写第1、3、4章及第14章的14.1.1节)。

在本书的编写过程中，我们参考并借鉴了大量的相关书籍和图片资料，使用了相关高职院校建筑工程专业的教学素材，引用了设计院提供的建筑设计图纸以及国家现行的规范、规程和技术标准，并得到了相关企业的鼎力支持与帮助。在此一并致以衷心的感谢。

鉴于编者水平有限以及信息和资料收集所限，加之建筑新技术、新工艺和新材料的不断涌现，书中难免存在不足之处，恳请广大读者和专家批评指正。

编　者

第1版前言

本书是清华大学出版社精心组织的高职高专土木与建筑专业规划教材系列之一。

全书结构清晰，分为上、下两篇：上篇深入阐述了一般民用建筑及工业建筑的构造原理；下篇则聚焦于建筑施工图的基本规范、民用建筑设计的基础知识及课程设计要点。

为便于教师组织教学与学生学习，本书在上篇各章节前设置了内容提要与教学目标，并在每章末尾配备了复习思考题；而下篇的建筑设计部分，则在相应章节中安排了课程设计练习、设计任务书及民用建筑设计实例，旨在满足不同专业及学时需求，实现灵活教学。

随着建筑技术的日新月异，新材料、新工艺、新技术层出不穷，与建筑、装饰工程紧密相关的新标准、新规范亦在不断修订与更新。本书在编写时，严格依据现行标准规范，在继承同类教材精华的基础上，力求反映我国建筑构造领域及建筑设计方面的最新技术动态、材料应用与工艺革新，特别增加了如玻璃幕墙、玻璃采光顶、塑钢窗等在实际工程中广泛应用的建筑装饰构造内容，同时淡化了已逐步淘汰的钢窗等内容。全书旨在使教材内容紧密贴合专业岗位需求，与现行规范保持一致，展现出内容新颖、重点突出、图文并茂、参考性强、规范统一的鲜明特色。

本书由胡建琴、崔岩担任主编，程肖琼、肖芳担任副主编，具体编写分工如下：兰州石化职业技术学院胡建琴负责前言、第5、7、8章及第13、15章和第14章的14.2、14.3节、14.6节；兰州石化职业技术学院崔岩编写第9、10、12章及第14章的14.1.2节、14.4.2节、14.5节；广东交通职业技术学院肖芳编写第2章、第6章的6.1～6.5节及第14章的14.4.1节；茂名职业技术学院程肖琼编写绪论、第3章的3.1～3.6节、第14章的14.1.1节，以及第3章的3.7节、第6章的6.6节(与许哲明共同编写部分除外)；许哲明编写第11章及第14章的14.1.2节(与程肖琼共同编写部分除外)；浙江工业职业技术学院李静编写第4章。

在本书的编写过程中，我们广泛参考并借鉴了相关书籍、图片资料及高职院校建筑工程专业的教学素材，同时引用了设计院提供的建筑设计图纸和国家现行的规范、规程及技术标准，并得到了相关企业专家的支持与帮助，在此一并致以衷心的感谢。

鉴于编者水平有限及信息资料收集所限，加之建筑领域新技术、新工艺、新材料的不断涌现，书中难免存在不足之处，恳请专家和读者批评指正。

编　者
2006 年 3 月 15 日

目　　录

上篇　建　筑　构　造

下篇　建筑设计基础

绪　　论

内容提要： 绪论主要介绍本课程的内容；建筑的构成要素、分类与等级划分；建筑模数协调标准等。

教学目标：

- 了解本课程的内容；
- 掌握建筑的构成要素、分类与等级划分；
- 掌握建筑模数协调标准。

建筑是人类为了满足日常生活和社会活动需要而建造的，是与人们的生产生活和社会活动关系十分密切的人工产品。人们日常生活中所称的"建筑"通常是建筑物和构筑物的总称。其中供人们生产、生活或进行公共活动的房屋或场所叫作"建筑物"，人们习惯上也称之为建筑，如住宅、学校、办公楼、影剧院、体育馆和工厂的车间等。而仅为满足生产、生活的某一方面需要而建造的某些工程设施则称为"构筑物"，如水坝、水塔、蓄水池和烟囱等。建筑具有实用性，属于社会产品；建筑又具有艺术性，反映特定的社会思想意识，因此建筑又是一种精神产品。

房屋建筑学是研究房屋的建筑构造组成、构造原理、构造方法及建筑设计原理的一门课程，分为民用建筑和工业建筑两部分，每一部分又包括建筑构造组成和建筑设计原理。建筑构造组成研究一般房屋的各个组成部分及其作用；房屋构造原理研究房屋各个组成部分的构造原理和构造方法；构造方法研究的是在构造原理的指导下，用建筑材料和建筑制品构成构件和配件，以及构配件之间的连接方法；建筑设计原理研究一般房屋的设计原则和设计方法，包括总平面布置、平面设计、剖面设计和立面处理等方面的问题。

0.1　建筑的构成要素、分类与分级

建筑的发展经历了从远古到现代、从简陋到完善、从小型到大型以及从低级到高级的漫长过程。

0.1.1　建筑的构成要素

从根本上讲，建筑构成的基本三要素是建筑功能、建筑的物质技术条件和建筑的艺术形象。建筑构成三要素之间是辩证统一的关系，是互相促进、互相制约的关系，如图 0.1 所示。建筑功能起着主导作用，建筑的物质技术条件是达到建造目的的手段，建筑的艺术形象是功能和技术的反映。建筑设计应当本着满足功能、技术先进、经济适用、安全美观和符合环保要求的原则，对不同的构造方案进行比较、分析和优化。

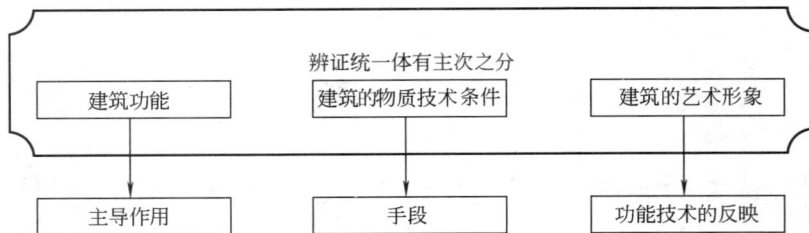

图 0.1 建筑构成的三要素之间的关系

1. 建筑功能

建筑功能即建筑的实用性，它是建筑三个基本要素中最重要的部分。建筑功能是人们建造房屋的具体目的和使用要求的综合体现，任何建筑物都具有为人所用的功能。随着社会经济的发展，人们对建筑功能产生了更多的要求，这就促进了建筑业的发展和新型建筑不断涌现。因此在建筑千变万化的形式中，建筑功能起到了主导作用。

2. 建筑的物质技术条件

建筑是由不同的建筑材料和建筑构配件、设备构成的。建筑材料是构成建筑的物质基础，建筑结构是运用建筑材料，通过一定的技术手段构成的建筑骨架。物质技术条件在限制建筑发展空间的同时也促进了建筑的发展。一方面，新技术、新材料为满足越来越复杂的建筑功能要求创造了条件；另一方面，随着社会活动、科学技术和生产活动的不断丰富，人们对建筑功能的要求更加复杂、多样化，进而又推动了建筑技术的发展。所以，物质技术条件是构成建筑的要素和手段。

3. 建筑的艺术形象

建筑的艺术形象是以其平面空间组合、建筑体型和立面、材料的色彩和质感、细部的处理构成的一定的建筑形象。成功的建筑应当反映时代特征、民族特点、地方特色和文化色彩等，并且与周围的建筑和环境有机融合、协调。优秀的建筑作品能形象地反映出建筑的性质、结构和材料的特征，并给人以美的享受，它是建筑功能和技术的综合反映。

0.1.2 建筑物的分类

建筑是指建筑物和构筑物态的通称。建筑物是指供人们生活、学习、工作、居住以及从事生产和各种文化活动等的房屋或场所，如住宅、学校、办公楼、工厂的厂房等。构筑物是指人们一般不直接在内进行生产或生活的建筑，如水坝、水塔、蓄水池、烟囱等。

建筑物可以从不同的角度进行分类研究，常见的分类方法有以下几种。

1. 按照使用用途分类

建筑物按用途可分为民用建筑、工业建筑和农业建筑。

(1) 民用建筑是供人们工作、学习、生活、居住等类型的建筑。依据《民用建筑设计统一标准》(GB 50352—2019)，民用建筑按使用功能分为居住建筑和公共建筑两大类。居住建筑是供人们居住使用的建筑，公共建筑是供人们进行各种公共活动的建筑，见表 0.1

所示。

表 0.1　按照使用用途分类的建筑物

使用用途		分 类	举 例
民用建筑	供人们居住和进行公共活动的建筑的总称	居住建筑	如住宅和宿舍
		公共建筑	如办公、科教、文体、商业、医疗、邮电、广播及交通建筑等
工业建筑	各类工业生产用房和为生产服务的附属用房	单层工业厂房	主要用于重工业类的生产企业
		多层工业厂房	主要用于轻工业、IT业类的生产企业
		单、多层混合厂房	主要用于化工、食品类的生产企业
农业建筑	各类供农业生产使用的房屋		如种子库、拖拉机站、温室等

(2) 工业建筑是各类生产用房和为生产服务的附属用房，如单层工业厂房，产品仓库等。有关工业建筑的分类在第 9 章 9.1 节中具体介绍。

(3) 农业建筑指各类供农业生产使用的房屋，如粮仓、养猪厂，农业上用为储存种子的用房等，此处不展开介绍。

2. 按建筑高度或层数分类

依据《民用建筑设计统一标准》(GB 50352—2019)和《建筑设计防火规范(2018 版)》(GB 50016—2014)，民用建筑按地上建筑高度或层数进行分类应符合表 0.2 的规定。

表 0.2　按照建筑高度或层数分类的建筑物

类 别	分 类	建筑高度/m 一 类	建筑高度/m 二 类	按层数划分
高层民用建筑	住宅建筑(包括设置商业服务网点的住宅建筑)	＞54.0	27.0＜建筑高度≤54	10 层及以上
	非单层公共建筑	①建筑高度大于 50 m 的公共建筑 ②建筑高度 24 m 以上部分任一楼层建筑面积大于 1000 m² 的商店、展览、电信、邮政、财贸金融建筑和其他多功能组合的建筑 ③医疗建筑、重要公共建筑、独立建造的老年人照料设施 ④省级及以上的广播电视和防灾指挥调度建筑、网局级和省级电力调度建筑 ⑤藏书超过 100 万册的图书馆、书库	除一类高层公共建筑外的其他高层公共建筑	≥7 层
		＞24.0，且高度≤100.0		
超高层建筑		＞100.0		
低层或多层民用建筑	住宅建筑(包括设置商业服务网点的住宅建筑)	≤27.0		1～3 层为低层，4～9 层为多层

续表

| 类别 | 分类 | 建筑高度/m | | 按层数划分 |
		一 类	二 类	
低层或多层民用建筑	公共建筑	≤24.0		1～3 层为低层，4～6 层为多层
	单层公共建筑	>24.0		

注：(1)《民用建筑设计统一标准》(GB 50352—2019)中第 4.5.2 条建筑高度确定：平屋顶建筑高度应按建筑物主入口场地室外设计地面至建筑女儿墙顶点的高度计算，无女儿墙的建筑物应计算至其屋面檐口；坡屋顶建筑高度应按建筑物室外地面至屋檐和屋脊的平均高度计算；当同一座建筑物有多种屋面形式时，建筑高度应按上述方法分别计算后取其中最大值；下列突出物不计入建筑高度内：①局部突出屋面的楼梯间、电梯机房、水箱间等辅助用房占屋顶平面面积不超过 1/4 者；②突出屋面的通风道、烟囱、装饰构件、花架、通信设施等；③空调冷却塔等设备。

(2)《民用建筑设计统一标准》(GB 50352—2019)中建筑高度与现行国家标准《建筑设计防火规范(2018版)》(GB 50016—2014)中的建筑高度不是一个概念，这里的建筑高度主要与城市规划控制相关，现行国家标准《建筑设计防火规范(2018 版)》(GB 50016)注重的是消防救援等方面。

3. 按照规模和数量分类

民用建筑可以根据建筑规模和建造数量的差异进行分类。

(1) 大型性建筑是根据项目投资、单体建筑面积、建筑高度、建筑复杂程度及对社会及公众生活有一定影响程度进行划分的，一般建造数量少、单体面积大、个性强、投资大，如机场候机楼、大型体育馆、大型剧院、大型火车站、航空港、大型展览馆等，这些建筑在一个国家或一个地区具有代表性，对城市面貌影响大。

(2) 大量性建筑。主要包括量大面广、与人们生活密切相关的建筑，建造数量多、相似性大，如住宅、中小学校、商店及加油站等。

4. 按照施工方法分类

施工方法是指建筑房屋所采用的方法，它分为以下几类。

(1) 现浇、现砌式。施工方法是主要构件均在施工现场砌筑(如砖墙等)或浇筑(如钢筋混凝土构件等)。

(2) 预制、装配式。施工方法是主要构件在加工厂预制，施工现场进行装配。

(3) 部分现浇现砌、部分装配式。施工方法是一部分构件在现场浇筑或砌筑(大多为竖向构件)，一部分构件为预制吊装(大多为水平构件)。

5. 按照结构类型分类

按照结构类型分为砌体结构、框架结构、钢筋混凝土板墙结构和特种结构，见表 0.3 所示。

表 0.3 按照结构类型分类的建筑物

结构类型	承重构件所用材料	应用举例
砌体结构	结构的竖向承重构件采用黏土、多孔砖或承重钢筋混凝土小砌块等砌筑的墙体，水平承重构件为钢筋混凝土楼板及屋顶板	一般用于多层建筑

续表

结构类型	承重构件所用材料	应用举例
框架结构	结构的承重部分由钢筋混凝土或钢材制作的梁、板、柱形成骨架，墙体只起围护和分隔作用	可用于多层和高层建筑
钢筋混凝土板墙结构	结构的竖向承重构件和水平承重构件均采用钢筋混凝土制作，施工时可以在现场浇筑或在加工厂预制，现场吊装	可用于多层和高层建筑
特种结构	又称为空间结构，它包括悬索、网架、拱、壳体等结构形式	多用于大跨度公共建筑

6. 按照承重结构的材料分类

按照承重结构的材料分为砖混结构、钢筋混凝土结构、钢结构、土木结构、砖木结构，见表 0.4 所示。

表 0.4　按照承重结构的材料分类的建筑物

结构类型	承重结构的材料	举　例
砖混结构	用砖墙(柱)、钢筋混凝土楼板及屋面板作为主要承重构件，属于墙承重结构体系	在居住建筑和一般公共建筑中大量采用
钢筋混凝土结构	钢筋混凝土材料作为建筑的主要承重构件，多属于骨架承重结构体系	大型公共建筑、大跨度建筑、高层建筑较多采用
钢结构	主要承重结构全部采用钢材，具有自重轻、强度高的特点，但耐火能力较差	大型公共建筑、工业建筑、大跨度和高层建筑经常采用
土木结构、砖木结构	由于这两类结构的耐久性和防火性能均较差，现在已基本被淘汰	

0.1.3　民用建筑等级分类

民用建筑等级分类划分应符合国家现行有关标准或行业主管部门的规定。建筑物的等级划分一般按设计使用年限、设计等级、耐火等级进行划分。

1. 按照设计使用年限划分

建筑物耐久等级的指标是使用年限。使用年限的长短是由建筑物的性质决定的。影响建筑寿命长短的主要因素是结构构件的选材和结构体系。在《民用建筑设计统一标准》(GB 50352—2019)中对民用建筑的设计使用年限做了规定(见表 0.5)。

表 0.5　按照设计使用年限分类

类　别	设计使用年限/年	示　例
1	5	临时性建筑
2	25	易于替换结构构件的建筑
3	50	普通建筑和构筑物
4	100	纪念性建筑和特别重要的建筑

注：此表依据《建筑结构可靠性设计统一标准》(GB 50068—2018)，并与其协调一致。

2. 按照设计等级划分

建筑物按照重要性、规模大小、使用要求的不同，设计等级分成特级、1 级、2 级、3

级、4级、5级等6个级别,这是基本建设投资和建筑设计的重要依据,见表0.6所示。

表 0.6　民用建筑的等级划分

工程等级	工程主要特征	工程范围举例
特级	• 列为国家重点项目或以国际性活动为主的特高级大型公共建筑; • 有全国性历史意义或技术要求特别复杂的中小型公共建筑; • 30 层以上建筑; • 高大空间有声、光等特殊要求的建筑物	国宾馆、国家大会堂、国际会议中心、国际体育中心、国际贸易中心、国际大型空港、国际综合俱乐部、重要历史纪念建筑、国家级图书馆、博物馆、美术馆、剧院、音乐厅和三级以上人防的工程等
1级	• 高级大型公共建筑; • 有地区性历史意义或技术要求复杂的中小型公共建筑; • 16 层以上 29 层以下或超过 50 m 高的公共建筑	高级宾馆、省级展览馆、博物馆、图书馆、科学实验研究楼(包括高等院校)、300 床位以上的医院、医疗大型门诊楼、大中型体育馆、大城市火车站、候机楼、邮电通信楼、综合商业大楼、四级人防和五级平战结合人防的工程等
2级	• 中高级、大中型公共建筑; • 技术要求较高的中小型建筑; • 16 层以上 29 层以下的住宅	大专院校教学楼、档案馆、礼堂、电影院,部、省级机关办公楼,300 床位以下医院、疗养院,地(市)级图书馆、文化馆、报告厅、风雨操场、大中城市汽车客运站、中等城市火车站、多层综合商场及高级小住宅等
3级	• 中级、中型公共建筑; • 7 层以上(包括 7 层)15 层以下有电梯住宅或框架结构的建筑	重点中学、中等专科学校、教学楼、实验楼、招待所、浴室、邮电所、门诊部、百货楼、幼儿园、综合服务楼、一层和二层商场、多层食堂、小型车站等
4级	• 一般中小型公共建筑; • 7 层以下无电梯的住宅、宿舍及砖混结构建筑	一般办公楼、中小学教学楼、单层食堂、单层汽车库、消防车库、蔬菜门市部、粮站、杂货店、阅览室、理发室和水冲式公共厕所等
5级	一、二层、单功能、一般小跨度结构建筑	

3. 按照耐火等级划分

《建筑设计防火规范(2018 版)》(GB 50016—2014)规定,民用建筑的耐火等级可分为一、二、三、四级。一级的耐火性能最好,四级最差。民用建筑的耐火等级应根据其建筑高度、使用功能、重要性和火灾扑救难度等确定,并应符合下列规定。

(1) 地下或半地下建筑(室)和一类高层建筑的耐火等级不应低于一级。

(2) 单、多层重要公共建筑和二类高层建筑的耐火等级不应低于二级。

(3) 除木结构建筑外,老年人照料设施的耐火等级不应低于三级。

(4) 托儿所、幼儿园的儿童用房和儿童游乐厅等儿童活动场所宜设置在独立的建筑内,且不应设置在地下或半地下;当采用一、二级耐火等级的建筑时,不应超过 3 层;采用三级耐火等级的建筑时,不应超过 2 层;采用四级耐火等级的建筑时,应为单层。

建筑物的耐火等级是衡量建筑物耐火程度的标准,划分耐火等级是建筑防火设计规范中规定的防火技术措施中最基本的措施之一。耐火等级取决于房屋主要构件的燃烧性能和耐火极限，是衡量建筑物耐火程度的指标。

1) 燃烧性能

燃烧性能是指建筑构件在明火或高温辐射的情况下，能否燃烧及燃烧的难易程度。建筑构件按材料的燃烧性能把材料分为不燃性材料、难燃性材料和可燃性材料，见表 0.7 所示。

表 0.7 建筑材料和构件的燃烧性能

材料分类	定 义	举 例
不燃性材料	用不燃性材料制成的构件。不燃性材料是指在空气中受到火烧或高温作用时不起火、不微燃、不碳化的材料	建筑中采用的金属材料和天然或人工的无机矿物材料均属于不燃体，如混凝土、钢材、天然石材等
难燃性材料	用难燃性材料制成的构件或用可燃性材料制成而用不燃性材料作保护层的构件。难燃性材料是指在空气中受到火烧或高温作用时难起火、难微燃、难碳化，当火源移走后燃烧或微燃立即停止的材料	如沥青混凝土、经过防火处理的木材、用有机物填充的混凝土和水泥刨花板等
可燃性材料	用可燃性材料做成的构件。可燃性材料是指在空气中受到火烧或高温作用时立即起火或微燃，且火源移走后仍继续燃烧或微燃的材料	如木材等

2) 耐火极限

耐火极限指的是建筑构件对火灾的耐受能力的时间表达，是按时间—温度标准曲线进行耐火试验，从受到火的作用时起，到失去支持能力或完整性被破坏或失去隔火作用时为止的这段时间，用小时(h)表示。在不同耐火等级的建筑物中，建筑相应构件的燃烧性能、耐火极限的要求亦不同。除《建筑设计防火规范(2018 版)》(GB 50016—2014)另有规定外，不同耐火等级建筑相应构件的燃烧性能和耐火极限不应低于表 0.8 的规定。

表 0.8 不同耐火等级建筑相应构件的燃烧性能和耐火极限

单位：h

构件名称		耐火等级			
		一级	二级	三级	四级
		燃烧性能和耐火极限/h			
墙	防火墙	不 3.00	不 3.00	不 3.00	不 3.00
	承重墙	不 3.00	不 2.50	不 2.00	难 0.50
	非承重墙	不 1.00	不 1.00	不 0.50	燃
	楼梯间和前室的墙、电梯井的墙、住宅建筑单元之间的墙和分户墙	不 2.00	不 2.00	不 1.50	难 0.50
	疏散走道两侧的隔墙	不 1.00	不 1.00	不 0.50	难 0.25
	房间隔墙	不 0.75	不 0.50	难 0.50	难 0.25
柱		不 3.00	不 2.50	不 2.00	难 0.50
梁		不 2.00	不 1.50	不 1.00	难 0.50
楼板		不 1.50	不 1.00	不 0.50	燃
疏散楼梯		不 1.50	不 1.00	不 0.50	燃

续表

构件名称	耐火等级			
	一级	二级	三级	四级
	燃烧性能和耐火极限/h			
屋顶承重构件	不 1.50	不 1.00	可燃体 0.5	燃
吊顶(包括吊顶格栅)	不 0.25	难 0.25	难 0.15	燃

注：① "不"指不燃性，"难"指难燃性，"燃"指可燃性。

② 除《建筑设计防火规范(2018 版)》(GB 50016—2014)另有规定外，以木柱承重且墙体采用不燃材料的建筑，其耐火等级应按四级确定。

③ 住宅建筑构件的耐火极限和燃烧性能可按现行国家标准《住宅建筑规范》(GB 50368—2005)的规定执行。

失去稳定性是指构件自身解体或垮塌，梁、楼板等受弯承重构件的挠曲速率发生突变失去支持能力的象征。完整性破坏是指楼板、隔墙等具有分隔作用的构件，在试验中出现穿透裂缝或较大的孔隙。失去隔热性是指具有分隔作用的构件在试验中背火面测温点测得的平均温升到达 140℃(不包括背火面的起始温度)，或背火面测温点中任意一点的温升到达 180℃，或在不考虑起始温度的情况下背火面任一测点的温度到达 220℃。建筑构件出现上述现象之一，就认为其达到了耐火极限。

3) 防火分区

防火分区是在建筑内部采用防火墙、楼板及其他防火分隔设施分隔而成，能在一定时间内防止火灾向同一建筑的其余部分蔓延的局部空间。除《建筑设计防火规范(2018 版)》(GB 50016—2014)另有规定外，不同耐火等级建筑的允许建筑高度或层数、防火分区最大允许建筑面积应符合表 0.9 的规定。

表 0.9 不同耐火等级建筑的允许建筑高度或层数、防火分区最大允许建筑面积

名 称	耐火等级	允许建筑高度或层数	防火分区的最大允许建筑面积/m²	备 注
高层民用建筑	一、二级	按表 0.2 确定	1500	对于体育馆、剧院的观众厅，防火分区的最大允许建筑面积可适当增加
单、多层民用建筑	一、二级	按表 0.2 确定	2500	
	三级	5 层	1200	—
	四级	2 层	600	—
地下或半地下室建筑	一级	—	500	设备用房的防火分区的最大允许建筑面积不应大于 1000 m²

4) 防火间距

防火间距是防止起火建筑在一定时间内引燃相邻建筑，便于消防扑救的间隔距离。民用建筑之间的防火间距不应小于表 0.10 的规定。

表 0.10 民用建筑之间的防火间距

单位：m

建筑类别		高层民用建筑	裙房及其他民用建筑		
		一、二级	一、二级	三级	四级
高层民用建筑	一、二级	13.0	9.0	11.0	14.0

建筑类别		高层民用建筑	裙房及其他民用建筑		
		一、二级	一、二级	三级	四级
裙房及其他民用建筑	一、二级	9.0	6.0	7.0	9.0
	三级	11.0	7.0	8.0	10.0
	四级	14.0	9.0	10.0	12.0

0.2 建筑模数

为推进房屋建筑工业化,实现建筑或部件尺寸和安装位置的模数协调,实现建筑的设计、制造、施工安装等活动的互相协调,有利于建筑部件实现通用性和互换性,有利于建筑部件的定位和安装,协调建筑部件与功能空间之间的尺寸关系,我国现使用的是《建筑模数协调标准》(GB/T 50002—2013)。

模数是选定的尺度单位,作为尺度协调中的增值单位,按不同内容分为基本模数、导出模数、模数数列。

1. 基本模数

基本模数是模数协调中的基本尺寸单位,用 M 表示,其数值为 100 mm(1M=100 mm)。整个建筑物和建筑物的一部分以及建筑部件构件的模数化尺寸,应是基本模数的倍数。

2. 导出模数

由于建筑中需要用模数协调的各部位尺度相差较大,仅仅靠基本模数不能满足尺度的协调要求,因此在基本模数的概念基础上,又应用了导出模数,即扩大模数和分模数。

扩大模数是基本模数的整数倍。水平扩大模数基数为 2M、3M、6M、9M、12M……,其相应的尺寸分别是 200 mm、300 mm、600 mm、90 mm、1200 mm……

分模数是基本模数的分数值。分模数基数为 M/10、M/5、M/2,其相应的尺寸分别是 10 mm、20 mm、50 mm,主要适用于构造节点和分部件的接口尺寸和构配件断面尺寸。

3. 模数数列

模数数列是以基本模数、扩大模数、分模数为基础,扩展成的一系列尺寸。模数数列应根据功能性和经济性原则确定。建筑物平面的开间或柱距,进深或跨度,梁、板、隔墙和门窗洞口宽度等分部件的断面尺寸宜采用水平基本模数和水平扩大模数数列,且水平扩大模数数列宜采用 2nM、3nM(n 为自然数)。

建筑物的高度、层高和门窗洞口高度等宜采用竖向基本模数和竖向扩大模数数列,且竖向扩大模数数列宜采用 nM(n 为自然数)。

模数协调是应用模数实现尺寸协调及安装位置的方法和过程。模数协调主要适用于建筑工业化生产和装配化施工。对于只用预制水平构件而墙身砌砖的砖混结构批量建筑,水平和竖向尺寸、门窗洞口尺寸应遵守模数协调规则,墙身和楼板的厚度为基本尺寸,不受扩大模数数列的限制。

0.3　建筑构件尺寸

为了保证建筑物构件的安装与有关尺寸间的相互协调，在建筑模数协调中把尺寸分为标志尺寸、制作尺寸和实际尺寸，三种尺寸之间的关系如图 0.2 所示。

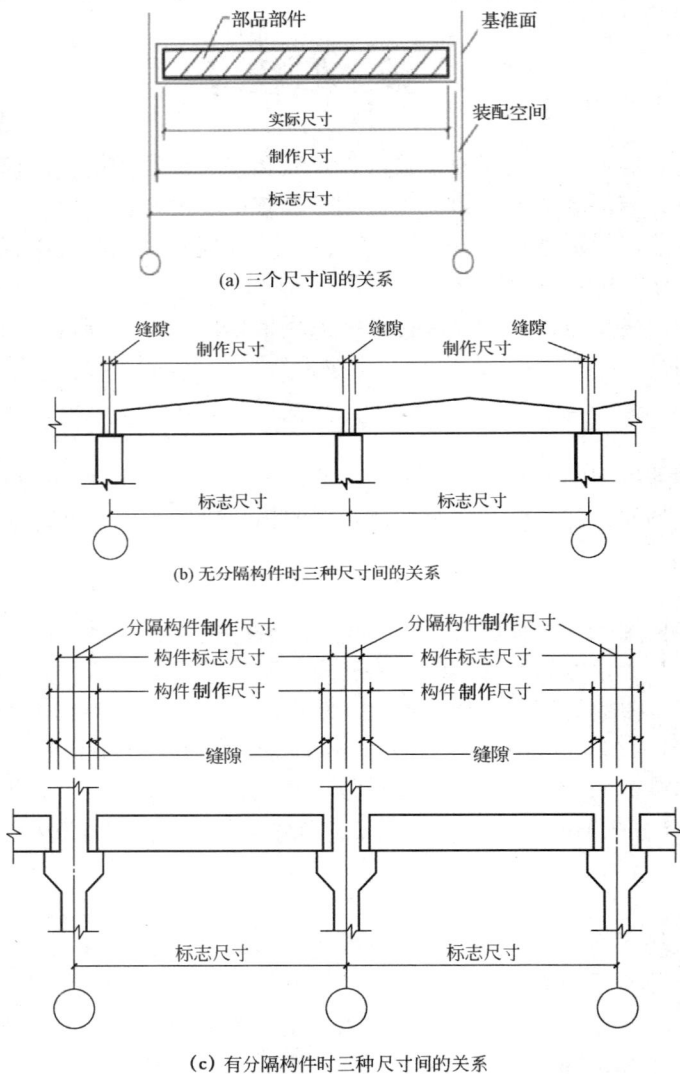

(a) 三个尺寸间的关系

(b) 无分隔构件时三种尺寸间的关系

(c) 有分隔构件时三种尺寸间的关系

图 0.2　建筑模数协调中三种尺寸之间的关系

(1) 标志尺寸。符合模数数列的规定，用以标注建筑物定位线(如开间或柱距、进深或跨度)或基准面之间的垂直距离(层高等)，以及建筑部件、建筑分部件、有关设备安装基准面之间的尺寸。

(2) 制作尺寸。制作部件或分部件所依据的设计尺寸。一般情况下，制作尺寸加上预留的缝隙尺寸为标志尺寸[见图 0.2(b)、0.2(c)]。

(3) 实际尺寸。部件或分部件等生产制作后的实际测得的尺寸。实际尺寸与构造尺寸之间的差值数为允许的建筑公差数值[见图0.2(a)]。公差是两个允许限值之差,包括制作公差、安装公差、就位公差等。接缝是两个或两个以上相邻构件之间的缝隙,在设计和制造构件时应考虑到接缝因素。三者之间的关系是制作尺寸小于或等于标志尺寸,实际尺寸与制作尺寸应该相等,允许有一定的误差。

(4) 技术尺寸。这是指模数尺寸条件下,非模数尺寸或生产过程中出现误差时所需的技术处理尺寸。如主体结构部件采用基准面进行定位时,应计算内装修部件中基层和面层厚度,并宜采用技术尺寸进行处理(见图0.3)。

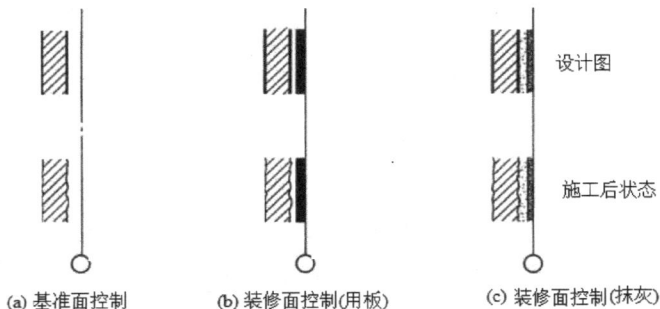

(a) 基准面控制   (b) 装修面控制(用板)   (c) 装修面控制(抹灰)

图 0.3   应用技术尺寸处理结构部件厚度

0.4   单 元 小 结

内　　容	知识要点	能力要求
房屋建筑学	建筑构造与建筑设计原理的基本概念	掌握建筑构造与建筑设计的区别
房屋建筑分类	房屋建筑按照建筑物使用性质、结构类型、层数、材料、施工方法的不同分类	能熟练对建筑物进行分类
建筑物等级划分	建筑物分别是按设计使用年限、设计等级、耐火等级的不同来划分等级的	会确定建筑物等级
建筑模数	基本模数、导出模数、模数数列和应用	能应用模数数列
建筑构件尺寸	标志尺寸、制作尺寸和实际尺寸的含义	会应用建筑构件的三种尺寸

0.5   复习思考题

一、名词解释

1. 耐火极限   2. 基本模数   3. 大量性建筑   4. 开间   5. 模数数列

二、选择题

1. 建筑的构成三要素中,_____是建筑的目的,起主导作用。

A. 建筑功能　　　　　　　　　　　　B. 建筑的物质技术条件

C. 建筑形象　　　　　　　　　　　　D. 建筑的经济性

2. 建筑是建筑物和构筑物的统称，_____属于建筑物。

A. 住宅、堤坝等　　　　　　　　　　B. 学校、电塔等

C. 工厂、展览馆等　　　　　　　　　D. 烟囱、办公楼等

3. 民用建筑包括居住建筑和公共建筑，其中，_____属于居住建筑。

A. 托儿所　　　　　B. 宾馆　　　　　C. 公寓　　　　　D. 疗养院

4. 耐火等级为二级时，楼板和吊顶的耐火极限应分别满足_____。

A. 1.50 h 和 0.25 h　　　　　　　　B. 1.00 h 和 0.25 h

C. 1.50 h 和 0.15 h　　　　　　　　D. 1.00 h 和 0.15 h

5. 耐火等级为三级的一般民用建筑的层数不应超过_____。

A. 8 层　　　　　B. 7 层　　　　　C. 6 层　　　　　D. 5 层

三、简答题

1. 什么是建筑物？什么是构筑物？影响建筑构造的因素主要有哪些？

2. 建筑物按使用性质如何划分？建筑物按规模和数量如何划分？

3. 民用建筑的耐火等级是如何划分的？

4. 什么是模数、基本模数、扩大模数和分模数？在建筑模数协调中规定了哪几种尺寸？它们相互间的关系如何？

上篇 建筑构造

第1章 民用建筑构造概述

内容提要：本章主要介绍建筑物的基本构造组成、影响建筑构造的因素、建筑设计原则和定位轴线等内容。

教学目标：

- 了解影响建筑构造的因素和建筑构造设计原则；
- 掌握建筑物的基本构造组成以及各组成部分的作用和要求；
- 掌握民用建筑定位轴线的定位方法。

房屋的构造组成

1.1 民用建筑的构造组成

民用建筑通常由基础、墙体或柱、楼地层、楼梯、屋顶和门窗这 6 个主要构造部分组成，如图 1.1 所示。房屋除了上述 6 个主要组成部分之外，往往还有其他构配件和设施，如阳台、雨篷、台阶、散水、通风道和壁橱等，可根据建筑物的要求设置，以保证建筑物可以充分发挥其功能。

1. 基础

基础是建筑物最下部的承重构件，承担建筑物的全部荷载，并将这些荷载传给它下面的土层(该土层称为地基)。基础作为建筑物的主要受力构件，是建筑物得以立足的根基。由于基础埋置于地下，受到地下各种不良因素的影响，因此基础应具有足够的强度、刚度和耐久性，达到足够的使用年限。

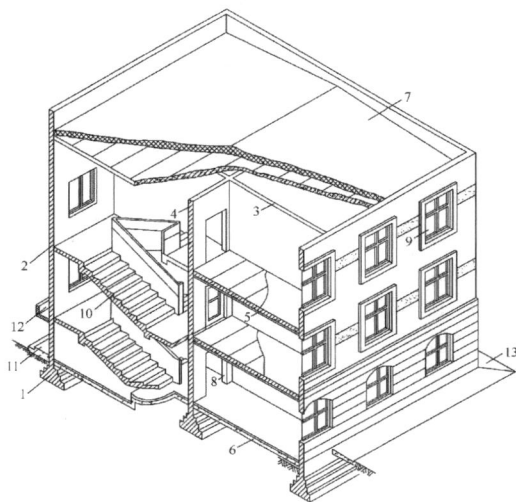

图 1.1 民用建筑的构造组成

1—基础；2—外墙；3—内横墙；4—内纵墙；

2. 墙体或柱

墙体是建筑物的重要构造组成部分。在砖混结构或混合结构中，墙体作为承重构件时，它承担屋顶和楼板层传来的各种荷载，并把荷载传递给基础。作为墙体，外墙还具有围护功能，能够抵御风霜雨雪及寒暑等自然界各种因素对室内的侵袭；内墙起到分隔建筑物内部空间，创造适宜的室内环境的作用。因此，墙体应具有足够的强度、稳定性、保温、隔热、防火、防水和隔声等性能，以及一定的耐久性和经济性。

柱是框架或排架等以骨架结构承重的建筑物的竖向承重构件，承受屋顶和楼板层传来的各种荷载，并进一步传递给基础，要求具有足够的强度、刚度和稳定性。

3. 楼地层

楼地层指楼板层和地坪。楼板层与地坪都是人们使用接触的部分，应满足耐磨损、防尘、防滑、保温和地面装饰等要求。

楼板层是建筑中水平方向的承重构件，承担楼板上的家具、设备和人体荷载以及自身的重量，并把这些荷载传给建筑物的竖向承重构件，同时对墙体起到水平支撑的作用，以及传递风、地震等侧向水平荷载；同时还有竖向分隔空间的功能，将建筑物沿水平方向分为若干层。因此，楼板层应具有足够的强度、刚度和隔声性能，还应具备足够的防火、防潮和防水的能力。

地坪是建筑底层房间与地基土层相接的构件，它承担着底层房间的地面荷载，也应有一定的强度以满足承载能力，所以地坪还应具有防潮、防水的能力。

4. 楼梯

楼梯是建筑中联系上下各层的垂直交通设施，在平时供人们上下或搬运家具、设备，遇到紧急情况时供人们安全疏散。因此，楼梯在坡度、宽度、数量、位置、布局形式和防火性能等方面均有严格要求，以保证楼梯具有足够的通行能力和安全疏散能力，并且满足坚固、耐磨、防滑及防火等要求。目前，高层建筑或大型建筑的竖向交通主要靠电梯、自动扶梯等设备解决，但楼梯作为安全通道仍然是建筑不可缺少的组成部分，在建筑设计中不容忽视。

5. 屋顶

屋顶是建筑顶部的承重构件和围护构件。它承受着直接作用于屋顶的各种荷载，如风、雨、雪及施工、检修等荷载，并进一步传给承重墙或柱，同时抵抗风、雨、雪的侵袭和太阳辐射热的影响，因此，屋顶应具有足够的强度、刚度及保温、隔热、防水等性能。屋顶又被称为建筑的"第五立面"，在建筑设计中，屋顶的造型、檐口、女儿墙的形式与装饰等，对建筑的体型和立面形象具有较大的影响。

6. 门和窗

门主要是供人们通行或搬运家具、设备进出建筑物或房间的构件，室内门兼有分隔房间的作用，室外门兼有围护的作用，有时还能进行采光和通风。因此进行门的布置时，应符合规范的要求，合理确定门的宽度、高度、数量、位置和开启方式等，以保证门的通行能力，并应考虑安全疏散的要求。窗是建筑围护结构的一部分，主要作用是采光、通风和供人眺望,所以窗应有足够的面积。窗的形式和选材对建筑的立面形象也有较大程度的影响。门和窗是围护结构的薄弱环节,因此在构造上应满足保温、隔热的要求;在某些有特殊要求的房间,还应具有隔声、防火等性能。

1.2 影响建筑构造的因素

建筑物存在于自然界之中,在使用过程中经受着人为和自然界的各种影响,在进行建筑构造设计时,必须考虑影响建筑构造的以下三个因素,采取必要措施,以提高建筑物抵御外界影响的能力,提高其使用质量和耐久性,从而满足人们的使用要求。

1.2.1 外界环境的影响

1. 外力作用的影响

作用在建筑结构上的各种外力统称为荷载。荷载可分为恒载(如结构自重、土压力等)和活荷载(如人群、家具和设备的重量,作用在墙面和屋顶上的风压力,落在屋顶上的雨、雪重量及地震作用等)两类。荷载的大小是建筑结构设计的主要依据,也是结构选型的重要依据。它决定着构件的形状、尺度和用料,而构件的选材、尺寸、形状等又与建筑构造密切相关。因此,在确定建筑构造方案时,必须考虑外力的影响。

2. 自然环境的影响

自然界的风霜雨雪、冷热寒暖的气温变化以及太阳热辐射等均是影响建筑物使用质量和使用寿命的重要因素。在建筑构造设计时,必须针对所受影响的性质与程度,对建筑物的相关部位采取相应的措施,如防潮、防水、保温、隔热、设变形缝等。

3. 人为因素的影响

人们在从事生产和生活活动中,也常常会对建筑物造成一些人为的不利影响,如机械振动、化学腐蚀、爆炸、火灾、噪声等。因此,在建筑构造设计时,应针对各种影响因素采取防振、防腐、防火、隔声等相应的构造措施。

1.2.2 建筑技术条件的影响

建筑物是由不同的建筑材料构成的,而在形成建筑物的过程中,会受到建筑结构技术、施工技术、设备技术等条件的制约。建筑材料、结构、设备和施工技术是构成建筑的基本要素之一,任何好的设计方案如果没有技术的保证,都只能停留在图纸上,不能成为建筑物。由于建筑物的质量标准和等级的不同,在材料的选择和构造方式上均有所区别。随着科学技术的不断发展,建筑新材料、新工艺和新技术等不断出现,相应地促进了建筑构造技术的不断进步,促使建筑可以向大空间、大高度、大体量的方向发展,从而涌现出大量的现代建筑。

1.2.3　经济条件的影响

在现代建筑设计中，除了体现建筑基本的使用功能外，还应具备欣赏性、科技性、环保性等特点，以满足人民生活水平日益提高的需要。在建筑方案设计阶段就必须深入分析各建筑设计参数与造价的关系，即在满足适用、安全的条件下，合理选择技术上可行、经济上节约的设计方案。建筑可以通过有效的设计方法，在建筑的总体布局、空间组合和技术选择等方面进行优化设计，以有限的经济条件达到建筑的建设要求，或在限定的经济条件下创造出较多的使用价值。建筑构造设计是建筑设计不可分割的一部分，也必须考虑经济效益的问题。

1.3　建筑设计原则

从现实经济条件出发，对技术设置进行恰当的选择，有机协调建筑诸要素，提高综合效益，这些构成了建筑设计合理性理念的基本内涵，进行构造设计时，应全面执行坚固适用、先进合理、经济美观、低碳绿色的原则。

1. 满足建筑的各项功能要求

建筑设计时必须满足不同的使用功能要求，进行相应的构造处理。例如，北方寒冷地区要满足建筑物冬季保温的要求；南方炎热地区要求建筑物夏季能通风隔热；会堂、播音室等要求吸声；住宅区要求隔声，有安静、卫生的居住环境；厕所、厨房等用水房间要求防潮、防水；实验室要求防水、防腐蚀等。在进行建筑构造设计时，必须综合运用有关技术知识，设计出合理的构造方案，以满足建筑物各项功能的要求。

2. 保证结构坚固安全

建筑物除应根据荷载的大小、性质及结构要求确定构件的基本尺寸之外，对一些如阳台和楼梯的栏杆，顶棚、地面的装修，构件之间的连接等也要采取必需的构造措施，保证其在使用过程中的安全可靠性。

3. 适应建筑物工业化的需要

在进行建筑构造设计时，应大力改进传统的建筑方式，积极推广先进生产技术、施工技术，恰当使用先进的施工设备，尽量采用轻质、高强、环保的新型建筑材料，充分利用标准设计、标准通用构配件，为适应和发展建筑工业化创造条件。

4. 考虑建筑物的综合效益

在进行建筑设计时，要注重建筑物的综合效益，即经济效益、社会效益和环境效益。依据国家的建设政策、技术规范，在保证工程质量的前提下，把握建筑标准，合理选用建筑材料、构造方式等，在经济上注意降低建筑造价，节约投资；选用环保材料，以降低材料的能源消耗，注意保护自然环境。建立可持续的发展观，经济效益与社会效益、环境效益相统一。树立"人—建筑—环境"和谐发展的意识，从环境角度关注建筑全寿命期的过程，实现建筑与自然环境的融合，建筑与社会的和谐共生，达到提高人们生活质量的目的。

5. 考虑建筑美观要求

建筑物是社会的物质财富和文化财富,设计时要考虑满足使用要求,还需要考虑人们对建筑物在美观方面的要求,以及建筑物所赋予人们在精神上的感受等。建筑设计要努力创造具有我国时代精神的建筑空间组合与建筑形象。历史上创造的具有时代印记和特点的各种建筑形象,往往是一个国家、一个民族传统文化宝库中的重要组成部分。建筑物的形象主要取决于建筑设计中的体型组合和立面处理,而一些建筑物细部的处理对建筑物的美观也有很大的影响。例如,檐口的造型、阳台栏杆的形式、雨篷的形式、室内外的细部装饰等,从形式、材料、颜色和质感等方面进行合理的构造设计,以符合人们的审美观。

中华建筑文化.pdf

流转千百年,一起遇见中国十大建筑蕴藏的中式美学.pdf

1.4 民用建筑定位轴线

定位轴线是确定建筑构配件位置及相互关系的基准线。建筑构配件的定位又分为水平面定位和竖向定位。合理确定定位轴线,有利于实现建筑工业化,充分发挥投资效益。

1.4.1 墙体的平面定位轴线

1. 墙的定位轴线

承重外墙的平面定位轴线与承重外墙的顶层墙身的内缘距离为 120 mm,如图 1.2 所示。承重内墙的定位轴线应与顶层内墙中线相重合,如图 1.3 所示,图中 t 为顶层墙体的厚度。

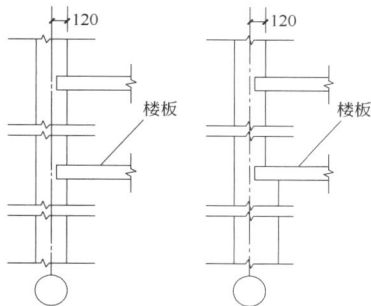

(a) 底层与顶层墙厚相同　(b) 底层与顶层墙厚不相同

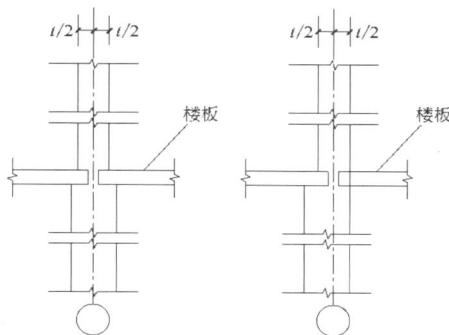

图 1.2　承重外墙的定位轴线

(a) 定位轴线中分底层墙体　(b) 定位轴线偏分底层墙体

图 1.3　承重内墙的定位轴线

非承重墙的定位轴线除了可按承重墙定位轴线的规定进行定位之外,也可以使墙身内缘与平面定位轴线相重合。

2. 变形缝处的定位轴线

变形缝处通常设置双轴线。

(1) 当变形缝处一侧为墙体，另一侧为墙垛时，墙垛的外缘应与平面定位轴线重合。墙体如果是承重墙时，平面定位轴线距顶层墙内缘 120 mm，如图 1.4(a)所示。墙体如果是非承重墙时，平面定位轴线应与顶层墙内缘重合，如图 1.4(b)所示。

(2) 当变形缝处两侧均为墙体时，如两侧墙体均为承重墙，平面定位轴线应分别设在距顶层墙体内缘 120 mm 处，如图 1.4(c)所示；如两侧墙体均为非承重墙时，平面定位轴线应分别与顶层墙体内缘重合，如图 1.4(d)所示。如图 1.5 所示是带联系尺寸时双墙的定位。

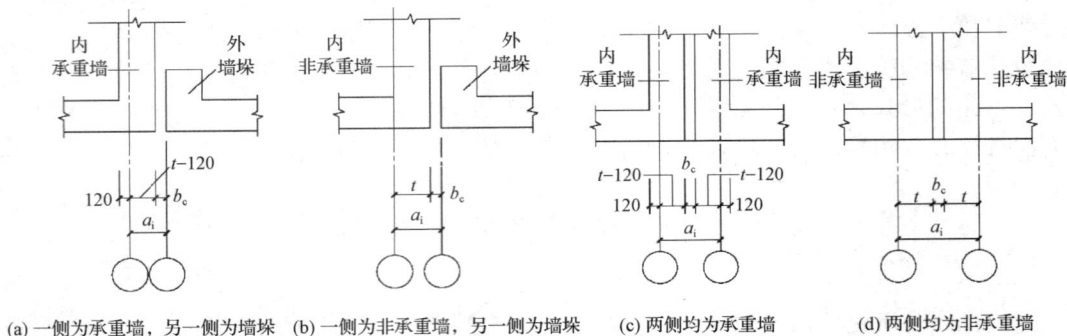

(a) 一侧为承重墙，另一侧为墙垛　(b) 一侧为非承重墙，另一侧为墙垛　(c) 两侧均为承重墙　(d) 两侧均为非承重墙

图 1.4　变形缝处的定位轴线

a_i—插入距；b_c—变形缝宽；t—墙厚

3. 建筑物高低层分界处的墙体定位轴线

(1) 建筑物高低层分界处不设变形缝时，应按高层部分承重外墙定位轴线处理，平面定位轴线应距墙体内缘 120 mm，并与底层定位轴线相重合，如图 1.6 所示。

(2) 建筑物高低层分界处设有变形缝时，应按变形缝处墙体平面定位处理。建筑物底层为框架结构时，框架结构的定位轴线应与上部砖混结构平面定位轴线一致。

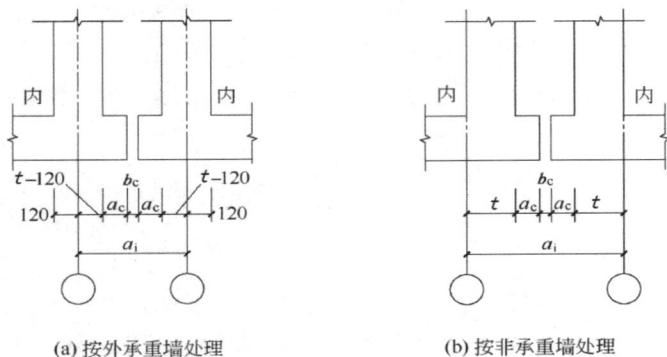

(a) 按外承重墙处理　　　　(b) 按非承重墙处理

图 1.5　变形缝处双墙联系尺寸的定位

a_i—插入距；b_c—变形缝宽；a_c—联系尺寸；t—墙厚

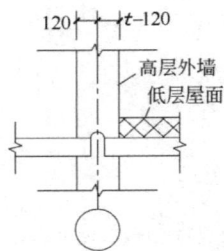

图 1.6　高低层分界处墙体的定位轴线(不设变形缝)

1.4.2　框架结构的定位轴线

框架结构中柱的平面定位轴线一般与顶层柱截面中心线相重合，墙与柱相结合的定位

轴线通常是墙中线与定位轴线一致，如图 1.7 所示。

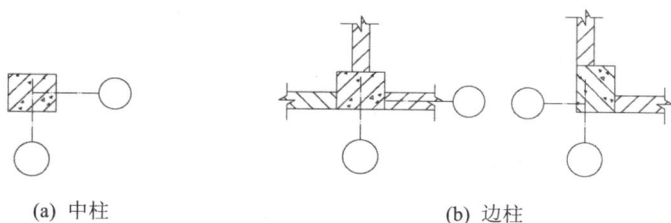

(a) 中柱   (b) 边柱

图 1.7 框架结构柱的定位轴线

1.4.3 建筑的竖向定位

1. 竖向定位

竖向定位的目的是确定构配件的竖向位置和竖向尺寸，其定位基准为房屋上的某一水平平面。图 1.8 所示为以各楼层上表面作为本层的竖向定位。图 1.9 所示为以屋面结构层上表面作为屋面的竖向定位。若屋面为结构找坡，结构层顶面不能形成水平面时，屋面定位基准选定在屋面结构层上表面与外墙定位轴线相交处。在竖向定位基准处，应标注相对标高符号。

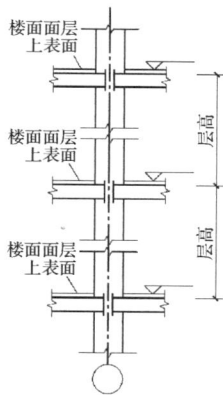

图 1.8 楼层的竖向定位

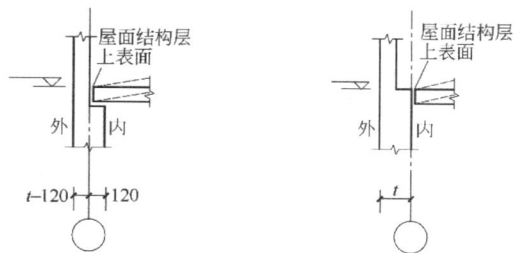

(a) 距内缘 120 mm 处定位   (b) 墙内缘重合处定位

图 1.9 屋面的竖向定位

t—墙厚

2. 层高和室内净高

层高是建筑物各层之间以楼、地面面层(完成面)计算的垂直距离，屋顶层由该层楼面面层(完成面)至平屋面的结构面层或至坡顶的结构面层与外端外皮延长线的交点计算的垂直距离。建筑层高应结合建筑使用功能、工艺要求和技术经济条件等综合确定，并符合国家现行相关建筑设计标准的规定。

室内净高是从楼、地面面层(完成面)至吊顶或楼盖、屋盖底面之间的有效使用空间的垂直距离。室内净高应按楼地面完成面至吊顶、楼板或梁底面之间的垂直距离计算；当楼盖、屋盖的下悬构件或管道底面影响有效使用空间时，应按楼地面完成面至下悬构件下缘或管道底面之间的垂直距离计算。建筑用房的室内净高应符合国家现行相关建筑设计标准的规定，地下室、局部夹层、走道等最低处净高不应小于 2.0 m。

定位轴线的编号.pdf

为了方便设计及施工，水平定位的墙或柱要引出定位轴线并进行编号。《房屋建筑制图统一标准》(GB/T 50001—2017)给出了定位轴线编号的规定。

1.5 单元小结

内　容	知识要点	能力要求
民用建筑构造组成	民用建筑的构造组成(基础、墙或柱、楼地层、楼梯、屋顶、门窗等)及其各组成的作用和要求	能辨别建筑物的构造组成，并理解其作用和要求
影响建筑构造的因素、建筑设计原则	影响建筑构造的因素(外界环境、建筑技术条件、经济条件)；坚固适用、先进合理、经济美观、低碳绿色的设计原则	了解影响建筑构造的因素、建筑设计原则
民用建筑定位轴线	建筑平面定位、竖向定位和定位轴线的编号	能熟练进行建筑平面定位和竖向定位并对定位轴线准确编号

1.6 复习思考题

一、名词解释

1. 定位轴线　　2. 房屋结构上的定位轴线　　3. 层高和室内净高

二、选择题

1. 楼板层的自重和楼板上人群的重量属于_____的因素影响建筑构造。
 A. 外力作用　　　B. 自然环境　　　C. 人为　　　D. 建筑技术条件

2. 建筑物的六大主要组成部分中，_____属于非承重构件。
 A. 基础　　　　B. 门窗　　　　C. 楼梯　　　　D. 屋顶

3. 被称为建筑的"第五立面"的构造组成是_____。
 A. 墙或柱　　　B. 屋顶　　　　C. 楼梯　　　　D. 门窗

三、简答题

1. 民用建筑的主要组成部分有哪些？各部分有哪些作用与要求？

2. 承重外墙、承重内墙和非承重墙的定位轴线分别是如何确定的？

3. 图示说明变形缝处砖墙与定位轴线的关系。

4. 建筑楼层和屋面的标高如何确定？定位轴线的编号原则是什么？

第 2 章　地基与基础

内容提要：本章主要介绍地基与基础的概念，基础埋深的影响因素，常用基础的类型、构造及地下室构造。

教学目标：

- 掌握地基与基础的概念，了解人工加固地基的方法；
- 掌握基础埋深的概念，熟悉影响基础埋深的因素；
- 掌握常见基础的分类，熟悉基础的一般构造形式；
- 了解地下室的分类，掌握地下室的防潮、防水构造。

2.1　地基与基础的基本知识

2.1.1　地基与基础的基本概念

基础是建筑物的重要组成部分，基础本身应具有足够的强度和刚度来支承和传递整个建筑物的荷载。不同类型的基础，其设计要求和构造要求不同，应科学、合理地选择基础的类型。

基础是将结构所承受的各种作用传递到地基上的结构组成部分。它承受建筑物上部结构传下来的全部荷载，并把这些荷载连同本身的重量一起传给地基。基础与地基的示意图如图 2.1 所示。

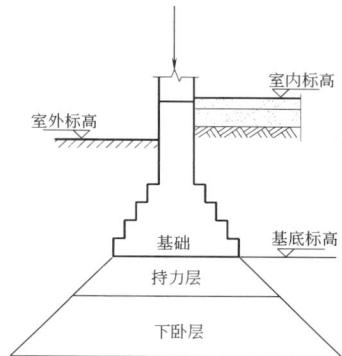

图 2.1　基础与地基的示意图

地基是支承基础的土体或岩体，是承受建筑物荷载而产生应力和应变的土壤层或岩体，地基的应力和应变随着土层深度的增加而减小，达到一定深度后就可以忽略不计。直接承受荷载的土层称为持力层，持力层以下的土层称为下卧层。

2.1.2　地基的分类

地基按土层性质和承载力的不同，可分为天然地基和人工地基两大类。

1. 天然地基

凡天然土层具有足够的承载力，不需经过人工加固，可直接在其上建造房屋的地基称为天然地基。一般呈连续整体状的岩层或由岩石风化破碎成松散颗粒的土层可作为天然地基。天然地基根据土质不同，可分为岩石、碎石土、砂土、黏性土和人工填土等五大类。

2. 人工地基

当地基的承载力较差或虽然土质较好，但上部荷载较大时，为使地基具有足够的承载能力，则需对土层进行人工加固，这种经人工处理的地基称为人工地基。

人工加固地基经常采用的方法有压实法、换土法和打桩法，另外还有化学加固法等。压实法是利用人工方法挤压土壤，排走土壤中的空气，提高土的密实性，从而提高土的承载能力，如夯实法、重锤夯实法和机械碾压法。换土法是将基础下一定范围内的土层挖去，然后回填以强度较大的砂、碎石或灰土等，并夯至密实。打桩法一般是将钢筋混凝土桩打入或灌入土中，把土壤挤实或把桩打入地下坚实的土壤层中，从而提高土壤的承载能力。

2.1.3　地基与基础的设计要求

1. 基础应具有足够的强度和耐久性

基础处于建筑物的底部，是建筑物的重要组成部分，对建筑物的安全起着根本性作用，因此基础本身应具有足够的强度和刚度来支承和传递整个建筑物的荷载。基础是埋在地下的隐蔽工程，建成后检查和维修困难，所以在选择基础材料和构造形式时，应考虑其耐久性与上部结构相适应。

2. 地基应具有足够的刚度和均匀程度

地基直接支承着整个建筑，对建筑物的安全使用起着保证作用，因此地基应具有足够的刚度和均匀程度。建筑物应尽量选择地基承载力较高而且均匀的地段，如岩石、碎石等。地基土质应均匀，否则基础处理不当，会使建筑物发生不均匀沉降，引起墙体开裂，甚至影响建筑物的正常使用。

3. 造价经济

基础工程约占建筑总造价的 20%～40%，因此选择土质好的地段，降低地基处理的费用，可以减少建筑的总投资。需要特殊处理的地基，也要尽量选用地方材料及合理的构造形式。

2.2　基础的埋置深度及影响因素

基础埋深的确定是基础设计的一个重要方面。建筑物的使用特点、工程地质条件、地下水位位置、地基土冻结深度和相邻建筑物基础是影响基础埋深的主要因素。

2.2.1　基础的埋置深度

基础的埋置深度是指从室外地面至基础底面的垂直距离，简称基础埋深，如图 2.2 所示。基础埋深不超过 5 m 时称为浅基础，基础埋深超过 5 m 时称为深基础。

从基础的经济效果看，基础的埋置深度越小，工程造价越低。但基础底面的土层受到压力后，会把基础四周的土挤出，没有足够厚度的土层包围基础，基础本身将产生滑移而失去稳定。同时，埋得过浅易受到外界因素的影响

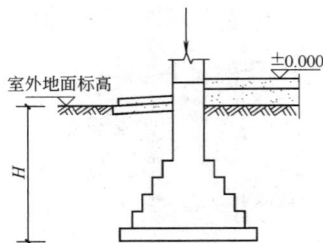

图 2.2　基础的埋深

而损坏。所以，基础的埋置需要一个适当的深度，既要保证建筑物的坚固安全，又要节约基础的用材，并加快施工速度。在满足地基稳定和变形要求的前提下，当上层地基的承载力大于下层土时，宜利用上层土作持力层。除岩石地基外，基础埋深不宜小于 0.5 m。

2.2.2　影响基础埋深的因素

影响基础埋深的因素主要考虑下列条件确定。

1. 建筑物的用途

当建筑物设置地下室、设备基础或地下设施时，基础埋深应满足其使用要求。在抗震设防区，要考虑基础的形式和构造，除岩石地基外，天然地基上的箱形和筏形基础的埋置深度不宜小于建筑物高度的 1/15；桩箱或桩筏基础的埋置深度(不计桩长)不宜小于建筑物高度的 1/18。高层建筑基础的埋置深度应满足地基承载力、变形和稳定性要求。位于岩石地基上的高层建筑，常须依靠基础侧面土体承担水平荷载，其基础埋深应满足抗滑稳定性要求。

2. 作用在地基上的荷载大小和性质

同一土层，对于荷载小的基础，可能是很好的持力层，而对荷载大的基础来说，则可能不适宜作为持力层。承受较大水平荷载的基础，应有足够的埋置深度以保证有足够的稳定性。例如，高层建筑由于受风力和地震力等水平荷载，埋深一般不少于地面以上建筑物高度的 1/15。某些承受上拔力的基础，如输电塔基础，也往往需要较大的埋置深度以保证必需的抗拔阻力。某些土(如饱和疏松的细粉砂)在动荷载作用下，容易产生"液化"现象，造成基础过大的沉降，甚至失去稳定，故在确定基础的埋置深度时，不宜选这种土层作为受振动荷载的基础的地基。在地震区，不宜将可液化土层直接作为基础的持力层。

3. 工程地质条件

基础应建造在坚实可靠的地基上，基础底面应尽量选在常年未经扰动而且坚实平坦的土层或岩石上，因为在接近地表面的土层内，常带有大量植物根、茎的腐殖质或垃圾等，故不宜选作地基。由此可见，基础埋深与地质构造密切相关，在选择埋深时应根据建筑物的大小、特点、体型、刚度及地基土的特性、土层分布等情况区别对待。下面介绍几种典型情况。

(1) 地基由均匀的、压缩性较小的良好土层构成，承载力能满足要求，基础可按最小埋置深度建造，如图 2.3(a)所示。

(2) 地基由两层土构成。上面软弱土层的厚度不超过 2 m，而下层为压缩性较小的好土。这种情况一般应将基础埋在下面良好的土层上，如图 2.3(b)所示。

(3) 地基由两层土构成，上面软弱土层的厚度为 2～5 m。低层和轻型建筑物可争取将基础埋在表层的软弱土层内，如图 2.3(c)所示。如采用加宽基础的方法，可避免开挖大量土方、延长工期和增加造价。必要时可采用换土法、压实法等较经济的人工地基。而高大的建筑物则应将基础埋到下面的好土层上。

(4) 如果软弱土层的厚度大于 5 m，低层和轻型建筑物应尽量将基础埋在表层的软弱土层内，必要时可加强上部结构或进行人工加固地基，如采用换土法、短桩法等，如图 2.3(d)

所示。高大建筑物和带地下室的建筑物是否需要将基础埋到下面的好土层上，则应根据表土层的厚度、施工设备等情况而定。

(5) 地基由两层土构成，上层是压缩性较小的好土，下层是压缩性较大的软弱土。此时，应根据表层土的厚度来确定基础的埋深。如果表层土有足够的厚度，基础应尽可能争取浅埋，同时注意下卧层软弱土的压缩对建筑物的影响，如图 2.3(e)所示。

(6) 当地基是由好土与弱土交替构成，或上面持力层为好土，下卧层有软弱土层或旧矿床、老河床等时，在不影响下卧层的情况下，应尽可能做成浅基础。当建筑物较高大，持力层强度不足以承载时，应做成深基础，使用打桩法等，将基础底面落到下面的好土层上，如图 2.3(f)所示。

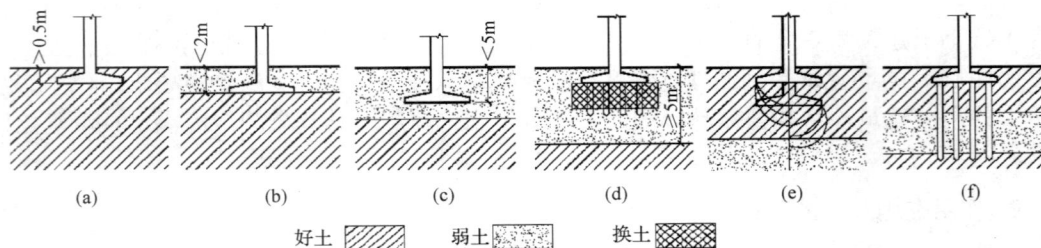

图 2.3　地质构造与基础埋深的关系

4. 地下水位的影响

基础宜埋置在地下水位以上，当基础埋置在易风化的岩层上，施工时应在基坑开挖后立即铺筑垫层。地下水对某些土层的承载力有很大影响。如黏性土在地下水上升时，会因含水量增加而膨胀，使土的强度下降；当地下水位下降时，土粒直接的接触压力增加，基础产生下沉。为了避免地下水位变化直接影响地基承载力，同时防止地下水对基础施工带来麻烦和侵蚀性，一般应尽量将基础埋置在地下水位以上，如图 2.4(a)所示。

当地下水位较高，基础不能埋置在地下水位以上时，应采取地基土在施工时不受扰动的措施，宜将基础底面埋置在最低地下水位以下不小于 200 mm 处，如图 2.4(b)所示。

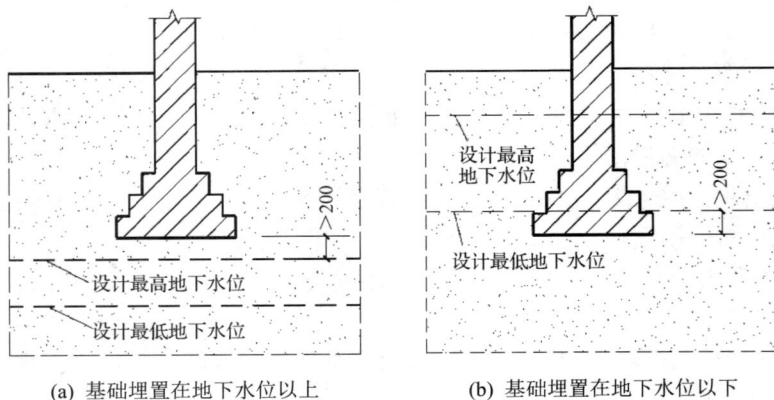

(a) 基础埋置在地下水位以上　　　(b) 基础埋置在地下水位以下

图 2.4　地下水位对基础埋深的影响

5. 地基土冻胀和融陷的影响

冻结土与非冻结土的分界线，称为土的冰冻线。土层的冻结深度由各地气候条件决定，如北京地区为 0.8 m～1 m，沈阳则为 2 m。

当建筑物基础处在粉砂、粉土和黏性土等具有冻胀现象的土层范围内时，冬季土的冻胀会把房屋向上拱起；到了春季气温回升，土层解冻，基础又下沉，使房屋处于不稳定状态。由于土中冰融化情况不均匀，会使建筑物产生严重的变形，如墙身开裂、门窗倾斜，甚至使建筑物遭到严重破坏。因此，季节性冻土地区基础埋置深度宜大于场地冻结深度。一般要求将基础埋置在冰冻线以下 200 mm 处，如图 2.5 所示。对于深厚季节冻土地区，当建筑基础底面土层为不冻胀、弱冻胀、冻胀土时，基础埋置深度可以小于场地冻结深度，基底允许冻土层最大厚度应根据当地经验确定。对在地下水位以上的基础，基础侧表面应回填不冻胀的中、粗砂，其厚度不应小于 200 mm；对在地下水位以下的基础，可采用桩基础、保温性基础、自锚式基础(冻土层下有扩大板或扩底短桩)，也可将独立基础或条形基础做成正梯形的斜面基础。

6. 相邻建筑物的基础埋深的影响

当存在相邻建筑物时，新建建筑物的基础埋深不宜大于原有建筑基础。基础埋深与相邻基础的关系如图 2.6 所示。

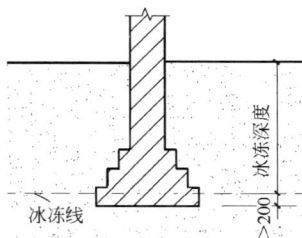

图 2.5　基础埋深和冰冻线的关系　　　图 2.6　基础埋深与相邻基础的关系

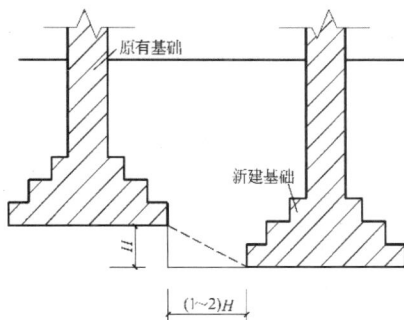

当埋深大于原有建筑基础时，两基础间应保持一定净距，其数值应根据建筑荷载大小、基础形式和土质情况确定。一般两个基础之间的水平距离取两基础底面高差的 1～2 倍。当上述要求不能满足时，尽量减小新建建筑物的沉降量；新建建筑物的基础埋深不宜大于原有建筑基础；选择对地基变形不敏感的结构形式；采取有效的施工措施(如分段施工)，采取有效的支护措施以及对原有建筑物地基进行加固等措施。

2.3　基础的类型与构造

基础的类型可按不同角度分类。按基础所用材料及受力特点可分为无筋扩展基础和扩展基础；按构造形式可分为单独基础、条形基础、井格基础、筏形基础、箱形基础和桩基础等。

2.3.1 按材料及受力特点分类

1. 无筋扩展基础

无筋扩展基础(Non-reinforced spread foundation)是由砖、毛石、混凝土或毛石混凝土、灰土和三合土等材料组成的，且不需配置钢筋的墙下条形基础或柱下独立基础(有时称刚性基础)。常用的材料一般是指抗压强度较高，而抗拉强度、抗剪强度较低的刚性材料，如砖、石和混凝土等。

由于土壤单位面积的承载力很小，上部结构通过基础将其荷载传给地基时，只有将基础底面积不断扩大(即基础底宽 b 往往大于墙身的宽度 b_0)，才能适应地基承载受力的要求。依据《建筑地基基础设计规范》(GB 50007—2011)，无筋扩展基础(见图 2.7)的高度应满足下式的要求：

$$H_0 \geqslant \frac{b-b_0}{2\tan\alpha}$$

式中：b—基础底面宽度(m)；

$\qquad b_0$—基础顶面的墙体宽度或柱脚宽度(m)；

$\qquad H_0$—基础高度(m)；

$\qquad \tan\alpha$—基础台阶宽高比 $b_2 : H_0$，其允许值可按表 2.1 选用。

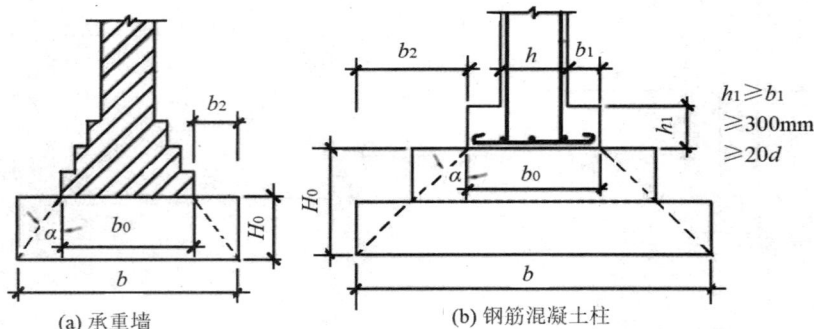

图 2.7 无筋扩展基础构造示意图

d—柱中纵向钢筋直径；b_1—基础柱脚宽度；b_2—基础台阶宽度；
h—柱的宽度 h_1—基础柱脚高度；α—刚性角

当基础 b 很宽(即出挑部分 b_2 很长)时，如果不能保证有足够的高度 H_0，基础将因受弯曲或冲切而破坏。为了保证基础不受拉力或冲切的破坏，基础必须有足够的高度。因此，需要根据材料的抗拉、抗剪极限强度，对基础台阶宽度 b_2 与基础高度 H_0 之比(宽高比)进行限制，并以此宽高比形成的夹角来表示，保证基础在此夹角内不因材料受拉和受剪而破坏。这一夹角称为刚性角，用 α 表示，无筋扩展基础放大角不应超过刚性角。例如，砖基础的刚性角控制在 1∶1.5 以内，混凝土基础刚性角控制在 1∶1.25 以内。为了设计施工方便，将刚性角 α 换算成宽高比，如表 2.1 所示为各种材料无筋扩展基础宽高比的允许值。

2. 扩展基础

扩展基础(Spread foundation)是为扩散上部结构传来的荷载,使作用在基底的压应力满足地基承载力的设计要求,且基础内部的应力满足材料强度的设计要求,通过向侧边扩展一定底面积的基础。

当建筑物的荷载较大而地基承载力较小时,基础底面积必须加宽,如果仍然采用无筋扩展基础,势必加大基础的埋深,既增加了挖土方工程量,又使混凝土材料的用量增加,对工期和造价都十分不利,如图 2.8(a)所示。在同样条件下,采用钢筋混凝土基础可节省大量的混凝土材料和减少土方量工程。钢筋混凝土建造的基础,不仅能承受压应力,还能承受较大的拉应力,基础宽度加大不受刚性角的限制,如图 2.8(b)所示。

表 2.1　无筋扩展基础宽高比的允许值

基础材料类型	质量要求	台阶宽高比允许值		
		$p_k \leq 100$ kPa	100 kPa< $p_k \leq 200$ kPa	200 kPa< $p_k \leq 300$ kPa
混凝土基础	C20 混凝土	1∶1.00	1∶1.00	1∶1.25
毛石混凝土基础	C20 混凝土	1∶1.00	1∶1.25	1∶1.50
砖基础	砖不低于 MU10,砂浆不低于 M5	1∶1.50	1∶1.50	1∶1.50
毛石基础	砂浆不低于 M5	1∶1.25	1∶1.50	—
灰土基础	体积比为 3∶7 或 2∶8 的灰土,其最小干密度:粉土为 1550kg/m³,粉质黏土为 1500kg/m³,黏土为 1450kg/m³	1∶1.25	1∶1.50	—
三合土基础	体积比 1∶2∶4~1∶3∶6(石灰:砂:骨料),每层约虚铺 220 mm,夯实至 150 mm	1∶1.50	1∶2.00	—

注:① p_k 为作用标准组合时的基础底面处的平均压力值(kPa);②阶梯形毛石基础的每阶伸出宽度,不宜大于 200 mm。当基础由不同材料叠合组成时,应对接触部分作抗压验算;③当基础由不同材料叠合组成时,应对接触部分作抗压验算;④混凝土基础单侧扩展范围内基础底面处的平均压力值超过 300 kPa 时,尚应进行抗剪验算;对基底反力集中于立柱附近的岩石地基,应进行局部受压承载力验算。

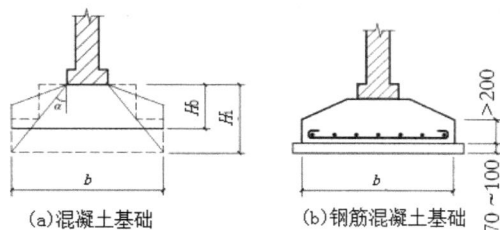

图 2.8　混凝土与钢筋混凝土基础比较

b—基础底宽;H_0—扩展基础高;H_1—混凝土基础高;α—刚性角

钢筋混凝土基础的截面可做成锥形或阶梯形。锥形基础的边缘高度不宜小于 200 mm,且两个方向的坡度不宜大于 1∶3;阶梯形基础的每阶高度,宜为 300~500 mm;混凝土强度等级不应低于 C20。

基础垫层的厚度不宜小于 70 mm，垫层混凝土强度等级不宜低于 C20。扩展基础受力钢筋最小配筋率不应小于 0.15%，底板受力钢筋的最小直径不宜小于 10 mm，间距不宜大于 200 mm，也不宜小于 100 mm。钢筋保护层厚度有垫层时不小于 40 mm，无垫层时不小于 70 mm。墙下钢筋混凝土条形基础纵向分布钢筋的直径不宜小于 8 mm；间距不宜大于 300 mm；每延米分布钢筋的面积应不小于受力钢筋面积的 15%。

2.3.2 按构造形式分类

基础构造的形式随建筑物的上部结构形式、荷载大小及地基土壤性质的变化而不同。一般情况下，上部结构形式直接影响基础的形式，当上部荷载较大，地基承载力有变化时，基础形式也随着变化。基础按构造形式可分为六种基本类型。

1. 单独基础

单独基础呈独立的块状，形式有阶梯形、锥形和杯形等，如图 2.9 所示。当建筑物上部结构采用框架结构或单层排架结构承重时，基础常常采用单独基础，如图图 2.9(a)、2.9(b) 所示。当柱为预制时，则将基础做成杯口形，然后将柱子插入，并嵌固在杯口内，如图 2.9(c) 所示。

2. 条形基础

条形基础分为墙下条形基础和柱下条形基础。

(1) 墙下条形基础。当建筑物上部为混合结构时，在承重墙下往往做成通长的条形基础。如一般中小型建筑常选用砖、石、混凝土、灰土和三合土等材料的无筋扩展条形基础，如图 2.10(a)所示。当上部是钢筋混凝土墙，或地基很差、荷载较大时，承重墙下也可用钢筋混凝土条形基础，如图 2.10(b)所示。

(2) 柱下条形基础。当建筑物上部为框架结构或部分框架结构，荷载较大，地基又属于软弱土时，为了防止不均匀沉降，可以将各柱下的基础相互连接在一起，形成钢筋混凝土条形基础，使整个建筑物的基础具有较好的整体性。除应符合扩展基础的基本要求外，柱下条形基础梁的高度宜为柱距的 1/8～1/4。翼板厚度不应小于 200 mm。当翼板厚度大于 250 mm 时，宜采用变厚度翼板，其顶面坡度宜小于或等于 1：3。

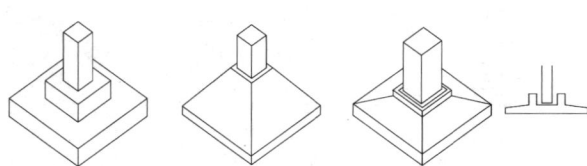

| (a) 现浇阶梯形 | (b) 现浇锥形 | (c) 预制杯形基础 | | (a) 无筋扩展条形基础 | (b) 钢筋混凝土扩展条形基础 |

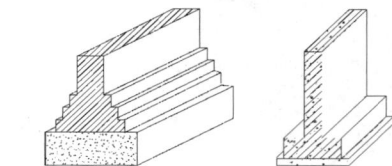

图 2.9　单独基础　　　　　　　　　　　　　图 2.10　条形基础

3. 井格基础

当地基条件较差时，为了提高建筑物的整体性，防止柱子之间产生不均匀沉降，常将柱下基础沿纵横两个方向连接起来，形成十字交叉的井格基础，如图 2.11 所示。

4. 箱形基础

当建筑物设有地下室，且基础埋深较大时，可将地下室做成整浇的钢筋混凝土箱形基础，如图 2.12 所示。

箱形基础由底板、顶板和若干纵、横墙组成，整体空间刚度很大，整体性好，能承受很大的弯矩，抵抗地基的不均匀沉降，常用于高层建筑或在软弱地基上建造的重型建筑物。

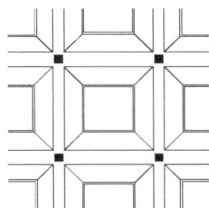

图 2.11　井格基础

5. 筏形基础

当建筑物上部荷载大而地基又软弱，采用简单的条形基础或井格基础不能适应地基承载力或变形的需要时，通常将墙下或柱下基础连成一片，使建筑物的荷载承受在一块整板上，这种基础称为筏形基础，如图 2.13 所示。筏形基础分为梁板式和平板式两种类型，其选型应根据地基土质、上部结构体系、柱距、荷载大小、使用要求以及施工条件等因素确定。筏形基础的整体性好，可跨越基础下的局部软弱土，常用于地基软弱的多层砌体结构、框架结构、剪力墙结构的建筑，以及上部结构荷载较大或地基承载力低的建筑。

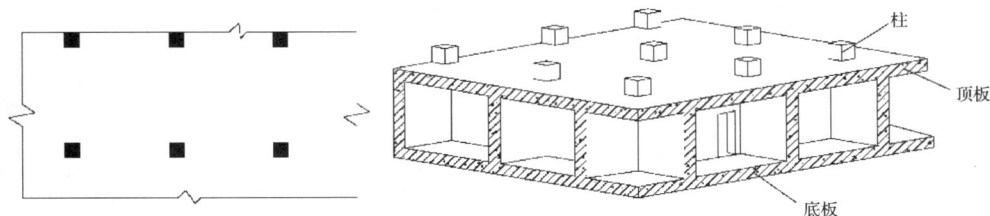

图 2.12　箱形基础

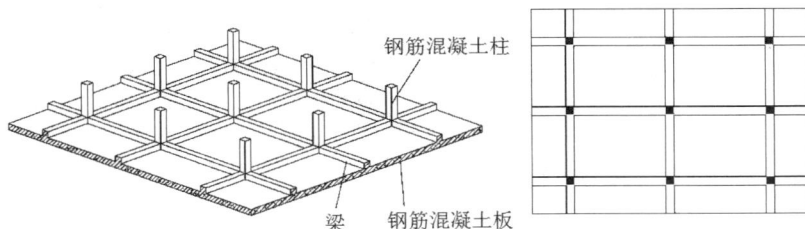

图 2.13　筏形基础

6. 桩基础

桩基础(Pile foundation)是由设置于岩土中的桩和连接于桩顶端的承台组成的基础。当建筑物上部荷载较大，而且地基的软弱土层较厚，地基承载力不能满足要求，做成人工地基又不具备条件或不经济时，可采用桩基础，使基础上的荷载通过桩柱传给地基土层，以保证建筑物的均匀沉降或安全使用。

桩基础由承台和桩柱两部分组成，如图 2.14 所示。

(1) 承台。承台是在桩柱顶现浇的钢筋混凝土板或梁，上部支承柱的为承台板，上部支承墙的为承台梁，承台的厚度由结构计算确定。

(2) 桩柱。桩的种类很多，按桩的材料可以分为木桩、钢筋混凝土桩、钢桩等；按桩的入土方法可以分为打入桩、振入桩、压入桩及灌注桩等；按桩的受力性能又可以分为端承桩与摩擦桩。

桩基础把建筑物的荷载通过桩端传给深处的坚硬土层，这种桩称为端承桩，如图 2.14(a) 所示；通过桩侧表面与周围土的摩擦力传给地基的桩，称为摩擦桩，如图 2.14(b) 所示。端承桩适用于表面软土层不太厚，而下部为坚硬土层的地基情况，它的荷载主要由桩端应力承受。摩擦桩适用于软土层较厚，而坚硬土层距地表很深的地基情况，它的荷载由桩侧摩擦力和桩端应力承受。

钢筋混凝土预制桩是在混凝土构件厂或施工现场预制，然后打入、压入或振入土中。桩身横截面多采用方形，桩长一般不超过 12 m。预制桩制作简便，容易保证质量。

钢筋混凝土灌注桩是直接在桩位上就地成孔，然后在孔内灌注混凝土或钢筋混凝土，如图 2.14(c)所示。灌注桩的优点是没有振动和噪声、施工方便、造价较低、无需接桩及截桩等，特别适合用于周围有危险房屋或深挖基础不经济的情况。但也存在一些缺点，如不能立即承受荷载，操作要求严，在软土地基中易缩颈、断裂，桩尖处虚土不易清除干净等。灌注桩常用的施工方法，有钻孔灌注桩、挖孔灌注桩、套管成孔灌注桩和爆扩成孔灌注桩等多种，图 2.14(d)所示为爆扩桩示意图。

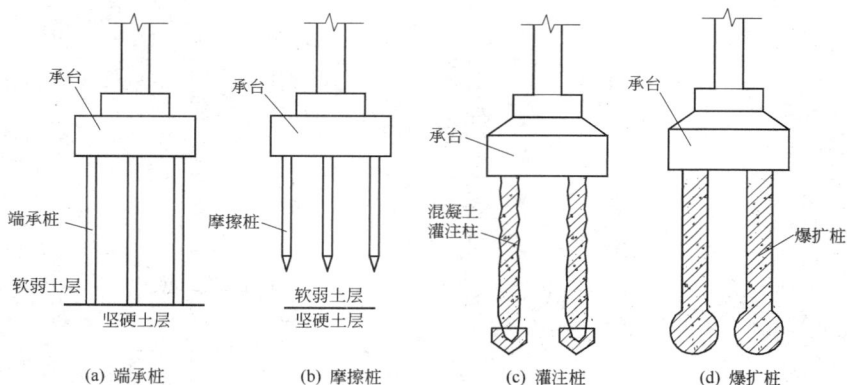

(a) 端承桩   (b) 摩擦桩   (c) 灌注桩   (d) 爆扩桩

桩基基础—预制、静力桩、灌注桩.mp4

钻孔灌注桩施工.mp4

图 2.14 桩基础

2.4 地下室构造

地下室是建筑物首层以下的房间，房间地平面低于室外地平面的高度超过该房间净高的 1/2 者为地下室(basement)。一些高层建筑的基础埋置很深，可利用这一深度建造地下室，在增加投资不多的情况下增加使用面积，较为经济。地下室和半地下室的耐火等级、防火分区、安全疏散、防排烟设施、房间内部装修等应符合现行国家标准《建筑设计防火规范(2018 版)》(GB 50016—2014)和《建筑防火通用规范》(GB 55037—2022)的有关规定。

2.4.1　地下室的分类

1. 按使用功能分

地下室按使用功能分为普通地下室和防空地下室。

普通地下室是建筑空间在地下的延伸，由于地下室的环境比地上房间差，通常不用来居住，可布置成一些无长期固定使用对象的公共场所或建筑的辅助房间，如健身房、营业厅、车库、仓库和设备间等。

防空地下室是具有预定战时防空功能的地下室。设计必须贯彻"长期准备、重点建设、平战结合"的方针，并应坚持人防建设与经济建设协调发展、与城市建设相结合的原则。在平面布置、结构选型、通风防潮、给水排水和供电照明等方面，应采取相应措施使其在确保战备效益的前提下，充分发挥社会效益和经济效益。

2. 按地下室顶板标高分

1) 全地下室

当地下室房间地平面低于室外地平面的高度超过该房间净高的 1/2 者为全地下室。全地下室埋深较大，不易采光、通风，一般多用作建筑辅助房间、设备用房等。

2) 半地下室

房间地平面低于室外地平面的高度超过该房间净高的 1/3，且不超过 1/2 者为半地下室。半地下室有相当一部分处于室外地面以上，自然采光和通风较好，可作为普通使用房间，如客房、办公室等。

3. 按结构材料分

1) 砖墙结构地下室

当建筑的上部结构荷载不大以及地下室水位较低时，可采用砖墙作为地下室的承重外墙和内墙，形成砖墙结构地下室。

2) 钢筋混凝土结构地下室

当建筑的上部结构荷载较大以及地下室水位较高时，可采用钢筋混凝土墙作为地下室的外墙，形成钢筋混凝土结构地下室。这种结构具有良好的防潮、防水性能。

2.4.2　地下室的构造组成与要求

地下室一般由墙体、顶板、底板、楼梯、门和窗及采光井等部分组成，其构造组成如图 2.15 所示。

1. 墙体

地下室的外墙不仅承受上部结构的荷载，还要承受外侧土、地下水及土壤冻结时产生的侧压力。所以地下室的墙体要求具有足够的强度与稳定性。同时地下室外墙处于潮湿的工作环境，故在选材上还要具有良好的防水、防潮性能。一般采用砖墙、混凝土墙或钢筋混凝土墙。

2. 顶板

顶板通常与建筑的楼板相同，如钢筋混凝土现浇板、预制板、装配整体式楼板(预制板上做现浇层)。防空地下室为了防止空袭时的冲击破坏，顶板的厚度、跨度、强度应按相应防护等级的要求进行确定，其顶板上面还应覆盖一定厚度的夯实土。

3. 底板

当底板高于最高地下水位时，可在垫层上现浇 60～80 mm 厚的混凝土，再做面层；当底板低于最高地下水位时，底板不仅承受上部垂直荷载，还承受地下水的浮力作用，此时应采用钢筋混凝土底板。对底板还要在构造上做好防潮或防水处理。

4. 楼梯

地下室的楼梯可以与地上部分的楼梯连通使用，但要求用乙级防火门分隔。对于层高较小或用作辅助房间的地下室，可设置单跑楼梯。一个地下室至少应有两部楼梯通向地面。防空地下室也应至少有两个出口通向地面，其中一个必须是独立的安全出口。独立安全出口与地面以上建筑物的距离要求不小于地面建筑物高度的一半，以防空袭时建筑物倒塌，堵塞出口，影响疏散。

5. 门和窗

普通地下室的门窗与地上房间的门窗相同。地下室外窗如在室外地坪以下时，可设置采光井，以便采光和通风。防空地下室的门窗应满足密闭、防冲击的要求，一般采用钢门或钢筋混凝土门；平战结合的防空地下室，可以采用自动防爆破窗，在平时可采光和通风，战时封闭。

6. 采光井

在城市规划和用地允许的情况下，为了改善地下室的室内环境，可在窗外设置采光井。采光井由侧墙、底板、遮雨设施或铁格栅组成。侧墙为砖墙，底板为现浇混凝土，面层用水泥砂浆抹灰向外找坡，并设置排水管。地下室采光井的构造如图 2.16 所示。

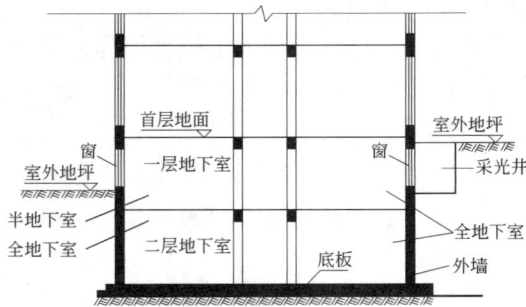

图 2.15 地下室构造

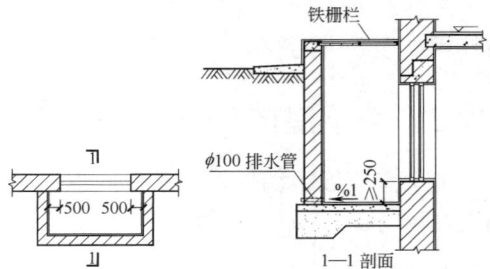

图 2.16 地下室采光井

2.4.3 地下室防潮

当设计最高地下水位低于地下室底板 0.30～0.50 m，且地基范围内的土壤及回填土无形成上层滞水可能时，地下室的墙体和底板只受到无压水和土壤中毛细管水的影响，此时地下室只需做防潮处理。地下室的防潮构造如图 2.17 所示。

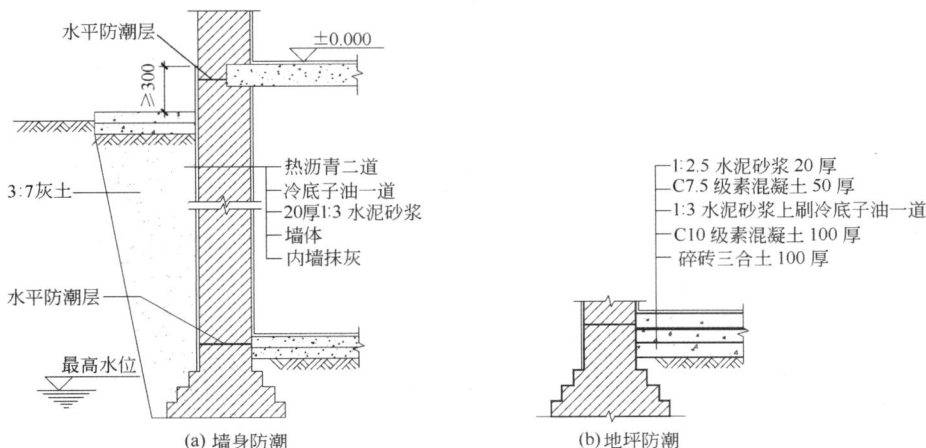

图 2.17　地下室的防潮构造

防潮的构造要求是砖墙必须用水泥砂浆砌筑，灰缝必须饱满；在外墙外侧设垂直防潮层，做法是：先用 1∶3 的水泥砂浆找平 20 mm 厚，再刷冷底子油一道、热沥青两道，然后在防潮层外侧回填渗透性差的土壤，如黏土、灰土等，并逐层夯实，底宽 500 mm 左右；地下室所有墙体必须设两道水平防潮层，一道设在地下室地坪附近，一道设在室外地面散水以上 150～200 mm 的位置。

2.4.4　地下室防水

地下室和半地下室外围护结构应规整，其防水等级及技术要求应符合现行国家标准《地下工程防水技术规范》(GB 50108—2008)和《建筑与市政工程防水通用规范》(GB 55030—2022)的规定，并应设排水设施；出入口、窗井、下沉庭院、风井等应有防止涌水、倒灌的措施。

地下工程防水应遵循因地制宜、以防为主、防排结合、综合治理的原则。地下工程防水设计工作年限不应低于工程结构设计工作年限。

地下工程按其防水功能重要程度分为甲类、乙类和丙类。按工程防水使用环境类别划分为 I 类、II 类和III类，具体划分见表 2.2 所示。

表 2.2　地下建筑防水等级标准分类与适用范围对照表

类别划分	分　类		
按工程防水类别	甲类：有人员活动的民用建筑地下室，对渗漏敏感的建筑地下工程	乙类：除甲类和丙类以外的建筑	丙类：对渗漏不敏感的物品、设备使用或贮存场所，不影响正常使用的建筑地下工程
按工程防水使用环境类别	I 类：抗浮设防水位标高与地下结构板底标高高差 $H \geqslant 0$ m	II 类：抗浮设防水位标高与地下结构板底标高高差 $H < 0$ m	III类

地下工程防水等级应依据工程类别和工程防水使用环境类别分为一级、二级、三级，见表 2.3。暗挖法地下工程防水等级应根据工程类别、工程地质条件和施工条件等因素确定，其他工程防水等级不应低于表 2.3 的规定。工程防水使用环境类别为 II 类的明挖法地下工程，当该工程所在地年降水量大于 400 mm 时，应按 I 类防水使用环境选用。

表 2.3   地下建筑防水等级划分

工程防水使用环境类别	工程防水类别		
	甲 类	乙 类	丙 类
I 类	一级防水	一级防水	二级防水
II 类	一级防水	二级防水	三级防水
III 类	二级防水	三级防水	三级防水

地下工程的防水设防要求，应根据使用功能、使用年限、水文地质、结构形式、环境条件、施工方法及材料性能等因素确定。明挖法地下工程的防水设防要求应按表 2.4 选用。

表 2.4   明挖法地下工程防水设防要求

防水等级	防水做法	外设防水层			
		防水混凝土	防水卷材	防水涂料	水泥基防水材料
一级	不应少于 3 道	为 1 道，应选	不少于 2 道；防水卷材或防水涂料不应少于 1 道		
二级	不应少于 2 道	为 1 道，应选	不少于 1 道；任选		
三级	不应少于 1 道	为 1 道，应选	—		

注：水泥基防水材料指防水砂浆、外涂型水泥基渗透结晶防水材料

地下室常用的防水措施有防水混凝土防水和卷材防水两类。

1. 防水混凝土防水

防水混凝土防水是把地下室的墙体和底板用防水混凝土整体浇筑在一起，以具备承重、围护和防水的功能。防水混凝土的施工配合比应通过试验确定，其强度等级不应低于 C25，试配混凝土的抗渗等级应比设计要求提高 0.2MPa。明挖法地下工程防水等级为一级、二级的，防水混凝土的设计抗渗等级不低于 P8，防水等级为三级的设计抗渗等级不低于 P6。

防水混凝土除应满足抗压、抗渗和抗裂要求外，尚应满足工程所处环境和工作条件的耐久性要求并应采取减少开裂的技术措施。

为了提高混凝土的抗渗能力，通常采用的防水混凝土有：集料级配混凝土、外加剂防水混凝土和膨胀防水混凝土等。

(1) 集料级配混凝土：采用不同粒径的骨料进行级配，且适当减少骨料的用量和增加砂率与水泥用量，以保证砂浆充满于骨料之间，从而提高混凝土的密实性和抗渗性。

(2) 外加剂防水混凝土：在混凝土中掺入微量有机或无机外加剂，以改善混凝土内部组织结构，使其有较好的和易性，从而提高混凝土的密实性和抗渗性。常用的外加剂有引气剂、减水剂、三乙醇胺、氯化铁等。

(3) 膨胀防水混凝土：在水泥中掺入适量膨胀剂或使用膨胀水泥，使混凝土在硬化过程中产生膨胀，弥补混凝土冷干收缩形成的孔隙，从而提高混凝土的密实性和抗渗性。防

水混凝土的构造如图 2.18 所示。

2. 卷材防水

卷材防水属柔性防水材料，卷材防水层应铺设在混凝土结构的迎水面。卷材防水层用于建筑物地下室时，应铺设在结构底板垫层至墙体防水设防高度的结构基面上。卷材防水的品种有高聚物改性沥青类防水卷材(如 SBS 卷材、APP 卷材、BAC 卷材等)和合成高分子类防水卷材(如三元乙丙橡胶防水卷材)，卷材的品种见表 2.5 所示。

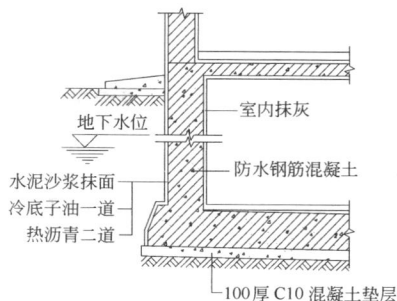

图 2.18　防水混凝土的构造

表 2.5　卷材防水层的卷材品种

类　　别	品种名称	
高聚物改性沥青类防水卷材	弹性体沥青防水卷材	自黏聚合物改性沥青防水卷材
	改性沥青聚乙烯胎防水卷材	
合成高分子类防水卷材	三元乙丙橡胶防水卷材	聚氯乙烯防水卷材
	聚乙烯丙纶复合防水卷材	高分子自黏胶膜防水卷材

卷材防水宜用于经常处于地下水环境且受侵蚀性介质作用或受振动作用的地下工程，不宜用于地下水含矿物油或有机溶液处。防水卷材的品种规格和层数，应根据地下工程防水等级、地下水位高低及水压力作用状况、结构构造形式和施工工艺等因素确定。铺贴高聚物改性沥青卷材应采用热熔法施工；铺贴合成高分子卷材应采用冷黏法施工。

防水卷材粘贴在外墙外侧称外防水，如图 2.19(a)、(c)所示。粘贴在外墙内侧称内防水，由于外防水的防水效果较好，因此应用较多。内防水施工方便，容易维修，但对防水不利，故一般在补救或修缮工程中应用较多，如图 2.19(b)所示。

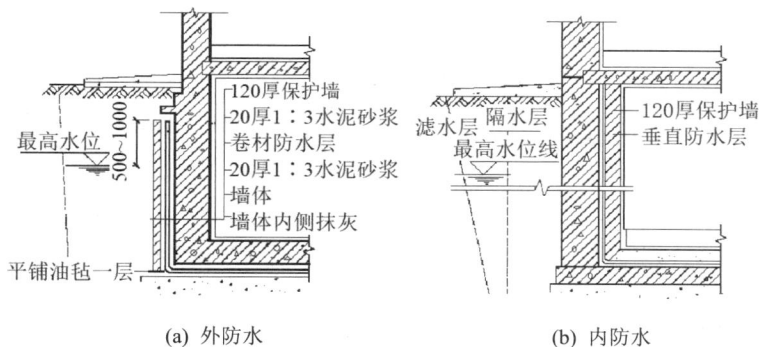

(a) 外防水　　　　　　　　(b) 内防水

图 2.19　地下室卷材防水构造

地下室细部节点
防水施工.mp4

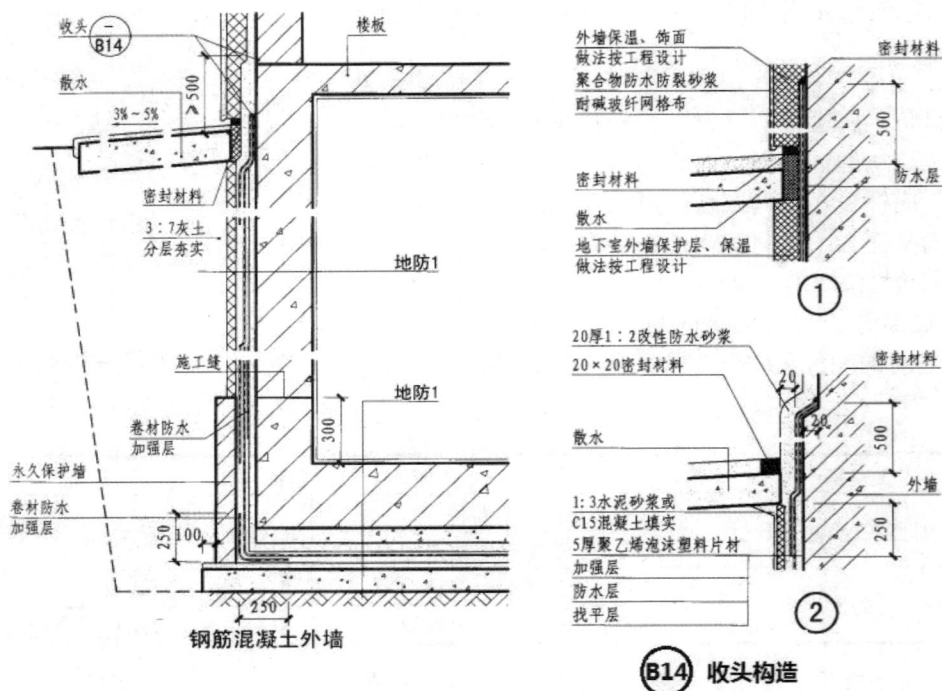

(c) 地下室卷材外防水构造详图

图 2.19　地下室卷材防水构造(续)

2.5　单　元　小　结

内　容	知识要点	能力要求
地基与基础概述	地基、基础的概念，人工加固地基的方法	掌握地基与基础的概念，了解加固地基的方法
基础的埋置深度及影响因素	基础埋深的概念，影响基础埋深的因素	掌握基础埋深的概念，熟悉影响基础埋深的因素
基础的类型与构造	无筋扩展基础、扩展基础、独立基础、条形基础、井格基础、筏形基础、箱形基础、桩基础	掌握常见基础的分类，熟悉基础的一般构造形式
地下室构造	地下室的防潮构造、防水构造做法	掌握地下室的防潮、防水构造

2.6　复习思考题

一、名词解释

1. 地基　2. 基础　3. 基础埋深　4. 扩展基础　5. 无筋扩展基础

二、选择题

1. 当建筑物为柱承重且柱距较大时宜采用_____。
    A. 独立基础　　　B. 条形基础　　　C. 井格基础　　　D. 筏形基础
2. 基础埋置深度不超过_____时，叫浅基础。
    A. 500 mm　　　B. 5 m　　　C. 6 m　　　D. 5.5 m
3. 基础设计中，在连续的墙下或密集的柱下，宜采用_____。
    A. 独立基础　　　B. 条形基础　　　C. 井格基础　　　D. 筏形基础
4. 以下基础中，刚性角最大的基础通常是_____。
    A. 混凝土基础　　　B. 砖基础　　　C. 砌体基础　　　D. 石基础
5. 属于扩展基础的是_____。
    A. 砖基础　　　B. 毛石基础　　　C. 混凝土基础　　　D. 钢筋混凝土基础
6. 直接在上面建造房屋的土层称为_____。
    A. 原土地基　　　B. 天然地基　　　C. 人造地基　　　D. 人工地基
7. 对于大量砖混结构的多层建筑的基础，通常采用_____。
    A. 独立基础　　　B. 条形基础　　　C. 筏形基础　　　D. 箱形基础

三、简答题

1. 地基和基础有何区别？无筋扩展基础为什么要考虑刚性角？
2. 天然地基和人工地基有何区别？人工加固地基的方法有哪些？
3. 影响基础埋深的因素有哪些？
4. 简述地下室防水的构造做法。

第 3 章 墙 体

内容提要：本章介绍墙体的作用、分类、设计要求与墙体的细部构造。重点讲述砖墙的材料、组砌方式和细部构造，常用隔墙的特点和构造，常用墙面装饰的类型和构造，墙体的节能构造。

教学目标：

- 掌握墙体的作用、分类和墙体承重方案；
- 了解墙体的设计要求；
- 掌握砖墙的细部构造、隔墙的构造；
- 了解墙面装饰的用途与分类，掌握常用墙面装饰构造；
- 掌握建筑外墙的节能构造。

墙体是建筑物的重要组成部分。墙体的自重、工程量及造价往往在建筑物的所有构件中占的份额最大。所以，在工程设计中合理地选择墙体材料、结构方案及构造做法十分重要。

3.1 墙体的基本知识

在一般民用建筑中，墙和楼板统称为主体工程。墙的造价占工程总造价的 30%～40%，墙的重量占房屋总重量的 40%～65%。墙体的材料和构造方法直接影响房屋的使用质量、自重、造价、材料消耗和施工工期。

3.1.1 墙体的作用

1. 承重作用

承重墙承担建筑的屋顶、楼板传给它的荷载，以及自身荷载、风荷载，是砖混结构、混合结构建筑的主要承重构件。

2. 围护作用

外墙起着抵御自然界中风、霜、雨、雪的侵袭，防止太阳辐射、噪声的干扰和保温、隔热等作用，是建筑围护结构的主体。

3. 分隔作用

外墙体界定室内与室外空间。内墙体是建筑水平方向划分空间的构件，把建筑内部划分成若干房间或使用空间。

墙体不一定同时具有上述三个作用，根据建筑的结构形式和墙体的位置情况，往往只具备其中的一两个作用。

3.1.2 墙体的类型

根据墙体在建筑物中的承重情况、材料选用、位置和施工方式等的不同，可将墙体分为不同的类型。

1. 按墙体的承重情况分类

按墙体的承重情况可分为承重墙和非承重墙两类。承担楼板、屋顶等构件传来荷载的墙称为承重墙；不承担其他构件传来荷载的墙称为非承重墙。非承重墙包括自承重墙和隔墙。自承重墙不承担外来荷载，只承受自身重量，并将重量传给下部构件。隔墙仅起分隔房间的作用，其重量由其下部的梁或楼板承担。

2. 按墙体材料分类

墙体按其所用材料分类有很多种，较常见的有用砖和砂浆砌筑的砖墙；用石块和砂浆砌筑的石墙；用工业废料制作各种砌块砌筑的砌块墙；钢筋混凝土墙；墙体板材通过设置骨架或无骨架方式固定形成的板材墙等。

3. 按墙体在建筑物中的位置和走向分类

墙体按其所在位置可分为外墙、内墙。沿建筑物四周边缘布置的墙体称为外墙。被外墙所包围的墙体称为内墙。沿着建筑物短轴方向布置的墙体称为横墙，横墙有内横墙、外横墙之分，位于建筑物两端的外横墙俗称山墙。沿着建筑物长轴方向布置的墙体称为纵墙，纵墙有内纵墙、外纵墙之分，如图 3.1 所示。在同一道墙上，门窗洞口之间的墙体称为窗间墙，门窗洞口上、下的墙体分别称为窗上墙、窗下墙。

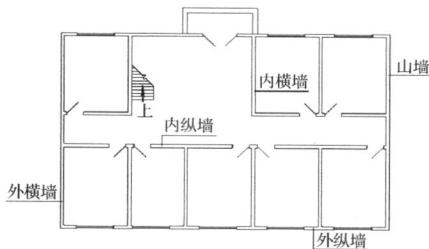

图 3.1 墙体各部分的名称

4. 按墙体的施工方式分类

墙体按施工方式可分为块材墙、板筑墙和板材墙三种。块材墙又称叠砌墙，是用砂浆等胶结材料将砖、石块、中小型砌块等组砌而成的，如实砌砖墙、砌块墙等。板筑墙是在墙体部位设置模板现浇而成的墙体，如夯土墙、滑模或大模板现浇钢筋混凝土墙。板材墙是将预先制成的墙体构件运至施工现场，然后安装、拼接而成的墙体，如预制混凝土大板墙、石膏板墙、金属面板墙和各种幕墙等。

3.1.3 墙体的承重方案

墙体有四种承重方案：横墙承重、纵墙承重、纵横墙混合承重和墙与柱混合承重，如图 3.2 所示。

1. 横墙承重

横墙承重是将楼板、屋面板等水平承重构件搁置在横墙上，如图 3.2(a)所示，楼面、屋面荷载通过结构板依次传递给横墙、基础以及地基。通常建筑的横墙间距要小于纵墙间距，因此水平承重构件的跨度小、截面高度也小，可以节省钢材和混凝土用量。由于横墙起主要承重作用且间距较密，建筑物的横向刚度较强，整体性好，因此有利于抵抗水平荷载(风荷载、地震作用等)和调整地基不均匀沉降。由于纵墙是非承重墙，因此内纵墙可自由布置，在外纵墙上开设门窗洞口较为灵活。但是横墙间距受到最大间距的限制，建筑开间尺寸不够灵活，且墙体所占的面积较大，相应地降低了建筑面积的使用率。横墙承重方案适用于房间开间尺寸不大，房间面积较小的建筑物，如宿舍、旅馆和住宅等。

横墙承重体系.mp4

纵横墙承重体系.mp4

2. 纵墙承重

纵墙承重是将楼板、屋面板等水平承重构件搁置在纵墙上，横墙只起分隔空间和连接纵墙的作用，如图 3.2(b)所示。楼面、屋面荷载通过结构板依次传递给纵墙、基础以及地基。由于横墙是非承重墙，因此可以灵活布置，可增大横墙间距，分隔出较大的使用空间。由于横墙不承重，自身的强度和刚度较低，抵抗水平荷载的能力比横墙承重差；水平承重构件的跨度较大，其截面高度增加，单件重量较大，施工要求高；承重纵墙上开设门窗洞口有一定限制，不易组织采光、通风。纵墙承重方案适用于使用上要求有较大空间的建筑，如办公楼、商店、餐厅等。

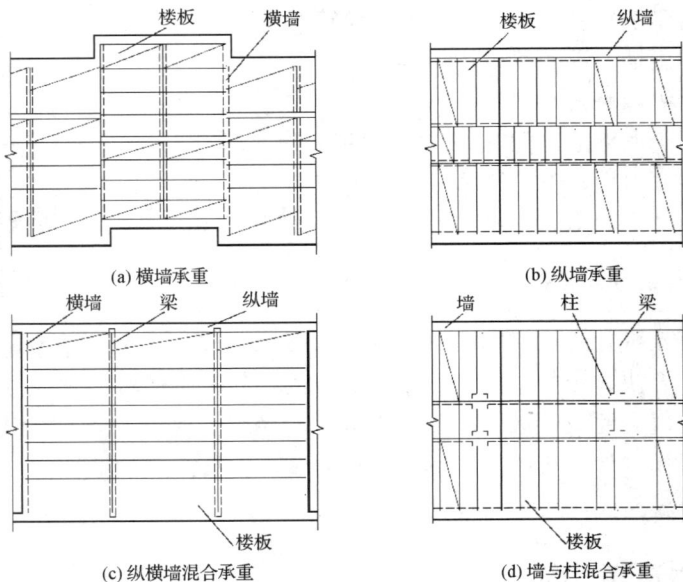

(a) 横墙承重

(b) 纵墙承重

(c) 纵横墙混合承重

(d) 墙与柱混合承重

图 3.2　墙体的承重方案

3. 纵横墙混合承重

纵横墙混合承重方案中的承重墙体由纵横两个方向的墙体组成，如图 3.2(c)所示。纵横墙混合承重方式综合了横墙承重和纵墙承重的优点，房屋刚度较好，平面布置灵活，可根据建筑功能的需要而综合运用。但水平承重构件类型较多，施工复杂，墙体所占面积较大，降低了建筑面积的使用率，墙体材料消耗较多。纵横墙混合承重方案适用于房间开间、进深变化较多的建筑，如医院、幼儿园、教学楼和阅览室等。

4. 墙与柱混合承重

墙与柱混合承重方案是建筑物内部采用柱、梁组成的内框架承重，四周采用墙承重。由墙和柱共同承担水平承重构件传来的荷载，又称内骨架结构，如图 3.2(d)所示。建筑物的强度和刚度较好，可形成较大的室内空间。墙与柱混合承重方案适用于室内需要较大空间的建筑，如大型商店、餐厅、阅览室等。

建筑物采用哪种承重方案，应结合建筑物的使用功能、平面空间布局、预制构件的加工能力和施工技术水平等进行综合分析比较后，合理地确定。

3.2 墙体的设计要求

墙体设计应满足以下要求。

1. 具有足够的强度和稳定性

强度是指墙体承受荷载的能力，它与墙体采用的材料、材料强度等级、墙体的截面积、构造和施工方式有关。如钢筋混凝土墙体比同截面的砖墙强度高；强度等级高的砖和砂浆所砌筑的墙体比强度等级低的砖和砂浆所砌筑的墙体强度高；相同材料和相同强度等级的墙体相比，截面积大的墙体强度高。作为承重墙的墙体，必须具有足够的强度以保证结构的安全。

墙体的稳定性也关系到墙体是否可以正常使用。墙体的稳定性与墙体的厚度、高度和长度有关。高而薄的墙体比矮而厚的墙体稳定性差；长而薄的墙体比短而厚的墙体稳定性差；两端有固定的墙体比两端无固定的墙体稳定性好。在墙体的长度和高度确定之后，一般可以采用增加墙体厚度，提高墙体材料强度等级，增设墙垛、壁柱、圈梁、构造柱等措施，增加墙体的稳定性。

2. 满足隔声要求

为了使人们获得安静舒适的工作、生活环境，避免相互干扰，要求墙体有良好的隔声性能，并应符合国家有关隔声标准的要求。

结构隔绝空气传声的能力，主要取决于墙体的单位面积质量(面密度)，面密度越大，隔声性能越好，故在进行墙体设计时，应尽量选择面密度(kg/m²)大的材料。另外，适当增加墙体厚度，选用密度大的墙体材料，设置中空墙或双层墙均是提高墙体的隔声能力的有效措施。我国的《民用建筑隔声设计规范》(GB 50118—2010)中规定，无特殊要求的住宅分户墙的隔声标准为≥45 dB；学校一般教室与教室之间的隔墙隔声标准为≥45 dB 等。采用双面抹灰的半砖墙能满足隔声要求。

3. 满足热工要求

外墙是建筑围护结构的主体，其热工性能的好坏会给建筑物的使用及能耗带来直接的影响。按照现行《民用建筑热工设计规范》(GB 50176—2016)规定，我国建筑热工设计区划分为两级，按一级区划指标共划分 5 个热工设计分区(见表 3.1)。

建筑物热工设计应与地区气候相适应，热工要求主要是考虑墙体的保温与隔热性，以适宜的温度满足人们的生活和工作需要。有关墙体保温与隔热的技术构造见本章 3.6 节墙体的节能构造。

表 3.1　建筑热工设计一级区划指标及设计原则

一级区划名称	区划指标		设计原则
	主要指标	辅助指标(日平均温度)	
严寒地区	$t_{\min \cdot m} \leqslant -10℃$	$145 \leqslant d_{\leqslant 5}$	必须充分满足冬季保温要求，一般可以不考虑夏季防热
寒冷地区	$-10℃ < t_{\min \cdot m} \leqslant 0℃$	$90 \leqslant d_{\leqslant 5} < 145$	应满足冬季保温要求，部分地区兼顾夏季防热
夏热冬冷地区	$0℃ < t_{\min \cdot m} \leqslant 10℃$ $25℃ < t_{\max \cdot m} \leqslant 30℃$	$0 \leqslant d_{\leqslant 5} < 90$ $40 \leqslant d_{\geqslant 25} < 110$	必须满足夏季防热要求，适当兼顾冬季保温
夏热冬暖地区	$10℃ < t_{\min \cdot m}$ $25℃ < t_{\max \cdot m} \leqslant 29℃$	$100 \leqslant d_{\geqslant 25} < 200$	必须充分满足夏季防热要求，一般可不考虑冬季保温
温和地区	$0℃ < t_{\min \cdot m} \leqslant 13℃$ $18℃ < t_{\max \cdot m} \leqslant 25℃$	$0 \leqslant d_{\leqslant 25} < 90$	部分地区应考虑冬季保温，一般可不考虑夏季防热

注：$t_{\min \cdot m}$ 为最冷月平均温度，$t_{\max \cdot m}$ 为最热月平均温度，$d_{\leqslant 5}$ 为小于 5℃的天数。

4. 满足防火要求

作为建筑墙体的材料及厚度，应满足《建筑设计防火规范(2018 版)》(GB 50016—2014)的要求。当建筑的单层建筑面积或长度达到一定指标时，应划分防火分区，以防止火灾蔓延，防火分区一般利用防火墙进行分隔。防火墙应采用非燃烧体制作，且耐火极限不低于 3 h，参见表 0.8。

5. 满足防水防潮要求

地下室的墙体应满足防潮、防水要求。卫生间、厨房、实验室等用水房间的墙体应满足防潮、防水、易清洗、耐摩擦和耐腐蚀的要求。应根据不同的部位，选用良好的防潮、防水材料及恰当的构造做法，以保证墙体的坚固耐久，室内有良好的卫生环境。

6. 满足建筑工业化要求

墙体作为建筑物的主体工程之一，工程量占据相当大的比重。建筑节能和建筑工业化的发展要求改革以普通黏性土砖为主的墙体材料，发展和应用新型的轻质高强砌墙材料、装配式墙体材料与构造方案，减轻墙体自重，提高施工效率，降低劳动强度，降低工程造价，为生产工厂化、施工机械化创造条件。

3.3 墙体的构造

我国使用砖墙有着悠久的历史。砖墙是由砖和砂浆按一定的规律和砌筑方式组合成的砖砌体。其优点表现在保温、隔热、隔声和防火性能较好，且取材容易、制作简单，有一定承载能力；缺点是施工速度慢、劳动强度大、自重大。但砖墙在今后一段时期内仍将广泛采用。随着建筑节能和建筑工业化要求，黏性土砖的应用将逐步被新型环保、节能砌墙材料所代替。

3.3.1 墙体材料

1. 墙体块材类型和强度等级

砌筑体结构是由块材组砌而成，墙体块材的类型有烧结类砖、非烧结类砖、混凝土小型空心砌块和石材四类。

(1) 烧结类砖包括烧结普通砖、烧结多孔砖和烧结空心砖。

烧结普通砖是指以黏土、页岩、煤矸石、粉煤灰、建筑渣土、淤泥(江河湖淤泥)、污泥等为主要原料，经焙烧而成主要用于建筑物承重部位的普通砖(以下简称砖)。其中黏土砖(标准砖)的尺寸关系如图 3.3 所示。其公称尺寸 240 mm×115 mm×53 mm，强度等级分为 MU30、MU25、MU20、MU15、MU10 五个等级。

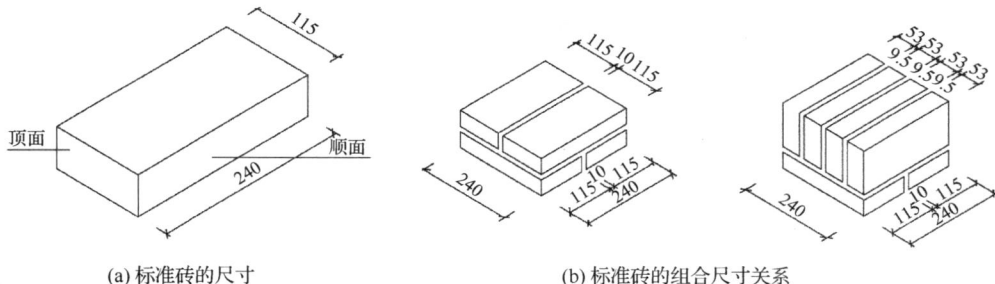

(a) 标准砖的尺寸　　　　　　　(b) 标准砖的组合尺寸关系

图 3.3　标准砖的尺寸关系

烧结多孔砖是指以黏土、页岩、煤矸石、粉煤灰、淤泥(江河湖淤泥)及其他固体废弃物为主要原料，经焙烧而成主要适用于建筑物承重部位的多孔砖。孔洞率不小于 15%，孔形(竖向)为圆孔或非圆孔。孔洞的尺寸小而数量多。目前多孔砖分为 P 型砖和 M 型砖。其强度等级分为 MU30、MU25、MU20、MU15、MU10 五个等级。

烧结空心砖以黏土、页岩、煤矸石、粉煤灰、淤泥(江、河、湖等淤泥)、建筑渣土及其他固体废弃物为主要原料，经焙烧而成，孔洞率≥35%，孔的直径大而数量少的砖，常用于建筑物非承重部位。其抗压强度等级分为 MU10、MU7.5、MU5.0、MU3.5 四个等级。

(2) 非烧结类砖包括蒸压灰砂砖、蒸压粉煤灰砖和蒸压加气混凝土砌块。

蒸压灰砂砖是以石灰和砂为主要原料，掺入颜料和外加剂，经坯料制备、压制成型、蒸压养护而成的实心灰砂砖。公称尺寸 240 mm×115 mm×53 mm，强度等级分为 MU25、

MU20、MU15、MU10 四个等级。

蒸压粉煤灰砖是以粉煤灰、生石灰为主要原料，可掺加适量石膏等外加剂和其他集料，经坯料制备、压制成型、高压蒸汽养护而制成的砖。公称尺寸 240 mm×115 mm×53 mm。其强度等级分为 MU30、MU25、MU20、MU15、MU10 五个等级。

蒸压加气混凝土砌块是以硅质材料和钙质材料为主要原材料，掺加发气剂及其他调节材料，通过配料浇注、发气静停、切割、蒸压养护等工艺制成的多孔轻质硅酸盐矩形砌块，可用作承重自承重或保温隔热材料。长度为 600 mm，宽度 100～300 mm，高度 200、240、250、300 mm。其抗压强度等级分为 A1.5、A2.0、A2.5、A3.5、A5.0 五个级别。蒸压加气混凝土防水性能较差，不能用在建筑物室内以下地坪、长期浸水或经常受干湿变换部位、强酸强碱等环境或 80℃以上高温环境。墙体底部应先砌高度不小于 200 mm 的实心砖墙体，或现浇 C25 混凝土坎台，宽度同墙厚。

(3) 混凝土小型空心砌块包括普通混凝土小型空心砌块和轻骨料混凝土小型空心砌块。

普通混凝土小型空心砌块是以碎石或碎卵石为粗骨料制作的混凝土小型空心砌块，主规格尺寸为 390 mm×190 mm×190 mm。其强度等级分为 MU20、MU15、MU10、MU7.5、MU5 五个等级。

轻骨料混凝土小型空心砌块是以浮石、火山渣、煤渣、自然煤矸石、陶粒等粗骨料制作的混凝土小型空心砌块，主规格尺寸为 390 mm×190 mm×190 mm。其强度等级分为 MU15、MU10、MU7.5、MU5.0、MU3.5 五个等级。

(4) 石材包括料石和毛石，即无明显风化的天然石材。

目前在砌体结构中，符合国家建筑节能与墙体改革政策，能较好地替代黏土实心砖的主导墙体材料有混凝土小型空心砌块、烧结多孔砖、蒸压灰砂砖。

实心砖墙的尺寸为砖宽加灰缝(115 mm+10 mm=125 mm)的倍数。砖墙的厚度在工程上习惯以它们的标志尺寸来称呼，如 12 墙、18 墙、24 墙等。其他砌块墙厚度尺寸见表 3.2。

表 3.2 砖墙的厚度尺寸

单位：mm

材 料	砌 体	块材规格(长×宽×高)	墙体厚度
烧结普通砖		240×115×53	120/240/180 等
烧结多孔砖		240×115×90(P 型)	120/240
		190×90×90(M 型)	90
		190×140×90(M 型)	140
		190×190×90(M 型)	190
烧结空心砖		240×115×90	120/240
		190×190×115	190
		240×180×115	180
轻骨料混凝土小型空心砌块、普通混凝土小型砌块		390×90×190	90
		390×140×190	140
		390×190×190	190

续表

材　料	砌　体	块材规格(长×宽×高)	墙体厚度
蒸压加气混凝土砌块		600×125×200(250、300)	125
		600×150×200(250、300)	150
		600×200×200(250、300)	200
		600×250×200(250、300)	250

2. 砂浆

砂浆是砌块的胶结材料，它将砖块黏结在一起形成整体。砂浆的强度对砌体的强度有直接的影响。

砌筑墙体的常用砂浆有水泥砂浆、混合砂浆和石灰砂浆。水泥砂浆属于水硬性材料，强度高，主要用于砌筑地下部分的墙体和基础。石灰砂浆属于气硬性材料，防水性差、强度低，适于砌筑非承重墙或荷载较小的墙体。混合砂浆有较高的强度和良好的可塑性、保水性，在地上砌体中被广泛应用。砂浆强度等级分为 M20、M15、M10、M7.5、M5、M2.5 六个等级。常用的砌筑砂浆有 M10、M7.5、M5、M2.5 四种。

填充墙砌筑砂浆的强度等级：普通砖砌体砌筑砂浆强度等级不应低于 M5.0；蒸压加气混凝土砌块砂浆强度等级不应低于 Ma5.0；混凝土砌块采用的砌筑砂浆强度等级不应低于 Mb5.0；蒸压灰砂普通砖砌体采用的砌筑砂浆强度等级不应低于 Ms5.0。

室内地坪以下及潮湿环境应采用水泥砂浆、预拌砂浆或专用砂浆；蒸压加气混凝土砌块砌体应采用专用砂浆砌筑。

3. 墙体的组砌

1) 烧结普通砖砖墙的组砌方式

烧结普通砖墙在砌筑时应遵循"内外搭接、上下错缝"的原则，砖缝要横平竖直、砂浆饱满、厚薄均匀。砖与砖之间搭接和错缝的距离一般不小于 60 mm。将砖的长边平行于砌体长边砌筑时，称为顺砖；将砖的长边垂直于砌体长边砌筑时，称为顶砖。每排列一层砖称为一皮。常见砖墙砌筑方式有：全顺式、一顺一丁式、两平一侧式、三顺一丁式、每皮丁顺相间式等，如图 3.4 所示。实际中根据墙体厚度、墙面观感和施工便利等进行选择。

(a) 全顺式　(b) 一顺一丁式　(c) 两平一侧式　(d) 三顺一顶式　(e) 每皮丁顺相间式

图 3.4　砖墙的砌筑方式

2) 空斗墙

用普通砖侧砌或平砌与侧砌相结合方式砌成的内空的墙体称为空斗墙。空斗墙中采用侧砌方式砌成的称为无眠空斗墙，如图 3.5(a)所示；采用平砌与侧砌相结合方式砌成的称为有眠空斗墙，如图 3.5(b)所示。空斗墙节省材料，自重轻，隔热性能好，在南方炎热地区一些小型民居中有采用，但该墙体整体性稍差，对砖和施工技术水平要求较高。

3) 空心墙

空心墙又称空腹墙，是由普通黏性土砖砌筑的空斗墙或由空心砖砌筑的具有空腔的墙体。空心砖具有孔洞，较普通砖墙自重小、保温(隔热)性能好、造价低，在要求保温的地区用得较多。空心墙的构造如图 3.6 所示。

墙体细部构造.mp4

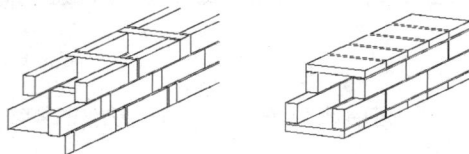

(a) 无眠空斗墙 (b) 有眠空斗墙

图 3.5　空斗墙

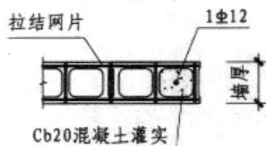

图 3.6　小型空心砌块墙

3.3.2　墙体的细部构造

1. 散水和明沟

散水是沿建筑物外墙四周设置的向外倾斜的坡面，其作用是将屋面下落的雨水排到远处，保护墙基避免雨水侵蚀。散水的宽度一般为 600~1000 mm，散水的坡度一般为 3%~5%。当屋面为自由落水时，散水宽度应比屋面檐口宽出 200 mm 左右，以保证屋面雨水能够落在散水上。散水适用于降雨量较小的地区，通常的做法有砖砌、砖铺、块石、碎石、水泥砂浆和混凝土等，散水的构造如图 3.7 所示。

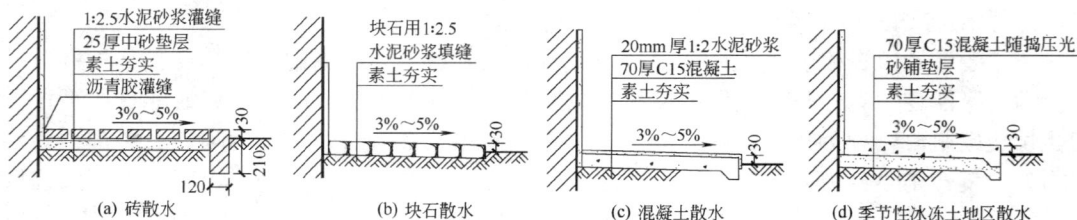

(a) 砖散水　(b) 块石散水　(c) 混凝土散水　(d) 季节性冰冻土地区散水

图 3.7　散水的构造

在季节冰冻地区的散水，需在散水垫层下加设防冻胀层，以免散水被土壤冻胀而破坏。防冻胀层应选用砂石、炉渣灰土和非冻胀材料，其厚度可结合当地经验确定，通常在 300 mm 左右。散水整体面层纵向距离每隔 6~12 m 做一道伸缩缝，缝宽为 20~30 mm，缝内填粗砂，上嵌沥青胶盖缝，以防渗水，散水伸缩缝的构造如图 3.8 所示。

图 3.8　散水伸缩缝的构造

明沟又称阳沟、排水沟，设置在建筑物的外墙四周，以便将屋面落水和地面积水有组织地导向地下排水井，然后流入排水系统，保护外墙基础。明沟一般采用混凝土浇筑，或用砖、石砌筑成宽不少于 180 mm、深不少于 150 mm 的沟槽，然后用水泥砂浆抹面。为保证排水通畅，沟底应有不少于 1%的纵向坡度。明沟适用于降雨

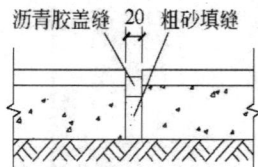

量较大的南方地区，其构造如图 3.9 所示。

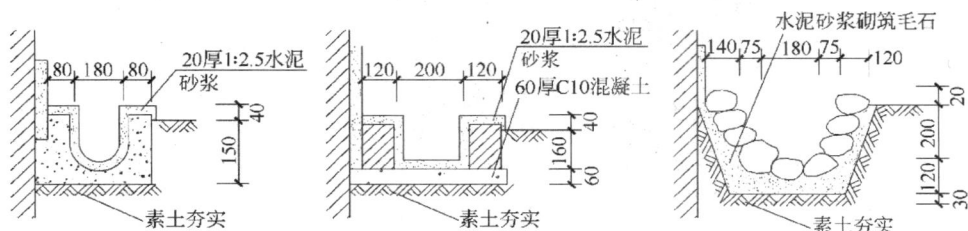

图 3.9　明沟构造

2. 勒脚和踢脚

勒脚是指室内地坪以下、室外地面以上的这段墙体。勒脚的作用是保护近地墙体免受外界环境中的雨、雪或地表水的侵蚀，或人为因素的碰撞、破坏等，而且对建筑立面处理产生一定的效果。所以要求勒脚坚固、防水和美观。勒脚高度一般为室内地坪与室外地坪之高差，一般在 500 mm 以上，也可根据立面需要提高到底层窗台位置。勒脚的做法常有以下几种。

(1) 对一般建筑，采用水泥砂浆抹面或水刷石、斩假石等，如图 3.10(a)所示。

(2) 标准较高的建筑，可贴墙面砖或镶贴天然、人工石材，如花岗石、水磨石等，如图 3.10(b)、3.10(c)所示。

(3) 换用砌墙材料，采用强度高、耐久性和防水性好的墙体材料，如毛石、料石、混凝土等，如图 3.10(d)所示。

为了避免勒脚抹灰经常出现的表皮脱壳现象，施工时应严格遵守操作规程，在构造上采取必要的措施，如切实做好防潮处理，适当加大勒脚抹灰的咬口，将勒脚抹灰伸入散水抹灰以下等措施。

踢脚(踢脚板、踢脚线)是外墙内侧和内墙两侧与室内地坪交接处的构造。踢脚的作用是防止扫地时污染墙面、防潮、保护墙脚和起到室内美化装饰效果。踢脚材料一般和地面相同。踢脚的高度一般在 120～150 mm，如图 3.10 所示。

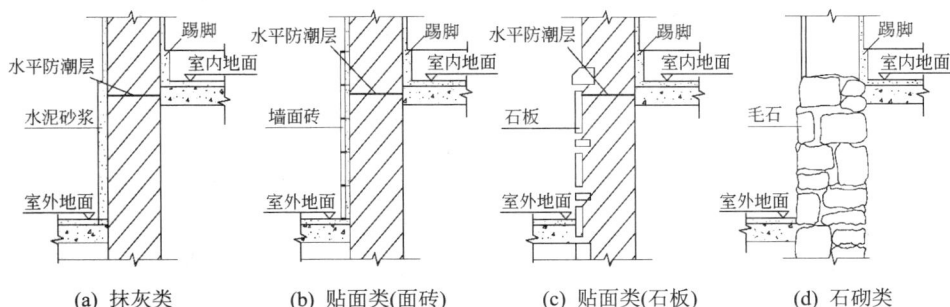

图 3.10　勒脚和踢脚

3. 墙身防潮层

在墙身中设置防潮层的目的是防止土壤中的水分沿基础和墙脚上升，或位于勒脚处的地面水渗入墙内而导致地上部分墙体受潮,以保证建筑的正常使用和安全。因此,必须在内、外墙脚部位连续设置防潮层,有水平防潮层和垂直防潮层两种形式,如图 3.11 所示。

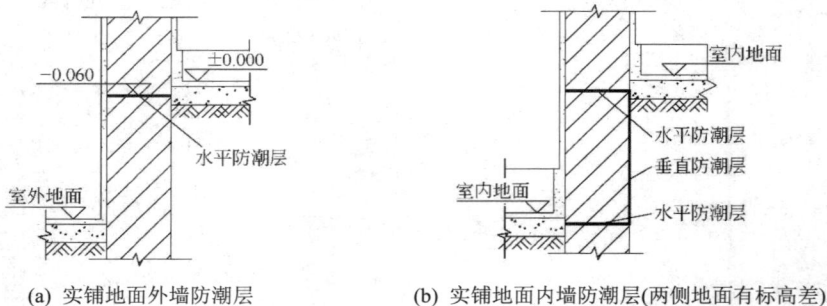

(a) 实铺地面外墙防潮层　　　　　　(b) 实铺地面内墙防潮层(两侧地面有标高差)

图 3.11　防潮层的位置

1) 防潮层的位置

(1) 水平防潮层。水平防潮层一般在室内地面不透水垫层(如混凝土垫层)厚度范围之内,与地面垫层形成一个封闭的隔潮层,通常在-0.060 m 标高处设置,而且至少要高于室外地坪 150 mm,以防雨水溅湿墙身。

(2) 垂直防潮层。当室内地面出现高差或室内地面低于室外地面时,为了保证这两地面之间的墙体干燥,除了要分别按高差不同在墙体内设置两道水平防潮层之外,还要在两道水平防潮层的靠土壤一侧设置一道垂直防潮层。

2) 防潮层的做法

防潮层按所用材料的不同,一般有油毡防潮层、砂浆防潮层、细石混凝土防潮层等做法。防潮层的做法如图 3.12 所示。

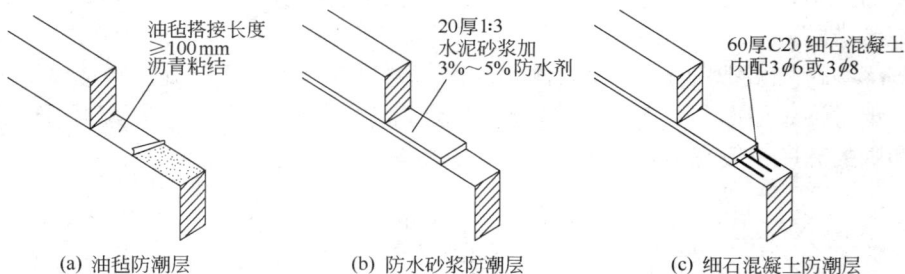

(a) 油毡防潮层　　　　　　(b) 防水砂浆防潮层　　　　　　(c) 细石混凝土防潮层

图 3.12　墙身水平防潮层

(1) 油毡防潮层。油毡防潮层具有一定的韧性、延伸性和良好的防潮性能,但降低了结构的整体性,对抗震不利,油毡防潮层在建筑中已较少采用。

(2) 砂浆防潮层。砂浆防潮层是在防潮层部位抹 20 mm 厚掺入防水剂的 1∶3 水泥砂浆,防水剂的掺入量一般为水泥用量的 3%～5%。或者在防潮层部位用防水砂浆砌筑 4～6 皮砖,同样可以起到防潮层的作用。目前在实际工程中应用较多,特别适用于抗震地区、独立砖柱和扰动较大的砖砌体中。但砂浆属于刚性材料,易产生裂缝,所以在基础沉降量大或有较大振动的建筑中应慎重使用。

(3) 细石混凝土防潮层。细石混凝土防潮层是在防潮层部位铺设 60 mm 厚 C15 或 C20

细石混凝土，内配 $3\phi6$ 或 $3\phi8$ 钢筋以抗裂。由于内配钢筋的混凝土密实性和抗裂性好，防水、防潮性强，且与砖砌体结合紧密，整体性好，故适用于整体刚度要求较高的建筑中，特别是抗震地区。

4. 窗台

窗台是位于窗洞下部的建筑构件，根据位置的不同分为外窗台和内窗台两种形式，如图 3.13 所示。外窗台的主要作用是排水，避免室外雨水沿窗向下流淌时，积聚在窗洞下部并沿窗下框向室内渗透。同时外窗台也是建筑立面细部的重要组成部分。外窗台应有不透水的面层，并向外形成一定的坡度以利于排水。外窗台有悬挑和不悬挑两种。不悬挑窗台如图 3.13(a)所示。悬挑窗台常采用顶砌一皮砖挑出 60 mm，如图 3.13(b)所示；或将一砖侧砌并挑出 60 mm，如图 3.13(c)所示；也可采用预制钢筋混凝土窗台挑出 60 mm，如图 3.13(d)所示。悬挑窗台底部边缘处抹灰时应做滴水线或滴水槽，避免排水时雨水沿窗台底面流至下部墙体污染墙面。

处于阳台位置的窗不受雨水冲刷，通常不设悬挑窗台；当外墙面材料为贴面砖时，因为墙面砖表面光滑，容易被上部淌下的雨水冲刷干净，可不设悬挑窗台，如图 3.13(a)所示，只在窗洞口下部用面砖做成斜坡，现在不少建筑采用这种形式。

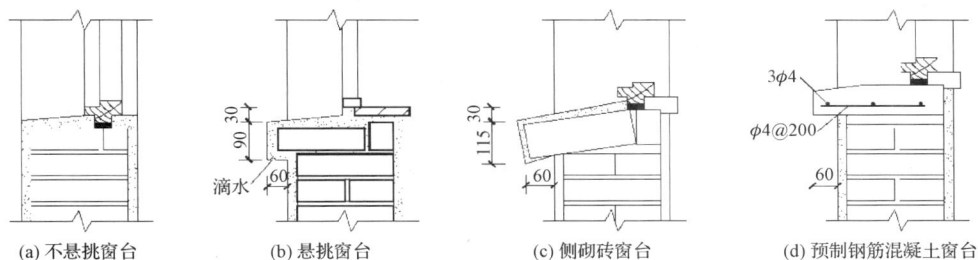

(a) 不悬挑窗台　　(b) 悬挑窗台　　(c) 侧砌砖窗台　　(d) 预制钢筋混凝土窗台

图 3.13　窗台的形式

内窗台可直接用砖砌筑，常常结合室内装饰做成砂浆抹灰、水磨石、贴面砖或天然石材等多种饰面形式。在寒冷地区，室内如为暖气采暖时，为便于安装暖气片，窗台下应预留龛，此时内窗台应采用预制水磨石板或钢筋混凝土板。暖气槽与内窗台的构造如图 3.14 所示。

5. 门窗过梁

当墙体上要开设门窗洞口时，为了承担洞口上部砌体传来的荷载，并把这些荷载传给洞口两侧的墙体，常在门窗洞口上设置横梁，即门窗过梁。过梁的形式较多，常见的有砖拱过梁、钢筋砖过梁和钢筋混凝土过梁三种。

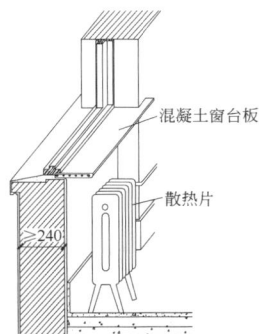

图 3.14　暖气槽与内窗台的构造

1) 砖拱过梁

砖拱过梁的历史悠长，有平拱和弧拱两种类型，其中平拱形式用得较多。砖拱过梁应事先设置胎模，由砖侧砌而成，拱中的砖垂直放置，称为拱心。两侧砖对称于拱心分别向两侧倾斜，灰缝上宽下窄，靠材料之间产生的挤压摩擦力来支撑上部墙体。为了使砖拱能更好地工作，平拱的中心应比拱的两端略高，为跨度的 1/100～1/50。砖拱过梁如图 3.15 所示。砖砌平拱过梁适用跨度一般不大于 1.2 m。砖拱过梁可节约钢材和水泥，但施工麻烦、过梁整体性较差，不适用于过梁上部有集中荷载、振动较大、地基承载力不均匀以及地震区的建筑。

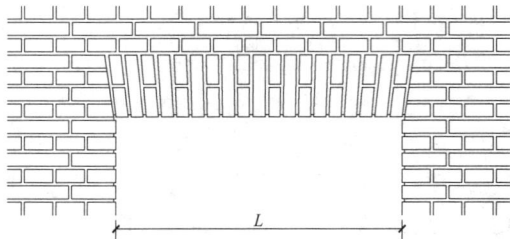

图 3.15　砖拱过梁

2) 钢筋砖过梁

钢筋砖过梁是由平砖砌筑，并在砖缝中加设适量钢筋而形成的过梁。该梁的适宜跨度为 1.5 m 左右，且施工简单，所以在无集中荷载的门窗洞口上应用比较广泛。

钢筋砖过梁的构造要求是：①应用强度等级不低于 MU7.5 的砖和不低于 M5 的砂浆砌筑；②过梁的高度应在 5 皮砖以上，且不小于洞口跨度的 1/4；③$\phi 6$ 钢筋放置于洞口上部的砂浆层内，砂浆层为 30 mm 厚 1∶3 水泥砂浆，也可以放置于洞口上部第 1 皮砖和第 2 皮砖之间，钢筋两端伸入墙内不少于 240 mm，并做 60 mm 高的垂直弯钩。钢筋直径不小于 $\phi 5$，根数不少于 2 根，间距≤120 mm。钢筋砖过梁的构造如图 3.16 所示。

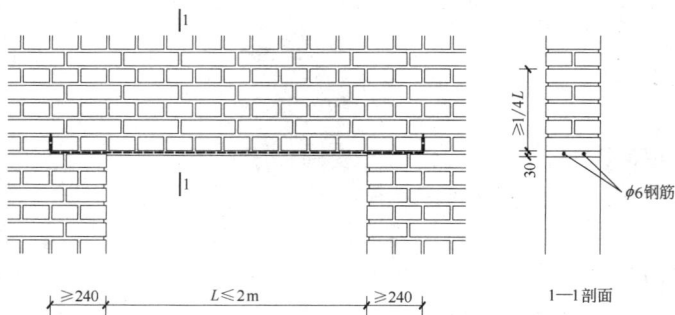

砖过梁.mp4

图 3.16　钢筋砖过梁

3) 钢筋混凝土过梁

钢筋混凝土过梁的承载能力强，跨度可超过 2 m，施工简便，目前已被广泛采用。按照施工方式不同，钢筋混凝土过梁分为现浇和预制两种，截面尺寸及配筋应由计算确定。过梁的高度应与砖的皮数尺寸相配合，以便于墙体的连续砌筑，常见的梁高为 120 mm、180 mm、240 mm。过梁的宽度通常与墙厚相同，当墙面不抹灰为清水墙结构时，其宽度应比墙小 20 mm。为了避免局压破坏，过梁两端伸入墙体的长度都不应小于 240 mm。

过梁的截面形式有矩形和 L 形两种，如图 3.17 所示。矩形过梁多用于内墙或南方地区的混水墙。钢筋混凝土的导热系数比砖砌体的导热系数大，为避免过梁处产生热桥效应，内壁结露，在严寒及寒冷地区，外墙或清水墙中多用 L 形过梁。钢筋混凝土门洞口过梁做法举例如图 3.18 所示。

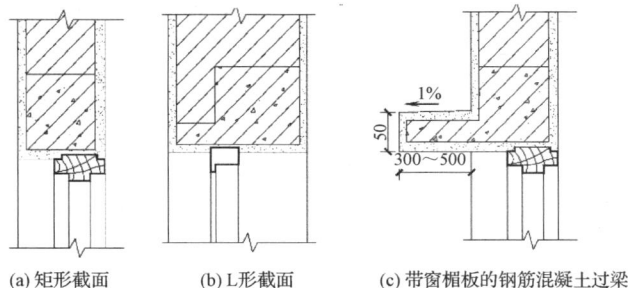

(a) 矩形截面　　(b) L形截面　　(c) 带窗楣板的钢筋混凝土过梁

图 3.17　钢筋混凝土过梁

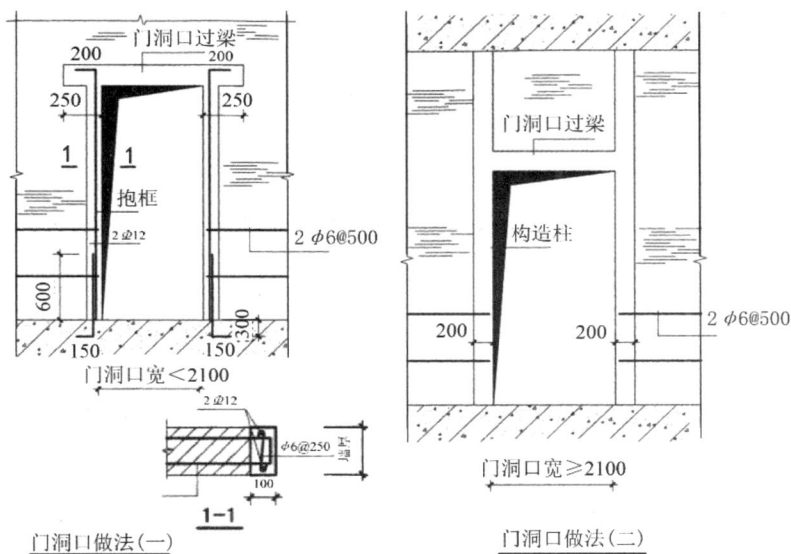

门洞口做法(一)　　　　　　门洞口做法(二)

图 3.18　门洞口过梁做法

6. 圈梁

圈梁是沿建筑物外墙及部分内墙设置的连续水平闭合的梁。圈梁能增加预制楼面的整体性，是提高房屋抗震能力的有效措施。圈梁与构造柱一起形成对墙体的约束，是确保房屋整体性的重要措施。按不同的设防烈度对圈梁最大间距提出强制性要求。历次的震害资料表明，现浇楼面有良好的整体性，不需要另设圈梁，但楼板沿纵横墙体的周边应加强配筋，并通过钢筋与相应构造柱可靠连接形成对墙体的约束。

钢筋混凝土圈梁的高度应与砖的皮数相配合，以方便墙体的连续砌筑，一般不小于 120 mm。圈梁的宽度宜与墙体的厚度相同，且不小于 180 mm，在寒冷地区可略小于墙厚，但不宜小于墙厚的 2/3。圈梁一般是按构造要求配置钢筋，7、8、9 度时纵向钢筋分别不小于 $4\phi10$、$4\phi12$、$4\phi14$，而且要对称布置；箍筋间距分别不大于 250 mm、200 mm 和 150 mm。圈梁混凝土强度等级不应低于 C25。

圈梁应该在同一水平面上连续、封闭，当被门窗洞口截断时，应就近在洞口上部或下部设置附加圈梁，其配筋和混凝土强度等级不变。附加圈梁与圈梁搭接长度不应小于二者垂直间距的两倍，且不得小于 1.0 m，附加圈梁如图 3.19 所示。地震设防地区的圈梁应当完全封闭，不宜被洞口截断。

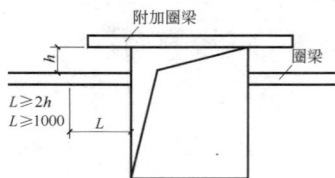

图 3.19　附加圈梁

7. 构造柱

依据最新《建筑与市政工程抗震通用规范》(GB 55002-2021)，构造柱的主要作用是对墙体形成约束，以显著提高其变形能力。根据地震经验和大量的试验研究成果，设置钢筋混凝土构造柱是防止砖房倒塌的十分有效的途径。研究表明，构造柱可提高砌体抗剪能力约 10%~30%，其提高的幅度与墙体高宽比、正应力大小和开洞情况有关。构造柱应根据房屋用途、结构部位、设防烈度和该部位承担地震剪力的大小来设置。构造柱应设置在震害可能较重、连接构造薄弱和易于应力集中的部位。构造柱截面不必很大，但要与圈梁等水平的钢筋混凝土构件组成对墙体的分割包围才能充分发挥其约束作用。

1) 构造柱的构造

《建筑抗震设计规范》(GB50011—2010)规定，构造柱最小截面可采用 180 mm×240 mm(墙厚 190 mm 时为 180 mm×190 mm)，纵向钢筋宜采用 $4\phi12$，箍筋间距不宜大于 250 mm，且在柱上下端宜适当加密；6、7 度时超过 6 层，8 度时超过 5 层和 9 度时，构造柱纵向钢筋宜采用 $4\phi14$，箍筋间距不应大于 200 mm；房屋四角的构造柱可适当加大截面及配筋。构造柱混凝土强度等级不应低于 C25。

2) 构造柱与墙体的连接

钢筋混凝土构造柱不需设计基础，但其下端应伸入基础梁内或伸入室外地坪以下 500 mm 处。施工时必须先砌墙，后浇柱，构造柱与墙连接处宜砌成马牙槎，从下部开始每隔 300 mm 先退后进 60 mm，并应沿墙高每隔 500 mm 设 $2\phi6$ 拉结钢筋，每边伸入墙内不宜小于 1 m，如图 3.20 和图 3.21 所示。

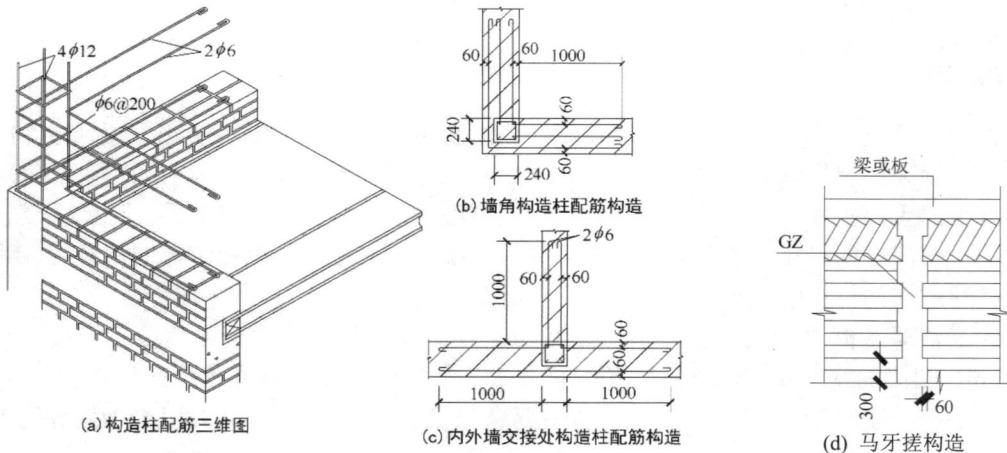

(a) 构造柱配筋三维图

(b) 墙角构造柱配筋构造

(c) 内外墙交接处构造柱配筋构造

(d) 马牙搓构造

图 3.20　钢筋混凝土构造柱

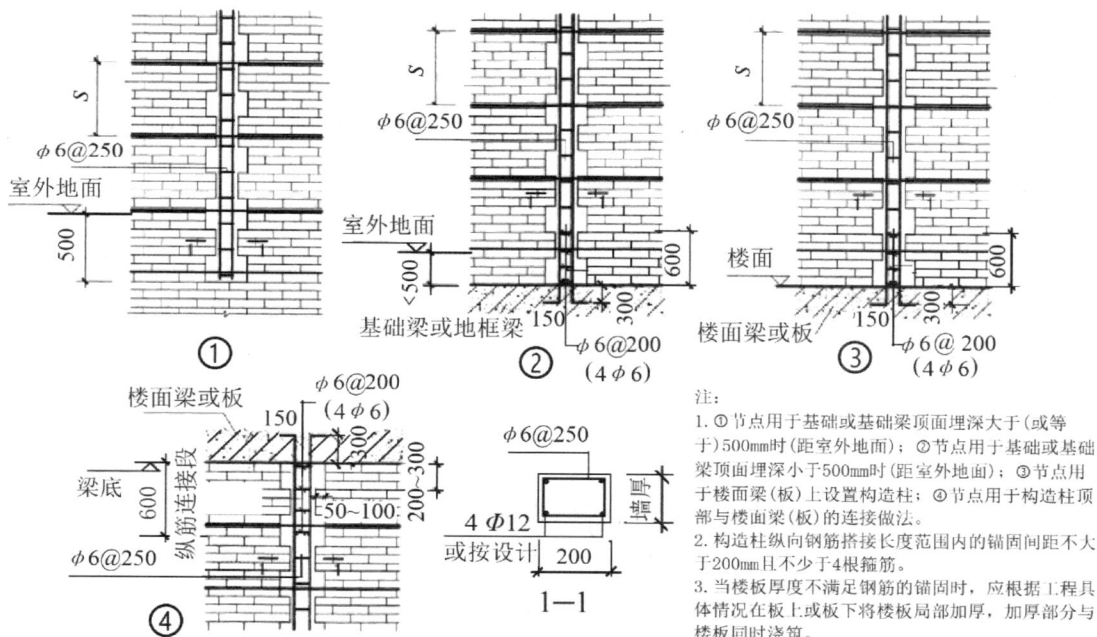

注:
1. ①节点用于基础或基础梁顶面埋深大于(或等于)500mm时(距室外地面); ②节点用于基础或基础梁顶面埋深小于500mm时(距室外地面); ③节点用于楼面梁(板)上设置构造柱; ④节点用于构造柱顶部与楼面梁(板)的连接做法。
2. 构造柱纵向钢筋搭接长度范围内的锚固间距不大于200mm且不少于4根箍筋。
3. 当楼板厚度不满足钢筋的锚固时,应根据工程具体情况在板上或板下将楼板局部加厚,加厚部分与楼板同时浇筑。

图 3.21　构造柱详图

8. 墙中孔道

砖墙中的竖向孔道主要有通风道、烟道、垃圾道等。通风道是排除室内不良气体或者输送新鲜空气的管道、井道。烟道是排放各种烟气的管道、井道。管道井、烟道和通风道应用不燃性材料制作,且应分别独立设置,不得共用。管道井的设置应符合下列规定。垃圾道由于在管理不善时容易对周围环境造成较大影响,住宅不宜设置,应根据垃圾收集方式设置相应设施。

(1) 在安全、防火和卫生等方面互有影响的管线不应敷设在同一管道井内。

(2) 管道井的断面尺寸应满足管道安装、检修所需空间的要求。当井内设置壁装设备时,井壁应满足承重、安装要求。

(3) 管道井壁、检修门、管井开洞的封堵做法等应符合现行国家标准《建筑设计防火规范(2018 版)》(GB 50016—2014)的有关规定。卫生间楼层烟道的构造举例如图 3.22 所示。

(4) 管道井宜在每层临公共区域的一侧设检修门,检修门门槛或井内楼地面宜高出本层楼地面,且不应小于 0.1 m。

(5) 电气管线使用的管道井不宜与厕所、卫生间、盥洗室和浴室等经常积水的潮湿场所贴邻设置。弱电管线与强电管线宜分别设置管道井。

(6) 设有电气设备的管道井,其内部环境应保证设备正常运行。

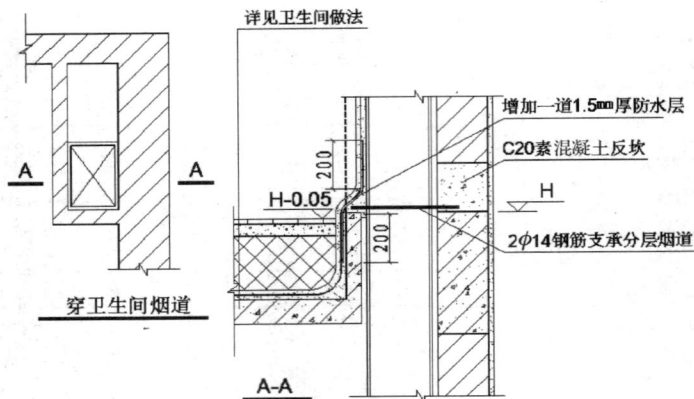

图 3.22　卫生间楼层烟道的构造

3.4　隔墙构造

隔墙是分隔建筑物内部空间的非承重内墙。隔墙要求重量轻，为了增加建筑的有效使用面积，隔墙在满足稳定的前提下，厚度应尽量薄。要求隔墙便于安装与拆卸，结合房间不同的使用要求，如厨房、卫生间等还应具备防火、防潮、防水和隔声等性能。隔墙根据其材料和施工方式不同，可以分成砌筑隔墙、立筋隔墙和板材隔墙。

3.4.1　砌筑隔墙

砌筑隔墙有砖砌隔墙和砌块隔墙两种。砖砌隔墙自重较大，现场湿作业较大，但经过抹灰装饰后隔声效果较好。

1. 砖砌隔墙

砖砌隔墙多采用普通砖砌筑，有 1/4 砖墙和 1/2 砖墙两种。其中 1/2 砖砌隔墙应用较广，构造如图 3.23 所示。

1/4 砖砌隔墙采用标准砖侧砌而成，标志尺寸是 60 mm，砌筑砂浆的强度不应低于 M5。因其厚度薄，稳定性差，高度不应大于 2.8 m，长度不应大于 3.0 m，一般应用于建筑内部一些不设门窗的小房间的墙体，如厕所、卫生间的隔墙，并且采取加固措施，办法是沿墙体高度方向每隔 500～700 mm 设 $2\phi4$(或 $1\phi6$)通长拉结钢筋，并与两端的主墙或柱连接牢固，内放拉结钢筋的砂浆灰缝厚度宜为 30 mm。

1/2 砖砌隔墙又称半砖隔墙，标志尺寸是 120 mm，采用全顺式砌筑而成，砌筑砂浆强度不应低于 M5。由于隔墙的厚度较薄，应控制墙体的长度和高度，以确保墙体的稳定。当墙体的高度超过 3.0 m 或长度超过 5.0 m 时，应当采取加固措施。具体方法是在墙内每隔 500～700 mm 设 $2\phi6$ 通长拉结钢筋，并与两端的承重墙或柱连接牢固，内放拉结钢筋的砂浆灰缝厚度宜为 30 mm。同时，为使隔墙的上端与楼板之间结合紧密，隔墙顶部采用斜砌立砖一皮或每隔 1.0 m 用木楔打紧，用砂浆填缝。

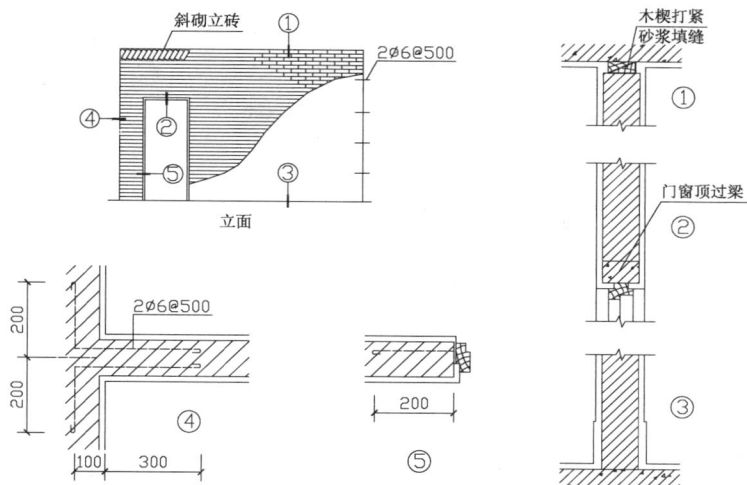

图 3.23 1/2 砖砌隔墙的构造

2. 砌块隔墙

为了减轻隔墙自重和节约用砖，可采用轻质砌块来砌筑隔墙。目前应用较多的砌块有：炉渣混凝土砌块、陶粒混凝土砌块、加气混凝土砌块等。砌块隔墙厚度由砌块尺寸决定。由于砌块墙吸水性强，一般不在潮湿环境中应用。在砌筑时应先在墙下部实砌三皮实心砖，再砌砌块。砌块不够整块时宜用实心砖填补，砌块隔墙的加固措施与普通砖隔墙相同。

3.4.2 立筋隔墙

立筋隔墙由骨架和面板两部分组成，一般采用木材、铝合金或薄壁型钢等做成骨架，然后将面板通过钉结或粘贴在骨架上形成。常用的面板有板条抹灰、钢丝网抹灰、纸面石膏板、纤维板、吸声板等。这种隔墙自重轻、厚度薄、安装与拆卸方便，在建筑中应用较广泛。

1. 板条抹灰隔墙

板条抹灰隔墙的特点是耗费木材多、防火性能差、不适用于潮湿环境，如厨房、卫生间等隔墙。板条抹灰隔墙是由上槛、下槛、立筋(龙骨、墙筋)和斜撑等构件组成木骨架，在立筋上沿横向钉上板条，然后抹灰而成。板条抹灰隔墙的构造如图 3.24 所示。

具体做法是：先立边框立筋，撑稳上槛、下槛并分别固定在顶棚和楼板(或砖垄)上，每隔 500～700 mm 将立筋固定在上下槛上，然后沿立筋每隔 1.5 m 左右设一道斜撑以加固立筋。立筋一般采用 50 mm×70 mm 或 50 mm×100 mm 的木方。灰板条钉在立筋上，板条之间在垂直方向应留出 6～10 mm 的缝隙，以便抹灰时灰浆能够挤入缝隙之中，与灰板条黏结。灰板条的接头应在立筋上，且接头处应留出 3～5 mm 的缝隙，以利伸缩，防止抹灰后灰板条膨胀相顶而弯曲，灰板的接头连续高度应不超过 0.5 m，以免出现通长裂缝。为了使抹灰层黏结牢固和防止开裂，砂浆中应掺入适量的草筋、麻刀或其他纤维材料。为了保证墙体干燥，常常在下槛下方先砌三皮砖，形成砖垄。

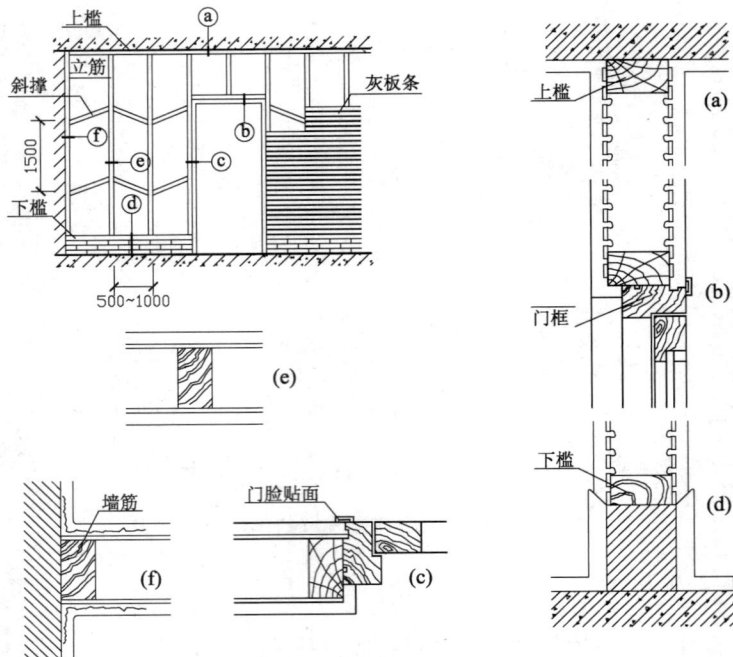

图 3.24　板条抹灰隔墙的构造

2. 立筋面板隔墙

立筋面板隔墙的面板材料采用胶合板、纤维板、石膏板或其他轻质薄板。胶合板、纤维板是以木材为原料，多采用木骨架。石膏板多采用石膏或轻金属骨架。木骨架的做法同板条抹灰隔墙。金属骨架通常采用薄型钢板、铝合金薄板或钢板网加工而成。面板可用自攻螺钉(木骨架)或膨胀铆钉(金属骨架)等固定在骨架上，并保证板与板的接缝在立筋和横档上，缝隙间距为 5 mm 左右以供板伸缩，采用木条或铝压条盖缝。面板固定好后，可在面板上刮腻子后裱糊墙纸、墙布或喷涂油漆等。

石膏面板隔墙是目前在建筑中使用较多的一种隔墙。石膏板自重轻、防火性能好、加工方便、价格便宜，为增加其搬运时的抗弯能力，生产时在板的两面贴上面纸，所以又称纸面石膏板。但石膏板极吸湿，不宜用于厨房、卫生间等处。

钢丝(钢板)网抹灰隔墙和板条钢丝网抹灰隔墙也是立筋隔墙。前者是用薄壁型钢做骨架，后者是用木方做骨架，然后固定钢丝(板)网，再在其上面抹灰形成隔墙。这两种隔墙的强度高、重量轻、变形小，多用于防火、防水要求较高的房间，但隔声能力稍差。

3.4.3　板材隔墙

板材隔墙是采用轻质大型板材直接在现场装配而成。板材的高度相当于房间的净高，不需要依赖骨架。常用的板材有石膏空心条板、加气混凝土条板、碳化石灰板、水泥玻璃纤维空心条板等。图 3.25 所示是碳化石灰板隔墙的构造。

这种隔墙具有自重轻，装配性好，施工速度快，工业化程度高，防火性能好等特点。条板的长度略小于房间净高，宽度多为 600～1000 mm，厚度多为 60～100 mm。安装条板时，在楼板上采用木楔将条板楔紧，然后用砂浆将空隙堵严，条板之间的缝隙用黏结剂或黏结砂浆进行黏结，常用的有水玻璃黏结剂(水玻璃∶细矿渣∶细砂∶泡沫剂=1∶1∶1.5∶0.01)或加入 108 胶的聚合物水泥砂浆，安装完毕后可根据需要进行表面装饰。

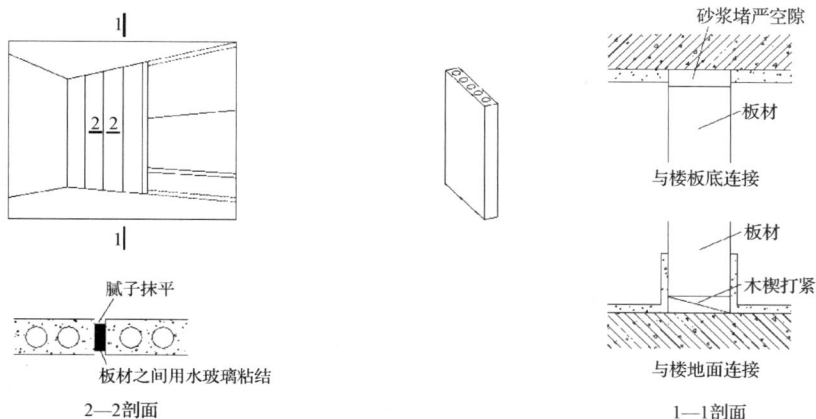

图 3.25　碳化石灰板隔墙的构造

3.5　墙面装饰

墙面装饰工程包括建筑物外墙饰面和内墙饰面。不同的墙面有不同的使用和装饰要求，应根据不同的使用和装饰要求选择相应的材料、构造方法和施工工艺，以达到设计的实用性、经济性和装饰性。

3.5.1　墙面装饰的作用与分类

1. 墙面装饰的作用

1) 保护墙体

外墙是建筑物的围护结构，墙面装饰可避免墙体直接受到风吹、日晒、雨淋、霜雪和冰雹的袭击，抵御空气中腐蚀性气体和微生物的破坏，增强墙体的坚固性、耐久性，延长墙体的使用年限。内墙在某些相对潮湿或酸碱度高的房间中，墙体饰面也能起到保护墙体的作用。

2) 改善墙体的物理性能

对墙面进行装饰，墙厚增加，或利用饰面层材料的特殊性能，可改善墙体的保温、隔热、隔声等能力。平整、光滑、色浅的内墙面装饰，可便于清扫、保持卫生，可增加光线的反射，提高室内照度和采光均匀度。某些声学要求较高的用房，可利用不同饰面材料所具有的反射声波及吸声的性能，达到控制混响时间，改善室内音质效果的目的。

3) 美化环境，丰富建筑的艺术形象

建筑物的外观效果主要取决于建筑的体量、形式、比例、尺度和虚实对比等立面设计手法。而外墙的装饰可通过饰面材料的质感、色彩、线形等产生不同的立面装饰效果，丰富建筑物的艺术形象。内墙装饰应结合室内的家具、陈设以及地面和顶棚的装饰，恰当选用装饰材料和装饰手法，可在不同程度上起到美化室内环境的作用。

2. 墙面装饰的分类

(1) 墙面装饰按其所处的部位不同，可分为外墙面装饰和内墙面装饰。外墙面装饰应选择耐光照、耐风化、耐大气污染、耐水、抗冻、抗腐蚀和抗老化的建筑材料，以起到保护墙体的作用，并保持外观清新。内墙面装饰应根据房间的不同功能要求及装饰标准来选择饰面，一般选择易清洁、接触感好、光线反射能力强的饰面。

(2) 墙面装饰按材料及施工方式的不同，通常分为抹灰类、贴面类、涂刷类、裱糊类、铺钉类和其他类，具体见表 3.3 所示。

表 3.3　墙面装饰分类

类　别	室外装饰	室内装饰
抹灰类	水泥砂浆、混合砂浆、聚合物水泥砂浆、拉毛、水刷石、干粘石、斩假石、拉假石、假面砖、喷涂、滚涂等	纸筋灰、麻刀灰粉面、石膏粉面、膨胀珍珠岩灰浆、混合砂浆、拉毛、拉条等
贴面类	外墙面砖、马赛克、玻璃马赛克、人造水磨石板、天然石板等	釉面砖、人造石板、天然石板等
涂刷类	石灰浆、水泥浆、溶剂型涂料、乳液涂料、彩色胶砂涂料、彩色弹涂等	大白浆、石灰浆、油漆、乳胶漆、水溶性涂料、弹涂等
裱糊类	—	塑料墙纸、金属面墙纸、木纹壁纸、花纹玻璃纤维布、纺织面墙纸及锦缎等
铺钉类	各种金属装饰板、石棉水泥板、玻璃	各种竹、木制品和塑料板、石膏板、皮革等各种装饰面板
其他类	清水墙饰面	

3.5.2　墙面装饰构造

1. 抹灰类墙面装饰

抹灰类墙面装饰是我国传统的饰面做法，是用各种加色的、不加色的水泥砂浆或石灰砂浆、混合砂浆、石膏砂浆，以及水泥石碴浆等做成的各种装饰抹灰层。

为保证抹灰牢固、平整、颜色均匀，避免出现龟裂、脱落，抹灰要分层操作。抹灰的构造层次通常由底层、中间层和饰面层三部分组成。底层厚 5～15 mm，主要起与墙体基层黏结和初步找平的作用；中间层厚 5～12 mm，主要起进一步找平和弥补底层砂浆的干缩裂缝的作用；饰面层抹灰厚 3～8 mm，表面应平整、均匀、光洁，以取得良好的装饰效果。抹灰层的总厚度依位置不同而异，外墙抹灰为 20～25 mm，内墙抹灰为 15～20 mm。常用的抹灰做法举例见表 3.4 所示。

室内抹灰砂浆的强度较差，阳角位置容易碰撞损坏，因此，通常在抹灰前先在内墙阳角、柱子四角、门洞转角等处，用强度较高的 1：2 水泥砂浆抹出护角，或预埋角钢做成护角。护角高度从地面起 1.5～2.0 m，墙和柱的护角如图 3.26 所示。

表 3.4　常用抹灰做法举例

抹灰名称	材料配合比及构造	适用范围
水泥砂浆	• 15 mm 厚 1∶3 水泥砂浆打底； • 10 mm 厚 1∶2.5 水泥砂浆饰面	室外饰面及室内需防潮的房间及浴厕墙裙、建筑物阳角
混合砂浆	• 12～15 mm 厚 1∶1∶6 水泥、石灰膏、砂的混合砂浆打底； • 5～10 mm 厚 1∶1∶6 水泥、石灰膏、砂的混合砂浆饰面	一般砖、石砌筑的外墙、内墙均可
纸筋(麻刀)灰	• 12～17 mm 厚 1∶3 石灰砂浆(加草筋)打底； • 2～3 mm 厚纸筋(麻刀)灰、玻璃丝罩面	一般砖、石砌筑的内墙抹灰
石膏灰	• 13 mm 厚 1∶(2～3)麻刀灰砂浆打底； • 2～3 mm 厚石膏灰罩面	高级装饰的内墙面抹灰的罩面
水刷石	• 15 mm 厚 1∶3 水泥砂浆打底； • 10 mm 厚 1∶(1.2～1.4)水泥石碴浆抹面后水刷饰面	用于外墙
水磨石	• 15 mm 厚 1∶3 水泥砂浆打底； • 10 mm 厚 1∶1.5 水泥石碴饰面，并磨光、打蜡	用于室内潮湿部位
斩假石	• 15 mm 厚 1∶3 水泥砂浆打底后刷素水泥浆一道； • 8～10 mm 厚水泥石碴饰面； • 用剁斧斩去表面层水泥浆或石尖部分使其显出凿纹	用于外墙或局部内墙

在室内抹灰中，卫生间、厨房、洗衣房等常受到摩擦、潮湿的影响，人群活动频繁的楼梯间、走廊、过厅等处常受到碰撞、摩擦的损坏，为保护这些部位，通常做墙裙处理，如用水泥砂浆、瓷砖、大理石等进行饰面，高度一般为 1.2～1.8 m。

室外墙面抹灰一般面积较大，为施工操作方便和立面处理的需要，保证装饰层平整、不开裂、色彩均匀，常对抹灰层先进行嵌木条分格，做成引条。抹灰面的分块与设缝如图 3.27 所示。面层抹灰完成后，可取出木引条，再用水泥砂浆勾缝，以提高抗渗能力。

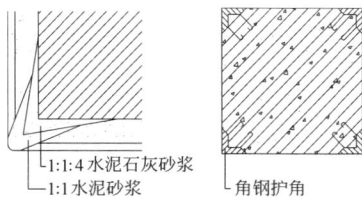

图 3.26　墙和柱的护角

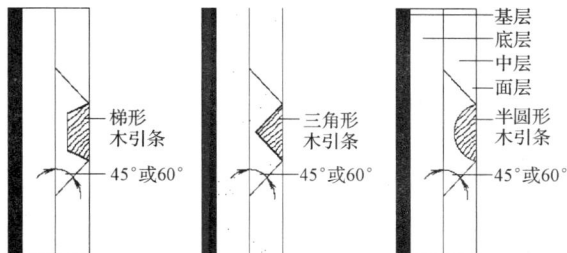

图 3.27　抹灰面的分块与设缝

2. 贴面类墙面装饰

贴面类墙面装饰是指将各种天然的或人造的板材通过构造连接或镶贴的方法形成墙体装饰面层。它具有坚固耐用、装饰性强、容易清洗等优点。常用的贴面材料可分为三类：天然石材，如花岗岩、大理石等；陶瓷制品，如瓷砖、面砖、陶瓷锦砖等；预制块材，如仿大理石板、水磨石、水刷石等。由于材料的形状、重量、适用部位不同，装饰的构造方法也有一定的差异，轻而小的块材可以直接镶贴，大而厚的块材则必须采用挂贴的方式，以保证它们与主体结构连接牢固。

1) 天然石板及人造石板墙面装饰

天然石材具有强度高、结构密实、装饰效果好等优点。由于其加工复杂、价格昂贵，多用于高级墙面装饰中。

花岗岩石是由长石、石英和云母组成的深成岩，属于硬石材，质地密实，抗压强度高，吸水率低，抗冻和抗风化性好，主要用于重要建筑的内外墙面装饰。

大理石是由方解石和白云石组成的一种变质岩，属于中硬石材，质地密实，呈层状结构，有显著的结晶或斑状条纹，色彩鲜艳，花纹丰富，经加工的板材有很好的装饰效果。除白色大理石(又称汉白玉)外，一般大理石板材宜用于室内装饰。

人造石板一般由白水泥、彩色石子、颜料等配合而成，具有天然石材的花纹和质感，优点有重量轻、厚度薄、强度高、耐酸碱、抗污染、表面光洁、色彩多样、造价低等。

天然石板和人造石板的板块面积大、重量大，为保证饰面的牢固与耐久，通常采用系挂贴法，即板材与基层绑牢或钩牢，然后灌浆固定，如图3.28所示。

具体做法是：先在墙身或柱内预埋 $\phi 6$ 镀锌铁箍，在铁箍内立 $\phi 8 \sim \phi 10$ 竖筋和横筋，间距 $500 \sim 1000$ mm，在竖筋上绑扎横筋，形成钢筋网，如图3.29所示。如果基层未预埋铁箍，可用金属胀管螺栓固定预埋件，然后进行绑扎或焊接竖筋和横筋。在板材上端两边钻小孔，用双股铜丝或镀锌铁丝穿过孔眼将板材绑扎在横筋上。上下两块石板用"Z"形不锈钢钩钩住。板与墙身之间留 $20 \sim 30$ mm 间隙，上部用定位活动木楔做临时固定，校正无误后，在板与墙身之间浇筑 $1:3$ 水泥砂浆，每次灌入高度不宜超过板高的 $1/3$。最上部灌浆高度应距板材上边 50 mm，以便和上层石板下部的灌浆结合在一起。待砂浆初凝后，取掉定位活动木楔，继续上层石板的安装。

石材浮雕墙面.mp4

石材墙面装修.mp4

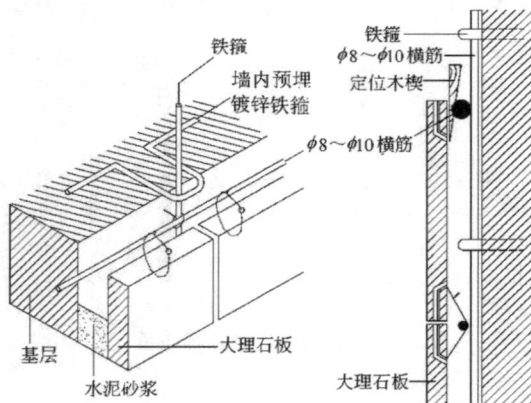

图3.28　系挂贴法

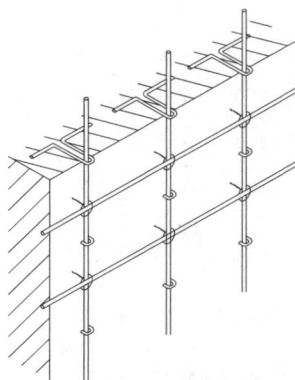

图3.29　墙面预埋铁箍绑扎钢筋网

2) 陶瓷制品墙面装饰

陶瓷制品是以陶土或瓷土为原料，压制成型后，经 $1100℃$ 左右的高温煅烧而成的。它具有良好的耐风化、耐酸碱、耐摩擦、耐久等性能，可以做成各种美丽的颜色和花纹，起到很好的装饰效果。陶瓷制品一般采用直接镶贴的方式进行墙面装饰。

(1) 外墙面砖饰面。

外墙面砖分挂釉和不挂釉、平滑和有一定纹理质感等不同的类型，釉面又可分为有光釉和无光釉两种。面砖装饰的构造做法是：在基层上抹 1∶3 水泥砂浆找平层 15～20 mm，宜分层施工，以防出现空鼓或裂缝，然后划出纹道，接着利用黏结剂将在水中浸泡过并晾干或擦干的面砖贴于墙上，用木锤轻轻敲实，使其与底灰黏牢，面砖之间要留缝隙，以利于湿气的排除，缝隙用 1∶1 水泥砂浆勾缝。黏结剂可以是素水泥浆或 1∶2.5 水泥细砂砂浆，若采用掺 108 胶(水泥用量的 5%～10%)的水泥砂浆则粘贴效果更好。外墙面瓷砖装饰构造如图 3.30(a)所示。

(2) 釉面砖饰面。

釉面砖就是砖的表面经过烧釉处理的砖。它基于原材料的分别，可分为两种：①陶制釉面砖，即由陶土烧制而成，吸水率较高，强度相对较低。其主要特征是背面颜色为红色。②瓷制釉面砖又称瓷砖，即由瓷土烧制而成，强度相对较高，其色彩稳定、表面光洁美观、吸水率较低、易于清洗，多用于厨房、卫生间、浴室等处墙裙、墙面和池槽。釉面砖装饰构造如图 3.30 所示。

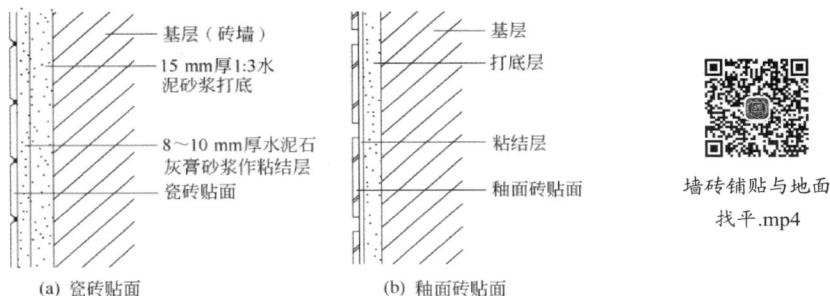

(a) 瓷砖贴面　　　　　(b) 釉面砖贴面

图 3.30　瓷砖、釉面砖贴面

釉面砖饰面的构造做法是：在基层上用 1∶3 水泥砂浆找平 15 mm 厚，并划出纹道，以 2～4 mm 厚的水泥胶或水泥细砂砂浆(掺入水泥用量 5%～10%的 108 胶黏结效果更好)黏结浸泡过水的釉面砖。为便于清洗和防水，面砖之间不应留灰缝，细缝用白水泥擦平。

(3) 陶瓷锦砖。

陶瓷锦砖又名马赛克，是以优质陶土烧制，在生产时将多种颜色、不同形状的小瓷片拼贴在 300 mm× 300 mm 的牛皮纸上。其特点是色泽稳定、坚硬耐磨、耐酸耐碱、防水性好、造价较低，可用于室内外装饰。锦砖的装饰方法是在基层上用 1∶3 水泥砂浆找平 12～15 mm 厚，并划出纹道，用 3～4 mm 厚白水泥胶(掺入水泥用量 5%～10%的 108 胶)满刮在锦砖背面，然后将整张纸皮砖粘贴在找平层上，用木板轻轻挤压，使其黏牢，然后用湿水洗去牛皮纸，再用白水泥浆擦缝。

3) 预制板块材墙面装饰

预制板块材的材料主要有水磨石、水刷石、人造大理石等。它们要经过分块设计、制模型、浇捣制品、表面加工等步骤制成。其长和宽尺寸一般在 1.0 m 左右，有厚型和薄型之分，薄型的厚度为 30～40 mm，厚型的厚度为 40～130 mm。预制饰面板材与墙体的固定方法，和大理石固定于墙基上一样。通常是先在墙体内预埋件，然后绑扎竖筋与横筋形成钢筋网，再将预制面板与钢筋网连接牢固，离墙面留缝 20～30 mm，最后再用水泥砂浆灌缝。

3. 涂刷类墙面装饰

涂刷类墙面装饰是指将建筑涂料涂刷于墙基表面并与之很好黏结，形成完整而牢固的膜层，以对墙体起到保护与装饰的作用。这种装饰具有工效高、工期短、自重轻、造价低等优点，虽然耐久性差些，但操作简单、维修方便、更新快，且涂料几乎可以配成任何需要的颜色，因而在建筑上应用广泛。

涂料按其主要成膜物质的不同可分为无机涂料和有机涂料两大类。

1）无机涂料

无机涂料有普通无机涂料和无机高分子涂料。

普通无机涂料有石灰浆、大白浆、可赛银浆、白粉浆等水质涂料，适用于一般标准的室内刷浆装修。无机高分子涂料有 JH80-1 型、JH80-2 型、JHN84-1 型、F832 型、LH-82 型、HT-1 型等，它具有耐水、耐酸碱、耐冻融、装饰效果好、价格较高等特点，主要用于外墙面装饰和有耐擦洗要求的内墙面装饰。

2）有机涂料

有机涂料依其主要成膜物质与稀释剂的不同，可分为溶剂型涂料、水溶性涂料和乳液涂料三大类。

溶剂型涂料有油漆涂料和苯乙烯内墙涂料、聚氨酯丙烯酸外墙涂料、过氯乙烯内墙涂料等。水溶性涂料是以水溶性树脂为基料、水为溶剂的涂料。一般用于建筑物内墙涂刷，其成膜机理不同于传统涂料的网状成膜，而是开放型颗粒成膜，因而它不但附着力强且具有独特的透气性，非常适宜并满足室内涂装的特别要求。水溶性涂料在生产施工过程中，能做到安全、无毒、无味、不燃、不污染环境，被誉为"绿色建材"。乳液涂料又称乳胶漆，常用的有乙丙乳胶涂料、苯丙乳胶涂料等，多用于内墙装饰。

涂料类装饰构造有如下做法。

平整基层后满刮腻子，对墙面找平，用砂纸磨光，然后再用第二遍腻子进行修整，保证坚实牢固、平整、光滑、无裂纹，潮湿房间的墙面可适当增加腻子的胶用量或选用耐水性好的腻子或加一遍底漆。待墙面干燥后便进行施涂，涂刷遍数一般为两遍(单色)，如果是彩色涂料可多涂一遍，颜色要均匀一致。在同一墙面应用同一批号的涂料。每遍涂料施涂厚度应均匀，且后一遍应在前一遍干燥后进行，以保证各层结合牢固，不发生皱皮、开裂。

4. 裱糊类墙面装饰

裱糊类墙面装饰是将墙纸、墙布、织锦等各种装饰性的卷材材料裱糊在墙面上形成装饰面层。常用的饰面卷材有 PVC 塑料墙纸、墙布、玻璃纤维墙布、复合壁纸、皮革、锦缎和微薄木等，品种众多，在色彩、纹理、图案等方面丰富多样，选择性很大，可形成绚丽多彩、质感温暖、古雅精致、色泽自然逼真等多种装饰效果，且造价较经济、施工简捷高效、材料更新方便，在曲面与墙面转折等处可连续粘贴，获得连续的饰面效果，因此，经常被用于餐厅、会议室、高级宾馆客房和居住建筑中的内墙装饰。

1) 墙纸饰面

墙纸的种类较多,有多种分类方法。若按外观装饰效果分,有印花的、压花的、发泡(浮雕)的;若按施工方法分,有刷胶裱贴的和背面预涂压敏胶直接铺贴的两种;若从墙纸的基层材料分,有全塑料的、纸基的、布基的和石棉纤维基的。

塑料墙纸是目前应用最广泛的装饰卷材,是以纸基、布基和其他纤维等为底层,以聚氯乙烯或聚乙烯为面层,经复合、印花或发泡压花等工序而制成。其图案雅致、色彩艳丽、美观大方,且在使用中耐水性好、抗油污、耐擦洗和易清洁等,是理想的室内装饰材料。塑料墙纸有普通、发泡和特种三类,其中特种墙纸有耐水墙纸、防火墙纸、抗静电墙纸、吸声墙纸和防污墙纸等,能适应不同功能的需要。

2) 玻璃纤维墙布

玻璃纤维墙布是以玻璃纤维织物为基层,表面涂布树脂,经染色、印花等工艺制成的一种装饰卷材。由于纤维织物的布纹感强,经套色印花后品种丰富,色彩鲜艳,有较好的装饰效果,而且耐擦洗、遇火不燃烧、抗拉力强,不产生有毒气体,价格便宜,因此应用广泛。但其覆盖力较差,容易泛色,当基层颜色深浅不一时,容易在裱糊面上显现出来,而且玻璃纤维本身属碱性材料,使用时间长易变黄色。

3) 无纺贴墙布

无纺贴墙布是采用棉、麻等天然纤维或涤纶、腈纶等合成纤维,经过无纺成型,上树脂、印彩花而成的一种新型高级饰面材料。它具有挺括、富有弹性、色彩鲜艳、图案雅致、不褪色、耐晒、耐擦洗,且有一定的吸声性和透气性等优点。

4) 丝绒和锦缎

丝绒和锦缎是高级的墙面装饰材料,具有绚丽多彩、质感温暖、古雅精致、色泽自然逼真等优点,适用于高级的内墙面裱糊装饰。但它柔软光滑、极易变形,且不耐脏、不能擦洗,裱糊工艺技术要求很高,还要避免受潮、霉变。裱糊墙面的构造如图 3.31 所示。

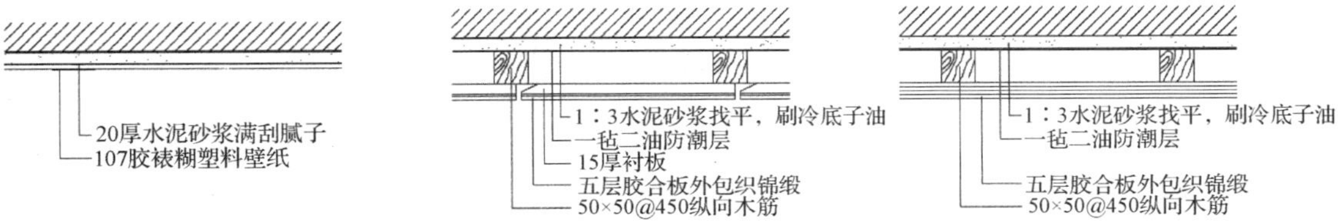

图 3.31　裱糊墙面的构造

裱糊类墙面装饰的构造做法如下。

墙纸、墙布均可直接粘贴在墙面的抹灰层上。粘贴前先清扫墙面,满刮腻子,干燥后用砂纸打磨光滑。墙纸裱糊前应先进行胀水处理,即先将墙纸在水槽中浸泡 2～3 分钟,取出后抖掉多余的水,再静置 15 分钟,然后刷胶裱糊。这样,纸基遇水充分胀开,粘贴到基层表面上后,纸基壁纸随水分的蒸发而收缩、绷紧。复合纸质壁纸耐湿性较差,不能进行胀水处理。纸基塑料壁纸刷胶时,可只刷墙基或纸基背面;裱糊顶棚或裱糊较厚重的墙纸墙布,如植物纤维壁纸、化纤贴墙布等,可在基层和饰材背面双面刷胶,以增加黏结能力。

玻璃纤维墙布和无纺贴墙布不需要胀水处理,且要将胶黏剂刷在墙基上,用的胶黏剂与纸基不同,宜用聚醋酸乙烯乳液,可掺入一定量的淀粉糊。由于它们的盖底力稍差,基层表面颜色较深时，可满刮石膏腻子或在胶黏剂中掺入 10%的白涂料，如白乳胶漆等。

丝绒和锦缎饰面的施工技术和工艺要求较高。为了更好地防潮、防腐，通常的做法是：在墙面基层上用水泥砂浆找平，待彻底干燥后刷冷底子油，再做一毡二油防潮层，然后固定木龙骨，将胶合板钉在龙骨上，最后利用 108 胶、化学浆糊、墙纸胶等胶黏剂裱糊饰面卷材。

裱糊的原则是：先垂直面，后水平面；先细部，后大面；先保证垂直，后对花拼缝；垂直面是先上后下，先长墙面后短墙面；水平面是先高后低。粘贴时，要防止出现气泡，并对拼缝处压实。

5. 铺钉类墙面装饰

铺钉类墙面装饰是指将各种装饰面板通过镶、钉、拼贴等构造手法固定于骨架上构成的墙面装饰，其特点是无湿作业，饰面耐久性好，采用不同的饰面板，具有不同的装饰效果，在墙面装饰中应用广泛。常用的面板有木条、竹条、实木板、胶合板、纤维板、石膏板、石棉水泥板、皮革、人造革、玻璃和金属薄板等。骨架有木骨架和金属骨架两种。

1) 木质板饰面

木质板饰面常选用实木板、胶合板、纤维板和微薄木贴面板等装饰面板，若有声学要求，则选用穿孔夹板、软质纤维板、装饰吸声板等。这类饰面美观大方、安装方便，外观纹理和色泽显得质朴、高雅，但消耗木材多，防火、防潮性能较差，多用于宾馆等公共建筑的门厅、大厅的内墙面装饰。图 3.32 所示为木质面板墙面装饰的构造示意图。

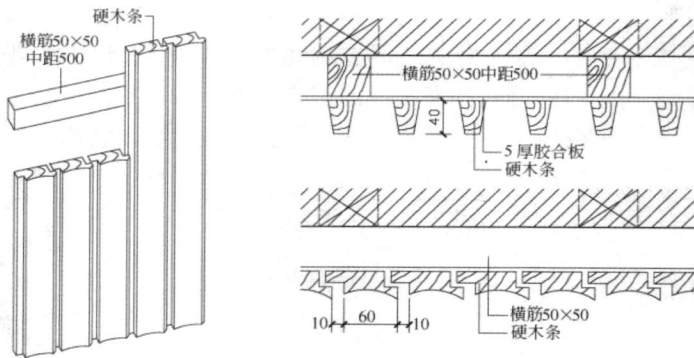

图 3.32　木质面板墙面装饰的构造

木质板饰面的构造做法如下。

在墙面上钉立木骨架，木骨架由竖筋和横筋组成，竖筋的间距为 400～600 mm，横筋的间距视面板规格而定，然后钉装木面板。为了防止墙体的潮气对面板的影响，往往采取防潮构造措施：可先在墙面上做一层防潮层或在装饰时面板与墙面之间留缝。如果是吸声墙面，则必须先在墙面上做一层防潮层再钉装，如果在墙面与吸声面板之间填充矿棉、玻璃棉等吸声材料则吸声效果更佳。

2) 金属薄板饰面

金属薄板饰面常用的面板有薄钢板、不锈钢板、铝板或铝合金板等，安装在型钢或铝合金板所构成的骨架上。不锈钢板具有良好的耐腐蚀性、耐气候性和耐磨性，强度高，质软且富有韧性，便于加工，且表面呈银白色，显得高贵华丽，多用于高级宾馆等门厅的内墙、柱面的装饰。铝板、铝合金板的重量轻、花纹精巧别致、装饰效果好，且经久耐用，在商店、宾馆的入口和门厅以及大型公共建筑的外墙装饰中采用较多。

金属薄板饰面的构造做法如下。

在墙基上用膨胀铆钉固定金属骨架，间距为 600～900 mm，然后用自攻螺丝或膨胀铆钉将金属面板固定，有些内墙装饰是将金属薄板压卡在特制的龙骨上。金属骨架多数采用型钢，因为型钢强度高、焊接方便、造价较低。金属薄板固定后，还要进行盖缝或填缝处理，以达到防渗漏或美观的要求。

3）皮革和人造革饰面

皮革和人造革墙面，具有质地柔软、格调高雅、保温、耐磨、吸声和易清洁的特点，常用于防碰撞的房间，如健身房、练功房、幼儿园等，或咖啡室、酒吧台、会客室等优雅舒适的房间，或有一定消声要求的录音室、电话亭等的墙面。

皮革和人造革饰面的做法是：先用 1∶3 水泥砂浆找平 20 mm 厚，涂刷冷底子油一道，再粘贴油毡，然后再通过预埋木砖，立木龙骨间距按皮革面分块，钉胶合板衬底，最后将皮革铺钉或铺贴成饰面。往往皮革里衬泡沫塑料做硬底，或衬棕丝、玻璃棉、矿棉等软材料做成软底。

6. 清水墙饰面

清水墙饰面是指墙面不加其他覆盖性装饰面层，只是在原结构砖墙或混凝土墙的表面进行勾缝或模纹处理，利用墙体材料的质感和颜色以取得装饰效果的一种墙体装饰方法。这种装饰具有耐久性好、耐候性好、不易变色等优点，利用墙面特有的线条质感，达到淡雅、凝重、朴实的装饰效果。当今在新型墙体材料及工业化施工方法已居主导地位的墙面装饰中，清水墙面仍占有一席。

清水墙饰面主要有清水砖、石墙和混凝土墙面，而在建筑中清水砖、石墙用得相对广泛。石材料有料石和毛石两种，其质地坚实、防水性好，在产石地区用得较多。用于砌筑清水墙的砖，应选用质地密实、表面晶化、色泽一致、吸水率低、抗冻性好且棱角分明、砌体规整的黏性土砖。常用的有青砖和红砖。一般用手工脱坯的砖，也有专门用于清水墙装饰的砖。

清水砖墙的砌筑工艺讲究，灰缝要一致，阴阳角要锯砖磨边，接槎要严密、有美感。清水砖墙灰缝的面积约是清水墙面积的 1/6，适当改变灰缝的颜色能够有效地影响整个墙面的色调与明暗程度，这就要对清水砖墙进行勾缝处理。清水砖墙勾缝的处理主要有平缝、斜缝、平凹缝、弧形凹缝等形式，如图 3.33 所示。清水砖墙勾缝常用 1∶1.5 的水泥砂浆，可根据需要在勾缝砂浆中掺入一定量颜料，也可以在勾缝之前涂刷颜色或喷色，色浆由石灰浆加入颜料(氧化铁红、氧化铁黄等)、胶黏剂构成。

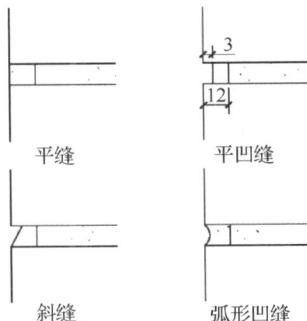

图 3.33 清水砖墙的勾缝

3.6 墙体的节能构造

建筑节能迎来了重要发展机遇，而围护结构在建筑节能方面发挥着举足轻重的作用。建筑外墙是建筑物的重要围护构件，耗热量较大，约占建筑物总耗热量的 25%，所以，改善外墙的保温隔热性能是建筑节能的主要措施之一。

对于有冬季保温要求的建筑，外墙要具有良好的保温能力，在采暖期尽量减少热量损失，降低能耗，保证室内温度不致过低，墙体内表面不产生冷凝水的现象。围护结构的热阻是影响其热工性能的主要因素，热阻越大，通过围护结构传递的热量就越少。墙体的厚度越厚，热阻越大；墙体材料的导热系数越小，热阻越大。

1. 常用的外墙保温措施

(1) 适当增加墙体厚度。墙体的热阻与墙体的厚度成正比，墙体加厚可以提高墙体的保温性能，但同时也会增加结构自重和建筑面积，这种做法应通过进行经济比较而选用。

(2) 选择导热系数小的墙体材料。常用的保温材料有膨胀珍珠岩、膨胀蛭石、岩棉、矿渣棉、稻壳等。应节能环保的需要，当前的新型墙体材料主要有三大类：非黏土砖类，如非黏土烧结多孔砖和空心砖、混凝土砖和混凝土多孔砖；砌块类，如石膏砌块、粉煤灰小型空心砌块、蒸压加气混凝土砌块、普通混凝土或轻集料混凝土小型空心砌块；板材类，如纤维增强硅酸钙板、玻璃纤维增强水泥轻质多孔墙用条板(GRC 空心条板)、蒸压加气混凝土板、钢丝网架水泥夹芯板、金属面夹芯板等。

(3) 做复合保温墙体。保温外墙分为单一材料墙体和复合材料墙体。单一材料的保温外墙，是利用某种材料自身的热工性能及其他力学性能来完成保温功能，构造简单、施工方便。常用的砌墙材料有黏土多孔砖、混凝土空心砌块、加气混凝土砌块，或框架填充外墙用的水泥炉渣轻质砌块、大孔空心砖等。随着对外墙节能高效保温要求的提高，为满足墙体保温材料的技术性能、结构以及技术经济指标，需要采用复合墙体，即以两种或两种以上的材料分别满足保温和承重等功能要求。复合保温墙体分外保温、内保温和夹芯保温三种方式，即在外墙的外或内表面粘贴(挂)某种保温材料，或在外墙的内外两面墙中间夹以某种高效保温材料，并通过拉结件使之成为一体。

建筑围护结构中保温的薄弱部位是墙转角、圈梁、窗过梁、檐口、门窗框外侧洞口、女儿墙、封闭阳台、出挑构件等处，其导热系数较砌体墙大，热量容易传递，也即形成热桥(或冷桥)，如图 3.34 所示。外保温在减少热桥方面比较有利，但内保温往往在内外墙连接处和外墙与楼板连接处等产生热桥，夹芯保温也由于内外两层结构需要连接而增加了热桥耗热。为改善热桥部位的保温，防止冷桥部位内表面结露，对各种接缝和混凝土嵌入体构成的热桥，应作保温处理，如图 3.35 所示。常见墙体节点保温处理方式如图 3.36 所示。

冬季室内空气的温度和绝对湿度都比室外高，因此，外墙两侧存在着水蒸气压力差，水蒸气分子由压力高的一侧向压力低的一侧扩散，形成蒸汽渗透，当水蒸气遇到露点温度时，蒸汽含量达到饱和而凝结成水，称为结露，这种现象会使外墙内表面的装饰层破坏或保温材料的保温效果降低。因此，在保温层靠高温一侧采用沥青、卷材、隔汽涂料或铝箔等防潮、防水材料设置隔汽层，以防产生冷凝水。隔蒸汽的构造如图 3.37 所示。

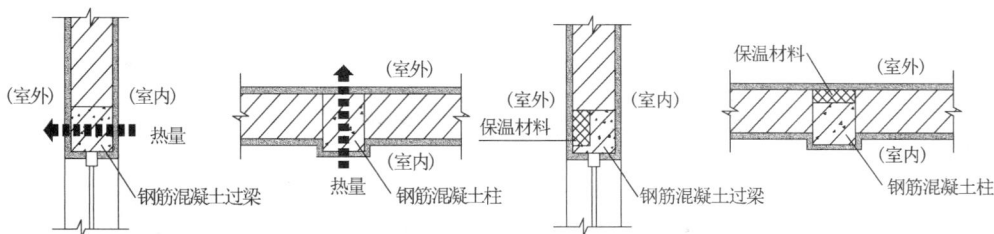

（室外）（室内）　热量　钢筋混凝土过梁

热量　钢筋混凝土柱

（室外）（室内）　保温材料　钢筋混凝土过梁

保温材料　（室外）（室内）　钢筋混凝土柱

图 3.34　热桥示意图　　　　　图 3.35　热桥部位保温处理

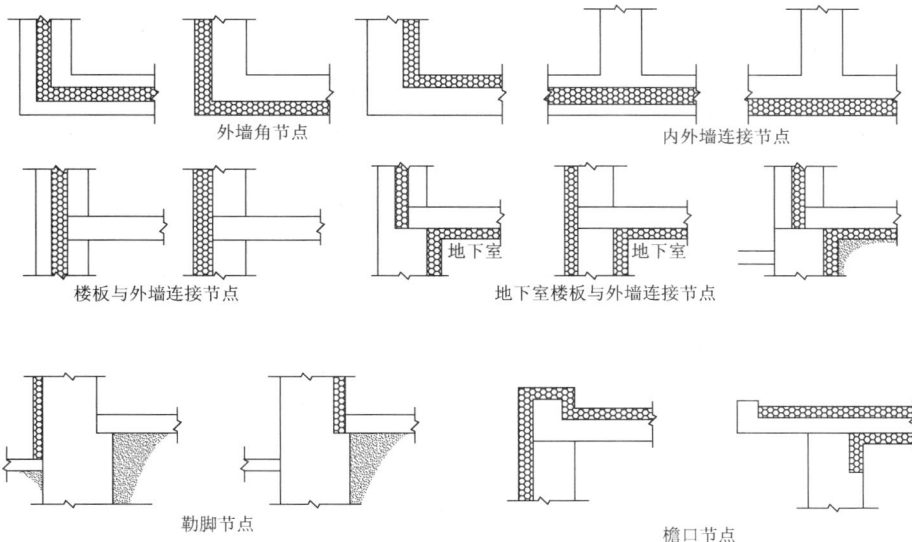

外墙角节点　　　　　　　　　　内外墙连接节点

楼板与外墙连接节点　　地下室　地下室　地下室楼板与外墙连接节点

勒脚节点　　　　　　　　　　檐口节点

图 3.36　几种节点的保温处理方式示意

2. 外墙保温构造

1) 单一材料保温墙体的构造

以非黏土多孔砖或混凝土空心砌块、粉煤灰砌块等保温砌筑材料构成，墙体厚度符合保温需要，勒脚部位应用实心砖砌筑，以满足承重需要和防潮要求。

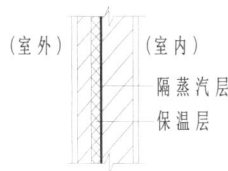

（室外）（室内）　隔蒸汽层　保温层

图 3.37　隔蒸汽构造

2) 复合保温墙体的构造

(1) 外墙内保温构造。

在外墙的内侧做保温层，通常的做法有以下几种：粘贴或砌筑块状保温板(如膨胀珍珠岩板、EPS 板和 XPS 板等)，并在表面做保护层，如聚合物水泥砂浆抹灰或粉刷石膏；拼装 GRC 聚苯复合板或石膏聚苯复合板，表面刮腻子；挂装岩棉轻钢龙骨纸面石膏板等板材；用保温砂浆进行抹灰。外墙内保温构造操作灵活方便，施工速度快，技术成熟，施工技术及检验标准比较完善，且不影响外墙外饰面及防水等构造的做法，但因为有楼板或墙体等的分隔而造成保温层不连续性，易形成热桥，热桥部位要求有高效节能保温措施，且内保温层占用一定的空间，减少了室内净使用面积，会对居住建筑的用户自主装修造成一定的不便。外墙内保温构造如下。

① 粘贴硬质保温制品。具体做法是在外墙内侧用胶黏剂粘贴增强聚苯复合保温板、炉渣水泥聚苯复合保温板等，然后在其表面粉刷石膏，并在里面压入中碱玻纤涂塑网格布(满铺)，最后用腻子嵌平，表面刷装饰涂料，构造如图3.38所示。卫生间、厨房等较潮湿的房间内不适宜使用石膏板材。

② 胶粉聚苯颗粒保温浆料内保温(或外保温)。具体做法是在墙体基层上经界面处理后直接喷涂或抹聚苯颗粒保温浆料，干燥后再做聚合物抗裂砂浆层，并压入耐碱涂塑玻璃纤维网格布增强，最后做饰面涂层或贴面砖。保温层是由胶粉料和聚苯颗粒轻集料加水搅拌成膏状浆料，涂抹于墙体表面，形成密实的保温层，其厚度不宜超过100 mm，构造如图3.39所示。在门窗洞口等易开裂部位应加铺玻纤布一道，或钉入镀锌钢丝网以加强防裂。

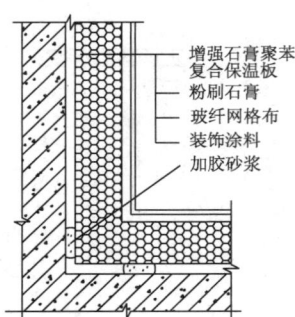

图 3.38　粘贴硬质保温制品内保温的构造

图 3.39　胶粉聚苯颗粒保温浆料内保温的构造

(2) 外墙外保温构造。

在外墙外侧做保温层正好克服了外墙内保温的缺点，不占室内空间，连续的外保温层热工效率高，对保护结构有利，对新建或要节能改造的既有建筑都适用，是目前应用广泛的一种外墙保温做法。但因为外保温层的连续性，且受到太阳辐射和雨雪的侵袭，构造处理上应满足抗冲击性、吸水量、耐冻融性能、抹灰面层不透水性等指标要求，见表3.5。

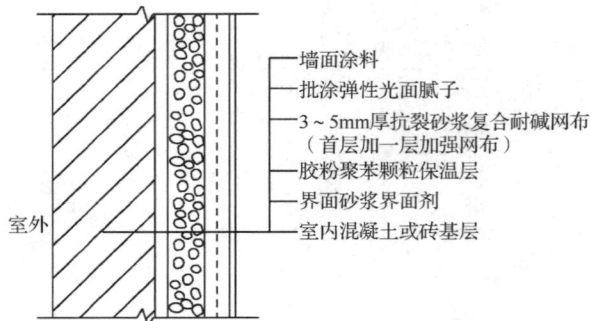

涂料饰面保温施工.mp4　　　　外贴外保温节能施工工艺.mp4　　　　岩棉板施工录像.mp4

表 3.5　外墙外保温系统性能指标

项　目	性能指标
抗冲击性	建筑物首层墙面以及门窗口等易受碰撞部位10J级； 建筑物二层以上墙面等不易受碰撞部位3J级
吸水量	系统在水中浸泡1h后的吸水量不得大于或等于1.0kg/m^2
耐冻融性能	30次冻融循环后，系统无空鼓、脱落，无渗水裂缝；拉伸黏结强度应大于等于0.10MPa，保温板、保温层不得在界面破坏
热阻	符合设计要求
抹灰面层不透水性	2h不透水
防护层水蒸气渗透阻	符合设计要求

粘贴保温板外墙系统由黏结层、保温层、抹面层和饰面层构成,见表3.6所示。

表3.6 粘贴保温板外保温基本构造

分类	构造示意图	系统的基本构造				
		①基层墙体	②黏结层	③保温层	④抹面层	⑤饰面层
涂料饰面		钢筋混凝土墙 各种砌体墙(砌体墙需用水泥砂浆找平)	胶黏剂 (粘贴面积不得小于保温板面积的40%)	EPS板、PUR板(板两面需刷界面剂)、XPS板(板两面宜使用水泥基界面砂浆)	抹面胶浆复合玻纤网格布(加强型增设一层耐碱玻纤网格布)	涂料或饰面砂浆
面砖饰面		钢筋混凝土墙各种砌体墙(砌体墙需用水泥砂浆找平)	胶黏剂 (粘贴面积不得小于保温板面积的 50%) (锚栓)①	EPS板	第一遍抗裂砂浆+一层耐碱玻纤网格布,用塑料锚栓与基层墙体锚固+第一遍抗裂砂浆(抹面层厚度3~7 mm)	面砖黏结砂浆+面砖+勾缝料

注:当工程设计有需要时,应使用锚栓作为辅助固定件。EPS—模塑聚苯,PUR—挤塑聚苯,XPS—硬泡聚氨酯。

常用的外墙外保温构造如下。

① 外贴 EPS 保温板材。EPS 保温板即为绝热用聚苯乙烯泡沫塑料,自重轻、价廉且保温性能好。保温层的做法是用胶黏剂将 EPS 板与基层墙体牢固粘贴,在胶黏剂初凝后用锚栓加以固定,2 个/m² 以上;高层建筑 4 个/m² 以上,然后抹聚合物抗裂砂浆保护层,同时内嵌耐碱玻纤布以加强抗裂,构造如图 3.40 所示。粘贴 EPS 板时应逐行错缝,在门窗洞口四角处不得拼接,而是采用整块板材切割成型,且 EPS 板接缝应离开角部不少于 200 mm,在门窗洞口等易开裂部位应加铺耐碱玻纤网格布以加强防裂,如图 3.41 所示。为提高保温层的自防水及阻燃性,可选用阻燃性挤塑聚苯板(PUR)、聚氨酯(XPS)外墙保温板等。

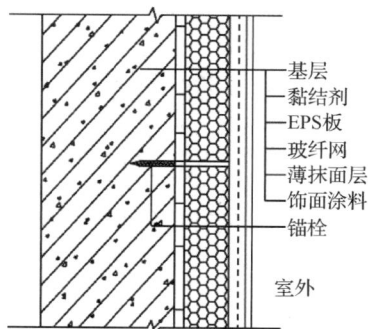

图 3.40 外贴 EPS 保温板材构造

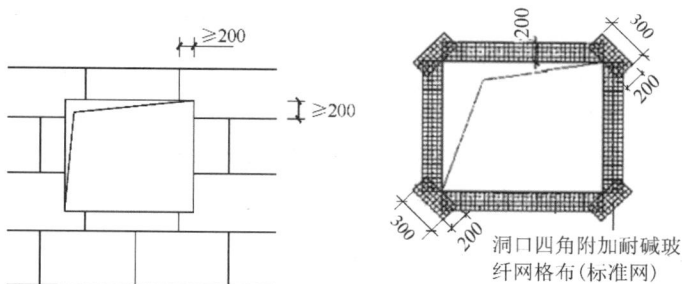

图 3.41 门窗洞口保温板排板和洞口四角附加耐碱玻纤网格布

② EPS 钢丝网架板现浇混凝土外墙外保温。保温板为腹丝穿透型单面钢丝网架聚苯板,置于外墙外模板内侧,每平方米设 4 根 φ6 钢筋辅助固定,锚固深度不小于 100 mm,保温板内插腹丝,斜插腹丝不大于 200 根,外侧焊接钢丝网构成三维空间网架芯板,与混

凝土浇筑为一体，如图 3.42 所示，然后外表面做饰面层。这种构造方式工业化程度高，施工方便，且保温效果非常好。

③ EPS 板无网现浇混凝土外墙外保温。保温板与混凝土接触的表面开有矩形齿槽，板两面均预涂界面砂浆，然后置于外模板内侧，并安装锚栓作为辅助固定件，浇灌混凝土墙后，墙体与保温板结合为一体。拆模后 EPS 板表面不平整处用胶粉聚苯颗粒保温浆进行修补和找平，之后做玻纤网增强抗裂砂浆薄抹面层和饰面层，如图 3.43 所示。这种构造方式施工方便，施工效率高，且保温效果非常好，应用广泛。

EPS 模块现浇混凝土
系统外保温.mp4

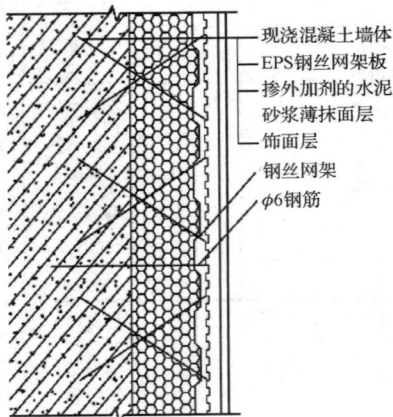

图 3.42　EPS 钢丝网架板现浇混凝土外保温的构造　　　图 3.43　EPS 无网现浇混凝土外保温的构造

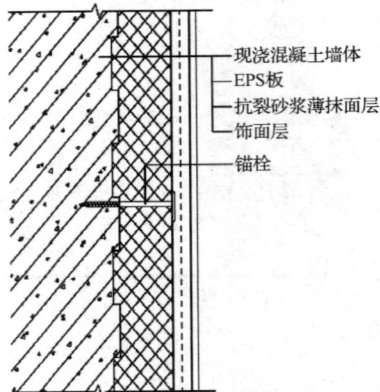

④ 硬泡聚氨酯喷涂外墙外保温。在外墙外表面现场涂刷聚氨酯防潮底漆，接着喷涂聚氨酯硬泡保温层，然后涂刷聚氨酯界面砂浆，再用胶粉 EPS 颗粒保温浆料找平，表面做玻纤网增强抗裂砂浆薄抹面层和饰面层，如图 3.44 所示。这种保温层适应变形能力强，具有保温效果好、防火性能好、稳定性好、抗裂性好等优点。

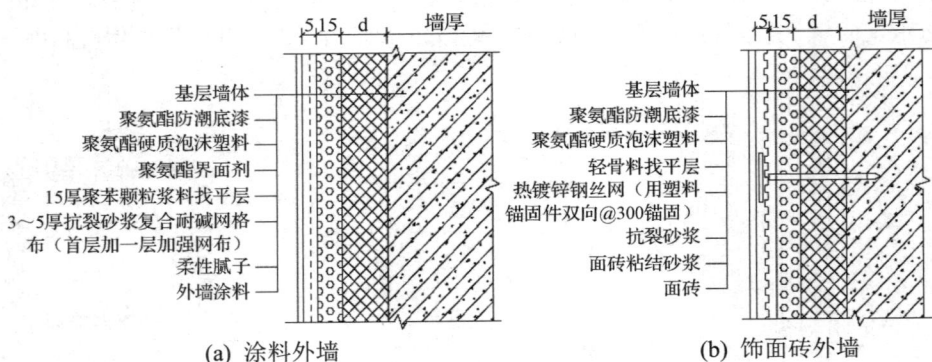

(a) 涂料外墙　　　　　　　　　　(b) 饰面砖外墙

图 3.44　硬泡聚氨酯喷涂外墙保温的构造

(3) 夹芯保温墙体构造。

夹芯保温墙分为承重墙、保温墙和围护墙三层，构成的方式常有三种：在外墙承重基层与装饰面板之间形成的夹层中设置保温材料、在承重墙与围护墙这双层砌块墙体形成的夹层中设置保温材料、在封闭夹层空间形成静止的空气间层作为保温层。若在封闭夹层中设置具有较大热量反射性能的铝箔，保温效果更佳。常用的夹层保温材料有岩棉板、玻璃棉板、珍珠岩芯板、聚苯板等，选用的材料及厚度由设计确定。为保证墙体的整体性，要使用有防腐处理的钢筋或拉结砖对承重墙与围护墙进行有效的拉结，如图 3.45 所示。因外墙增设拉结措施，施工难度和工程造价均有所提高。

(4) 通用部位保温构造。

通用部位节点如空调搁板、勒脚、女儿墙、阳台等部位保温构造举例如图 3.46 所示。

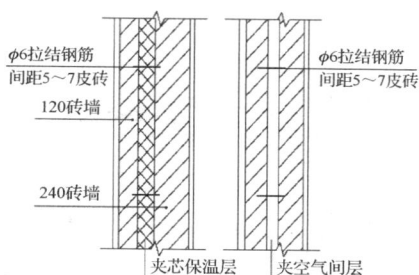

图 3.45　夹芯保温墙体的构造

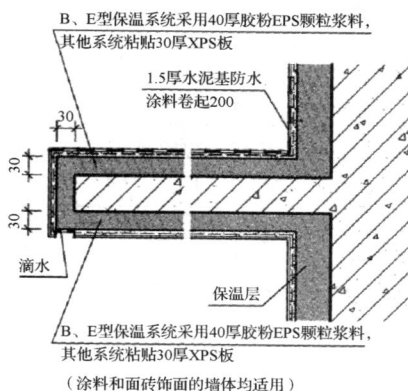

(a) 空调搁板

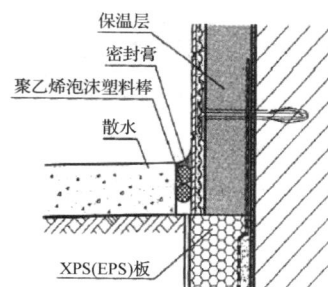

(b) 地下室外墙有保温层的勒脚(面砖)

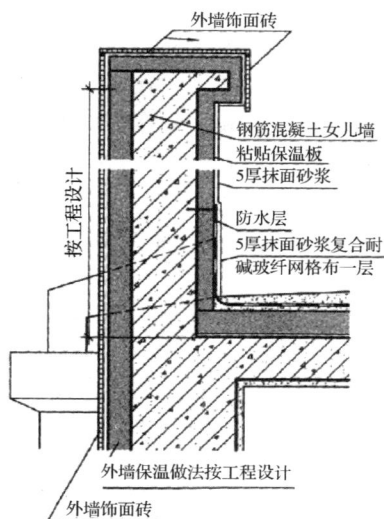

(c) 女儿墙保温

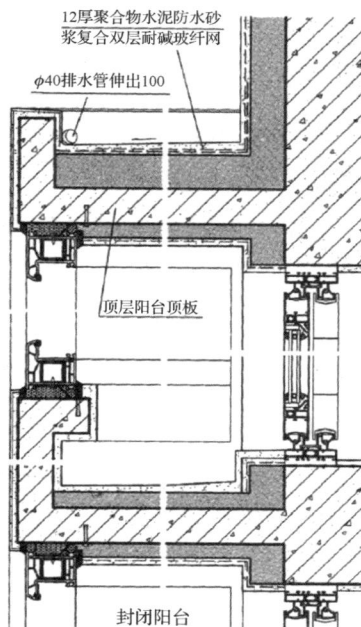

(d) 封闭阳台保温

图 3.46　通用节点保温构造举例

3.7 单 元 小 结

内 容	知识要点	能力要求
墙体的基本知识	墙体的作用、分类、承重方案	会对墙体进行分类和理解承重方案的应用
墙体设计要求	满足强度和稳定性、热工、隔声、防火、防潮建筑工业化要求	能运用墙体设计要求思考墙体设计的有关问题
砖墙的细部	砖墙材料，散水、明沟、勒脚、墙身防潮层、窗台、门窗过梁、圈梁、构造柱等细部构造	能理解和应用有关的墙体细部构造做法
隔墙构造	砌筑隔墙、立筋隔墙、板材隔墙	能理解和应用有关的墙体隔墙构造做法
墙体装饰	墙体装饰的作用和分类，抹灰类、贴面类、涂刷类、裱糊类、铺钉类、清水墙类装饰构造	掌握和应用常用的墙体装饰构造做法
墙体的节能构造	墙体的保温技术与构造、隔热技术	懂得结合地区气候进行保温或隔热构造处理

3.8 复习思考题

一、名词解释

1. 过梁　　2. 圈梁　　3. 构造柱　　4. 散水

二、选择题

1. 普通黏土砖的规格为_____。
    A. 240 mm × 120 mm × 60 mm　　　　B. 240 mm × 110 mm × 55 mm
    C. 240 mm × 115 mm × 53 mm　　　　D. 240 mm × 115 mm × 55mm
2. 120 墙采用的组砌方式为_____。
    A. 全顺式　　　　B. 一顺一丁式　　　C. 两平一侧式　　　D. 每皮丁顺相间式
3. 半砖墙的实际厚度为_____。
    A. 120 mm　　　　B. 115 mm　　　　C. 110 mm　　　　D. 125 mm
4. 18 砖墙、37 砖墙的实际厚度为_____。
    A. 180 mm；360 mm　　　　B. 180 mm；365 mm
    C. 178 mm；360 mm　　　　D. 178 mm；365 mm
5. 两平一侧式组砌的墙为_____。
    A. 120 墙　　　　B. 180 墙　　　　C. 240 墙　　　　D. 370 墙
6. 一砖墙的实际厚度为_____。
    A. 120 mm　　　　B. 180 mm　　　　C. 240 mm　　　　D. 60 mm

7. 当室内地面垫层为碎砖或灰土材料时，其水平防潮层的位置应设在_____。
   A. 垫层高度范围内　　　　　　　B. 室内地面以下 – 60 mm 处
   C. 垫层标高以下　　　　　　　　D. 平齐或高于室内地面面层

8. 圈梁遇洞口中断，所设的附加圈梁与原圈梁的搭接长度应满足_____。
   A. ≤ 2 h 且 ≤ 1000 mm　　　　　B. ≤ 4 h 且 ≤ 1500 mm
   C. ≥ 2 h 且 ≥ 1000 mm　　　　　D. ≥ 4 h 且 ≥ 1500 mm

9. 墙体设计中，构造柱的最小尺寸为_____。
   A. 180 mm × 180 mm　　　　　　B. 180 mm × 240 mm
   C. 240 mm × 240 mm　　　　　　D. 370 mm × 370 mm

10. 半砖隔墙的顶部与楼板相接处为满足连接紧密，其顶部常采用_____或预留 30 mm 左右的缝隙，每隔 1 m 用木楔打紧。
   A. 嵌水泥砂浆　　　B. 立砖斜侧　　　C. 半砖顺砌　　　D. 浇细石混凝土

三、简答题

1. 墙体的承重方案有几种，它们的优点、缺点分别有哪些？
2. 砖墙的组砌原则是什么？组砌方式有哪些？
3. 常见勒脚的构造做法有哪些？简述墙体防潮层的作用、常用的做法和设置的位置。
4. 过梁主要有哪几种？它们的适用范围和构造特点分别有哪些？
5. 圈梁的作用是什么？一般设置在什么位置？
6. 构造柱的作用是什么？有哪些构造要求？
7. 常用的隔墙有哪些？它们的构造要求如何？
8. 常用的墙面装饰有哪些类别？各自的特点和构造做法怎样？
9. 建筑外墙常用的保温、隔热的构造技术有哪些？
10. 学习中国墙文化内容。

中国墙文化.pdf

第4章 楼 地 层

内容提要： 本章主要介绍楼地层的构造组成、类型、设计要求；钢筋混凝土楼板的主要类型、特点和构造；常用楼地面的特点及构造做法；顶棚、阳台和雨篷的类型及做法等内容。重点是钢筋混凝土楼板的结构布置和细部构造；常见楼地面、顶棚、阳台和雨篷的构造做法。

教学目标：

- 熟悉楼地层的设计要求、类型和构造组成；
- 掌握钢筋混凝土楼板的主要类型、特点和构造，重点掌握现浇钢筋混凝土楼板的构造原理和结构布置；
- 掌握常见楼地面的构造做法；
- 掌握顶棚的作用、类型和构造做法；
- 掌握阳台和雨篷的构造。

楼地层是房屋建筑的重要组成部分之一，它的结构布置对建筑物的影响较大。另外，楼板顶棚和地面的构造方法直接影响建筑空间的使用性能和美观度。

4.1 楼地层的构造组成、类型和设计要求

4.1.1 楼地层的构造组成

楼地层是房屋主要的构造组成部分之一，楼地层包括楼板层和地坪层两类，是建筑物中分隔竖向空间的水平承重构件。一方面，它承受着楼板层上的各种荷载，并把它们传给下面的墙体和柱子；另一方面，它又对墙体起着水平支撑的作用，增强墙体的稳定性，从而加强建筑物的整体刚度。

1. 楼板层

楼板层通常由面层、结构层和顶棚层3个基本部分组成，还可以根据需要设置附加层。楼板层的构造组成如图4.1所示。

(1) 面层是楼板层最上面的层次，通常又称为楼面。面层是楼板层中直接与人和家具设备相接经受摩擦的部分，起着保护楼板结构层、传递荷载的作用，同时可以美化建筑的室内空间。

(2) 结构层是楼板层的承重构件，位于楼板层的中部，通常称为楼板。结构层可以是板，也可以是梁和板，主要作用是承受楼板层上的荷载并传递给墙或者柱，同时可以提高墙体的稳定性，增强建筑物的整体刚度。

(3) 附加层可以设置在面层和结构层之间，也可以设在结构层和顶棚层之间，设置的

位置视具体需要而定。附加层通常有隔声层、保温层、隔热层、防水层等类型。附加层是为满足特定需要而设的构造层次，因此又称为功能层。

(4) 顶棚层是楼板层最下部的层次，保护了楼板，对室内空间起着一定的美化作用，同时还应该满足管线敷设的要求。

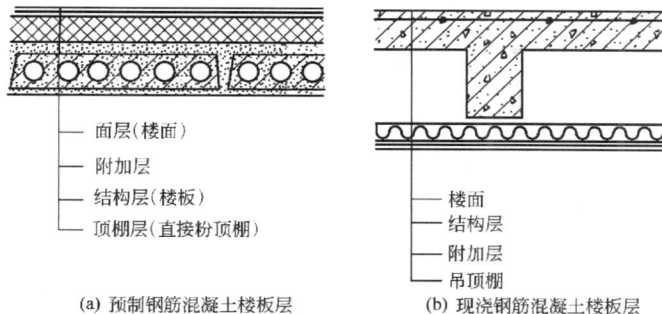

(a) 预制钢筋混凝土楼板层　　(b) 现浇钢筋混凝土楼板层

图 4.1　楼板层的构造组成

2. 地坪层

地坪层主要由面层、垫层和基层组成，也可以根据实际需要设置附加层，如图 4.2 所示。

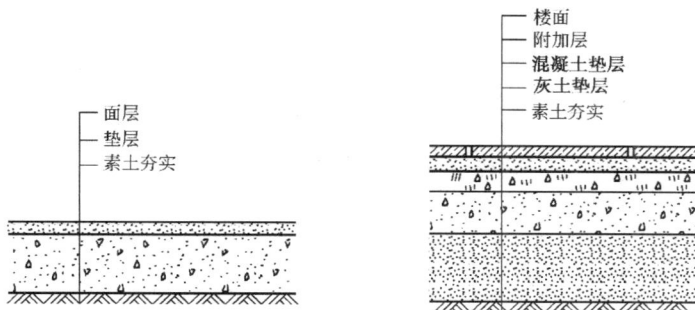

图 4.2　地坪层的构造组成

(1) 面层的作用与楼面基本相同，是室内空间下部的装修层，又称为地面。地面应具有一定的装饰作用。

(2) 垫层是面层下部的填充层，作用是承受和传递荷载，并起到初步找平的作用。通常采用 C20 混凝土垫层，厚度是 60～100 mm，有时也可以用砂、碎石、炉渣等松散材料。

(3) 基层位于垫层之下，又称为地基。通常的做法是原土或者填土分层夯实。如建筑物的荷载较大、标准较高或者使用中有特殊要求的情况下，在夯实的土层上再铺设灰土层、道砟三合土层和碎砖层，以对基层进行加强。

(4) 附加层是为满足某些特殊使用要求而设置的构造层次，如防水层、防潮层、保温隔热层等。

4.1.2　楼板的类型

楼板按使用的材料不同，分为木楼板、砖拱楼板、钢筋混凝土楼板和压型钢板组合楼板四种类型，如图 4.3 所示。

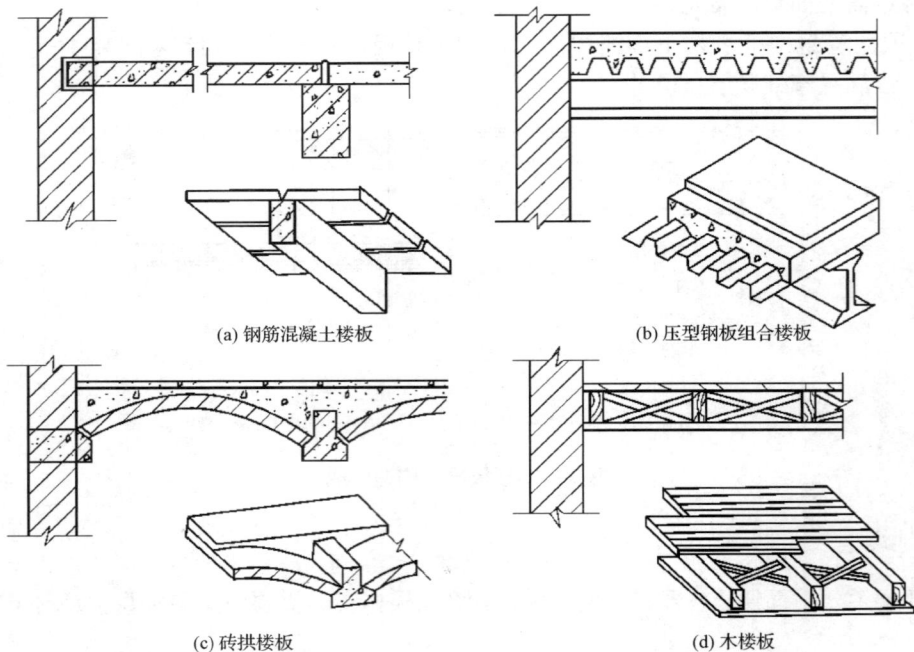

(a) 钢筋混凝土楼板   (b) 压型钢板组合楼板

(c) 砖拱楼板   (d) 木楼板

图 4.3 楼板的类型

1. 木楼板

木楼板是我国的传统做法。其构造简单，自重轻，保温隔热性能好，弹性好，但防火性、耐腐蚀性差，耗费木材，一般工程中很少采用。当前只在木材产地和装修等级较高的建筑物中有少量应用。

2. 砖拱楼板

砖拱楼板可节约钢材和水泥，但自重大，抗震性能差，现在基本上已经不采用了。

3. 钢筋混凝土楼板

钢筋混凝土楼板因其强度高，整体性、耐久性、可模性好，防火和抗震能力强，在实际中应用最为广泛。

4. 压型钢板组合楼板

压型钢板组合楼板，又称为钢衬板楼板，它是利用压型钢板作为模板，在其上现浇混凝土而形成的。压型钢板作为模板成为楼板的一部分，永久地留在楼板中，提高了楼板的抗弯刚度和强度，虽然其造价高，但仍是值得大力推广应用的楼板。

4.1.3 楼板层的设计要求

楼板应该满足以下设计要求。

1. 具有一定的强度和刚度

楼板层直接承受着自重和作用在其上的各种荷载，在设计楼板时应使楼板具有一定的强度，保证在荷载作用下不致因楼板承载力不足而引起结构的破坏。为了满足建筑物的正常使用要求，楼板还应具有一定的刚度要求，保证在正常使用的状态下，不会发生过大的影响使用的裂缝和挠度等变形，强度要求通常是通过限定板的最小厚度来保证的。

2. 具有一定的防火能力

楼板作为分隔竖向空间的承重构件，应具有一定的防火能力。现行的《建筑设计防火规范(2018 版)》对于多层建筑楼板的耐火极限作了明确规定，参见表 0.10。

3. 具有一定的隔声能力

在建筑设计中，隔声是一个很重要的问题。对于楼板而言，噪声主要是撞击声，如楼板上人的脚步声、拖动家具的声音等。楼板隔声通常有以下几种处理方法。

(1) 面层下设弹性垫层。在楼板的结构层和面层之间增设弹性垫层，如图 4.4(a)所示，称为"浮筑式楼板"，减弱楼板的振动，以降低噪声。弹性垫层可以是块状、条状、片状，使楼板面层与结构层完全脱离，从而起到一定的隔声作用。

(2) 对楼板表面进行处理。在楼板表面铺设塑料地毡、地毯、橡胶地毡、软木板等弹性较好的材料，以降低楼板的振动，减弱撞击声能。这种方法的隔声效果好，也便于机械化施工，如图 4.4(b)所示。

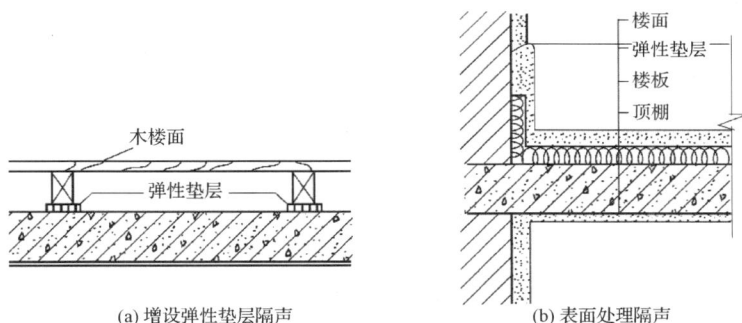

(a) 增设弹性垫层隔声　　　　(b) 表面处理隔声

图 4.4　楼板下设弹性垫层隔声

(3) 楼板下设吊顶。在楼板下设吊顶，利用隔绝空气声的方法可降低撞击声。吊顶面层不留缝隙。吊顶层还可以铺设一些吸声材料加强隔声效果。如果吊顶和楼板之间采用弹性连接，隔声能力可以得到较大提高，如图 4.5 所示。

4. 具有一定的防潮、防水能力

建筑物使用过程中有水侵蚀的房间，如厨房、卫生间、浴室和实验室等，楼板层应进行防潮、防水处理，防止影响相邻空间的使用和建筑物的耐久性。

5. 满足各种管线的敷设要求

随着科学技术的发展和生活水平的提高，在现代建筑中，电器等设施的应用越来越多。

楼板层的顶棚层应满足设备管线的敷设要求。

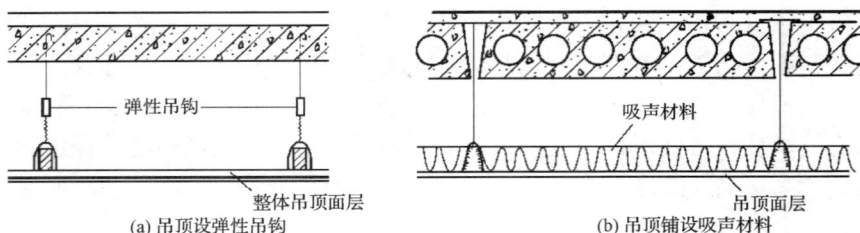

(a) 吊顶设弹性吊钩　　　　(b) 吊顶铺设吸声材料

图 4.5　楼板下设吊顶隔声

4.2　钢筋混凝土楼板

钢筋混凝土楼板是目前应用最广泛的一种楼板形式，按照施工方法可以分为现浇整体式、预制装配式和装配整体式三种类型。

4.2.1　现浇整体式钢筋混凝土楼板

现浇整体式钢筋混凝土楼板具有整体性强、抗震能力好、梁板布置灵活等优点，但施工的湿作业量大，模板使用量大，施工的工期较长。现浇钢筋混凝土楼板的应用广泛，适合整体性要求较高的建筑、平面形状不规则的房间、有较多管道需要穿越楼板的房间、使用中有防水要求的房间。现浇钢筋混凝土楼板根据楼板的组成，可分为板式楼板、肋梁式楼板、井格式楼板、无梁楼板和压型钢板组合楼板等几种类型。

1. 板式楼板

板式楼板根据受力特点和支撑情况，可以分为单向板和双向板。混凝土板受力分析按下列原则进行计算。

(1) 两对边支承的板应按单向板计算。

(2) 四边支承的板应按下列规定计算。

① 当长边 l_2 与短边 l_1 长度之比不大于 2.0 时，应按双向板计算。

② 当长边 l_2 与短边 l_1 长度之比大于 2.0，但小于 3.0 时，宜按双向板计算。

③ 当长边 l_2 与短边 l_1 长度之比不小于 3.0 时，宜按沿短边方向受力的单向板计算，并应沿长边方向布置构造钢筋。板的受力与传力方式如图 4.6 所示。

2. 肋梁式楼板

当房间的平面尺度较大时，为使楼板的受力与传力更合理，广泛采用肋梁式楼板，又称为梁板式楼板，有双向板肋梁楼板和单向板肋梁楼板两种。

双向板肋梁楼板的梁无主、次之分。双向板的受力更合理一些，材料利用更充分，顶棚比较美观一些，但容易在板的角部出现裂缝，当板跨比较大时，板厚也较大，不是很经济，因此一般用于跨度小的建筑物，如住宅、旅馆等。

单向板肋梁楼板由板、次梁、主梁组成，如图 4.7 所示，荷载按照板→次梁→主梁→

墙体或者柱子的路线向下传递。肋梁楼板的主梁通常布置在房屋的短跨方向，次梁垂直于主梁并支承在主梁上，板支承在次梁上。主梁的跨度一般是 5～9 m，最大也可以达到 12 m，次梁比主梁的截面高度小，跨度一般是 4～6 m，板的跨度一般为 1.7～2.5 m。

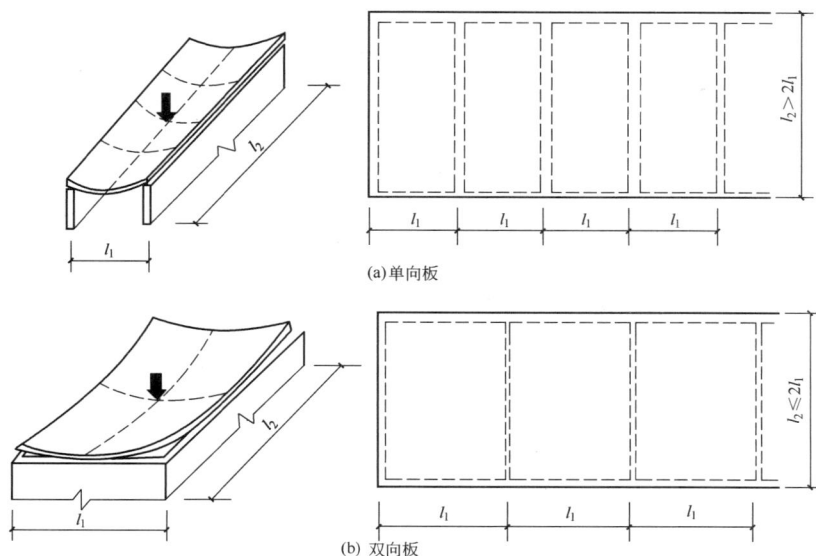

(a) 单向板

(b) 双向板

图 4.6　板的受力与传力方式

肋梁楼板.mp4

单向板肋梁楼盖.mp4

双向板肋梁楼盖.mp4

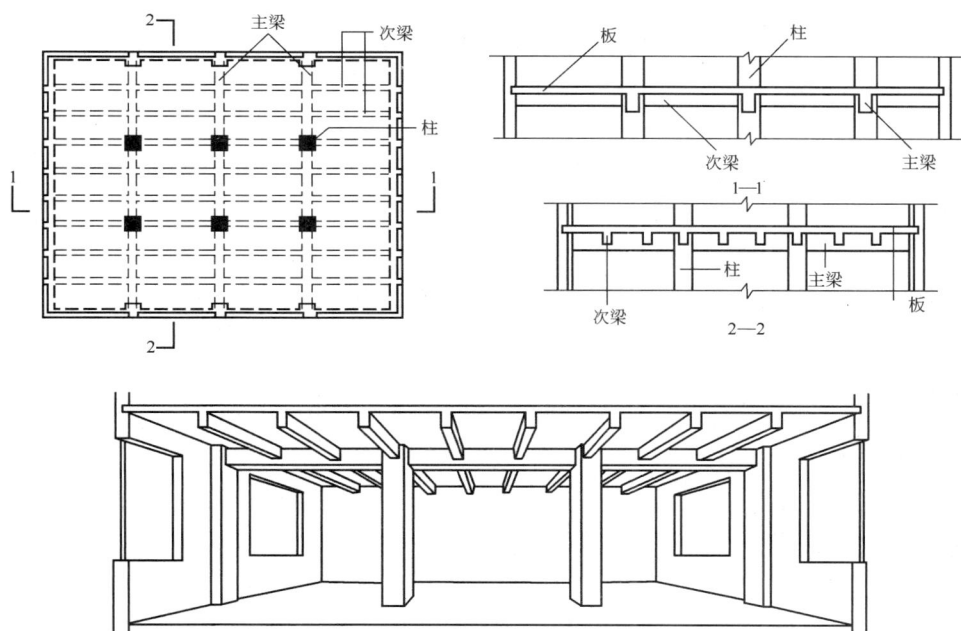

图 4.7　单向板肋梁楼板

《混凝土结构设计规范》(GB 50010—2010)和《混凝土结构通用规范》(GB 55008—2021)规定了现浇钢筋混凝土板的最小厚度，见表 4.1 所示。

表 4.1　现浇钢筋混凝土板的最小厚度

单位：mm

板的类别		最小厚度	一般规定
单向板	屋面板	60	60～80
	民用建筑楼板	60	70～100
	工业建筑楼板	70	80～180
	行车道下的楼板	80	
双向板		80	80～160
密肋板	面板	50	70～80
	肋高	250	
悬臂板(根部)	板的悬臂长度≤500	60	
	板的悬臂长度＞1200	100	
无梁楼板		150	160～200

　　为了充分发挥结构的能力，应该考虑构件的合理尺寸，肋梁楼板的经济尺寸见表 4.2 所示。

表 4.2　肋梁楼板的经济尺寸

构件名称	经济尺寸		
	跨度/L	梁高或板厚/h	宽度/b
主梁	5～8 m	$(1/14～1/8)L$	$(1/3～1/2)L$
次梁	4～6 m	$(1/18～1/12)L$	$(1/3～1/2)L$
板	3 m 以内	简支板 $L/35$，连续板 $L/40$，不小于 60～80 mm	

3. 井格式楼板

　　井格式楼板是肋梁式楼板的一种特殊形式。当房间跨度在 10 m 以上且两个方向的尺寸比较接近时，可以将两个方向的梁等间距布置，梁的截面高度相等，不分主、次，形成井格式的肋梁楼板，如图 4.8 所示。井格式楼板的跨度一般为 6～10 m，板厚为 70～80 mm，井格各边长一般在 2.5 m 之内。井格可布置成正交正放、正交斜放、斜交斜放，其布置方式如图 4.9 所示。井格式楼板的顶棚很规整，具有很好的装饰性，结合灯具的布置可以获得较美观的效果，在公共建筑的门厅和大厅中经常采用。

井式楼盖.mp4

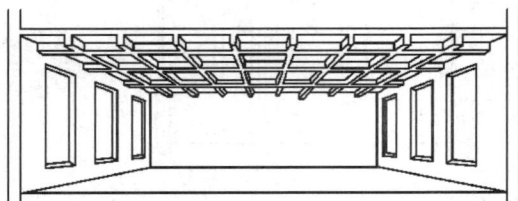

图 4.8　井格式肋梁楼板

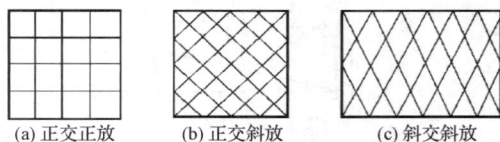

(a) 正交正放　　(b) 正交斜放　　(c) 斜交斜放

图 4.9　井格式楼板的布置方式

4. 无梁楼板

无梁楼板是将楼板直接支承在柱子上而不设梁的楼板形式,如图 4.10 所示。这种楼板净空高度大,通风效果好,施工简单,可用于尺寸较大的房间和门厅,如商店、展览馆、仓库等建筑。无梁楼板的柱网通常布置成矩形或者方形,跨度一般在 6 m 以内,比较经济,板厚通常不小于 120 mm,一般为 160~200 mm。根据有无柱帽,无梁楼板可以分为有柱帽和无柱帽两种。当楼板的荷载较大时,为了扩大柱子的支承面积,通常采用有柱帽的无梁楼板。

无梁楼盖.mp4

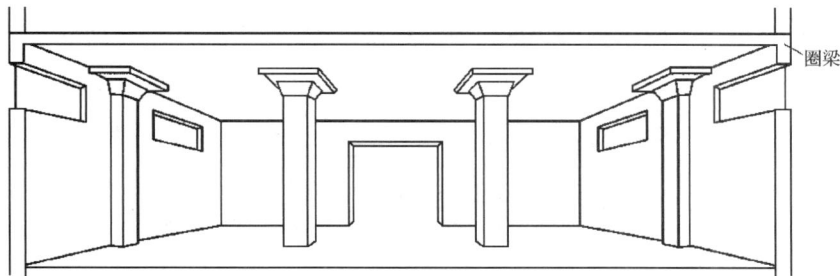

图 4.10　无梁楼板

5. 压型钢板组合楼板

压型钢板组合楼板是一种由钢板与混凝土两种材料组合而成的楼板,如图 4.11 所示。压型钢板组合楼板是在钢梁上铺设表面凹凸相间的压型钢板,以钢板作为衬板现浇混凝土,形成整体的组合楼板,又称为钢衬板组合楼板。其由楼面层、组合板和钢梁三部分构成,也可以根据需要设吊顶棚。

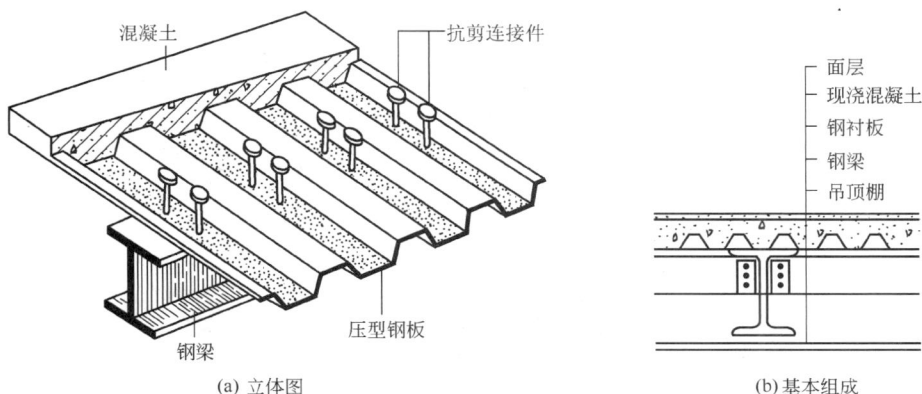

(a) 立体图　　　　　　　　　(b) 基本组成

图 4.11　压型钢板组合楼板

4.2.2　预制装配式钢筋混凝土楼板

预制装配式钢筋混凝土楼板是在预制构件厂或者施工现场外完成构件的制作,然后运到施工现场进行装配而成的楼板。预制装配式楼板可以大大节约模板的用量,提高劳动生产率，提高施工的速度，施工不受季节限制，有利于实现建筑的工业化；缺点是楼板的整体性较差，不宜用于抗震设防要求较高的地区和建筑中。

预制楼板可分为预应力和非预应力两种。采用预应力构件可以推迟裂缝的出现，从而提高构件的承载力和刚度，减轻构件自重，降低造价。预制钢筋混凝土楼板按形式分，一般有实心平板、空心板及槽形板三种类型。

1) 实心平板

实心平板一般为非预应力板。制作简单，跨度一般在 2.4 m 以内，厚度一般为 60～80 mm，宽度一般为 600～900 mm，隔声效果较差，通常用于走廊、楼梯平台、阳台或者小开间房间的楼板，也可用于隔板和管沟盖板。预制实心平板的两端支承在梁或者墙上，如图 4.12 所示。

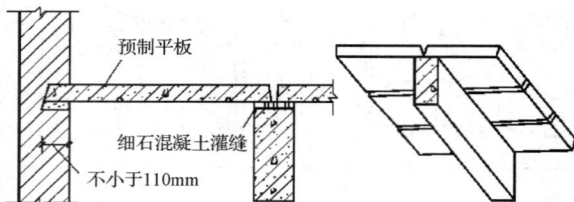

图 4.12　预制实心平板

2) 空心板

空心板的制作最简单，目前预制空心板基本上采用圆孔预应力板。大型空心板的跨度可以达到 4.5～7.2 m，板宽为 1200～1500 mm，厚度为 180～240 mm。中型空心板常见宽度为 600～1200 mm，厚度为 90～120 mm。在安装空心板时，两端常用砖、砂浆块或者混凝土块填塞，以免浇灌端缝时混凝土进入孔中。空心板如图 4.13 所示，目前此类板因抗震不利较少使用。

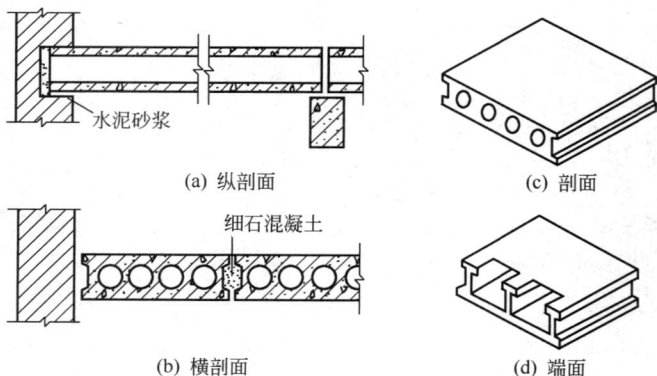

图 4.13　空心板

3) 槽形板

槽形板是一种梁板结合的构件，由板和肋组成，在实心板的两侧设置纵肋。为了提高楼板的刚度和方便板的放置，通常在板的端部设端肋封闭。板的跨度大于 6 m 时，每 500～700 mm 设置一道横肋。预应力板的荷载主要由板的纵肋来承担，因此板的厚度较薄，跨度较大，厚度通常为 30～50 mm，宽度为 600～1200 mm，预应力槽形板的跨度可以达到 6m 以上，非预应力板通常在 4 m 以内。槽形板的自重轻，省材料，可以在板上临时开洞，但隔声能力比空心板要差。槽形板有正置和倒置两种搁置方式，如图 4.14 所示。

正置的槽形板，肋向下，板的受力合理，但板底不平整，通常需要设吊顶棚来解决美观等问题。对于观瞻要求不高的房间，也可直接采用正置的槽形板，不设吊顶。倒置的搁置方式，即板肋向上，可使板底平整，但受力不太合理，板面需另做面层。可以在槽内填充隔声材料以增强隔声效果。

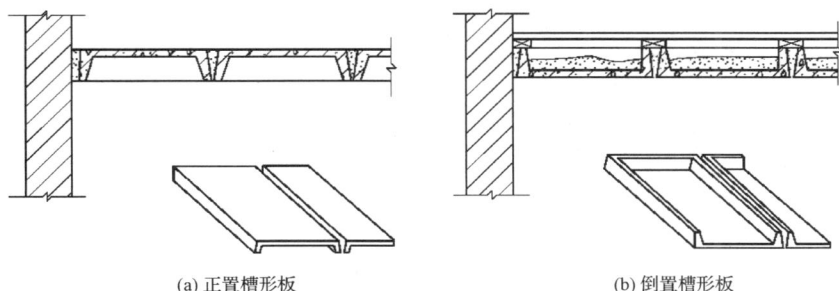

(a) 正置槽形板　　　　(b) 倒置槽形板

图 4.14　槽形板

4.2.3　装配整体式钢筋混凝土楼板

装配整体式钢筋混凝土楼板是将楼板中的部分构件预制后，在现场进行安装，再整体浇筑另一部分连接成一个整体的楼板。它兼有预制板和现浇板的优点。装配整体式钢筋混凝土楼板有密肋填充块楼板和叠合楼板两种。

1. 密肋填充块楼板

密肋填充块楼板的密肋有现浇和预制两种，如图 4.15 所示。现浇的密肋填充块楼板是在空心砖、加气混凝土块等填充块之间现浇密肋小梁和面板。预制的密肋填充块楼板是在空心砖和预制的倒 T 形密肋小梁或者带骨架芯板上现浇混凝土面层，有利于节约模板。

现浇密肋板.mp4

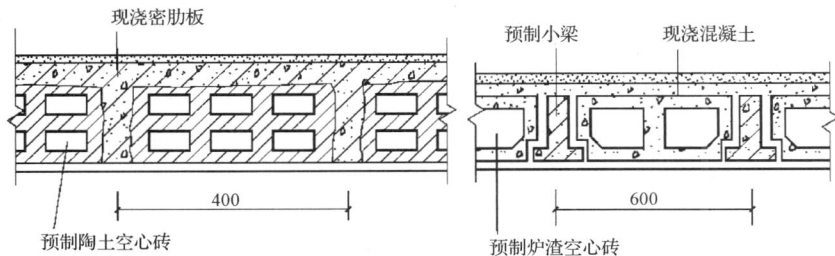

图 4.15　密肋填充块楼板

2. 叠合楼板

现浇楼板的强度和刚度好，但施工速度慢，耗费模板多；预制楼板施工速度快，但刚度有时不能满足要求。而越来越多的高层建筑和大开间的建筑对于工期和刚度等有一定的要求，叠合楼板的出现则解决了这些矛盾。叠合楼板是由预制混凝板和后浇混凝土组成，以两个阶段成型的整体受力结构构件。叠合楼板可以采用预应力混凝土薄板和普通混凝土薄板，具有模板、结构和装修三方面的功能。各种设备管线可敷设在叠合层内，现浇层内只需配置少量的支座负筋。为使预制部分与现浇叠合层之间有更好的连接，板的表面有两种处理方法，如图 4.16 所示，即在板的表面进行刻槽处理(刻槽深度为 20 mm，直径为 50 mm，间距为 150 mm)或在板的表面露出三角形状的结合钢筋。

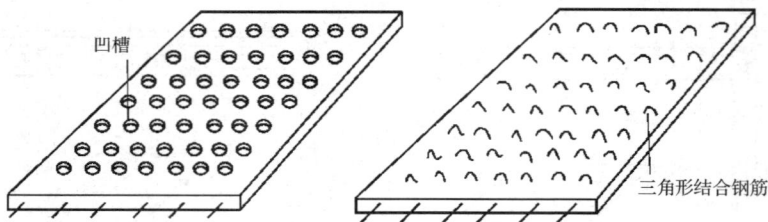

凹槽

三角形结合钢筋

图 4.16　预制薄板表面的处理

叠合楼板的跨度一般为 4～6 m，预应力薄板的跨度可以达到 9 m，经济跨度在 5.4 m 以内。预应力薄板的宽度为 1.1～1.8 m，厚度为 50～70 mm，叠合后总厚度一般为 150～250 mm(注：叠合厚度不应小于 100 mm)，具体可视跨度而定，以不小于预制薄板厚度的两倍为宜。

4.3　楼地面构造

建筑物室内的楼地面是建筑构造中的重要部分。它是人们日常生活、工作、生产、学习时必须接触的部分，也是建筑中直接承受荷载，经常受到摩擦、清洗和冲洗的部分。因此，除了要符合使用上、功能上的要求外，还必须考虑人们在精神上的追求，做到美观、舒适。

地面铺装的美.pdf

醉白池里铺地纹样
有这样的寓意.pdf

4.3.1　楼地面的设计要求

楼板层的面层和地坪层的面层统称地面，在构造和要求上基本一致。地面是人们日常工作、学习、生产和生活必须接触的建筑物的一部分，是建筑物中承受荷载，经受摩擦、擦洗的部分，应具有以下设计要求。

1. 具有足够的坚固性

要求地面在荷载作用下不易被磨损、破坏，表面能保持平整和光洁，不易起灰，便于清洁。

2. 具有一定的弹性和保温性能

考虑到降低噪声和行走舒适度的要求，要求地面具有一定的弹性和保温性能。地面应选用一些弹性好和导热系数小的材料。

3. 满足某些特殊要求

对不同房间而言，地面还应满足一些不同的特殊要求。例如，对使用中有水作用的房间，地面应满足防水要求；对有火源的房间，地面应具有一定的防火能力；对有腐蚀性介质的房间，地面应具有一定的防腐蚀能力。

4.3.2　地面的类型和常见构造

地面的材料和做法应根据房间的使用要求和经济要求而定。根据面层材料和施工方法的不同，地面可以分为整体类地面、板块类地面、卷材类地面和涂料类地面等，见表 4.3 所示。

表 4.3　地面类型

地面类型	常见地面
整体类地面	水泥砂浆地面、水泥石屑地面、水磨石地面和细石混凝土地面等
板块类地面	缸砖、陶瓷锦砖、人造石材、天然石材和木地板等
卷材类地面	聚氯乙烯塑料地毡、橡胶地毡和地毯等
涂料类地面	各种高分子涂料所形成的地面，如环氧地坪漆、聚氨酯地坪漆等

12J304 图集中常见楼地面的构造如表 4.4 所示，下面简要介绍几种地面的构造做法。

表 4.4　常见地面构造

类别	名称	构造简图	构造(12J304 图集) 地面	楼面
整体式楼地面	水泥砂浆楼地面	地面　楼面	(1) 20 厚 1∶2.5 水泥砂浆铁板赶平。 (2) 水泥浆结合层一道(内掺建筑胶)。 (3) 80(100) 厚 C15 混凝土垫层。 (4) 夯实土	(3) 钢筋混凝土楼板
	现制水磨石楼地面	地面　楼面	(1) 10 厚 1∶2.5 水泥彩色石子地面，表面磨光打蜡。 (2) 20 厚 1∶3 水泥砂浆结合层。 (3) 水泥浆一道(内掺建筑胶)。 (4) 80 厚 C15 混凝土垫层。 (5) 夯实土	(4) 钢筋混凝土楼板
块料式楼地面	防滑地砖楼地面	地面　楼面	(1) 8～10 厚防滑地砖，干水泥擦缝。 (2) 20 厚 1∶3 水泥砂浆结合层，表面撒水泥粉。 (3) 水泥浆一道 (内掺建筑胶)。 (4) 80 厚 C15 混凝土垫层。 (5) 夯实土	(4) 钢筋混凝土楼板
	陶瓷锦砖楼地面	地面　楼面	(1) 5 厚陶瓷锦砖铺实拍平，干水泥擦缝。 (2) 20 厚 1∶3 水泥砂浆结合层，表面撒水泥粉。 (3) 水泥浆一道(内掺建筑胶)。 (4) 80 厚 C15 混凝土垫层。 (5) 夯实土	(4) 钢筋混凝土楼板

续表

类别	名 称	构造简图	构 造	
			地 面	楼 面
块料式楼地面	磨光花岗石板楼地面	地面　楼面	(1) 20 厚磨光花岗石板，水泥浆擦缝。 (2) 20 厚 1∶3 水泥砂浆结合层，表面撒水泥粉。 (3) 水泥浆一道 (内掺建筑胶)。	
			(4) 80 厚 C15 混凝土垫层。 (5) 夯实土	(4) 钢筋混凝土楼板
木楼地面	铺贴木楼地面	地面　楼面	(1) 地板漆 2 道(成品已带油漆者无此道工序)。 (2) 100×18 长条硬木企口地板(背面刷氟化钠防腐剂)。 (3) 50×50 木龙骨@400 架空 20，表面刷防腐剂。	
			(4) 80 厚 C15 混凝土垫层。 (5) 夯实土	(4) 钢筋混凝土楼板
	强化木楼地面	地面　楼面	(1)8 厚强化木地板(企口上下均匀刷胶)拼接。 (2) 3～5 mm 泡沫塑料衬垫。 (3) 20 厚 1∶2.5 水泥砂浆找平层。 (4) 水泥浆一道(内掺建筑胶)。	
			(5) 80 厚 C15 混凝土垫层。 (6) 夯实土	(5) 钢筋混凝土楼板
卷材式楼地面	单层地毯楼地面	地面　楼面	(1) 5～8 厚地毯。 (2) 20 厚 1∶2.5 水泥砂浆找平层。 (3) 水泥浆一道(内掺建筑胶)。	
			(4) 80 厚 C15 混凝土垫层。 (5) 0.2 厚塑料薄膜浮铺。 (6) 夯实土	(5) 钢筋混凝土楼板

1. 水泥砂浆地面

水泥砂浆地面构造简单，坚固耐磨，造价低廉，是一种应用广泛的低档地面；但存在空气中湿度较大时容易返潮，且有起灰、无弹性、热传导高、不容易清洁等缺点。水泥砂浆地面有单层构造和双层构造两种做法，双层做法的抹面质量高，不易开裂。

楼地面构造类型.mp4

2. 水磨石地面

水磨石地面是常用的一种地面，质地光洁美观，耐磨性、耐久性好，容易清洁，且不易起灰，装饰效果好，常用作公共建筑的门厅、大厅、楼梯和主要房间等的地面。水磨石地面采用分层构造，如图 4.17 所示。在做好的找平层上按设计好的方格用 1∶1 水泥砂浆嵌固 10 mm 高的分格条(铜条、铝条、玻璃条和塑料条)，铺入拌合好的水泥石屑，压实，浇水养护 6～7 天后用磨光机磨光，再用草酸溶液清洗，最后打蜡抛光。

3. 缸砖、地砖、陶瓷锦砖地面

缸砖是用陶土烧制而成的一种无釉砖块，颜色以红棕色居多，规格有 100 mm×100 mm

和 150 mm×150 mm 两种，厚度为 10～15 mm，质地坚硬，耐磨，耐酸碱，易于清洁，多用于厨房、卫生间、实验室等的地面。缸砖地面如图 4.18(a)所示。陶瓷锦砖即马赛克，质地坚硬，色泽丰富多样，耐磨，耐水，耐腐蚀，容易清洁，用于卫生间、浴室等房间的地面。构造做法为用 15～20 mm 厚 1∶3 水泥砂浆找平，再用 5 mm 厚水泥砂浆粘贴拼贴在牛皮纸上的陶瓷锦砖，压平后洗去牛皮纸，再用素水泥浆擦缝。陶瓷锦砖地面如图 4.18(b)所示。

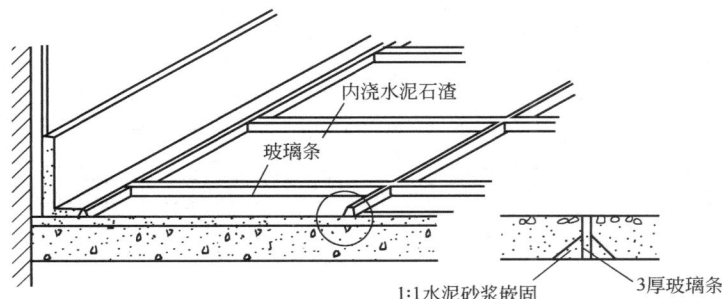

图 4.17　水磨石地面

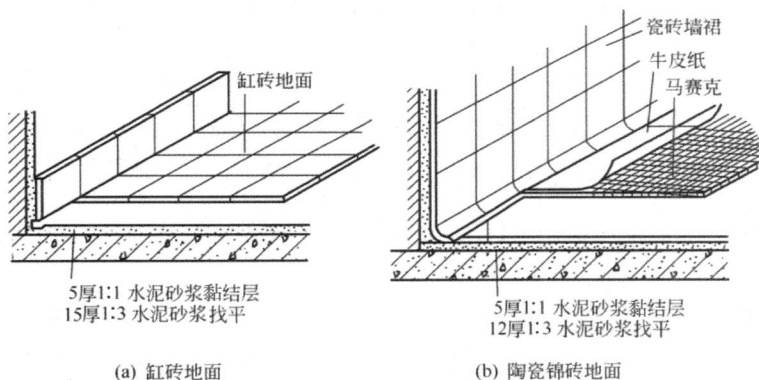

图 4.18　块材类地面

4．石板地面

常用的石材根据材质分，有大理石、花岗岩、板岩、砂岩，还有玉石、木化石、火山岩、玄武岩等。石板地面包括天然石板地面和人造石板地面。

大理石的色泽和纹理美观，常用的规格有 600 mm×600 mm～800 mm×800 mm，厚度为 20 mm。大理石和花岗石均属高档地面装修材料，一般用于装修标准较高的建筑的门厅、大厅等部位。人造石板有人造大理石板、预制水磨石板等类型，价格低于天然石板。

5．木地面

木地面一般由木板粘贴或者铺钉而成，有普通木地面、硬木条地面、拼花木地面几种。木地面的特点是保温性好，弹性好，易清洁，不易起灰等，常用于剧院、宾馆、健身房等建筑中，也广泛用于家庭装修。木地面按照构造方法分，有空铺和实铺两种。

空铺木地面构造复杂，耗费木材较多，现已较少采用。实铺木地面有铺钉式和粘贴式两种。铺钉式木地面是将木地板搁置在木搁栅上，木搁栅固定在基层上，如图4.19(a)所示。粘贴式木地面是用环氧树脂胶等材料将木地板直接粘贴在找平层上，如图4.19(b)所示。粘贴式木地面节省材料，施工方便，造价低，应用较多，但木地板受潮时会发生翘曲，施工中应保证粘贴质量。

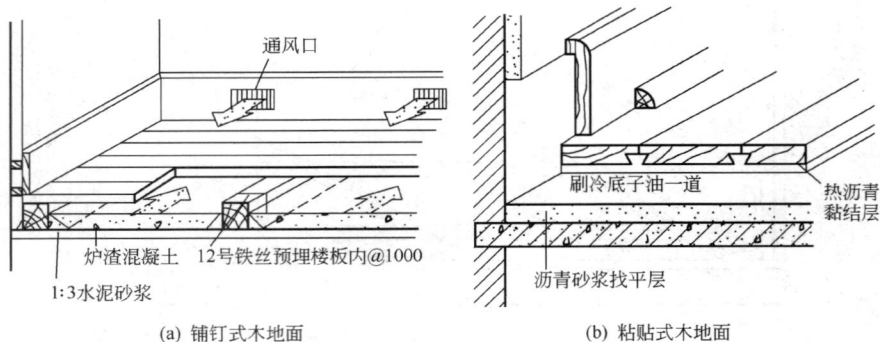

(a) 铺钉式木地面   (b) 粘贴式木地面

图4.19 木地面构造

实木复合地板是建筑中常用的一种地面装修材料，它的表层使用硬质木材，如榉木、桦木、柞木、樱桃木和水曲柳等，中间层和底层使用中密度纤维板或高密度纤维板。实木复合地板的装饰效果和耐磨程度都很好，而且安装方便，不用黏结剂，不用木搁栅，只需要地面平整，将带有企口的复合木地板相互拼接即可，拆卸也比较方便。

6. 卷材地面

常见地面卷材有聚氯乙烯塑料地毡、橡胶地毡、各种地毯等。卷材地面的弹性好，消声的性能也好，适用于公共建筑和居住建筑。

聚氯乙烯塑料地毡和橡胶地毡铺贴方便，可以干铺，也可以用黏结剂粘贴在其找平层上。塑料地毡具有步感舒适、防滑、防水、耐磨、隔声及美观等特点，且价格低廉，是一种经济的地面材料。地毯分为化纤地毯和羊毛地毯两种。

7. 涂料类地面

地面涂料是一种用于维护地面，起到防尘防潮、清洗方便、耐磨实用的涂料，在现代的工厂地上、商场地上和车库地上被广泛运用和推行。地面涂料一般分环氧地坪漆、聚氨酯地坪漆、防腐蚀地坪漆、防静电地坪漆、防滑地坪漆、可载重地坪漆等。

环氧地坪漆施工工艺.mp4

(1) 环氧地坪漆。通常来说，环氧地坪漆主要是由环氧树脂、固化剂、颜料、助剂等材料混合而成，其主要特征是与水泥基层的黏结力强，具有良好的涂膜物理力学性能等，适用于各种工厂、球场、停车场、商场等室内场所。

(2) 聚氨酯地坪漆。通常来说，聚氨酯地坪漆以聚醚树脂、环氧树脂为甲组分，其基层的黏结度不如环氧树脂类涂料，但相对环氧地坪漆硬度更好，亮度高，涂膜因具有一定的舒适性，主要用于各种体育运动场所、公共室外场所。

(3) 防腐蚀地坪漆。除了具有一定的强度性能之外，还能够避免各种带有腐蚀性的介质侵蚀，主要适于各种化工厂、卫生材料厂等地面装饰。

(4) 防静电地坪漆。防静电地坪漆除了能够排泄静电荷之外，还能预防因静电积而引发的安全隐患，同时还能屏蔽电磁干扰和防止吸附灰尘等，比较适用于各种需抗静电的地面，如电厂、火工产品存放室、微机室等。

(5) 防滑地坪漆。这种地坪漆具有一定的摩擦性和防滑性，主要用于各种具有防滑要求的地面装饰，是一种广泛应用的地坪漆。

(6) 可载重地坪漆。与混凝土基层相比，可载重地坪漆的黏结度、拉伸度以及硬度都普遍偏高，并且具有一定的抗冲击性能、承载力和耐磨性，适用于需要有载重车辆和叉车行走的工厂车间和仓库等场所。

4.3.3　楼地面节能构造

在北方的住宅建筑中，楼地面适当增加保温层，既便于保持适宜的室内气温，又有利于建筑节能。保温材料常用高密度聚苯板、轻骨料混凝土、膨胀珍珠岩制品等。保温地面的构造做法通常是在地坪的混凝土垫层上加铺保温层，然后做地面装饰层，如图4.20所示。

地暖安装.mp4

保温楼面的构造做法有正置式和倒置式两种。正置式是将保温层放置在结构层的上面，然后做地面装饰层，如图4.21(a)所示；倒置式是将保温层放置在结构层的下方，然后做天花抹灰或做吊顶装饰，如图4.21(b)所示。

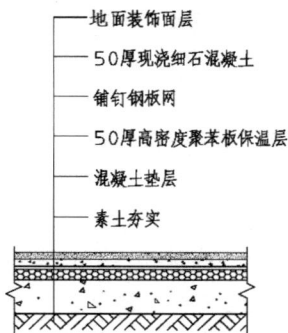

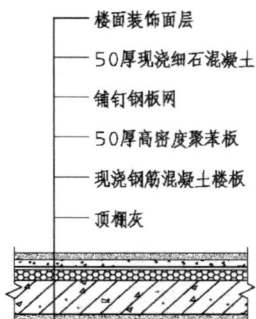

(a) 正置式

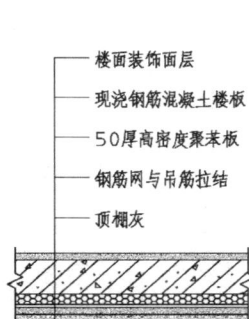

(b) 倒置式

图4.20　保温地面构造做法　　　　图4.21　保温楼面构造做法

4.4　顶棚、阳台、雨篷构造

顶棚在室内空间中占据十分显要的位置。顶棚的构造设计与选择应从建筑功能、维护检修、防火安全等多方面综合考虑。阳台和雨篷也是建筑物使用功能上不可缺少的一部分。

4.4.1　顶棚构造

顶棚是楼板层最下面的部分，又称为天花板或者平顶，是室内装修的一部分。顶棚层应能满足管线敷设的需要，能良好地反射光线改善室内照明度，同时应平整光滑、美观大方，与楼板层有可靠连接。特殊要求的房间，还要求顶棚能保温、隔热和隔声等。

顶棚一般采用水平式，根据需要也可以做成弧形、折线形等形式。从构造上来分，一般有直接式顶棚和悬吊式顶棚两种。

1. 直接式顶棚

1) 喷刷类顶棚

对于楼板底面平整又没有特殊要求的房间，直接在楼板底面嵌缝刮腻子后喷刷大白浆或者 106 装饰涂料。

2) 抹灰类顶棚

抹灰类顶棚多用于板底不够平整或者做吊顶后净高不能满足要求时，有水泥砂浆抹灰和纸筋灰抹灰两种。水泥砂浆抹灰的做法为，先在板底刷素水泥浆一道，再用 5 mm 厚 1∶3 水泥砂浆打底，5 mm 厚 1∶2.5 水泥砂浆抹面，最后喷刷涂料。纸筋灰抹灰的做法为，先在板底用 6 mm 厚混合砂浆打底，再用 3 mm 厚纸筋灰抹面，最后喷刷涂料。

3) 贴面类顶棚

当顶棚有保温、隔热、隔声等要求或者装修标准较高时，可以使用黏结剂将适用于顶棚装饰的墙纸、装饰吸音板、泡沫塑胶板等材料粘贴于顶棚上。

顶棚抹灰.mp4

4) 结构式顶棚

当屋顶采用网架结构等类型时，结构本身就具有一定的艺术性，可以不必另做顶棚，只需要结合灯光、通风、防火等要求做局部处理即可，称为结构式顶棚。

2. 悬吊式顶棚

悬吊在房屋屋顶或楼板结构下的顶棚，称为吊顶。在现代建筑物中，设备和管线较多，例如灭火喷淋、供暖通风、电气照明等，往往需要借助悬吊式顶棚来解决。吊顶一般由吊筋、龙骨和面层组成。吊筋一般采用不小于 $\phi 6$ mm 的圆钢制作，或者采用断面不小于 40 mm×40 mm 的方木制作，具体采用什么材料和形式要依据吊顶自重及荷载、龙骨材料和形式、结构层材料等来确定。龙骨有主龙骨和次龙骨之分，通常主龙骨用吊筋或者吊件连接在楼板层上，次龙骨用吊筋或者吊件连接在主龙骨上，面层通过一定的方式连接于次龙骨上。龙骨有木龙骨和轻钢、铝合金等金属龙骨两种类型，其断面大小应根据龙骨材料、顶棚荷载、面层做法等来确定。面层有抹灰、植物板材、矿物板材、金属板材、格栅等类型。常见的吊顶构造有以下几类。

1) 抹灰类顶棚

抹灰类顶棚又称为整体性吊顶，常见的有板条抹灰顶棚、板条钢板网抹灰顶棚和钢板网抹灰顶棚。

板条抹灰顶棚一般采用木龙骨。其特点是构造简单、造价低廉，但防火性能差，另外抹灰层容易脱落，故适用于防火要求和装修要求不高的建筑，其构造如图 4.22 所示。

为了改善板条抹灰的性能，使它具有更好的防火能力，同时使抹灰层与基层连接更好，在板条上加钉一层钢板网，就形成了板条钢板网抹灰顶棚，可用于更高防火要求和装修标准的建筑中，其构造如图 4.23 所示。

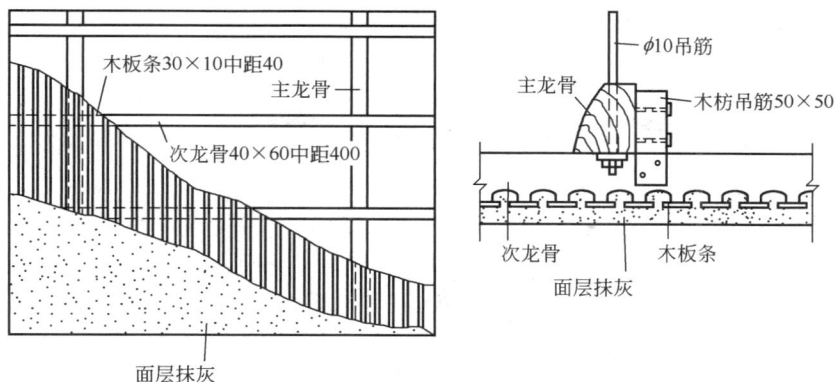

图 4.22　板条抹灰顶棚

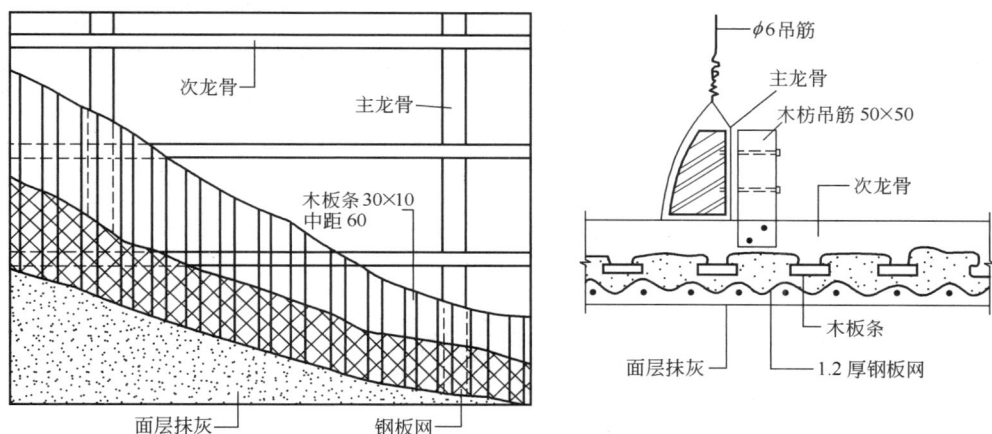

图 4.23　板条钢板网抹灰顶棚

　　钢板网抹灰顶棚一般采用槽钢作为主龙骨，角钢作为次龙骨。次龙骨下设 $\phi6$ mm、中距 200 mm 的钢筋网。钢板网抹灰顶棚的耐久性、防火性、抗裂性很好，适用于防火要求和装修标准高的建筑物中。

　　2) 矿物板材顶棚

　　矿物板材顶棚具有自重轻，防火性能好，不会发生吸湿变形，施工安装方便等特点，又容易与灯具等设施结合，比植物板材应用更广泛。常用的矿物板材有纸面石膏板、无纸面石膏板、矿棉板等。

　　矿物板材顶棚通常的做法是用吊件将龙骨与吊筋连接在一起，将板材固定在次龙骨上。固定的方法有三种：挂接方式，板材周边做成企口形，板材挂在倒 T 形或者工字形次龙骨上；卡接方式，板材直接搁置在次龙骨翼缘上，并用弹簧卡子固定；钉接方式，板材直接钉在次龙骨上。龙骨一般采用轻钢或者铝合金等金属龙骨。龙骨一般有龙骨外露(见图 4.24)和不露龙骨(见图 4.25)两种布置方式。

　　图 4.26 所示为不上人吊顶单层龙骨构造，面板板材为单层纸面石膏

吊顶构造.mp4

铝扣板吊顶.mp4

91

板，也可选用硅酸钙板、纤维增强硅酸盐平板等其他建筑板材。

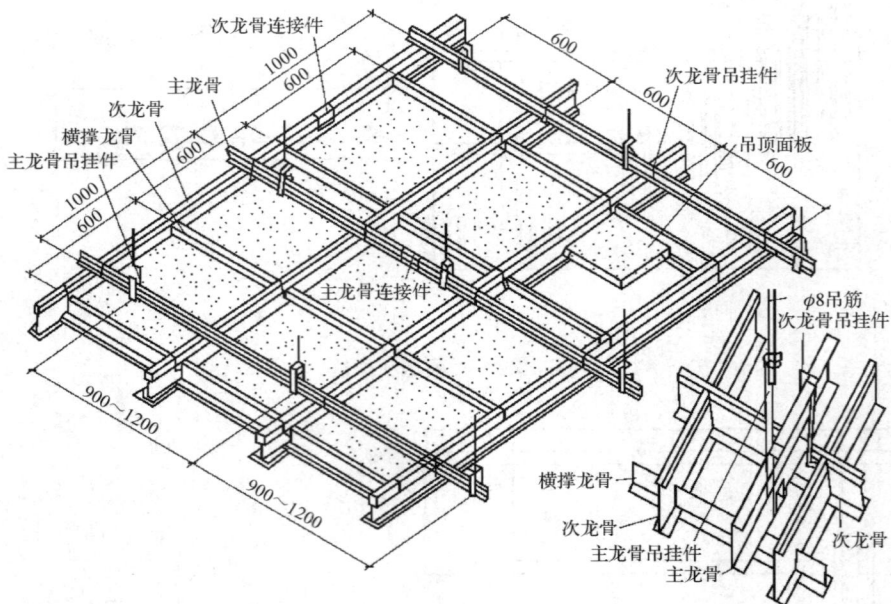

图 4.24　龙骨外露的布置方式

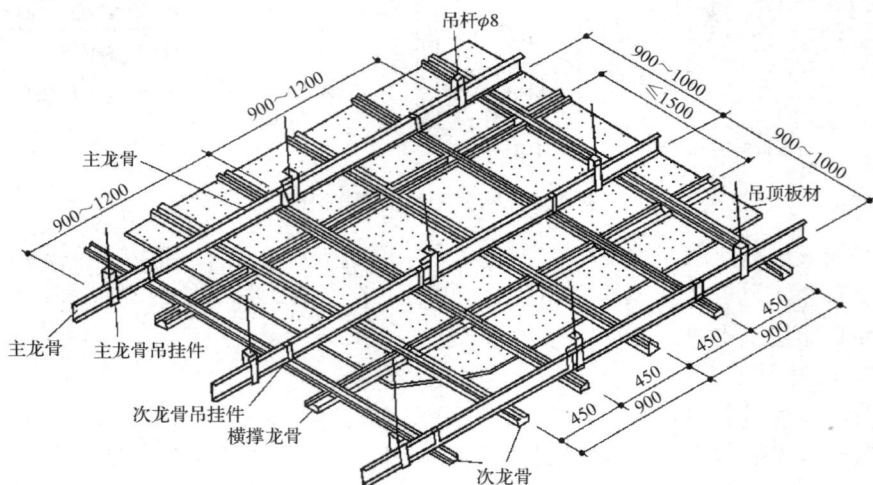

图 4.25　不露龙骨的布置方式

3) 金属板材顶棚

金属板材有铝板、铝合金板、彩色涂层薄钢板等种类。板材有条形、方形、长方形等形状，龙骨常用 0.5 mm 厚的铝板、铝合金板等材料，吊筋采用螺纹钢丝套接，以便调节顶棚距离楼板底部的高度。吊顶没有吸音要求时，板和板之间不留缝隙，采用密铺方式，如图 4.27 所示。吊顶有吸音要求时，板上加铺一层吸音材料，板和板之间留出缝隙，以便声音能够被吸声材料所吸收。

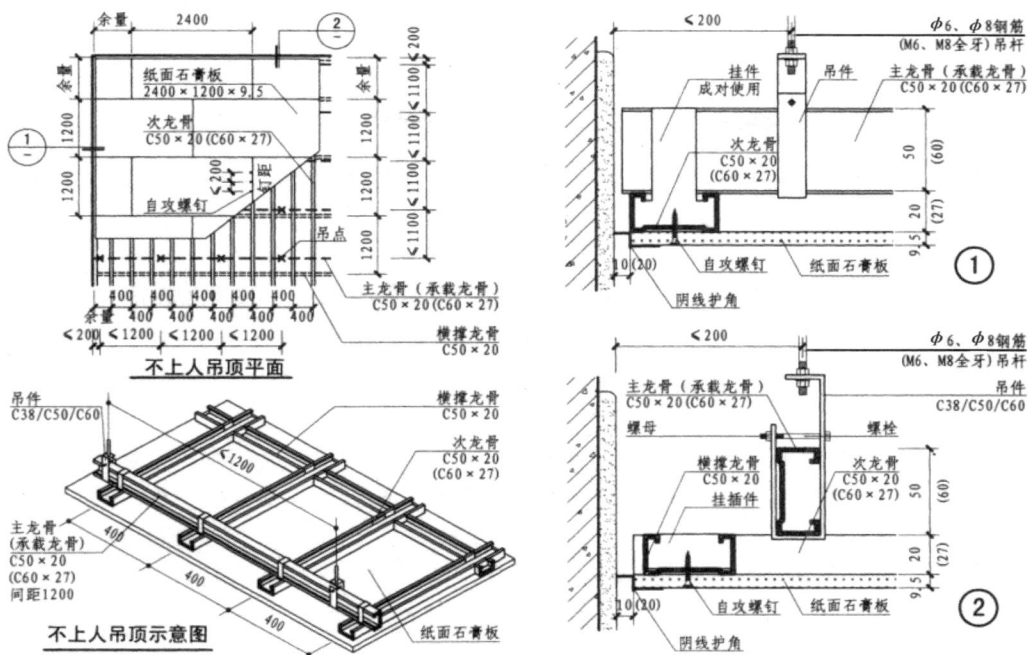

图 4.26 不上人单层龙骨构造

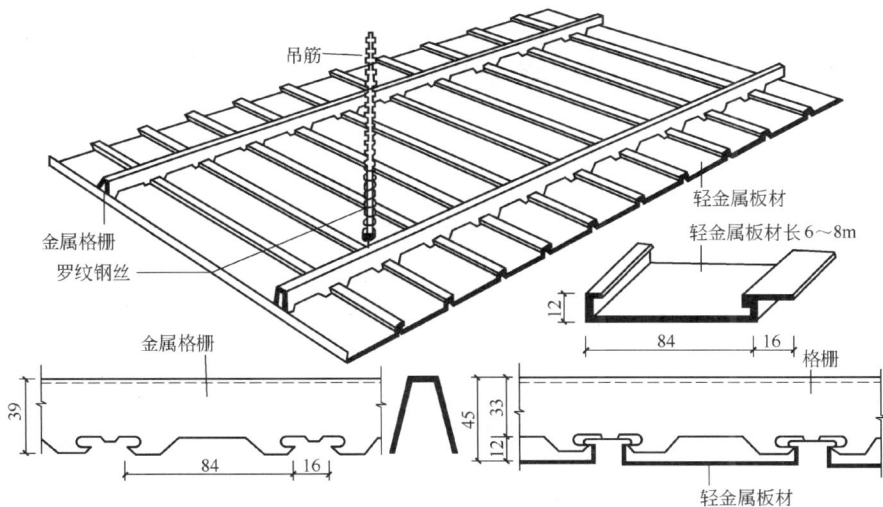

图 4.27 金属板材顶棚

4.4.2 阳台构造

阳台是多层、高层建筑物中联系室内外空间的部分,具有观景、纳凉、养花和晾衣等作用,可以改善居住条件,是多层、高层住宅不可缺少的一部分。按阳台与外墙面的关系不同,可分为挑阳台、凹阳台和半挑半凹阳台;按阳台的使用功能不同,可分为生活阳台(靠近客厅或卧室)和服务阳台(靠近厨房或卫生间);按施工方法不同,可分为现浇阳台和预制阳台。

1. 结构布置

阳台主要由阳台板和栏杆、扶手组成，属于结构上的悬挑构件，是建筑物立面构图的一个重要元素，因此应该满足安全适用、坚固耐久、排水顺畅等设计要求。

阳台的结构布置方式有以下三种。

1) 挑梁式

挑梁式阳台应用广泛，一般是由横墙伸出挑梁搁置阳台板，如图 4.28(a)所示。在多数建筑中挑梁与阳台板可以一起现浇成整体，悬挑长度可以达到 1.8 m。为了防止阳台发生倾覆破坏，悬挑长度不宜过大，常为 1.2 m，挑梁压入墙内的长度不小于悬挑长度的 1.5 倍。

2) 挑板式

挑板式阳台是将楼板直接悬挑出外墙形成的，板底平整美观，构造简单，阳台板可形成半圆形、弧形等丰富的形状，如图 4.28(b)所示。挑板式阳台的悬挑长度一般不超过 1.2 m。

3) 压梁式

压梁式阳台是将阳台板与墙梁现浇在一起，墙梁由它上部的墙体获得压重来防止阳台发生倾覆，如图 4.28(c)所示。阳台悬挑长度不宜超过 1.2 m。

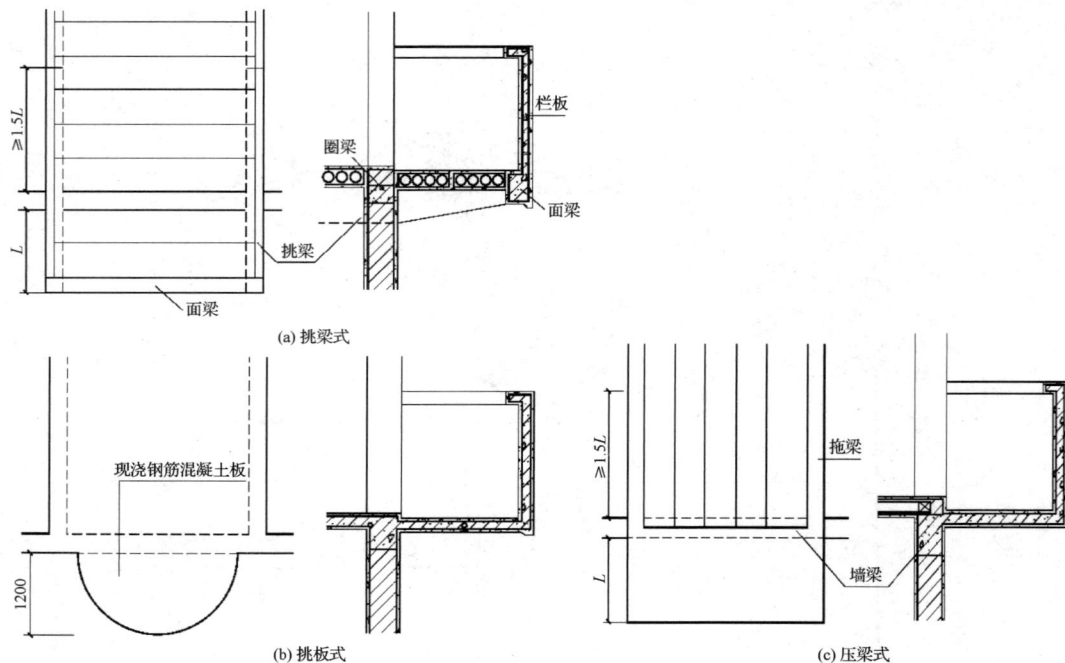

图 4.28　阳台结构布置

2. 细部构造

1) 栏杆和扶手

阳台栏杆按其组成材料分，有砖砌栏板、金属栏杆和钢筋混凝土栏杆。栏杆按其形式分，有实心栏杆、空花栏杆和混合式栏杆三种。栏杆扶手的高度不低于 1.05 m，高层建筑不小于 1.1 m，也不大于 1.2 m。栏杆竖杆之间的净距不大于 110 mm，一般不设置水平杆，防止儿童攀爬。扶手有金属扶手和混凝土扶手两种。金属杆件和扶手表面要进行防锈处理。栏杆与扶手的连接方式有现浇和焊接两种。

2) 排水构造

阳台在使用过程中应保证雨水不进入室内，设计时要求地面比房间地面低 30～50 mm，地面抹出 1%～2% 的排水坡度，坡向排水孔。阳台排水有外排水和内排水两种方式。低层和多层建筑的阳台可以采用外排水；高层建筑和高标准建筑适宜采用内排水。阳台的排水构造如图 4.29 所示。

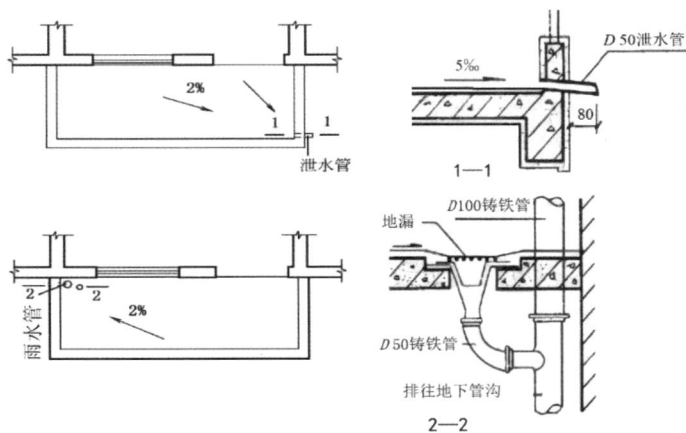

图 4.29　阳台的排水构造

3) 阳台节能构造

近年来，考虑到建筑节能的需要，北方寒冷地区居住建筑的阳台常进行保温处理，主要方法是对阳台的底板和栏板加设保温层，对玻璃与窗框之间和窗框与固定结构之间加强密封处理，以避免热桥作用，常见的构造做法如图 4.30 所示。

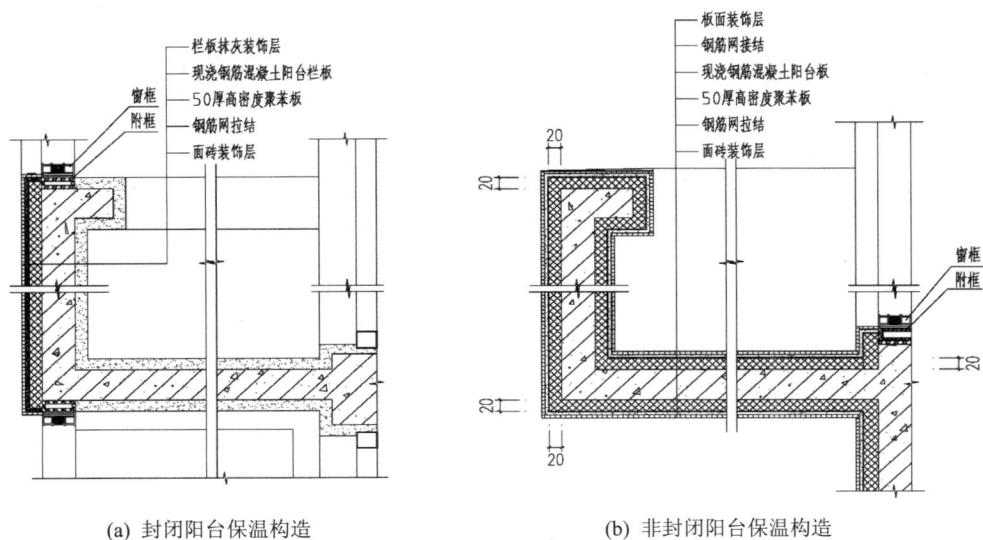

(a) 封闭阳台保温构造　　　　　(b) 非封闭阳台保温构造

图 4.30　阳台保温构造

4.4.3　雨篷构造

　　建筑物入口处的雨篷是室内外空间的过渡地带，具有遮风挡雨、标识性诱导和装饰建筑物入口处的作用。当代建筑对雨篷形式的要求越来越多样，装修要求也越来越高。雨篷从构造形式上分，有钢筋混凝土雨篷、钢结构悬挑雨篷、玻璃采光雨篷等。

1. 钢筋混凝土雨篷

　　钢筋混凝土雨篷具有结构牢固、造型厚重有力、坚固耐久、不受风雨影响等特点。它有悬板式和梁板式两种构造，分别如图 4.31 和图 4.32 所示。

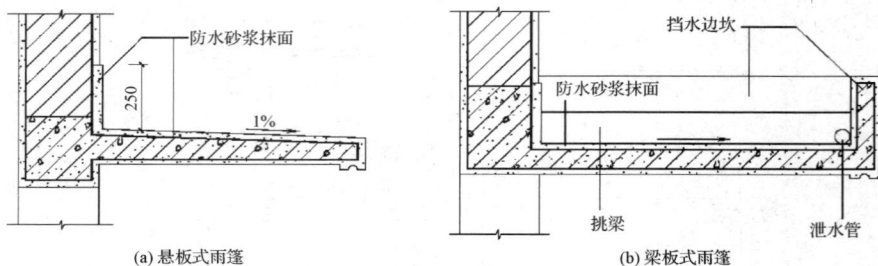

(a) 悬板式雨篷　　　　　　　　　　　(b) 梁板式雨篷

图 4.31　钢筋混凝土雨篷构造

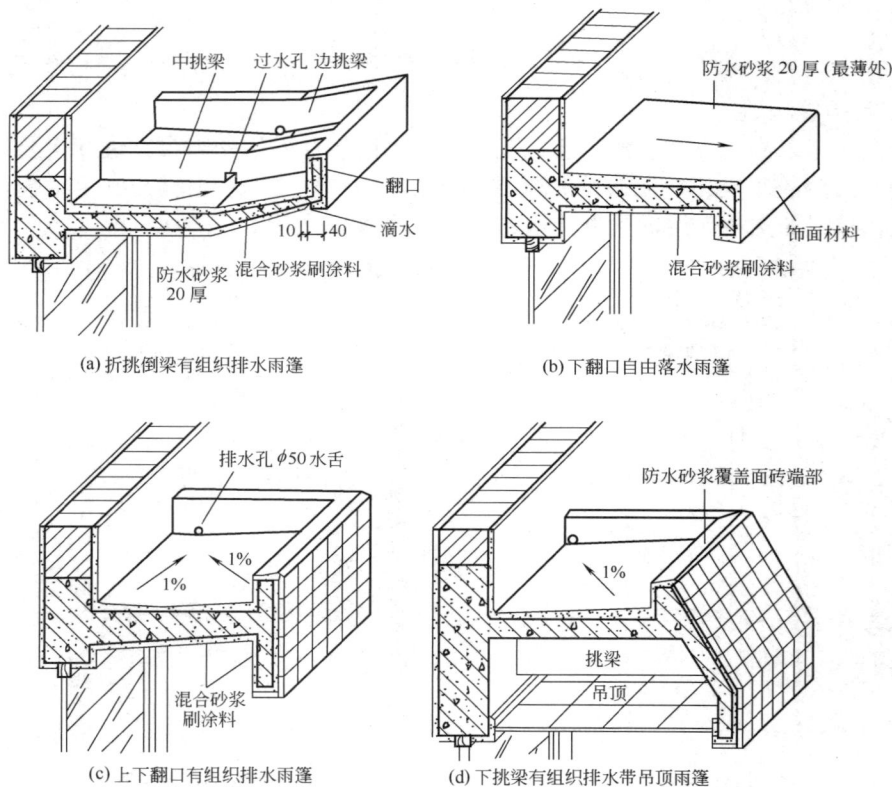

(a) 折挑倒梁有组织排水雨篷　　　　　　　　(b) 下翻口自由落水雨篷

(c) 上下翻口有组织排水雨篷　　　　　　　　(d) 下挑梁有组织排水带吊顶雨篷

图 4.32　梁板式雨篷构造

悬板式雨篷一般用于宽度不大的入口和次要的入口，板可以做成变截面的，表面用防水砂浆抹出 1% 的坡度，防水砂浆沿墙上卷至少 250 mm 形成泛水。梁板式雨篷用于宽度比较大的入口和出挑长度比较大的入口，常采用反梁式，从柱上悬挑梁。结合建筑物的造型，可设置柱来支承雨篷，形成门廊式雨篷。

2. 钢结构悬挑雨篷

钢结构悬挑雨篷由雨篷支撑系统、雨篷骨架系统和雨篷板面系统三部分组成，具有结构与造型简练轻巧的特点，并富有现代感，施工便捷、灵活。钢结构的支撑系统，有的作支撑钢柱，有的与原有水泥柱相连接，还有的是悬拉结构，如图 4.33 所示。这种构造在现代雨篷装饰中的使用越来越广泛。支撑的连接件要与稳定的承重结构体相连接。特别在装饰改造工程中除了在墙体上安装不锈钢膨胀螺栓外，还须在墙内加钢筋混凝土小梁，对关键部位做好拉拔试验，以符合结构设计的要求。

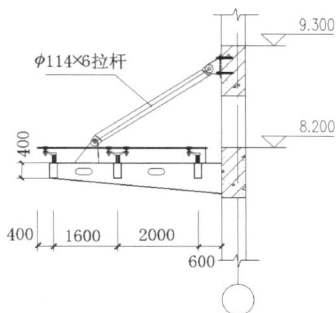

图 4.33　钢结构悬挑雨篷

3. 玻璃采光雨篷

用阳光板、钢化玻璃作采光雨篷是当前新的透光雨篷做法。透光材料采光雨篷具有结构轻巧、造型美观、透明新颖、富有现代感的装饰效果，也是现代建筑装饰的特点之一。其构造是在土建施工时必须按照设计要求，预埋好固定钢结构用的预埋件。施工人员要熟悉和掌握钢骨架设计与玻璃安装的特点，按设计要求制作钢结构拱架，钢结构的焊缝应符合设计图纸的要求，焊接部位应及时刷涂防锈漆。图 4.34 所示为钢化玻璃雨篷的构造示例。

雨棚.mp4

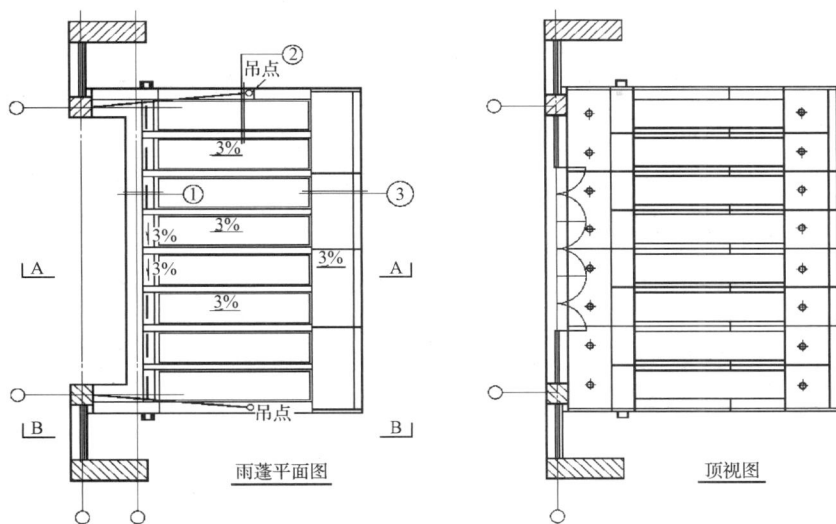

图 4.34　钢化玻璃雨篷的构造

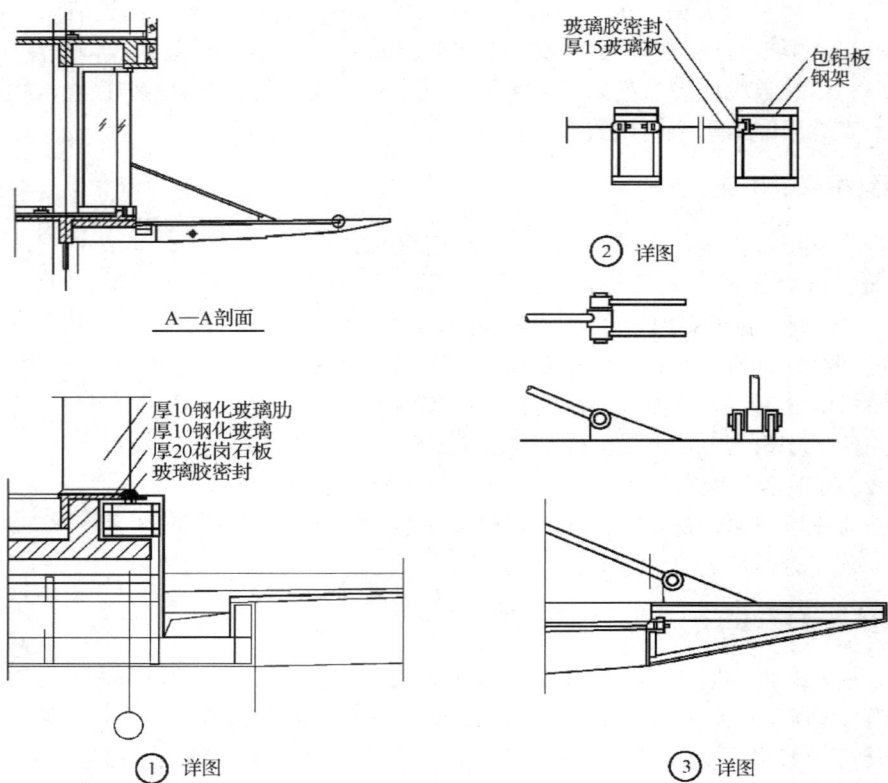

A—A剖面

玻璃胶密封
厚15玻璃板
包铝板
钢架

② 详图

厚10钢化玻璃肋
厚10钢化玻璃
厚20花岗石板
玻璃胶密封

① 详图

③ 详图

图 4.34　钢化玻璃雨篷的构造(续)

4.5　单元小结

内　容	知识要点	能力要求
楼地层的设计要求与构造组成	楼板层：由面层、附加层、结构层和顶棚层等组成；地坪层：由面层、附加层、垫层、基层组成；满足强度、刚度、防火、隔声、防潮防水、管线敷设等设计要求	能区分各构造层次，会根据要求简单设计楼地层
钢筋混凝土楼板	现浇式(有板式、肋梁式、井格式、无梁式、压型钢板组合式)、预制装配式(实心平板、槽形板、空心板)、装配整体式(密肋填充块楼板、叠合楼板)	能根据结构类型选择合适的楼板
楼地面构造	楼地面设计要求：满足坚固、弹性和保温、防水防火等要求；地面的类型：整体类、板块类、卷材类、涂料类；常见地面装饰：水泥砂浆、地板砖、木地面等；楼地面保温节能构造：正置式和倒置式保温层	能根据房间的功能、特点选择合适的楼地面装饰构造做法
顶棚、阳台、雨篷	顶棚、阳台、雨篷的作用、构造类型	会设计阳台、雨篷的排水构造

4.6　复习思考题

一、名词解释

1. 无梁楼板　2. 双向板　3. 雨篷　4. 阳台

二、选择题

1. 现浇水磨石地面常嵌固分格条(玻璃条、铜条等)，其目的是_____。
   A. 防止面层开裂　B. 便于磨光　　C. 面层不起灰　　D. 增添美观效果
2. _____施工方便，但易结露、易起尘、导热系数大。
   A. 现浇水磨石地面　　　　　　　　B. 水泥地面
   C. 木地面　　　　　　　　　　　　D. 预制水磨石地面
3. 预制楼板不包括_____板型。
   A. 实心平板　　　　B. 槽形板　　　　C. 空心板　　　　D. 工字形板
4. 商店、仓库及书库等荷载较大的建筑，一般宜布置成_____楼板。
   A. 板式　　　　　　B. 梁板式　　　　C. 井格式　　　　D. 无梁
5. 水磨石地面面层材料应为_____水泥石子浆。
   A. 1∶1.5　　　　　B. 1∶2　　　　　C. 1∶3　　　　　D. A 或 B
6. 吊顶的吊筋是连接_____的承重构件。
   A. 格栅和屋面板或楼板等　　　　　B. 主格栅与次格栅
   C. 格栅与面层　　　　　　　　　　D. 面层与面层
7. 下面属整体地面的是_____。
   A. 釉面地砖地面和抛光砖地面　　　B. 抛光砖地面和水磨石地面
   C. 水泥砂浆地面和抛光砖地面　　　D. 水泥砂浆地面和水磨石地面
8. 下面属块料地面的是_____。
   A. 黏土砖地面和水磨石地面　　　　B. 抛光砖地面和水磨石地面
   C. 马赛克地面和抛光砖地面　　　　D. 水泥砂浆地面和耐磨砖地面

三、简答题

1. 楼板层由哪些部分组成？各部分分别有什么作用？
2. 楼板层应具有哪些设计要求？如何满足？
3. 现浇式钢筋混凝土楼板的特点和适用范围是什么？
4. 提高楼板隔声能力的方法有哪些？
5. 现浇式钢筋混凝土楼板的结构如何布置？各种构件的经济尺寸范围是什么？
6. 举例说明常见地面的类型和构造方法。
7. 简述水磨石地面的构造做法。
8. 请画出几例阳台栏杆的形式及连接构造。
9. 雨篷分为哪几种类型？

第5章 楼 梯

内容提要： 本章介绍楼梯的组成及类型、楼梯的设计、楼梯的构造、台阶与坡道的构造。重点是楼梯的组成及其功能，常见的楼梯形式，楼梯段的宽度、楼梯的坡度以及与楼梯有关的尺度；现浇钢筋混凝土楼梯的特点、结构形式，中小型预制装配式钢筋混凝土楼梯的构造特点与要求，楼梯细部构造。

教学目标：

- 了解楼梯的作用和楼梯的平面形式；
- 掌握楼梯的组成、类型和楼梯设计的尺寸要求；
- 掌握现浇钢筋混凝土楼梯的结构形式和楼梯的细部构造；
- 了解中小型预制装配式钢筋混凝土楼梯的结构形式和细部构造；
- 熟悉台阶、坡道的设计要求及构造要求。

建筑物中作为楼层间相互联系的垂直交通设施有楼梯、电梯、自动扶梯、台阶、坡道等。楼梯的设置、构造和装饰形式应满足结构、施工、经济和防火等方面的要求，做到坚固安全、经济合理；同时，还要注意美观。

电梯通常在高层和部分多层建筑中使用，自动扶梯一般用于人流较大的公共建筑中，在设有电梯和自动扶梯的建筑物中也必须设置楼梯作为辅助设施，内容介绍见电梯、自动扶梯构造简介知识。

电梯、自动扶梯
构造简介 doc.pdf

台阶和坡道是楼梯的特殊形式。建筑物室内外地面标高不同，为便于室内外间的联系，通常在建筑物出入口处设置台阶或坡道。

5.1 楼梯的基础知识

楼梯(stair)是由连续行走的梯级、休息平台和维护安全的栏杆(或栏板)、扶手以及相应的支承结构组成的作为楼层之间垂直交通用的建筑部件。楼梯是房屋建筑构造的一个重要组成部分。楼梯的设置、构造和装饰形式应满足使用方便和安全疏散的要求，并注重建筑空间环境的艺术效果。

5.1.1 楼梯的分类和组成

1. 楼梯的分类

楼梯的形式一般与其使用功能和建筑环境空间的要求有关。

1) 按楼梯的平面形式分，有单跑直楼梯、双跑直楼梯、三跑楼梯、交叉楼梯、剪刀楼梯、弧形楼梯和螺旋楼梯等，如图 5.1 所示。双跑平行楼梯是最常用的一种。楼梯的平面类型与建筑平面有关。当楼梯的平面为矩形时，适合做成双跑式；接近正方形的平面，可做成三跑式或多跑式；圆形的平面可做成螺旋式楼梯。有时，楼梯的形式还要考虑建筑物内部的装饰效果，如建筑物正厅的楼梯常常做成双分式和双合式等。

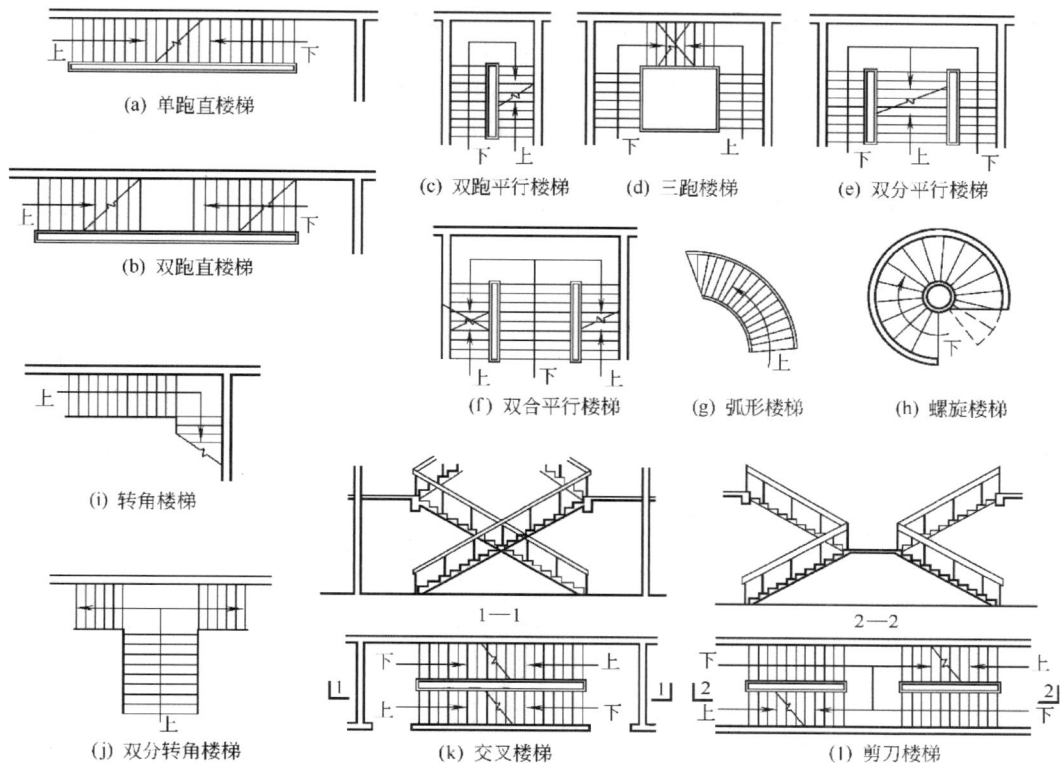

(a) 单跑直楼梯
(b) 双跑直楼梯
(c) 双跑平行楼梯
(d) 三跑楼梯
(e) 双分平行楼梯
(f) 双合平行楼梯
(g) 弧形楼梯
(h) 螺旋楼梯
(i) 转角楼梯
(j) 双分转角楼梯
1—1
2—2
(k) 交叉楼梯
(l) 剪刀楼梯

图 5.1　楼梯的平面形式

2) 按楼梯间的平面形式分，有敞开楼梯间、封闭楼梯间、防烟楼梯间，如图 5.2 所示。

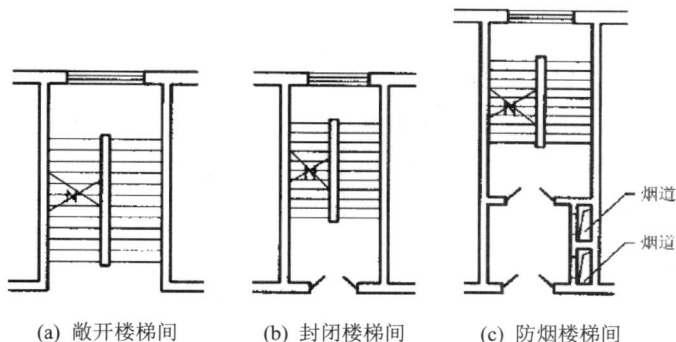

(a) 敞开楼梯间
(b) 封闭楼梯间
(c) 防烟楼梯间
烟道
烟道

住宅建筑的疏散
楼梯设置规定.pdf

图 5.2　楼梯间的平面形式

(1) 敞开楼梯间仅适用于 11 层及 11 层以下的单元式住宅，开向楼梯间的户门应为乙级防火门，且楼梯间应靠外墙，并应有直接天然采光和自然通风。

(2) 封闭楼梯间是在楼梯间入口处设置门，以防止火灾的烟和热气进入的楼梯间。其适用于 24 m 及以下的裙房和建筑高度不超过 32 m 的二类高层建筑以及 12 层至 18 层的单元式住宅，11 层及 11 层以下的通廊式住宅。其特点是：楼梯间应靠近外墙，并应有直接天然采光和自然通风；楼梯间应设乙级防火门，并应向疏散方向开启；底层可以做成扩大的封闭楼梯间。

(3) 防烟楼梯间是在楼梯间入口处设置防烟的前室、开敞式阳台或凹廊(统称前室)等设施，且通向前室和楼梯间的门均为防火门，以防止火灾的烟和热气进入的楼梯间。

防烟楼梯间适用于一类高层建筑，建筑高度超过 32 m 的二类高层建筑以及塔式住宅，19 层及 19 层以上的单元式住宅，超过 11 层的通廊式住宅。

3)按楼梯的使用性质分，有主要楼梯、辅助楼梯、安全楼梯(与室外空地相通)和消防楼梯。

4)按楼梯的材料分，有钢筋混凝土楼梯、木楼梯、金属楼梯和混合材料楼梯。钢筋混凝土楼梯因坚固、耐久、防火，应用得比较普遍。

2. 楼梯的组成

通常情况下，楼梯由楼梯段、楼梯平台以及栏杆和扶手组成，如图 5.3 所示。

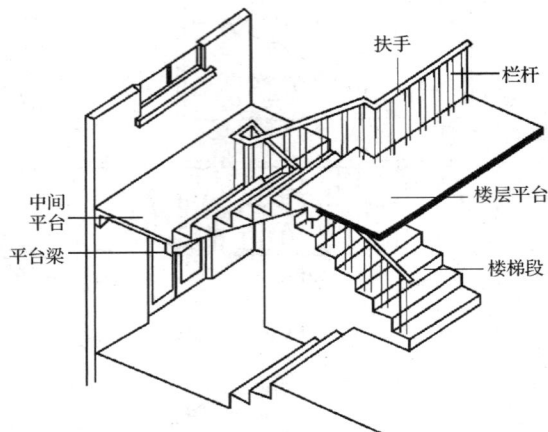

楼梯的构造组成.mp4

楼梯的组成.mp4

图 5.3 楼梯的组成

楼梯段是由若干踏步构成的。每个踏步一般由两个相互垂直的平面组成，供人们行走时踏脚的水平面称为踏面，与踏面垂直的平面称为踢面。踏面和踢面之间的尺寸关系决定了楼梯的坡度。为了使人们上下楼梯时避免过度疲劳及保证每段楼梯均有明显的高度感，我国规定每段楼梯的踏步数量应在 3～18 步。

楼梯平台是联系两个楼梯段的水平构件，主要是为了解决楼梯段的转折和楼层间的连接问题，同时也使人们在上下楼时能在此处稍做休息。平台一般分成两种，与楼层标高一致的平台通常称为楼层平台，位于两个楼层之间的平台称为中间平台。

栏杆和扶手是楼梯的安全设施，一般设置在梯段和平台的临空边缘一侧。它的要求是安全牢固。栏杆、栏板上部供人们用手扶持的连续斜向配件称为扶手。由于栏杆和扶手具有较强的装饰作用，所以根据不同建筑类型对其材料、形式、色彩等有较高要求。

5.1.2　楼梯的设计

楼梯的设计包括楼梯的设置；楼梯的宽度、坡度、净空高度等各部分尺度的协调；防火、采光和通风等方面。具体设计时要与建筑平面、建筑功能、建筑空间与建筑环境艺术等因素联系起来考虑，同时必须符合有关建筑设计的标准和规范的要求。

1. 楼梯的设置

《建筑防火通用规范》(GB 55037—2022)规定，建筑的疏散出口数量、位置和宽度，疏散楼梯(间)的形式和宽度，避难设施的位置和面积等，应与建筑的使用功能、火灾危险性、耐火等级、建筑高度或层数、埋深、建筑面积、人员密度、人员特性等相适应。建筑中的疏散出口应分散布置，房间疏散门应直接通向安全出口，不应经过其他房间。疏散出口的宽度和数量应满足人员安全疏散的要求。现以住宅建筑为例，介绍住宅建筑的疏散楼梯设置应符合下列规定。

(1) 建筑高度不大于 21 m 的住宅建筑，当户门的耐火完整性低于 1.00 h 时，与电梯井相邻布置的疏散楼梯应为封闭楼梯间。

(2) 建筑高度大于 21 m、不大于 33 m 的住宅建筑，当户门的耐火完整性低于 1.00 h 时，疏散楼梯应为封闭楼梯间。

(3) 建筑高度大于 33m 的住宅建筑，疏散楼梯应为防烟楼梯间，开向防烟楼梯间前室或合用前室的户门应为耐火性能不低于乙级的防火门。

(4) 建筑高度大于 27 m、不大于 54 m 且每层仅设置 1 部疏散楼梯的住宅单元，户门的耐火完整性不应低于 1.00 h，疏散楼梯应通至屋面。

(5) 多个单元的住宅建筑中通至屋面的疏散楼梯应能通过屋面连通。

2. 楼梯的坡度和踏步尺寸

1) 楼梯坡度

楼梯坡度是指梯段沿水平方向倾斜的角度，或是指梯段中各级踏步前缘的假定连线与水平面形成的夹角，如图 5.4(a)所示。在实际工程中常用踏面和踢面的投影长度之比表示，如 1∶12、1∶8 等。楼梯坡度不宜过大或过小。坡度过大，行走易疲劳；坡度过小，楼梯占用的面积增加，不经济。

楼梯的常见坡度范围为 23°～45°，坡度一般控制在 30° 左右。对仅供少数人使用的住宅套内楼梯则放宽要求，但不宜超过 45°。坡度大于 45° 为爬梯，一般只是在通往屋顶、电梯机房等非公共区域采用。坡度小于 23° 时，只需把其处理成台阶式坡道以解决通行的问题。楼梯、爬梯、坡道的坡度范围如图 5.4(b)所示。

2) 楼梯踏步尺寸

楼梯踏步高宽比是根据楼梯坡度要求和不同类型人体自然跨步(步距)要求确定的，符合安全和方便舒适的要求。踏步高宽比能反映楼梯坡度和步距。踏步尺寸与步长的关系如图 5.4(c)所示。踏步尺寸一般是根据建筑的使用功能、使用者的特征及楼梯的通行量综合确定的。

步长 s 是按水平跨步距离公式 $(2r+g)$ 计算的，式中 r 为踏步高度，g 为踏步宽度。成人和儿童、男性和女性、青壮年和老年人步长有所不同。一般在 560～630 mm 范围内，少年儿童在 560 mm 左右，成人平均在 600 mm 左右。计算踏步宽度和高度可以利用经验公式：$2r+g=600～620$ mm 或 $r+g=450$ mm，600～620 mm 为妇女及儿童的跨步长度。

最新颁布的《民用建筑通用规范》(GB 55031—2022)规定：公共建筑楼梯踏步的最小宽度和最大高度应符合表 5.1 的规定。

表 5.1　常用适宜踏步尺寸

单位：mm

楼梯类别	最小宽度	最大高度
以楼梯作为主要垂直交通的公共建筑、非住宅类居住建筑的楼梯	260	165
住宅建筑公共楼梯、以电梯作为主要垂直交通的多层公共建筑和高层建筑裙房的楼梯	260	175
以电梯作为主要垂直交通的高层和超高层楼梯	250	180

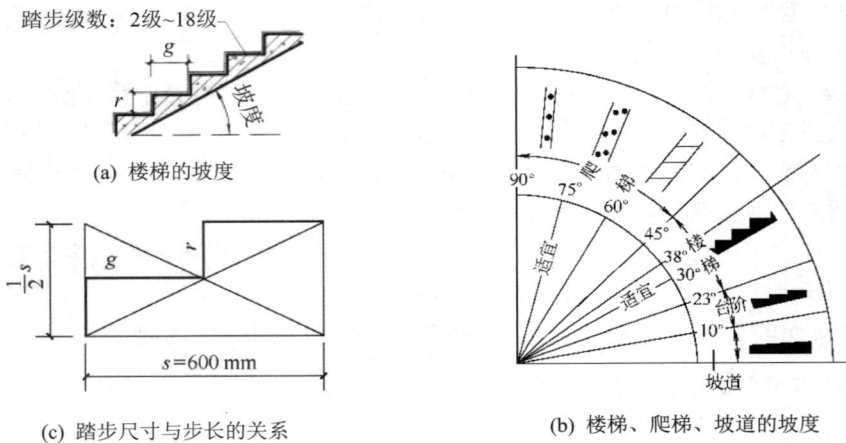

(a) 楼梯的坡度

(c) 踏步尺寸与步长的关系

(b) 楼梯、爬梯、坡道的坡度

图 5.4　楼梯的坡度和踏步尺寸关系

由于踏步的宽度受楼梯进深的限制，可以通过在踏步的细部进行适当的处理来增加踏面的尺寸，如采取加做踏步檐或是踢面倾斜。图 5.5 所示为踏步细部尺寸。踏步檐的挑出尺寸一般不大于 20 mm，若挑出檐过大，则踏步易损坏，而且会给行走带来不便。

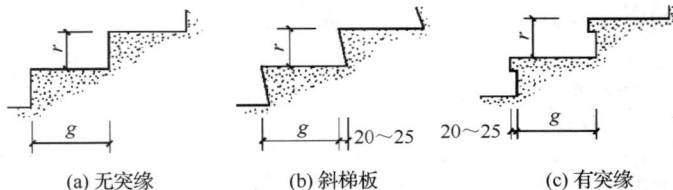

(a) 无突缘　　(b) 斜梯板　　(c) 有突缘

图 5.5　踏步细部尺寸

疏散用楼梯和疏散通道上的阶梯不宜采用螺旋楼梯和扇形踏步。当必须采用时，踏步上下两级所形成的平面角度不应大于 10°，且螺旋楼梯和扇形踏步离内侧扶手中心 250 mm

处的踏步宽度不应小于 220 mm，如图 5.6 所示。

3. 楼梯各部分的名称与尺寸

1) 楼梯段尺度

楼梯段的平面尺寸示意如图 5.7 所示。楼梯段又叫楼梯跑，它是楼梯的基本组成部分。楼梯段的尺度分为梯段宽度和梯段长度。

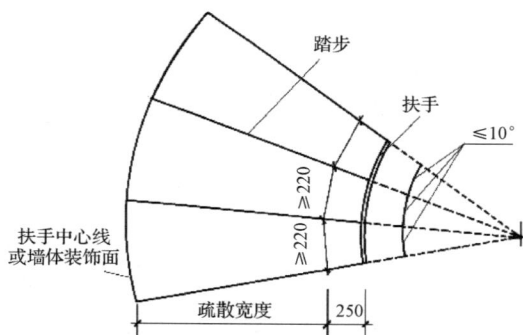

图 5.6　螺旋楼梯的踏步尺寸

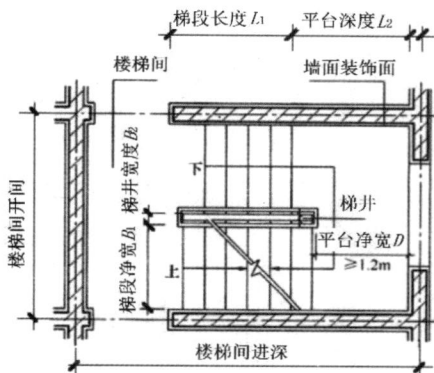

图 5.7　楼梯梯段、平台、梯井尺寸

楼梯段净宽(B_1)系指墙面装饰面至扶手中心之间的水平距离，其取决于通行人数和消防要求。当一侧有扶手时，梯段净宽应为墙体装饰面至扶手中心线的水平距离；当双侧有扶手时，梯段净宽应为两侧扶手中心线之间的水平距离；当有凸出物时，梯段净宽应从凸出物表面算起。

供日常交通用的楼梯的梯段净宽应根据建筑物使用特征，按每股人流宽度为 0.55 m+(0～0.15) m 的人流股数确定，并不应少于两股人流(1.10 m)。(0～0.15) m 为人流众多时有一定摆幅和相互间空隙的附加值，公共建筑人流众多的场所应取上限值，如图 5.8 所示。剪刀梯的楼梯段净宽不小于 1300 mm。

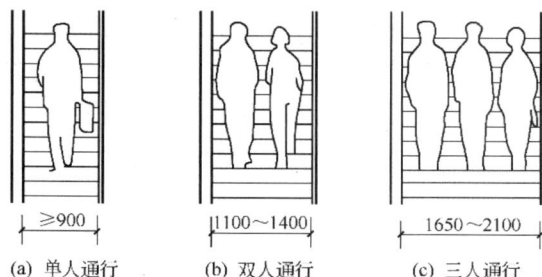

图 5.8　楼梯段的宽度

梯段长度(L_1)是每一梯段的水平投影长度，其值为 $L_1=g(n-1)$(即踏步宽度乘以"踏步数减 1")，其中 n 为每一梯段踏步数。每个梯段的踏步级数不应少于 2 级，且不应超过 18 级。梯段内每个踏步高度、宽度应一致，相邻梯段的踏步高度、宽度宜一致。

2) 平台宽度

平台宽度分为平台深度(L_2)和平台净宽(D)。平台深度(L_2)指踏步边缘至墙体装饰面的水平距离。楼梯平台净宽(D)系指墙体装饰面至扶手中心之间的水平距离。当楼梯平台有凸出物或其他障碍物影响通行宽度时，楼梯平台净宽(D)应从凸出物表面算起。当框架梁底距楼梯平台地面高度小于 2.00 m 时，如设置与框架梁内侧面齐平的平台栏杆(板)等，楼梯平台的净宽应从栏杆(板)内侧算起，见图 5.7 所示。

当梯段改变方向时，楼梯休息平台的扶手转向端处最小净宽(D)不应小于梯段净宽(B_1)，并不应小于 1.20 m，同时应考虑不同类型建筑对楼梯宽度的要求，满足平台最小宽度以保持疏散宽度的一致；当有搬运大型物件需要时应适量加宽，并能使家具等大型物件通过，如图 5.7 所示。双分平行楼梯扶手转向端处的平台最小宽度如图 5.9 所示。

敞开楼梯间的楼层平台同走廊连在一起，此时平台净宽可以小于上述规定，使楼梯起步点自走廊边线内退一段不小于 500 mm 距离即可，如图 5.10 所示。

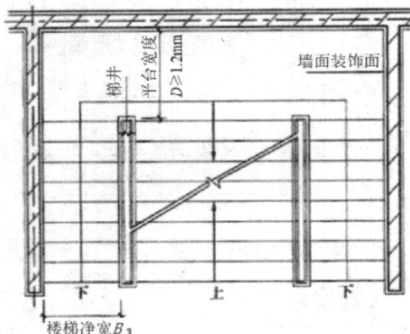

图 5.9 双分平行楼梯梯段、平台、楼梯井

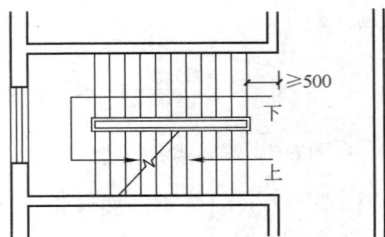

图 5.10 敞开楼梯间楼层平台的宽度

3) 楼梯井

两个楼梯段之间的空隙叫楼梯井。楼梯井一般是为楼梯施工方便而设置的，其宽度(B_2)一般在 60～100 mm。当少年儿童专用活动场所的公共楼梯井净宽大于 0.20 m 时，应采取防止少年儿童坠落的措施。如图 5.7 所示。

4) 公共楼梯的净空高度

公共楼梯的净空高度对楼梯的正常使用影响很大，它包括梯段净高和楼梯平台上部及下部过道处的净高两部分。梯段净高是自踏步前缘(包括每个梯段最低和最高一级踏步前缘线以外 0.3 m 范围内)量至上方突出物下缘间的垂直高度，是梯段空间的最小高度。梯段净高一般应满足人在楼梯上伸直手臂向上旋升时手指刚触及上方突出物下缘一点为限，为保证人在行进时不碰头和产生压抑感，按《民用建筑通用规范》(GB 55031—2022)规定，梯段净高不应小于 2.20 m。

楼梯平台上部及下部过道处的净高(H_1)是指平台过道地面至上部结构最低点(通常为平台梁)的垂直距离，不应小于 2.0 m，它的高度与人体尺度有关。在确定这两个净高时，应充分考虑人们肩扛物品对空间的实际需要，并且梯段起止踏步边缘与顶部突出物内边缘水平距离不应小于 300 mm，如图 5.11 所示。住宅等户内空间的非公共楼梯及检修专用楼梯，当条件不允许时可适当放宽要求。

当首层公共楼梯平台下设置楼梯间入口时，为使楼梯间首层入口处平台过道净高不小于 2.0 m，常采用以下 4 种办法，如图 5.12 所示。

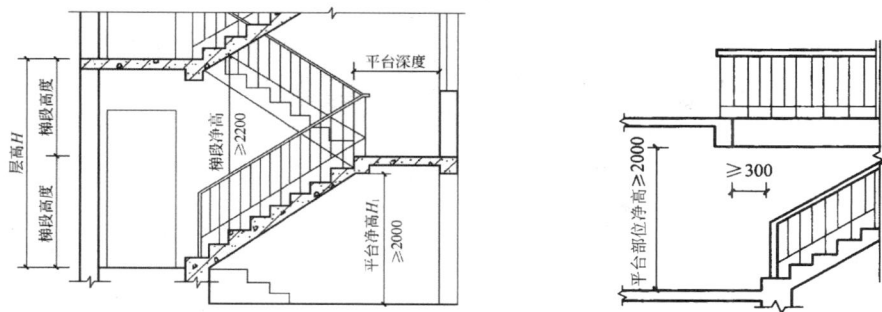

图 5.11　楼梯的净空高度

(1) 增加第一段楼梯的踏步数(而不是改变楼梯的坡度)，使第一个休息平台位置上移，例如某住宅的首层层高为 3.0m，如图 5.12(a)所示。为了使平台过道处净高满足不小于 2.0 m 的要求，首先采用的方法是在第一梯段增加一个踏步，如图 5.12(b)所示。或可适当调整第一段楼梯踏步尺寸(适当减小踏面宽)。

(2) 在建筑室内外高差较大的前提下，局部降低平台下入口地面标高，如图 5.12(b)所示。

(3) 将上述两种方法结合，如图 5.12(c)所示。例如某住宅的室内外高差仅有 0.45 m，在室内外高差受限的情况下为了使平台过道处净高满足不小于 2.0 m 的要求，采用的方法是在第一梯段增加两个踏步，使第一个休息平台位置上移和局部降低平台下入口地面标高。

底层中间平台下做出入口的处理方式.mp4

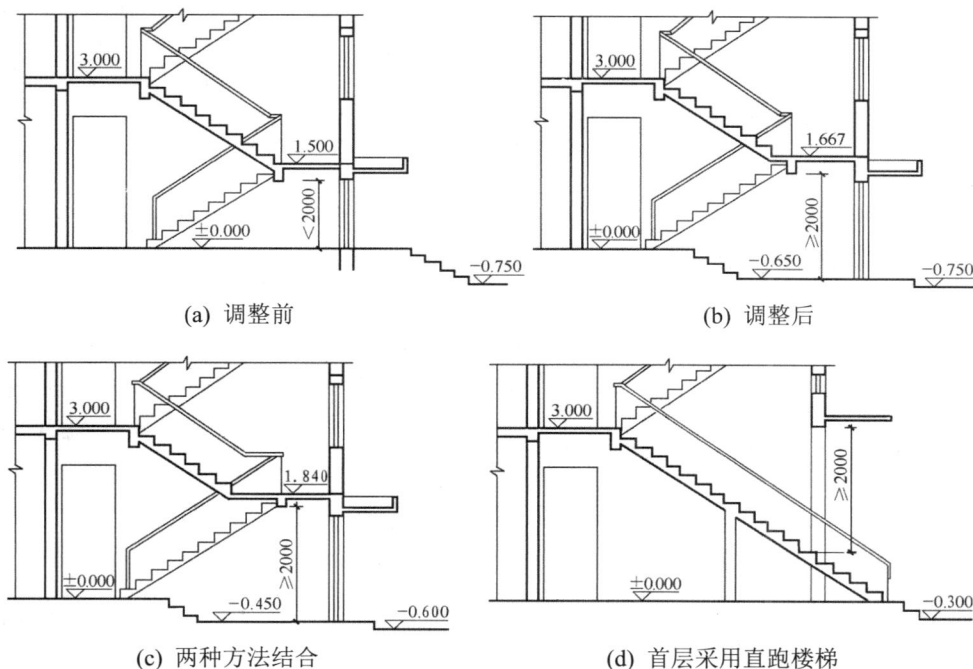

(4) 首层采用直跑楼梯直接进入二层，如图 5.12(d)所示。

(a) 调整前

(b) 调整后

(c) 两种方法结合

(d) 首层采用直跑楼梯

图 5.12　楼梯间入口处净高尺寸调整前后的示意图

5）扶手高度

扶手高度是指踏步面宽的中点至扶手面的垂直高度。一般室内楼梯扶手高度自踏步前缘线量起不宜小于 900 mm，供儿童使用的扶手高度为 600 mm，楼梯应至少于一侧设扶手，梯段净宽达三股人流时应两侧设扶手，达四股人流时宜加设中间扶手。扶手应选用坚固、耐磨、光滑、美观的材料制作，如图 5.13 所示。

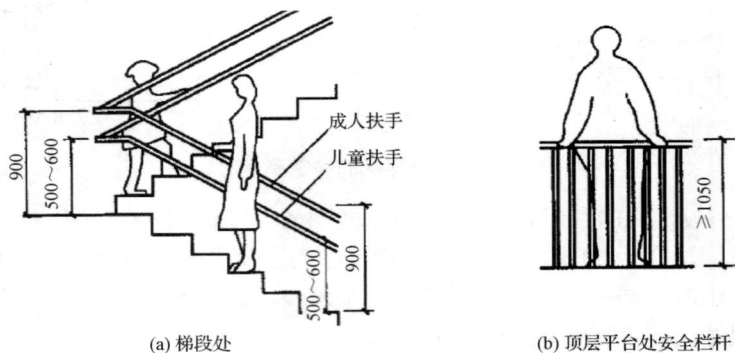

(a) 梯段处　　　　(b) 顶层平台处安全栏杆

图 5.13　楼梯栏杆扶手高度

6）楼梯的栏杆

楼梯的栏杆是梯段的安全设施，和扶手一样是与人体尺度关系密切的建筑构件，应合理地确定楼梯栏杆的高度。当梯段升高的垂直高度大于 1.0 mm 时，就应当在梯段的临空面设置栏杆。栏杆高度是指所在楼地面或屋面至扶手顶面的垂直高度计算，一般室内楼梯栏杆高度不应小于 1.1 m；楼梯栏杆垂直杆件间净空不应大于 0.11 m。如底面有宽度大于或等于 0.22 m，且高度不大于 0.45 m 的可踏部位，应按可踏部位顶面至扶手顶面的垂直高度计算，如图 5.13(b)所示。

5.2　钢筋混凝土楼梯构造

楼梯按照构成材料的不同，可以分成钢筋混凝土楼梯、木楼梯、钢楼梯和用几种材料制成的组合材料楼梯等几种。钢筋混凝土的耐久性和耐火性能优于木材和钢材，因此钢筋混凝土楼梯在民用建筑中大量采用。钢筋混凝土楼梯主要有现浇和预制装配两大类。由于楼体的平面形式多种多样，楼梯的尺寸直接受到建筑物的功能、建筑物的层高以及楼梯间的开间和进深的影响。目前，建筑中较多采用的是现浇钢筋混凝土楼梯。

5.2.1　现浇钢筋混凝土楼梯构造

现浇钢筋混凝土楼梯是在配筋、支模后将楼梯段和平台等浇注在一起，其整体性好、刚度大。它分成板式楼梯和梁式楼梯两种。

1. 板式楼梯

板式楼梯是指由楼梯段承受梯段上全部荷载的楼梯。梯段分别与上下两端的平台梁浇注在一起，并由平台梁支承。梯段相当于一块斜放的现浇

现浇钢筋混凝土楼梯支模.mp4

板式楼梯.mp4

板，平台梁是支座，板式楼梯如图 5.14(b)所示。梯段内的受力钢筋沿梯段的长向布置，搁于平台梁及楼面梁上，平台梁的间距即为梯段板的跨度，板式楼梯的配筋如图 5.14(a)所示。从力学和结构角度要求，梯段板的跨度及梯段上荷载的大小均会对梯段的截面高度产生影响。板式楼梯适用于荷载较小、层高较小的建筑，如住宅、宿舍等建筑物。有时为了保证平台过道处的净空高度，可以在板式楼梯的局部位置取消平台梁，称之为折板式楼梯，如图 5.14(c)所示。板的跨度应为梯段水平投影长度与平台深度尺寸之和。

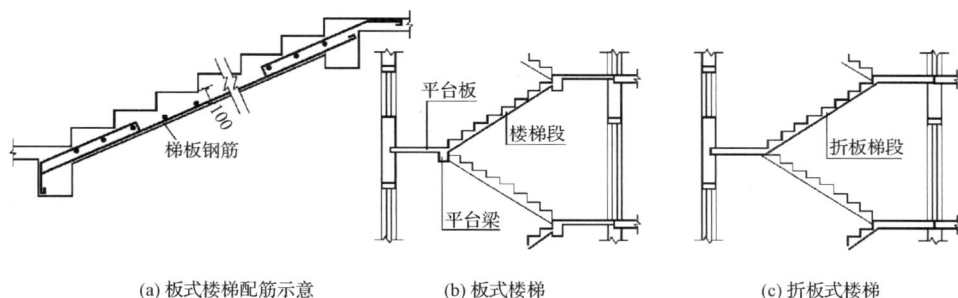

(a) 板式楼梯配筋示意　　　(b) 板式楼梯　　　(c) 折板式楼梯

图 5.14　板式楼梯

楼梯从结构抗震角度讲是不规则结构，其受力特点复杂，容易出现应力集中；特别是在水平地震作用下，由于楼梯板的"斜撑"作用，楼梯形成的支撑会对结构刚度产生影响。框架结构现浇混凝土板式楼梯，在楼梯梯段板与平台板或楼板连接处设置滑动支承的构造，使梯段板在水平地震作用下，不产生"斜撑"的受力状态，只发生相对水平滑动，不产生拉压变形，楼梯板将由拉弯、压弯受力状态还原为受弯状态，对结构整体的抗侧刚度影响也相应降低很多。采用滑动支座的力学分析模型如图 5.15 所示，楼梯设计简单。

混凝土结构施工图平面整体表示方法制图规则和构造详图(现浇混凝土板式楼梯)(22G101—2)图集给出了滑动支承的形式构造，如图 5.16 所示。梯段上端与中间平台梁或楼(屋)面梁整体连接，下端则简支于楼(屋)面梁或中间平台梁上，且支承长度不小于踏步宽，这样可消除梯段的地震轴力，在强烈地震下仍可保持楼梯的整体性，施工也相对简单。

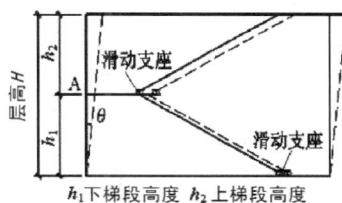

图 5.15　滑动支座的力学分析模型

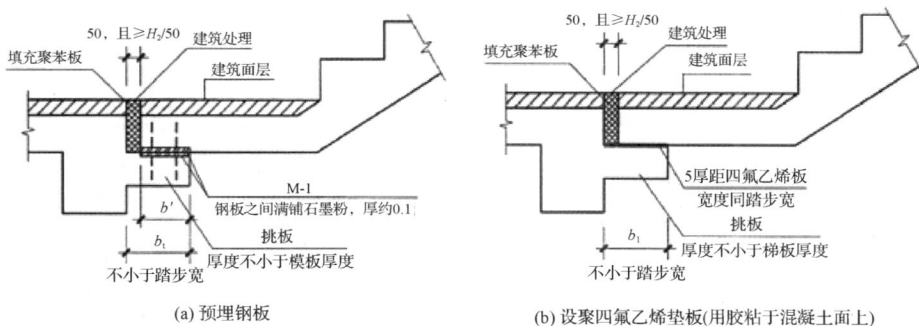

(a) 预埋钢板　　　　　　(b) 设聚四氟乙烯垫板(用胶粘于混凝土面上)

图 5.16　滑动支座的支承形式构造

2. 梁式楼梯

梁式楼梯是指由斜梁承受梯段上全部荷载的楼梯，如图 5.17 所示。

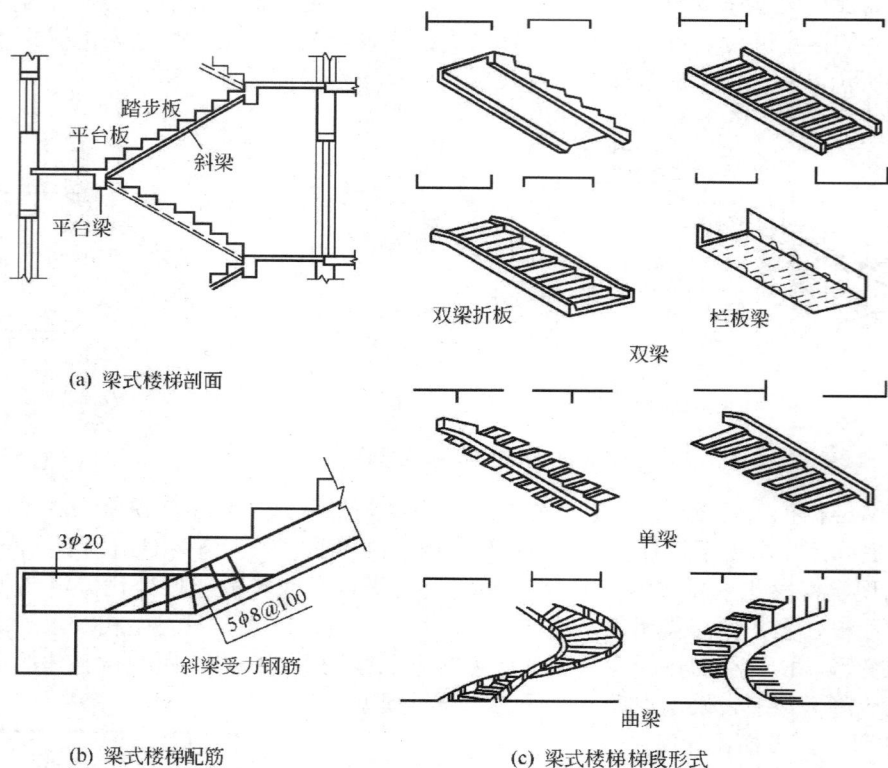

(a) 梁式楼梯剖面

(b) 梁式楼梯配筋

(c) 梁式楼梯梯段形式

图 5.17　梁式楼梯

　　踏步板支承在斜梁上，斜梁又支承在上下两端平台梁上，梁式楼梯剖面如图 5.17(a)所示。梁式楼梯段的宽度相当于踏步板的跨度，平台梁的间距即为斜梁的跨度。其配筋方式是梯段横向配筋，搁在斜梁上，另加分布钢筋。平台主筋均短跨布置，依长跨方向排列，垂直安放分布钢筋。梁式楼梯配筋如图 5.17(b)所示。

　　梁式楼梯梯段的荷载主要由斜梁承担，并传递给平台梁。该楼梯具有跨度大，承受荷载重，刚度大，但施工速度慢的特点，适用于荷载较大、层高较大的如商场、教学楼等公共建筑。

　　梁式楼梯的斜梁应当设置在梯段的两侧。有时为了节省材料，在梯段靠楼梯间横墙一侧不设斜梁，踏步主筋直接入墙，而由墙体支承踏步板。此时踏步板一端搁置在斜梁上，另一端搁置在墙上。个别楼梯的斜梁设置在梯段的中部，形成踏步板向两侧悬挑的受力形式。梁式楼梯梯段形式如图 5.17(c)所示。

　　梁式楼梯的斜梁一般暴露在踏步板的下面，从梯段侧面就能看见踏步，俗称明步楼梯，如图 5.18(a)所示。这种做法使梯段下部形成梁的暗角，容易积灰，梯段侧面经常被清洗踏步产生的脏水污染，影响美观。另一种做法是把斜梁反设到踏步板上面，此时梯段下面是平整的斜面，称为暗步楼梯，如图 5.18(b)所示。暗步楼梯弥补了明步楼梯的缺陷，但由于斜梁宽度要满足结构的要求，往往宽度较大，从而使梯段的净宽变小。

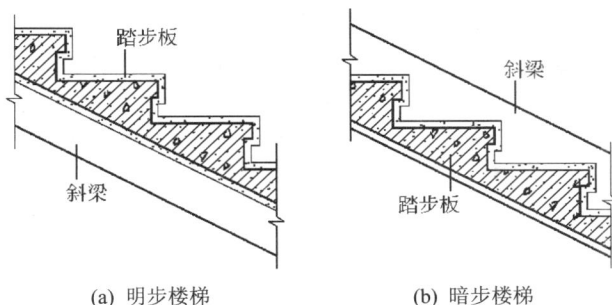

(a) 明步楼梯　　　　　(b) 暗步楼梯

图 5.18　明步楼梯和暗步楼梯

5.2.2　预制装配式钢筋混凝土楼梯

预制装配式钢筋混凝土楼梯按构件大小分为小型构件装配式和中大型构件装配式两大类。小型构件装配式楼梯较适用于施工条件较差的地区，由于其构件尺寸小、质量轻、数量多，一般把踏步板作为基本构件，具有构件生产、运输、安装方便的优点，但存在施工较复杂、施工进度慢和湿作业等问题。小型构件装配式楼梯主要有墙承式、梁承式和悬臂式三种，如图 5.19～图 5.21 所示。

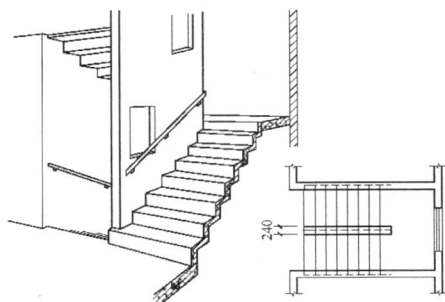

图 5.19　墙承式楼梯

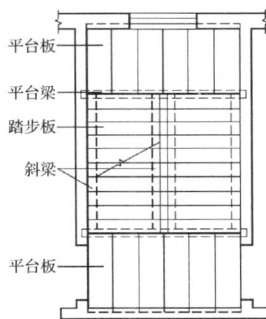

图 5.20　梁承式楼梯平面

从小型构件改变为中大型构件，主要可以减少预制构配件的数量和种类，对于简化施工过程、提高工作效率、减轻劳动强度等非常有好处。中大型构件装配式楼梯一般把楼梯段和平台板作为基本构件。

1) 平台板

平台板有带梁和不带梁两种。带梁平台板是把平台梁和平台板制作成一个构件。平台板一般为槽形断面，其中一个边肋截面加大，并留出缺口，以供搁置楼梯段用，如图 5.22(a)所示。楼梯顶层平台板的细部处理与其他各层略有不同，边肋的一半留有缺口，另一半不留缺口，但应预留埋件或插孔，供安装水平栏杆用。不带梁平台板是当构件预制和吊装能力不高时，把平台板和平台梁制成两个构件,此时平台构件与梁承式楼梯相同。

2) 楼梯段

楼梯段有板式和梁式两种。

(1) 板式梯段踏步为明步，底面平整，有实心和空心之分，如图 5.22(b)。实心板自重大，应用不如空心板。空心板有横向和纵向抽孔，横向抽孔孔型可以是圆形或三角形；纵向抽孔板的厚度相对较大。

(2) 梁式梯段是把踏步板和边梁组合成一个构件，多为槽板式，如图 5.22(c)所示。梁式梯段一般比板式梯段节省材料。

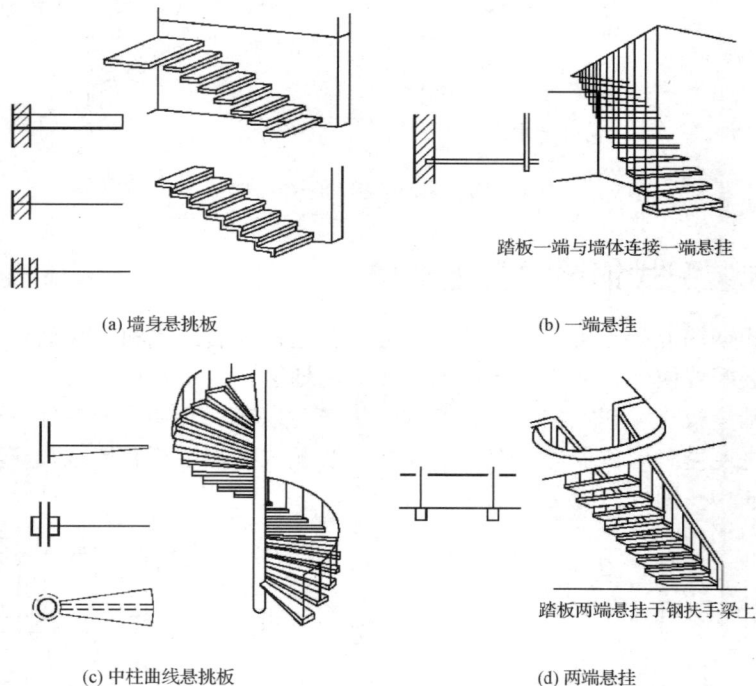

(a) 墙身悬挑板

(b) 一端悬挂

踏板一端与墙体连接一端悬挂

(c) 中柱曲线悬挑板

(d) 两端悬挂

踏板两端悬挂于钢扶手梁上

图 5.21　悬臂式楼梯

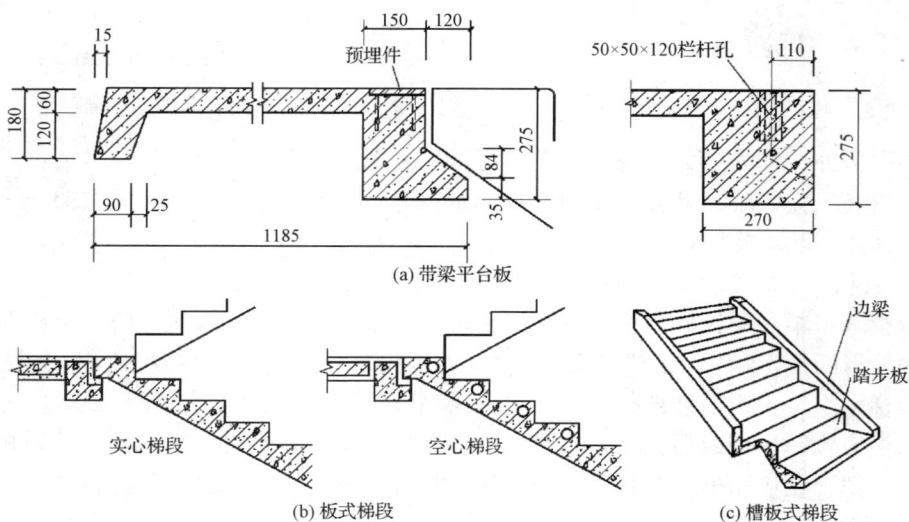

(a) 带梁平台板

(b) 板式梯段

(c) 槽板式梯段

图 5.22　中大型构件装配式楼梯

(3) 楼梯段与平台梁板及基础的连接。楼梯段与平台梁板及基础的连接方式常用焊接及插接两种。图 5.23 是预埋铁件焊接连接。

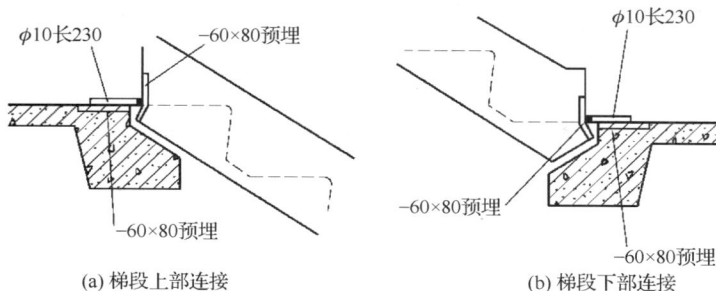

(a) 梯段上部连接　　　　　　　(b) 梯段下部连接

图 5.23　楼梯段与平台板的焊接连接

梯段和边肋的对应部位应事先留预埋件并焊牢，以确保梯段和平台板形成一个整体。插接连接是梯段与平台梁、板的连接先插铁件、预留孔、水泥砂浆填实的方法。楼梯段的两端一般搁置在平台板的边肋上，首层梯段的下端搁置在楼梯基础上。为保证梯段的平稳，并与平台板接触良好，应先在平台边肋上用水泥砂浆坐浆，然后再安装楼梯段。梯段和平台板之间的缝隙用水泥砂浆填实。

3) 梯段连平台预制楼梯

梯段连平台预制楼梯多用于大型装配式建筑。把楼梯段和平台板制作成一个构件，形成了梯段带平台预制楼梯。梯段可连一面平台，亦可连两面平台。每层楼梯由两个相同的构件组成，施工速度快，但构件制作和运输较麻烦，施工需要大型吊装设备安装，这里不做介绍。

5.3　楼梯细部构造

楼梯细部构造是指楼梯的梯段与踏步构造、踏步面层构造及栏杆、栏板构造等细部的处理。由于楼梯平台的装饰与楼地层面的装饰处理相同，所以这里着重介绍梯段部分的细部构造。楼梯细部构造示意如图 5.24 所示。

5.3.1　踏步面层及防滑措施

踏步面层应当平整光滑，耐磨性好。一般认为，凡是可以用来做室内地坪面层的材料，均可以用来做踏步面层。常见的踏步面层做法有水泥砂浆、水磨石、地面砖和各种天然石材等。公共建筑楼梯踏步面层经常与走廊地面面层采用相同的材料。面层材料要便于清扫，并且应当具有相当的装饰效果。图 5.25 是常见的踏步构造举例。

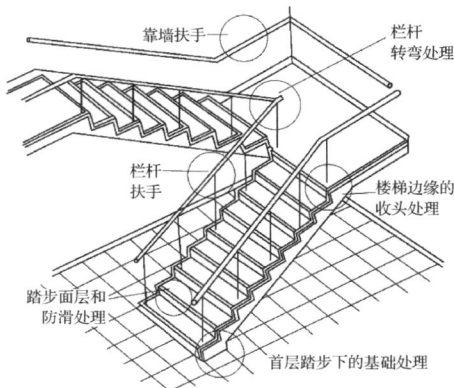

图 5.24　楼梯细部构造

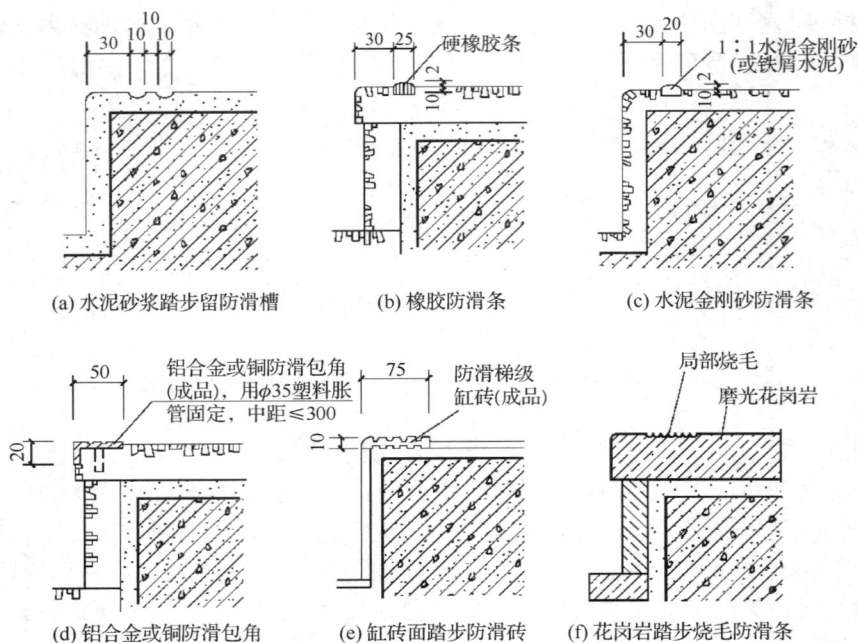

図 5.25 踏步面层和防滑构造

　　由于踏步面层比较光滑, 行人容易滑跌, 同时踏步前缘也是踏步磨损最厉害的部位, 因此在踏步前缘应设置防滑措施。常见的防滑措施有以下几种。

　　(1) 踏步面层留防滑槽, 如图 5.25(a)、图 5.25(f)所示。做踏步面层时留 2 至 3 道凹槽, 凹槽长度一般按踏步长度每边减去 150 mm, 做法虽简单, 但使用中易积灰和破损, 防滑效果不够理想。

　　(2) 做防滑条。采用金刚砂、铜条、铁屑混凝土、马赛克、橡胶条等, 如图 5.25(b)、图 5.25(c)所示。

　　(3) 做防滑包口。采用铸铁包口、缸砖包口等, 如图 5.25(d)、图 5.25(e)所示, 既防滑又起保护作用。

　　(4) 铺设地毯。常用于标准较高的建筑, 行走时具有一定弹性, 较舒适。

5.3.2 梯段侧边缘收头

　　梯段临空侧踏步踏面与侧面的交接处, 也是安装栏杆的地方, 成为楼梯设计细部的重要点。适当细致的收头处理, 既有利于楼梯的保养管理(耐磨、抗撞), 又有装饰效果。一般的做法是将踏面粉刷或贴面材料翻过侧面 30～60 mm 宽。铺钉装饰必须将铺板包住整个梯段侧面, 并转过板底 30～40 mm 宽作收头。也可利用预制构件镶贴在踏步侧面收头, 如图 5.26 所示。

5.3.3 栏杆、栏板及扶手

1. 栏杆、栏板

栏杆具有一定的安全高度, 是用以保障人身安全或分隔空间的防护分隔构件。应充分考虑栏杆对建筑物室内空间的装饰效果。为了保证楼梯的使用安全，应在楼梯段的临空一侧设置栏杆或栏板，并在其上部设置扶手。图 5.27 是栏杆形式的举例。

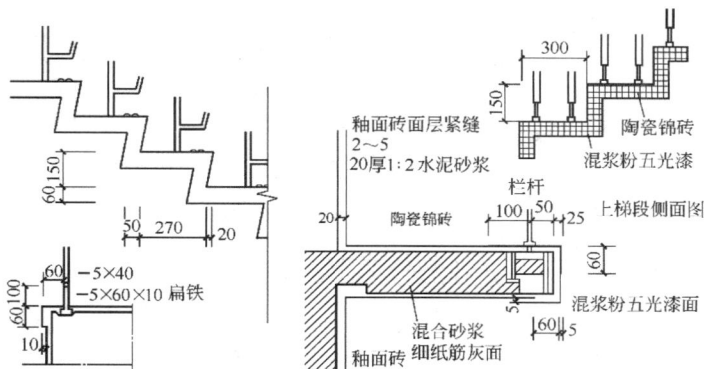

图 5.26　踏步侧面收头处理

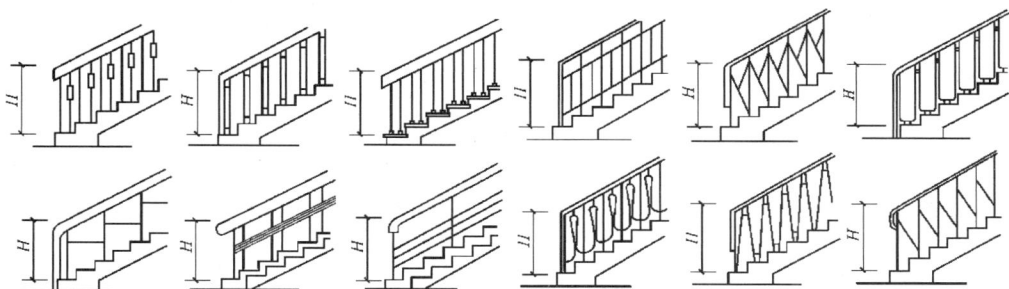

图 5.27　栏杆形式

栏杆多采用金属材料制作，如扁钢、圆钢、方钢、铸铁花饰、铝材等。用相同或不同规格的金属型材拼接、组合成不同的规格和图案，可使栏杆在确保安全的同时又能起到装饰作用。栏杆的垂直构件必须与楼梯段有牢固、可靠的连接，如图 5.28 所示。在楼梯间的顶层应加设水平栏杆，以保证人身安全。顶层栏杆靠墙处的固定方法是将弯成燕尾形的铁板伸入墙内，浇灌混凝土，或将铁板焊于柱身铁件上，如图 5.29 所示。

阳台、外廊、室内回廊、内天井、上人屋面及室外楼梯等临空处应设置防护栏杆。

栏板常用的材料有钢筋混凝土、钢化玻璃、加设钢筋网的砖砌体、现浇实心栏板、木材和玻璃等。图 5.30 所示是栏板构造做法举例。现代建筑装饰中经常使用不锈钢扶手玻璃栏板装饰楼梯，这种栏板形式对材料和技术要求较高，造型新颖奇特，符合现代审美需要，如图 5.31 所示。钢筋混凝土栏板采用插筋焊接或预埋铁件焊接，栏杆可埋入预留孔，预埋母螺丝铁件套接或预埋铁件焊接。

栏杆安装动画.mp4

2. 扶手

扶手也是楼梯的重要组成部分，可以用优质硬木、金属型材(铁管、不锈钢、铝合金等)、工程塑料及水泥砂浆抹灰、大理石材等制作。不论

楼梯木栏杆扶手
安装.mp4

何种材料的扶手，其表面必须光滑、圆顺，以便于扶持。

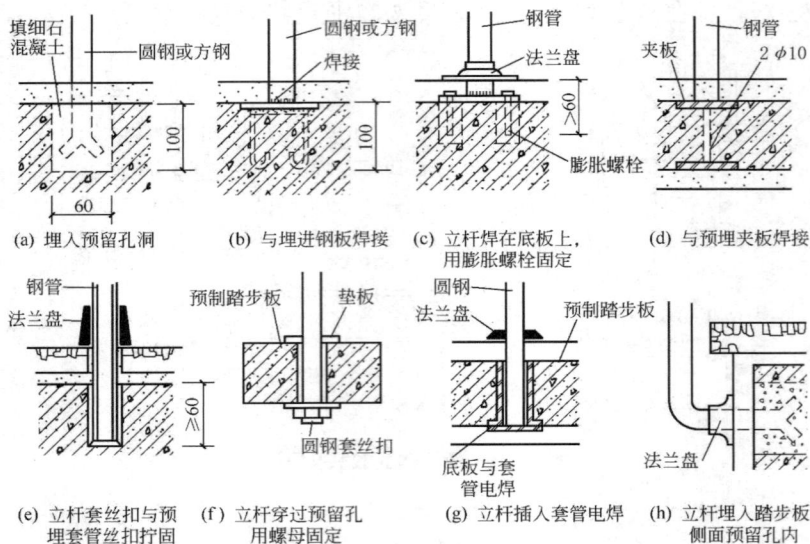

(a) 埋入预留孔洞　　(b) 与埋进钢板焊接　　(c) 立杆焊在底板上，　　(d) 与预埋夹板焊接
　　　　　　　　　　　　　　　　　　　　　用膨胀螺栓固定

(e) 立杆套丝扣与预　(f) 立杆穿过预留孔　(g) 立杆插入套管电焊　(h) 立杆埋入踏步板
　　埋套管丝扣拧固　　用螺母固定　　　　　　　　　　　　　　　侧面预留孔内

图 5.28　栏杆与梯段的连接

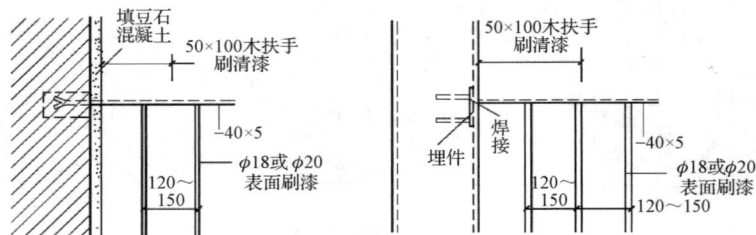

图 5.29　顶层栏杆扶手入墙做法

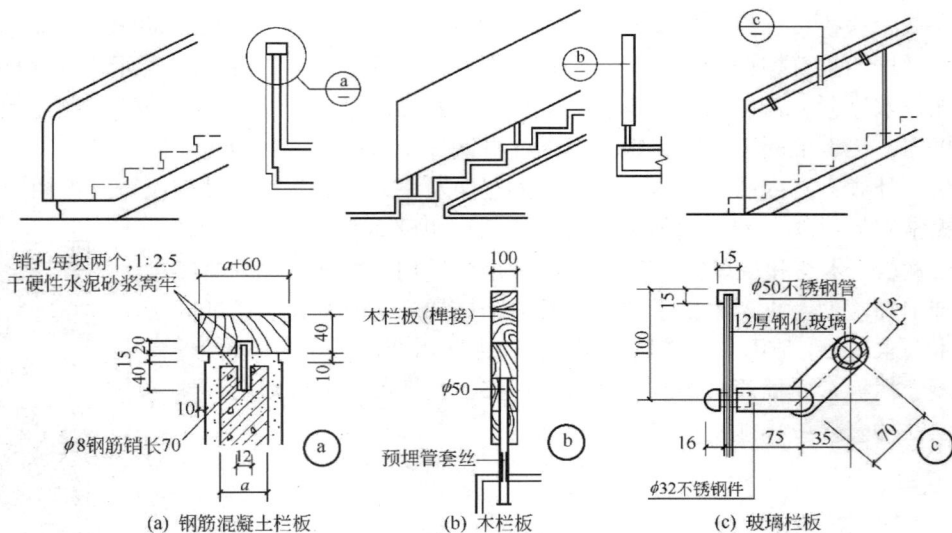

(a) 钢筋混凝土栏板　　　(b) 木栏板　　　(c) 玻璃栏板

图 5.30　栏板构造举例

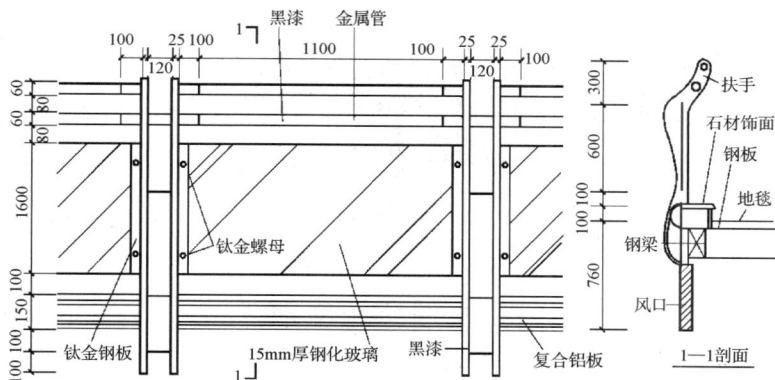

图 5.31 不锈钢玻璃扶手栏板

工程塑料及水泥砂浆抹灰、大理石材等制作。不论何种材料的扶手，其表面必须光滑、圆顺，以便于扶持。图 5.32 所示是常见扶手类型的举例。图 5.33 和图 5.34 分别是扶手与墙、柱连接方式和扶手始末端处理的示例。金属扶手通常与栏杆焊接；木扶手及塑料扶手在安装之前应事先在栏杆顶部设置通长的斜倾扁铁，预留安装钉，用螺丝固定在扁铁上。

楼梯扶手安装.mp4

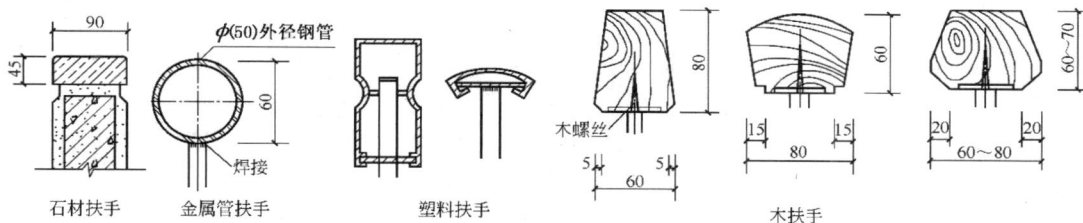

图 5.32 扶手类型

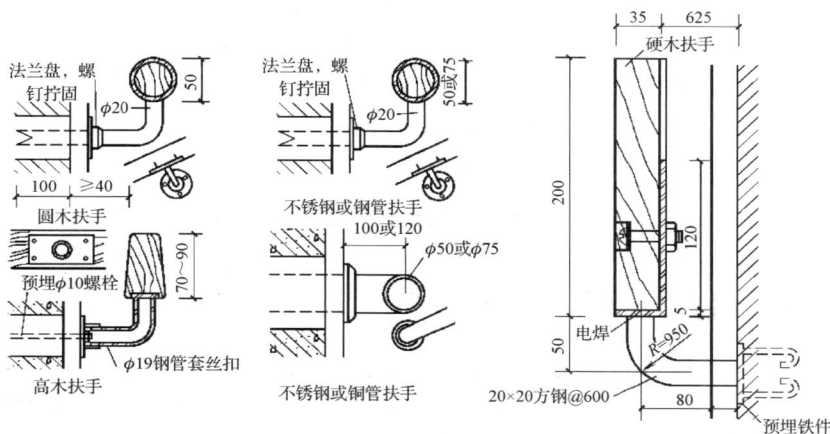

(a) 靠墙扶手连接方式

图 5.33 扶手与墙、柱的连接方式

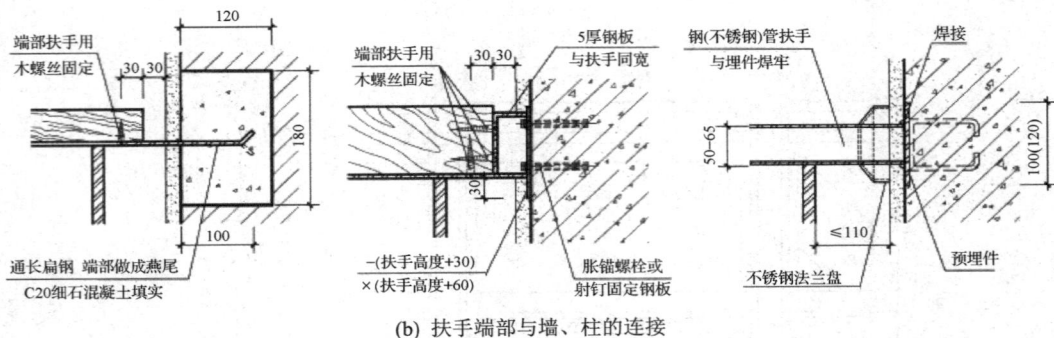

(b) 扶手端部与墙、柱的连接

图 5.33　扶手与墙、柱的连接方式(续)

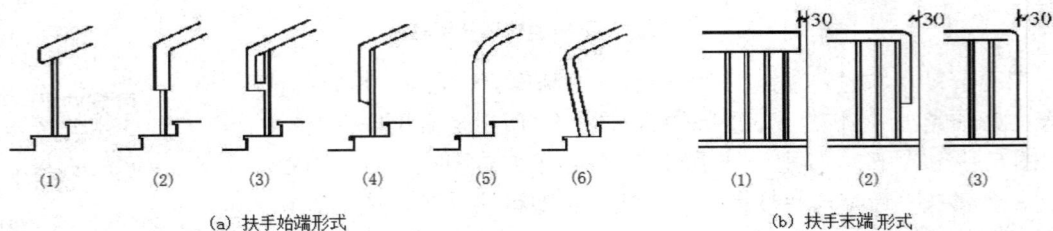

(a) 扶手始端形式　　　　　　　　(b) 扶手末端形式

图 5.34　常见扶手始末端的处理

5.3.4　首层第一踏步下的基础

首层第一踏步下应有基础支撑。基础与踏步之间应加设地梁，地梁的断面尺寸应不小于 240 mm×240 mm，梁长应等于基础长度，如图 5.35 所示。

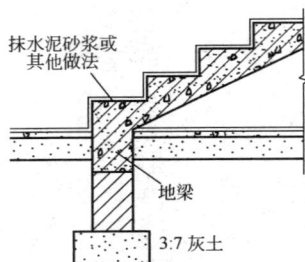

图 5.35　首层踏步下的基础

5.3.5　楼梯转弯处扶手高差的处理

梯段的扶手在平台转弯处往往存在高差，应进行调整和处理。如上下行梯级取平，平台处栏杆伸出梯级半步，如图 5.36(a)所示；或上下梯级取平，楼梯井处的横向扶手作倾斜设置，连接上下两段扶手的鹤顶或硬接做法，如图 5.36(b)、图 5.36(c)所示，这种做法一般不选用；或将上下梯段错开一个踏步，如图 5.36(e)所示，就可以使扶手顺利连接。其他处理方法如图 5.36(d)和图 5.36(f)所示。

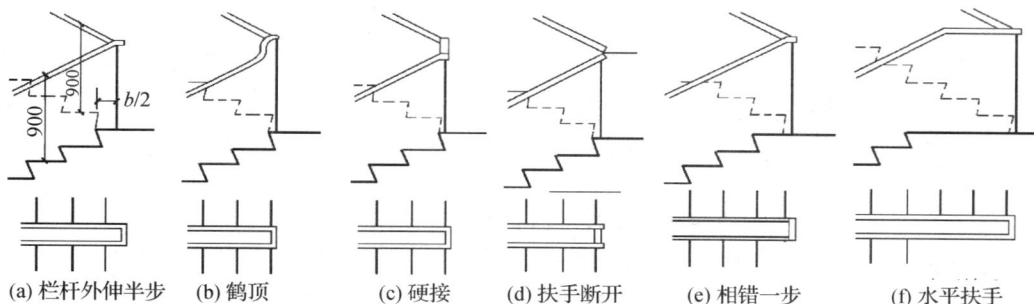

(a) 栏杆外伸半步　(b) 鹤顶　(c) 硬接　(d) 扶手断开　(e) 相错一步　(f) 水平扶手

图 5.36　楼梯转弯处扶手高差的处理

5.4　台阶与坡道

在建筑物入口处设置台阶和坡道是解决建筑物室内外地坪高差的过渡构造措施，一般多采用台阶；当有车辆、残疾人或是内外地面高差较小时，可设置坡道，有时台阶和坡道合并在一起使用。台阶和坡道在建筑物入口处对建筑物的立面具有装饰作用，设计时要考虑使用和美观要求。从规划要求看，台阶和坡道是建筑物主体的一部分，不允许进入道路红线。

5.4.1　台阶

1. 台阶的形式和基本要求

台阶(step)是连接室外或室内的不同标高的楼面、地面，供人行的阶梯式交通道。台阶的平面形式种类较多，应当与建筑物的级别、功能及基地周围的环境相适应。常见的台阶形式有单面踏步、两面踏步、三面踏步、带花池单面踏步等，如图 5.37 所示。部分大型公共建筑经常把行车坡道与台阶合并成为一个构件，强调了建筑物入口的重要性，提高了建筑物的地位。

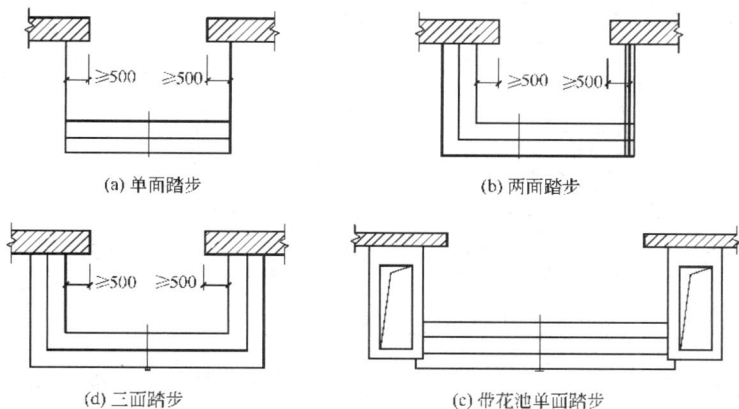

(a) 单面踏步

(b) 两面踏步

(d) 三面踏步

(c) 带花池单面踏步

古建筑之台阶.pdf

台阶.pdf

图 5.37　台阶的形式

台阶设置应符合下列规定。

(1) 公共建筑室内外台阶踏步宽度不应小于 300 mm，踏步高度不应大于 150 mm，且不宜小于 100 mm；通常台阶每一级踢面高度一般为 100~150 mm，踏步的踏面宽度为 400~300 mm。室内台阶踏步数不应少于 2 级，当高差不足 2 级时，宜按坡道设置。

(2) 台阶的铺装面层应采取防滑措施。

(3) 台阶总高度达到或超过 0.7 m 时，应在临空面采取防护设施。

(4) 台阶顶部平台的宽度应大于所连通的门洞口宽度，一般至少每边宽出 500 mm，如图 5.37 所示。室外台阶顶部平台的深度不应小于 1.0 m，影剧院、体育馆观众厅疏散出口平台的深度不应小于 1.40 m。阶梯教室、影剧院观众席、体育场馆看台的台阶设置主要取决于视线升起要求，设计需符合各专项设计标准，参见 10.3.1 节内容。

2. 台阶的构造

台阶的构造分实铺和架空两种，大多数台阶采用实铺，其构造如图 5.38 所示。

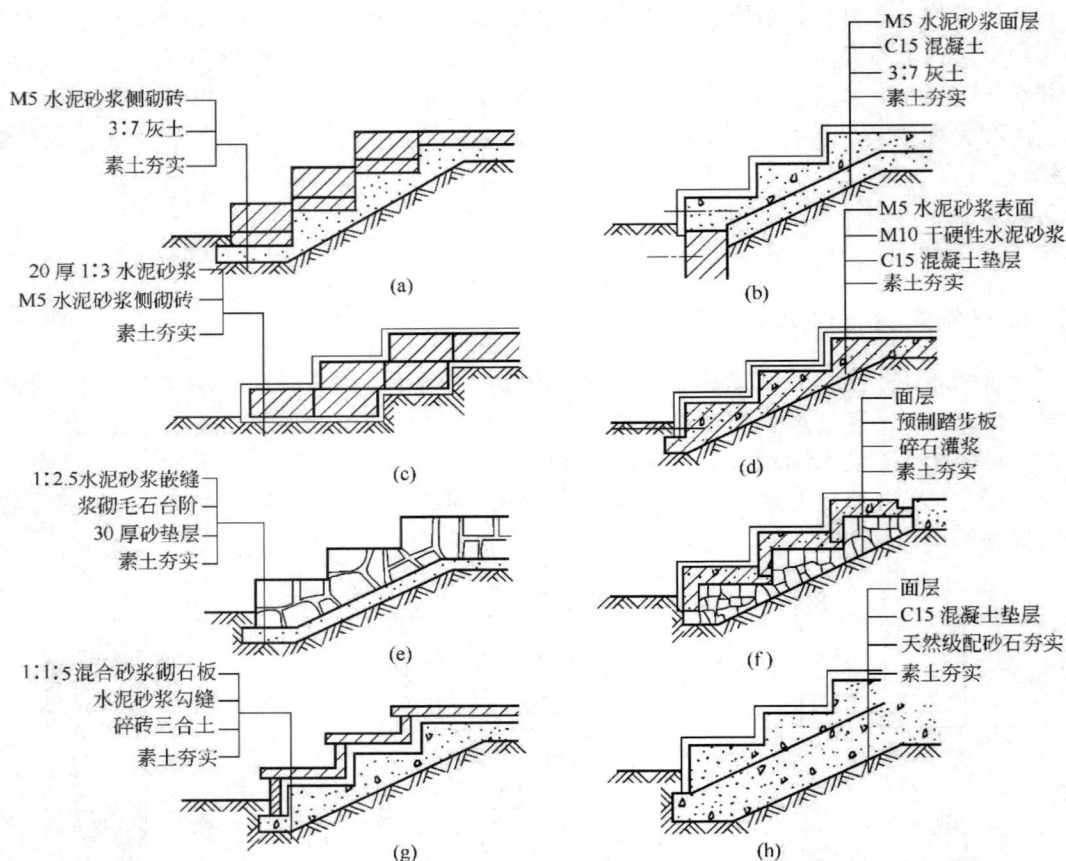

图 5.38 台阶的构造

实铺台阶的构造与室内地坪的构造差不多，包括基层、垫层和面层。基层是夯实土；垫层多采用混凝土、碎砖混凝土或砌砖，其强度和厚度应当根据台阶的尺寸相应调整；面层有整体和铺贴两大类，如水泥砂浆、水磨石、缸砖、天然石材等。在严寒地区，为保证台阶不受土壤冻胀的影响，应把台阶下部一定深度范围内的土换掉，改设砂石垫层，如图 5.38(e)～图 5.38(h)所示。

当台阶尺度较大或土壤冻胀严重时，为防止台阶开裂和塌陷，往往选用架空台阶，如图 5.39 所示。架空台阶的平台板和踏步板均为预制钢筋混凝土板，分别搁置在梁上或砖砌地垄墙上。

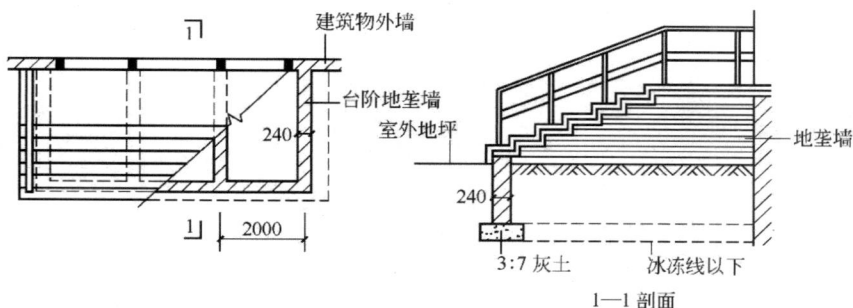

图 5.39　架空台阶

5.4.2　坡道

1. 坡道的分类

坡道(ramp)是连接室外或室内的不同标高的楼面、地面，供人行或车行的斜坡式交通道。坡道按照其用途的不同，可以分成行车坡道和轮椅坡道两类。

行车坡道分为普通行车坡道和回车坡道两种，如图 5.40 所示。普通行车坡道布置在有车辆进出的建筑入口处，如车库、库房等。回车坡道与台阶踏步组合在一起，布置在某些大型公共建筑的入口处，如办公楼、旅馆、医院等。

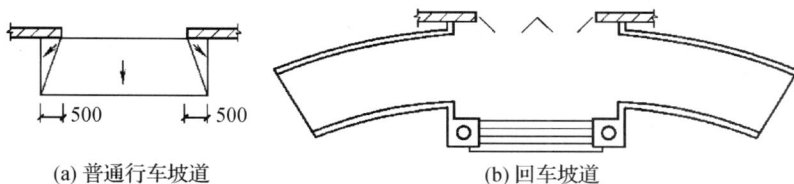

(a) 普通行车坡道　　(b) 回车坡道

图 5.40　行车坡道

2. 坡道的尺寸和坡度

普通行车坡道的宽度应大于所连通的门洞口宽度，一般每边至少≥500 mm。坡道的坡度与建筑物的室内外高差及坡道的面层处理方法有关：光滑材料坡道坡度≤1∶12；粗糙材料坡道(包括设置防滑条的坡道)坡度≤1∶6；带防滑齿坡道坡度≤1∶4。回车坡道的宽度与坡道半径及车辆规格有关，坡度的坡度应≤1∶10。

室内坡道坡度不宜大于 1∶8，室外坡道坡度不宜大于 1∶10。当室内坡道水平投影长度超过 15.0m 时，宜设休息平台，平台宽度应根据使用功能或设备尺寸所需缓冲空间而定。坡道应采取防滑措施。当坡道总高度超过 0.7m 时，应在临空面采取防护设施。

供轮椅使用的坡道应符合现行国家标准《无障碍设计规范》(GB 50763—2012)的有关规定。

3. 坡道的构造

坡道一般采用实铺，构造要求与台阶基本相同，如图 5.41 所示。垫层的强度和厚度应根据坡道长度及上部荷载的大小进行选择，严寒地区的坡道同样需要在垫层下部设置砂垫层。

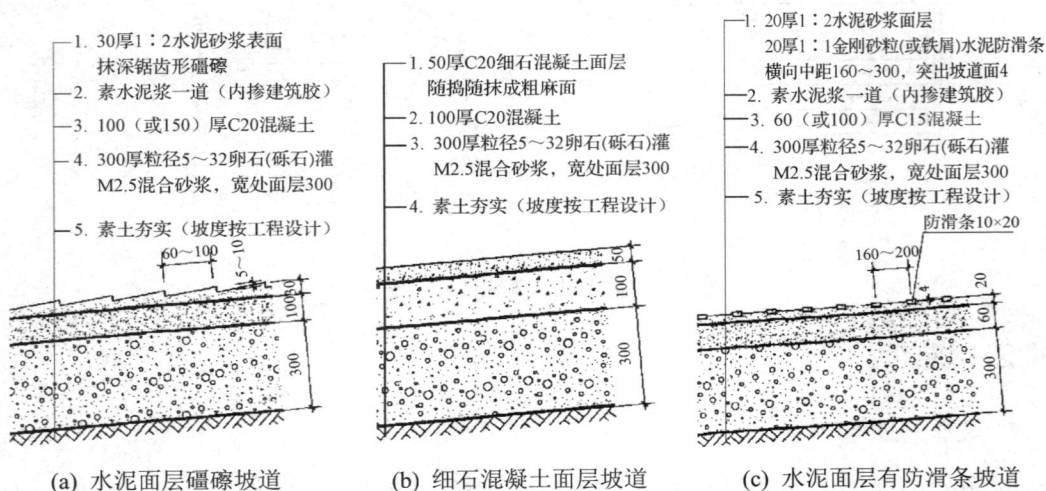

1. 30厚1：2水泥砂浆表面抹深锯齿形礓磋
2. 素水泥浆一道（内掺建筑胶）
3. 100（或150）厚C20混凝土
4. 300厚粒径5～32卵石(砾石)灌M2.5混合砂浆，宽处面层300
5. 素土夯实（坡度按工程设计）

(a) 水泥面层礓磋坡道

1. 50厚C20细石混凝土面层随捣随抹成粗麻面
2. 100厚C20混凝土
3. 300厚粒径5～32卵石(砾石)灌M2.5混合砂浆，宽处面层300
4. 素土夯实（坡度按工程设计）

(b) 细石混凝土面层坡道

1. 20厚1：2水泥砂浆面层 20厚1：1金刚砂粒(或铁屑)水泥防滑条横向中距160～300，突出坡道面4
2. 素水泥浆一道（内掺建筑胶）
3. 60（或100）厚C15混凝土
4. 300厚粒径5～32卵石(砾石)灌M2.5混合砂浆，宽处面层300
5. 素土夯实（坡度按工程设计）
防滑条10×20

(c) 水泥面层有防滑条坡道

图 5.41　坡道的构造

5.5　单元小结

内　容	知识要点	能力要求
楼梯的组成、分类	楼梯的作用、类型； 楼梯的组成：梯段、平台、平台梁、栏杆、扶手	辨识不同类型的楼梯
楼梯的尺度	楼梯的尺寸：梯段宽度、楼梯坡度、平台深度、踏步尺寸、扶手栏杆高度、净空高度、梯井宽度	明确各组成之间的关系，掌握楼梯的主要尺度
楼梯的设计	楼梯设计要求、设计步骤、建筑制图标准	能识读和绘制一套楼梯的平面图、剖面图和节点详图
钢筋混凝土楼梯	现浇钢筋混凝土板式楼梯和梁式楼梯的构造及传力途径； 梁承式、墙承式和悬挑踏步等小型构件预制装配式楼梯构造特点	能辨识板式楼梯与梁式楼梯，了解预制装配式楼梯的构造特点
楼梯的细部构造	踏步及踏面的做法和防滑措施构造； 栏杆、栏板、扶手的材料及尺寸； 栏杆、栏板与踏步、扶手的连接及做法	能进行踏步的防滑处理，能根据材料的不同处理好各细部之间的连接
台阶与坡道	台阶的材料、做法；坡道的坡度要求、坡道构造	掌握台阶、坡道尺度选择和构造做法

5.6　复习思考题

一、名词解释

1. 楼梯平台宽　2. 楼梯净高　3. 栏杆扶手的高度　4. 明步　5. 暗步

二、选择题

1. 单股人流宽度为 550～700 mm，建筑规范对楼梯梯段宽度的限定是：住宅_____mm，公共建筑 ≥1300 mm。
    A. ≥1200　　　　B. ≥1100　　　　C. ≥1500　　　　D. ≥1300

2. 梯井宽度以_____mm 为宜。
    A. 60～150　　　B. 100～200　　　C. 60～200　　　D. 60～150

3. 楼梯栏杆扶手的高度一般为 900 mm，供儿童使用的楼梯应在不小于_____mm 高度增设扶手。
    A. 400　　　　　B. 700　　　　　C. 600　　　　　D. 500

4. 楼梯平台下要通行，一般其净高度不小于_____mm。
    A. 2100　　　　B. 1900　　　　C. 2000　　　　D. 2400

5. 下面属于现浇钢筋混凝土楼梯的是_____。
    A. 梁承式、墙悬臂式、扭板式　　　　B. 梁承式、梁悬臂式、扭板式
    C. 墙承式、梁悬臂式、扭板式　　　　D. 墙承式、墙悬臂式、扭板式

6. 防滑条应凸出踏步面_____mm。
    A. 1～2　　　　B. 5　　　　　　C. 3～5　　　　D. 2～3

7. 考虑安全原因，住宅的空花式栏杆的空花尺寸不宜过大，通常控制其不大于_____mm。
    A. 120　　　　　B. 100　　　　　C. 150　　　　　D. 110

8. 当直接在墙上装设扶手时，扶手与墙面保持_____mm 左右的距离。
    A. 250　　　　　B. 100　　　　　C. 50　　　　　　D. 300

9. 室外台阶的踏步高一般在_____mm。
    A. 150　　　　　B. 180　　　　　C. 120　　　　　D. 100～150

10. 台阶与建筑出入口间的平台一般不应小于_____mm 且平台需做 3%的排水坡度。
    A. 800　　　　　B. 1500　　　　C. 2500　　　　D. 1000

11. 梁板式梯段由_____两部分组成。
    A. 平台、栏杆　　　　　　　　　B. 栏杆、梯斜梁
    C. 梯斜梁、踏步板　　　　　　　D. 踏步板、栏杆

三、问答题

1. 楼梯的功能和设计要求是什么？由哪几部分组成？各组成部分起何作用？
2. 常见楼梯的形式有哪些？观察指出校园内几种主要楼梯的类型，结构类型如何？用

卷尺量测楼梯踏步、栏杆、平台深度、梯段尺度等各细部尺寸，并观察踏面的防滑措施和栏杆扶手在楼梯平台转弯处是如何处理的？

3. 楼梯间的种类有几种？各自的特点是什么？

4. 楼梯段的最小净宽有何规定？平台深度和楼梯段宽度的关系如何？楼梯段的宽度如何确定？

5. 楼梯、爬梯和坡道的坡度范围是多少？楼梯的适宜坡度是多少？与楼梯踏步有何关系？确定踏步尺寸的经验公式如何使用？

6. 楼梯平台下做通道时有何要求？当不能满足要求时可采取哪些方法予以解决？

7. 楼梯为什么要设栏杆、扶手？栏杆、扶手的高度一般为多少？

8. 现浇钢筋混凝土楼梯常见的结构形式有哪几种？各有何特点？

9. 识读并绘制第 10 章案例中一套楼梯的平面图、剖面图和节点详图。

10. 楼梯踏面的防滑措施有哪些？室外台阶的组成形式、构造要求和做法如何？

11. 栏杆与扶手、梯段如何连接？识读其构造图。观察栏杆扶手在平行双跑式楼梯平台转弯处是如何处理的？

第6章 屋 顶

内容提要: 屋顶是房屋的重要组成部分,保温和防水是屋面构造设计的核心。本章的主要内容有屋顶的类型、屋面排水设计、卷材防水屋面构造、涂膜防水屋面构造、屋面的保温与隔热构造做法、坡屋面构造做法。

教学目标:

- 熟悉屋顶的类型与设计要求;
- 掌握有组织排水的方案,熟悉屋面排水设计的内容;
- 掌握卷材防水屋面的构造做法、细部构造要点;
- 熟悉涂膜防水屋面的构造做法;
- 掌握坡屋顶的承重方案;
- 熟悉平瓦屋面的构造做法;
- 熟悉坡屋顶的保温与隔热构造做法。

屋顶是建筑物最上层的覆盖部分,是房屋的重要组成部分。它承受屋面的自重、风雪荷载以及施工和检修屋面的各种荷载,并抵抗风、雨、雪的侵袭和太阳辐射的影响,同时屋顶的形式对建筑物的造型有很大程度的影响。

6.1 屋 顶 概 述

屋顶由于屋面材料和承重结构形式的不同,有多种类型。屋顶的设计必须满足其功能、结构、建筑艺术等方面的要求。

6.1.1 屋顶的组成与形式

屋顶主要由屋面层、承重结构、保温或隔热层和顶棚四部分组成。支承结构可以是平面结构,如屋架、刚架、梁板等;也可以是空间结构,如薄壳、网架、悬索等。由于支承结构形式及建筑平面的不同,屋顶的外形也有不同,常见的有平屋顶、坡屋顶及其他形式屋顶等。

平屋顶通常是指屋顶坡度小于等于 5%的屋顶,常用坡度为 2%~3%。平屋顶易于协调统一建筑与结构的关系,节约材料,屋顶可供多种利用,如设露台、屋顶花园、屋顶游泳池等。常见平屋顶的形式如图 6.1 所示。

坡屋顶是指屋顶坡度大于 5%的屋顶,其坡度一般在 10%以上。坡屋顶是我国传统的建筑屋顶形式,广泛应用于民居建筑中,在现代城市建设中为满足景观或建筑风格的要求也广泛采用坡屋顶形式。

屋面.mp4

坡屋顶的常见形式有单坡屋顶、双坡(硬山、悬山、卷棚)屋顶、四坡(歇山、庑殿)屋顶、圆形或多角形攒尖屋顶等，如图6.2所示。

随着建筑科学技术的发展，在大跨度公共建筑中使用了多种新型结构的其他形式屋顶，如薄壳屋顶、网壳屋顶、拱屋顶、折板屋顶、悬索屋顶等，如图6.3所示，这里不做具体介绍。

中国传统建筑的屋顶形式.mp4

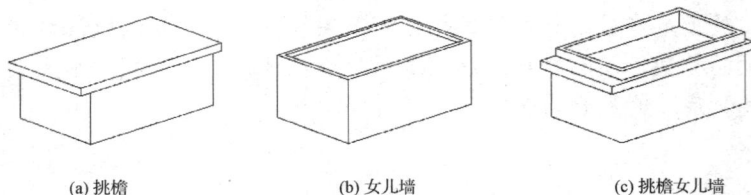

(a) 挑檐　　　(b) 女儿墙　　　(c) 挑檐女儿墙

图6.1　平屋顶的形式

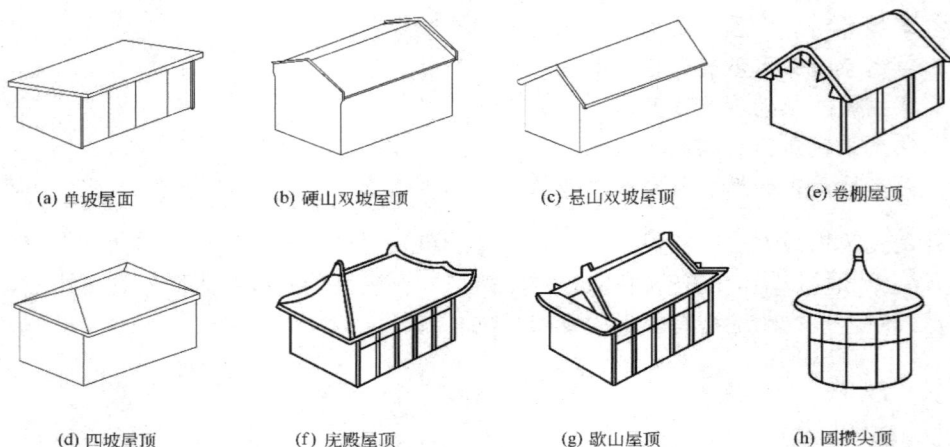

(a) 单坡屋面　　(b) 硬山双坡屋顶　　(c) 悬山双坡屋顶　　(e) 卷棚屋顶

(d) 四坡屋顶　　(f) 庑殿屋顶　　(g) 歇山屋顶　　(h) 圆攒尖顶

图6.2　坡屋顶的形式

(a) 薄壳屋顶　　(b) 球形网壳屋顶　　(c) 双曲拱屋顶　　(d) 折板屋顶　　(e) 鞍形悬索屋顶

图6.3　其他形式屋顶

6.1.2　屋面工程的基本要求

屋顶是建筑物的顶部结构，包含了屋面，屋顶与房屋整体构成房屋整体外观形象。屋面指建筑物屋顶的表面，也指屋脊与屋檐之间的部分，占据屋顶的较大面积。一般包含楼面结构层、水泥砂浆找平层、保温隔热层、防水层、水泥砂浆保护层、排水系统、女儿墙及避雷措施等。屋面侧重发挥特定功能，是综合反映屋面多功能作用的系统工程。以下针对屋面的使用功能及要求重点介绍。屋面工程的基本要求如下。

1) 具有良好的排水功能和阻止水侵入建筑物内的作用

排水是利用水向下流的特性，不使水在防水层上积滞，尽快排除。防水是利用防水材料的致密性、憎水性构成一道封闭的防线，隔绝水的渗透。因此，屋面排水可以减轻防水的压力，屋面防水又为排水提供了充裕的排除时间，防水与排水是相辅相成的。

根据《建筑与市政工程防水通用规范》(GB55030—2022)，屋面防水等级和设防要求应符合表6.1的规定。瓦屋面工程的防水做法应符合表6.2的规定。

表6.1 平屋面工程的防水做法

防水等级	防水做法	防水层	
		防水卷材	防水涂料
一级	不应少于3道	卷材防水层不应少于1道	
二级	不应少于2道	卷材防水层不应少于1道	
三级	不应少于1道	任选	

表6.2 瓦屋面工程的防水做法

防水等级	防水做法	防水层		
		屋面瓦	防水卷材	防水涂料
一级	不应少于3道	为1道，应选	卷材防水层不应少于1道	
二级	不应少于2道	为1道，应选	不应少于1道，任选	
三级	不应少于1道	为1道，应选	——	

2) 冬季保温减少建筑物的热损失和防止结露

按我国建筑热工设计分区的设计要求，严寒地区必须满足冬季保温，寒冷地区应满足冬季保温，夏热冬冷地区应适当兼顾冬季保温。屋面应采用轻质、高效、吸水率低、性能稳定的保温材料，提高构造层的热阻；同时，屋面传热系数必须满足本地区建筑节能设计标准的要求，以减少建筑物的热损失。屋面大多数采用外保温构造，造成屋面的内表面大面积结露的可能性不大，结露主要出现在檐口、女儿墙与屋面的连接处，因此对热桥部位应采取保温措施。

3) 夏季隔热降低建筑物对太阳能辐射热的吸收

按我国建筑热工设计分区的设计要求，夏热冬冷地区必须满足夏季防热要求，夏热冬暖地区必须充分满足夏季防热要求。屋面应利用隔热、遮阳、通风、绿化等方法来降低夏季室内温度，也可采用适当的围护结构减少太阳的辐射传入室内。屋面若采用含有轻质、高效保温材料的复合结构，对达到所需传热系数比较容易，要达到较大的热惰性指标就很困难，因此对屋面结构形式和隔热性能亟待改善。屋面传热系数和热惰性指标必须满足本地区建筑节能设计标准的要求，在保证室内热环境的前提下，使夏季空调能耗得到控制。

4) 适应主体结构的受力变形和温差变形

屋面结构设计一般应考虑自重、雪荷载、风荷载、施工或使用荷载，结构层应保证屋面有足够的承载力和刚度；由于受到地基变形和温差变形的影响，建筑物除应设置变形缝外，屋面构造层必须采取有效措施。有关资料表明，导致防水功能失效的主要症结，是防水工程在结构荷载和变形荷载的作用下引起的变形，当变形受到约束时，就会引起防水主体的开裂。因此，屋面工程一要有抵抗外荷载和变形的能力，二要减少约束、适当变形，采取"抗"与"放"的结合尤为重要。

5) 承受风、雪荷载的作用不产生破坏

虽然屋面工程不作为承重结构使用，但对其力学性能和稳定性仍然提出了要求。国内外屋面突然坍塌事故，给了我们深刻的教训。屋面系统在正常荷载引起的联合应力作用下，应能保持稳定；对金属屋面、采光顶来讲，承受风、雪荷载必须符合现行国家标准《建筑结构荷载规范》(GB 50009—2012)的有关规定，特别是屋面系统应具有足够的力学性能，使其能够抵抗由风力造成压力、吸力和振动，而且应有足够的安全系数。

6) 具有阻止火势蔓延的性能

对屋面系统的防火要求，应依据法律、法规制定有关实施细则。在火灾情况下的安全性，屋面系统所用材料的燃烧性能和耐火极限必须符合现行国家标准《建筑设计防火规范》(GB 50016-2014)的有关规定，屋面工程应采取必要的防火构造措施，保证防火安全。

7) 满足建筑外形美观和使用要求

建筑应具有物质和艺术的两重性，既要满足人们的物质需求，又要满足人们的审美需求。现代城市的建筑由于跨度大、功能多、形状复杂、技术要求高，传统的屋面技术已很难适应。随着人们对屋面功能要求的提高及新型建筑材料的发展，屋面工程设计突破了过去千篇一律的屋面形式。通过建筑造型所表达的艺术性，不应刻意表现烦琐、豪华的装饰，而应重视功能适用、结构安全、形式美观。

6.2　屋面排水设计

屋面裸露在外面，直接受到雨、雪的侵袭，为了迅速排除屋面雨水，保证水流畅通，必须进行周密的排水设计。屋面排水设计主要包括排水坡度的选择、采用正确的排水方式和排水组织设计。

6.2.1　屋面坡度选择

1. 屋面坡度的表示方法

常用的屋面坡度表示方法有角度法、斜率法和百分比法三种，如图6.4所示。

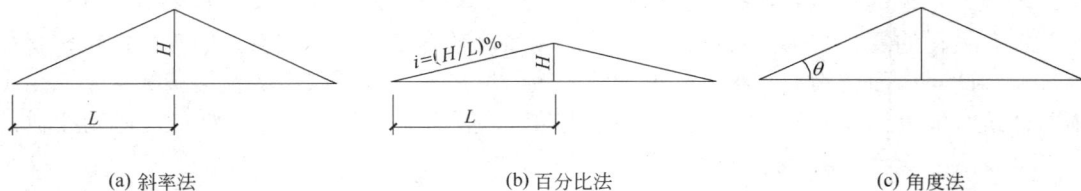

(a) 斜率法　　　　(b) 百分比法　　　　(c) 角度法

图6.4　屋面坡度表示法

角度法以屋面倾斜面与水平面所成夹角的大小来表示；斜率法以倾斜面的垂直投影长度与水平投影长度之比来表示；百分比法以屋面倾斜面的垂直投影长度与水平投影长度之

比的百分比值来表示。坡屋面多采用斜率法，平屋面多采用百分比法，角度法在工程中应用较少。

2. 影响屋面坡度的因素

屋面排水坡度应根据屋面结构形式、屋面基层类别、防水构造形式、材料性能及使用环境等条件确定，并应符合表 6.3 的规定。确定屋面坡度，主要考虑以下几方面的因素。

表 6.3　屋面类型与适宜坡度

屋面类型		屋面排水坡度/%
平屋面		≥2
瓦屋面	块瓦	≥30
	波形瓦、沥青瓦、金属瓦	≥20
金属屋面	压型金属板、金属夹芯板	≥5
	单层防水卷材金属屋面	≥2
种植屋面		≥2
玻璃采光顶		≥5

(1) 屋面结构形式的影响。随着屋面结构形式的不同，屋面坡度会随之发生变化。如是屋架、刚架、梁板等平面结构排水坡度相对小些；是薄壳、网架、悬索等空间结构，由于形状和高度不同，坡度会随之发生变化。

(2) 屋面基层类别的影响。屋面基层即屋顶结构层，不同的屋面基层适宜的坡度不同。如使用平瓦建造的屋面坡度则要求在 20~50 度之间；使用金属屋面的屋面坡度则在 10~35 度之间。

(3) 材料性能是屋顶坡度的大小需要考虑因素之一。屋顶材料的力学特性，如抗拉强度、抗弯强度、抗冲击性等。如屋顶材料具有良好的抗弯强度，可以设计出陡峭的屋顶坡度，以提高屋顶使用寿命。

(4) 防水构造形式的影响。防水构造时如防水材料尺寸小，则接缝必然多，容易产生裂缝渗水，因此屋面应有较大的排水坡度，以便将积水迅速排出，减少漏水的机会。坡屋面的防水材料多为瓦材(如小青瓦、平瓦、琉璃瓦等)，其每块覆盖面积小，故坡屋面较陡。如屋面的防水材料覆盖面积大，接缝少而且严密，则屋面的排水坡度可小一些。

(5) 使用环境的影响。使用环境主要考虑包括温度、湿度、降水量等。不同气候条件下，屋顶坡度的大少也相应不同。在寒冷地区为防止屋面大量积雪，坡度宜较陡。湿气量大，降雨量大的地区，屋面渗漏的可能性较大，屋面的排水坡度应适当加大，以利排水；反之，屋面的排水坡度则宜小一些。其中对屋面坡度影响最大的因素是房屋排水量。

3. 形成屋面排水坡度的方法

形成屋面坡度的做法一般有结构找坡(见图 6.5)和材料找坡(见图 6.6)两种。

1) 结构找坡

结构找坡亦称搁置坡度，是指屋顶结构自身带有排水坡度，如将屋面板搁放在根据屋面排水要求设计的倾斜的梁或墙上，平屋面结构找坡的坡度不应小于3%左右。这种做法不需另设找坡层，施工方便、荷载轻、造价低，但顶棚倾斜，室内空间不规整，用于民用建筑时往往需要设吊顶。

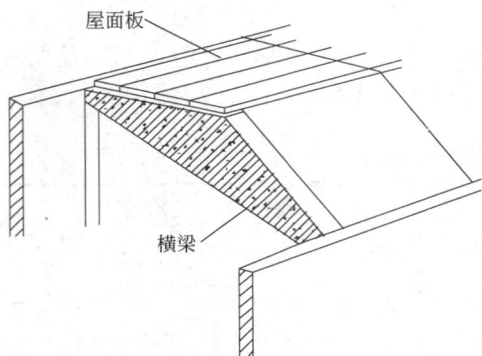

图 6.5　结构找坡

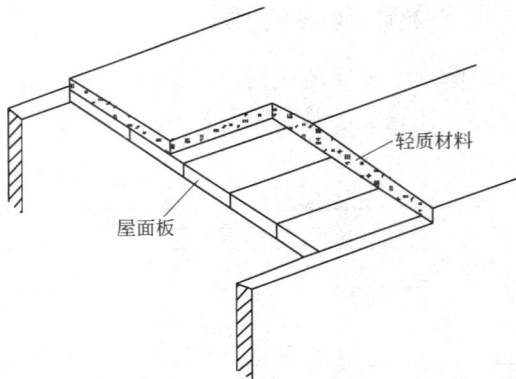

图 6.6　材料找坡

2) 材料找坡

材料找坡亦称垫置坡度，是指屋面板呈水平搁置，利用质量轻、吸水率低和有一定强度的材料垫置成排水坡度的做法。常用于找坡的材料有水泥炉渣、石灰炉渣、或轻质混凝土以及发泡的高分子块材等。找坡材料最薄处一般不宜小于 30 mm。材料找坡的坡度不宜过大，否则可用保温材料做成排水坡度。材料找坡的优点是坡度准确，室内空间表面平整，缺点是增加了屋面荷载、材料和造价。

6.2.2　屋面的排水方式

1. 排水方式

屋面排水方式的选择，应根据建筑物屋顶形式、气候条件、使用功能等因素确定。屋面的排水方式分为两大类，即无组织排水和有组织排水。

1) 无组织排水

无组织排水就是屋面雨水通过檐口直接排到室外地面，一般中、小型的低层建筑物或檐高不大于 10 m 的屋面可采用无组织排水，如图 6.7 所示。无组织排水构造简单，造价低，但屋面雨水自由落下会溅湿墙面，外墙墙角容易被飞溅的雨水侵蚀，降低外墙的坚固耐久性；从檐口滴落的雨水可能影响人行道的交通。因此无组织排水不宜用于临街建筑物和高度较高的建筑物。在工业建筑中，积灰较多的屋面(如铸工车间、炼钢车间等)宜采用无组织排水，因为在加工过程中释放的大量粉尘积于屋面，下雨时被冲进天沟容易堵塞管道；另外，有腐蚀性介质的工业建筑物(如铜冶炼车间、某些化工厂房等)也宜采用无组织排水，因为生产过程中散发的大量腐蚀性介质会侵蚀铸铁雨水装置。

2) 有组织排水

有组织排水就是屋面雨水有组织地流经天沟、檐沟、雨水口、雨水口管等，系统地将屋面上的雨水排出。在有组织排水中又可分为内排水和外排水或内外排水相结合的方式。内排水是指屋面雨水通过天沟由设置于建

屋面排水方式
与构造.mp4

筑物内部的雨水口管排入地下雨水管网，如高层建筑、多跨及汇水面积较大的屋面等。外排水是指屋面雨水通过檐沟、雨水口由设置于建筑物外部的雨水口管直接排到室外地面上，如一般的多层住宅、中高层住宅等采用，如图 6.8～图 6.11 所示。有组织排水不妨碍人行交通，雨水不易溅湿墙面，因而在建筑工程中应用十分广泛。但相对于无组织排水来说，构造复杂，造价较高。在湿陷性黄土地区的建筑屋面宜采用有组织排水，将屋面雨水直接排至排水管网或排至不影响建筑物地基的区域，避免屋面雨水直接排到室外地面上，沿地面渗入地面下而造成地基不均匀下沉。多跨及汇水面积较大的屋面宜采用天沟排水，天沟找坡较长时，宜采用中间内排水和两端外排水。

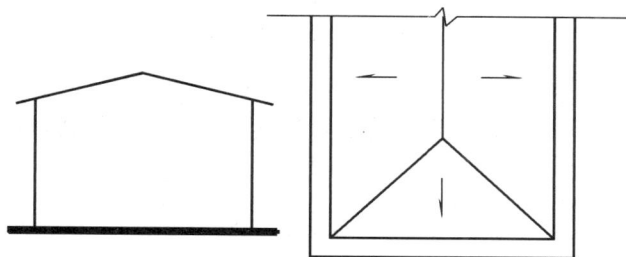

图 6.7　无组织排水

2. 有组织排水的方案

有组织排水方案在一般情况下应尽量采用外排水方案。外排水是指雨水管装在建筑外墙以外，屋面不设雨水斗，建筑内部没有雨水管道的雨水排放形式的一种排水方案，构造简单，雨水管不进入室内，有利于室内美观和减少渗漏，使用广泛，尤其适用于湿陷性黄土地区，可以避免水落管渗漏造成地基沉陷，南方地区多优先采用。

1) 外排水方案

(1) 挑檐沟外排水。屋面雨水汇集到悬挑在墙外的檐沟内，再由雨水口管排下，如图 6.8 所示。当建筑物出现高低屋面时，可先将高处屋面的雨水排至低处屋面，然后从低处屋面的檐沟引入地下。采用挑檐沟外排水方案时，水流路线的水平距离不应超过 24 m，以免造成屋面渗漏。

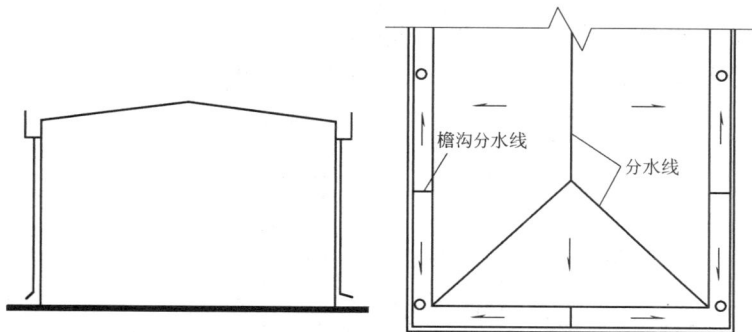

图 6.8　挑檐沟外排水

(2) 女儿墙外排水。这种排水方案的做法是：将外墙升起封住屋面形成女儿墙，屋面雨水穿过女儿墙流入室外的雨水管，最后引入地沟，如图 6.9 所示。

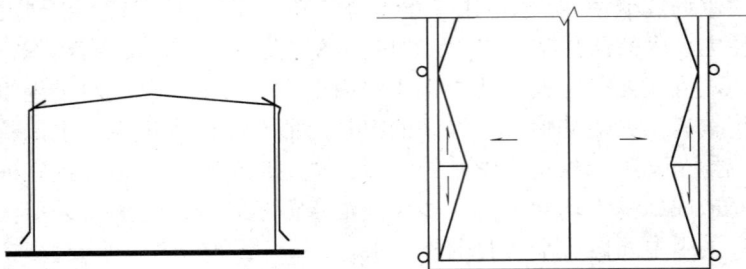

图 6.9　女儿墙外排水

(3) 女儿墙挑檐沟外排水。这种排水方案的特点是在屋檐部位既有女儿墙，又有挑檐沟。蓄水屋面常采用这种形式，利用女儿墙作为蓄水仓壁，利用挑檐沟汇集从蓄水池中溢出的多余雨水，如图 6.10 所示。

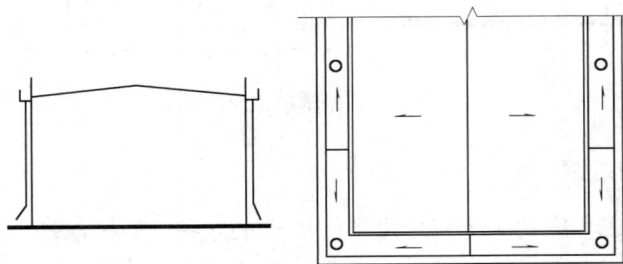

图 6.10　女儿墙挑檐沟外排水

(4) 暗管外排水。明雨水管对建筑立面的美观有影响，在一些重要的公共建筑中，常采用暗装雨水管的方式，将雨水管隐藏在假柱或空心墙中。暗管外排水如图 6.11 所示。

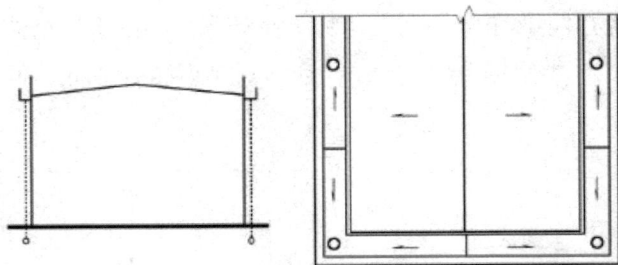

图 6.11　暗管外排水

2) 内排水方案

内排水是指屋面设计雨水斗，建筑物内部有雨水管道的雨水排水系统。内排水可以采用中间天沟内排水(图 6.12 所示)或高低跨内排水。

(1) 内排水系统的组成。内排水系统由雨水斗、连接管、悬吊管、立替、排出管、埋地干管组成。降落到屋面上的雨水，沿屋面流入雨水斗，经连接管、悬吊管、入排水立管，再经排出管流入雨水检查井，或经埋地干管排至室外雨水管道。

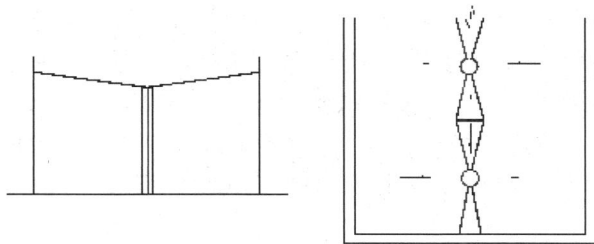

图 6.12　内排水

(2) 内排水系统分类。按照立管连接雨水斗的数量分单斗和多斗雨水排水系统两类。悬吊管上只连接单个雨水斗的系统称为单斗系统,悬吊管上连接多个雨水斗(一般不得多于4 个)的系统称为多斗系统。在条件允许的情况下,应尽量采用单斗排水。内排水系统常用于多跨工业厂房及屋面设天沟有困难的壳形屋面、锯齿形屋面、有天窗的厂房。建筑立面要求高的高层建筑、大屋面建筑和寒冷地区的建筑,不允许在外墙设置雨水立管时,应考虑采用内排水形式。

6.2.3　屋面排水组织设计

目前在屋面工程中大部分采用重力流排水,但是随着建筑技术的不断发展,一些超大型建筑不断涌现,常规的重力流排水方式就很难满足屋面排水的要求,为了解决这一问题,推广使用虹吸式屋面雨水排水系统十分必要。当屋面面积在 5000 m^2 以上,做内排水并且在屋面溢流时不会造成损害时,可采用虹吸式雨水排放系统。

1. 重力流屋面排水组织设计

重力流屋面排水组织设计的主要任务是将屋面划分为若干排水区域,分别将雨水引向雨水管,做到排水线路简捷、雨水口负荷均匀、排水顺畅,避免屋面积水而引起渗漏。屋面排水组织设计一般按以下步骤进行。

(1) 确定排水坡面的数目。

进深不超过 12 m 的房屋和临街建筑常采用单坡排水,进深超过 12 m 时宜采用双坡排水。坡屋面则应结合造型要求选择单坡、双坡或四坡排水。

(2) 划分排水分区。

划分排水分区的目的在于合理地布置雨水管。排水分区应根据屋面形式、屋面面积、屋面高低层的设置等情况,将屋面划分成若干个排水区域。根据排水区域确定屋面排水线路,排水线路的设置应在确保屋面排水通畅的前提下,做到长度合理。

排水分区的面积是指屋面排水水平投影的面积,每一个雨水口的汇水面积一般为150~200 m^2,在具体设计时还要结合地区的暴雨强度及当地的有关规定、常规做法来进行调整。屋面每个汇水面积内,雨水排水立管不宜少于两根,这样在一根排水立管发生故障时,屋面排水系统不会瘫痪。

(3) 确定天沟断面大小和天沟纵坡的坡度。

天沟即屋面上的排水沟,位于檐口部位时称为檐沟。天沟的功能是汇集和迅速排除屋面雨水,故应具有合适的断面大小。在沟底沿长度方向应设纵向排水坡度,简称天沟纵坡。

　　天沟根据屋面类型的不同有多种做法，平屋面的天沟一般采用钢筋混凝土制成，纵向坡度不小于1%。当采用女儿墙外排水方案时，可利用倾斜的屋面与垂直的墙面构成三角形天沟。如坡屋面中可用钢筋混凝土、镀锌铁皮、石棉瓦等材料做成槽形或三角形天沟。当采用檐沟外排水方案时，通常用钢筋混凝土槽形板做成矩形天沟。矩形天沟的净宽应不小于 200 mm，沟底沿长度方向设置纵坡坡向雨水口，天沟上口与分水线的距离不小于120 mm。

　　(4) 雨水管的规格和间距。

　　雨水管按材料分为铸铁、镀锌铁皮、塑料、石棉水泥和陶土等，最常采用铸铁和塑料雨水管。雨水管的直径有 50 mm、75 mm、100 mm、125 mm、150 mm 和 200 mm 几种规格，一般民用建筑雨水管常采用的直径为 100 mm，面积较小的阳台或露台可采用直径为 50 mm 或 75 mm 的雨水管。挑檐沟平屋面雨水口之间的最大间距为 24 m，如图 6.13 所示。女儿墙平屋面及内排水暗管排水屋面雨水口之间的最大间距为 18 m，瓦屋面雨水口之间的最大间距为 15 m。

屋面排水组织.mp4

雨水管.mp4

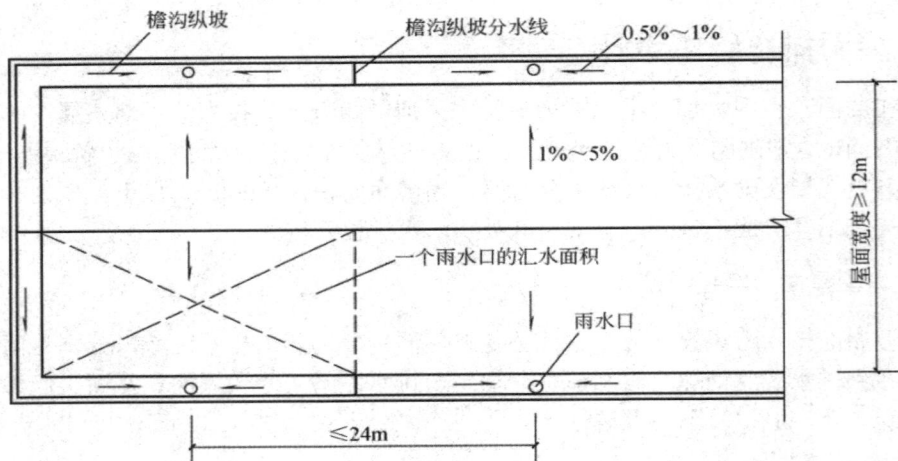

图 6.13　挑檐沟平屋面天沟纵坡和雨水口间距示意图

2. 虹吸排水

　　虹吸排水的原理是利用建筑屋面的高度和雨水所具有的势能，产生虹吸现象，通过雨水管道变径，在该管道处形成负压，屋面雨水在管道内负压的抽吸作用下，以较高的流速迅速排出聚集的雨水。图 6.14 所示为虹吸式雨水排放系统。

　　相对于普通重力流排水，虹吸式雨水排水系统的排水管道均按满流有压状态设计，悬吊横管可以无坡度铺设。由于产生虹吸作用时，管道内水流流速很高，相对于同管径的重力流排水量大，故可减少排水立管的数量，同时可减小屋面的雨水负荷，最大限度地满足建筑使用功能要求。因此在暴雨强度较大地区的工业厂房、库房、公共建筑等大型屋面，宜采用虹吸式屋面雨水排水系统。由于虹吸排水系统的设计有一定的技术要求，排水口、排水管等构件如果不按要求设计，将起不到虹吸作用，所以虹吸式屋面雨水排水系统应按专项技术规程进行设计。

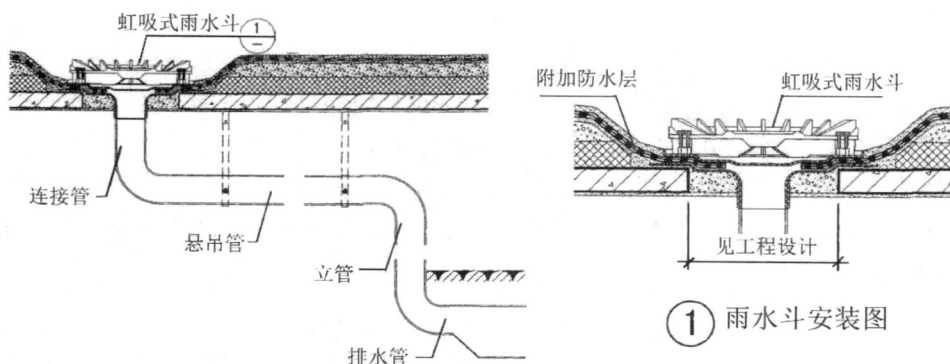

图 6.14　虹吸式雨水排放系统

6.3　平屋顶防水构造

平屋顶防水屋面按其防水层做法的不同常分为卷材防水屋面、涂膜防水屋面和复合防水屋面等多种类型。

6.3.1　卷材防水屋面

卷材防水屋面是将防水卷材相互搭接用胶结材料贴在屋面基层上形成防水能力的，卷材具有一定的柔性，能适应部分屋面变形。

1. 材料

1) 卷材

(1) 高聚物改性沥青防水卷材。

高聚物改性沥青防水卷材是新型建筑防水卷材的重要组成部分。利用改性后的石油沥青作涂盖材料，改善了沥青的感温性，有了良好的耐高低温性能，提高了憎水性、黏结性、延伸性、韧性、耐老化性能和耐腐蚀性，具有优异的防水功能。

高聚物改性沥青防水卷材主要有弹性体(SBS)改性沥青防水卷材、塑性体(APP)改性沥青防水卷材、沥青复合胎柔性防水卷材、自黏橡胶改性沥青防水卷材、改性沥青聚乙烯胎防水卷材以及道桥用改性沥青防水卷材等。SBS 卷材适用于工业与民用建筑的屋面及地下防水工程，尤其适用于较低气温环境的建筑防水。APP 卷材适用于工业与民用建筑的屋面及地下防水工程，以及道路、桥梁等工程的防水，尤其适用于较高气温环境的建筑防水。

(2) 合成高分子防水卷材。

合成高分子防水卷材，是以合成橡胶、合成树脂或者两者共混体系为基料，加入适量的各种助剂、填充料等，经过混炼、塑炼、压延或挤出成型、硫化、定型等加工工艺制成的片状可卷曲的防水材料。合成高分子防水卷材品种较多，一般基于原料组成及性能分为橡胶类、树脂类和橡塑共混类。常见的三元乙丙、聚氯乙烯、氯化聚乙烯、氯化聚乙烯-橡胶共混及三元丁橡胶防水卷材都属于高分子防水卷材。

防水材料.mp4

2）屋面工程所使用的防水材料的相容性

工程实践中，关于相容性的问题是设计人员最为关心但却最容易被忽视的。相容性是相邻两种材料之间互不产生有害的物理和化学作用的性能。《屋面工程技术规范》(GB 50345—2012)规定：屋面工程所使用的防水材料在下列情况下应具有相容性。(1)卷材、涂料与基层处理剂；(2)卷材与胶黏剂或胶黏带；(3)卷材与卷材复合使用；(4)卷材与涂料复合使用；(5)密封材料与接缝基材等情况下应具有相容性。表 6.4 列出了卷材基层处理剂及胶黏剂的选用。

表 6.4　卷材基层处理剂及胶黏剂的选用

卷　材	基层处理剂	黏　剂
高聚物改性沥青卷材	石油沥青冷底子油或橡胶改性沥青冷胶黏剂稀释液	橡胶改性沥青冷胶黏剂或卷材生产厂家指定产品
合成高分子卷材	卷材生产厂家随卷材配套供应产品或指定的产品	

2. 卷材防水屋面的构造层次和做法

卷材防水屋面由多层材料叠合而成，有保温的屋面基本构造层次自下而上为：结构层、找坡层、找平层、保温层、找平层、防水层、隔离层和保护层组成。无保温的屋面构造无保温层和其上的找平层。图 6.15 为卷材防水屋面的构造做法举例。有关保温层的构造做法在 6.5 节中介绍。

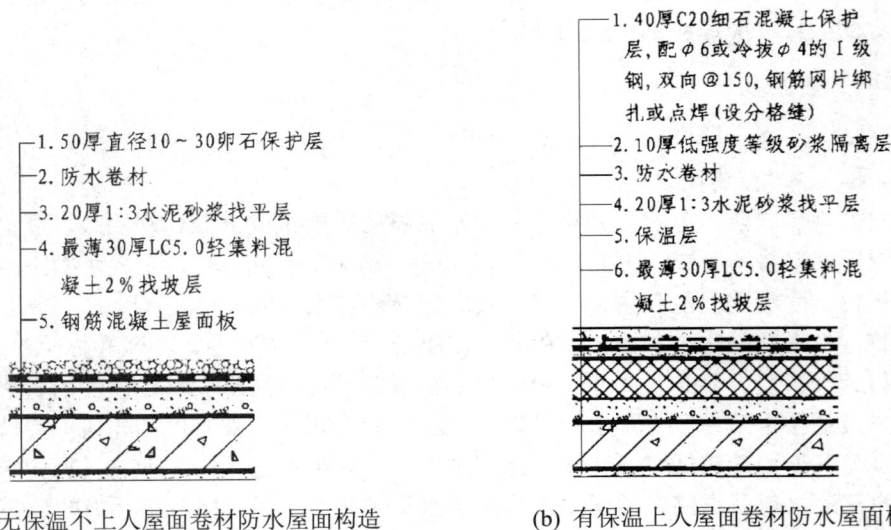

1. 50厚直径10～30卵石保护层
2. 防水卷材
3. 20厚1:3水泥砂浆找平层
4. 最薄30厚LC5.0轻集料混凝土2%找坡层
5. 钢筋混凝土屋面板

(a) 无保温不上人屋面卷材防水屋面构造

1. 40厚C20细石混凝土保护层，配φ6或冷拔φ4的Ⅰ级钢，双向@150,钢筋网片绑扎或点焊(设分格缝)
2. 10厚低强度等级砂浆隔离层
3. 防水卷材
4. 20厚1:3水泥砂浆找平层
5. 保温层
6. 最薄30厚LC5.0轻集料混凝土2%找坡层

(b) 有保温上人屋面卷材防水屋面构造

图 6.15　卷材防水屋面构造做法

1）结构层

卷材防水屋面的结构层通常为具有一定强度和刚度的预制或现浇钢筋混凝土屋面板。

2）找坡层

当屋面结构层不起坡时，应做找坡层。找坡层应尽量采用轻质材料，如陶粒、浮石、膨胀珍珠岩、炉渣、加气混凝土碎块等轻集料混凝土，其压缩强度不小于 LC5.0。可利用现制保温层兼做找坡层。找坡层的坡度应不小于 2%；檐沟及天沟的坡度应不小于 1%。

　　3）找平层

卷材防水层要求铺贴在坚固而平整的基层上，以避免卷材凹陷或断裂，因而在松软材料及预制屋面板上铺设卷材以前，必须先做找平层，其厚度和技术要求应符合表 6.5 规定。

平屋面构造层次.mp4

表 6.5　找平层的厚度和技术要求

单位：mm

找平层分类	适用的基层	厚度	技术要求
水泥砂浆	整体现浇混凝土板	15～20	1∶2.5 水泥砂浆
	整体材料保温层	20～25	
细石混凝土	装配式混凝土板	30～35	C20 混凝土，宜加钢筋网片
	板状材料保温层		C20 混凝土

　　找平层是为防水层设置符合防水材料工艺要求且坚实而平整的基层，它应具有一定的厚度和强度。在装配式混凝土板或板状材料保温层上设水泥砂浆找平层时，找平层易发生开裂现象，因此装配式混凝土板上应采用细石混凝土找平层。基层刚度较差时，宜在混凝土内加钢筋网片。板状材料保温层上应采用细石混凝土找平层。

　　由于找平层的自身干缩和温度变化，保温层上的找平层容易变形和开裂，直接影响卷材或涂膜的施工质量，因此保温层上的找平层应留设分格缝，使裂缝集中到分格缝中，减少找平层大面积开裂。分格缝的缝宽宜为 5～20 mm，当采用切割机后切割时，缝宽可小些，采用预留时可适当大些，缝内可以不嵌填密封材料。由于结构层上设置的找平层与结构同步变形，故找平层可以不设分格缝。

　　4）结合层

　　结合层的作用是在卷材与基层间形成一层胶质薄膜，使卷材与基层胶结牢固。高分子卷材则多用配套基层处理剂。参见表 6.4 和图 6.16 高聚物改性沥青卷材防水屋面的做法举例。

　　5）防水层

　　卷材防水层基层应坚实、干净、平整，应无孔隙、起砂和裂缝。基层的干燥程度应根据所选防水卷材的特性确定。卷材防水层施工时，应先进行细部构造处理，然后由屋面最低标高向上铺贴；檐沟、天沟卷材施工时，宜顺檐沟、天沟方向铺贴，搭接缝应顺流水方向；卷材宜平行屋脊铺贴，上下层卷材不得相互垂直铺贴。立面或大坡面铺贴卷材时，应采用满黏法，宜减少卷材短边搭接。卷材平行屋脊的搭接缝应顺流水方向，防水卷材接缝应采用搭接缝，卷材搭接宽度应符合表 6.6 规定和图 6.17 做法。

　　同一层相邻两幅卷材短边搭接缝错开不应小于 500 mm；上下层卷材长边搭接缝应错开，且不应小于幅宽的 1/3；叠层铺贴的各层卷材，在天沟与屋面的交接处，应采用叉接法搭接，搭接缝应错开；搭接缝宜留在屋面与天沟侧面，不宜留在沟底。

保护层：a.粒径 1.5mm～2mm 石粒或砂粒
　　　　b.氯丁银粉胶、乙丙橡胶的甲苯溶
　　　　　液加铝粉
防水层：a.高聚物改性沥青卷材
　　　　b.合成高分子防水卷材
结合层：配套基层及卷材胶粘剂
找平层：20 厚 1:3 水泥砂浆
找坡层：1:8 水泥炉渣，$i = 2\%$
结构层：钢筋混凝土板

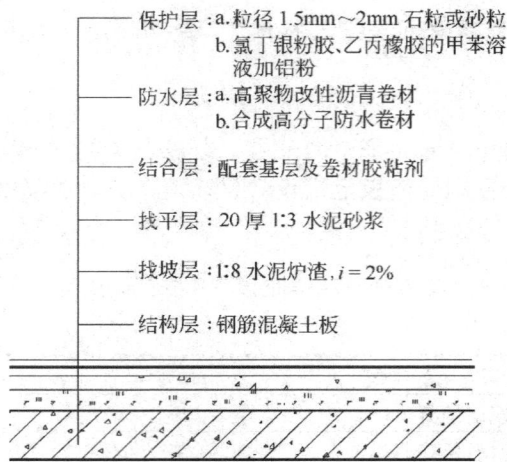

常见的防水卷材铺贴
方式施工要求.pdf

目前常见的防水卷材
铺贴方式表 6.10.pdf

图 6.16　高聚物改性沥青卷材防水屋面做法

表 6.6　卷材搭接宽度

单位：mm

卷材类别	搭接宽度			
合成高分子防水卷材	胶黏剂	80	胶黏带	50
	单缝焊	60，有效焊接宽度不小于 25		
	双缝焊	80，有效焊接宽度 10×2+空腔宽		
高聚物改性沥青防水卷材	胶黏剂	100	自黏	80

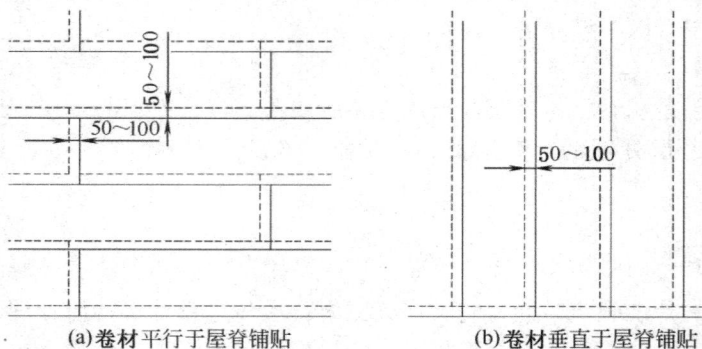

(a)卷材平行于屋脊铺贴　　　　　　(b)卷材垂直于屋脊铺贴

图 6.17　卷材铺贴方向与搭接尺寸

目前防水卷材铺贴方式有冷黏法、热黏法、热熔法、自黏法、焊接法、机械固定法。

平屋顶防水卷材铺贴.mp4　　屋面卷材热熔法施工.mp4　　自黏改性沥青防水卷材
　　　　　　　　　　　　　　　　　　　　　　　　　屋面防水工程施工 1.mp4　　防水卷材焊接法施工.mp4

6) 保护层

在卷材防水层上均应设置保护层，以保护防水层不直接受阳光紫外线照射或酸雨等侵害以及人为的破坏，从而延长防水层的使用寿命。

常用的保护层有块体材料、水泥砂浆、细石混凝土、浅色涂料以及铝箔等。上人屋面保护层采用现浇细石混凝土或块体材料，不上人屋面保护层采用预制板或浅色涂料或铝箔或粒径为 10～30 mm 的卵石。块体材料、细石混凝土保护层与卷材防水层之间应采用低强度等级的砂浆作为隔离层；保护层与女儿墙或山墙之间应预留宽度为 30 mm 的缝隙，缝内用密封胶封严。采用细石混凝土板保护层时，应设分格缝，纵横间距不宜大于 6 m，分格缝宽 20 mm，并用密封胶封严。

7) 隔离层

由于刚性保护层材料的自身收缩或温度变化影响，直接拉伸防水层，会使防水层疲劳开裂而发生渗漏，因此在刚性保护层与卷材、涂膜防水层之间应做隔离层，以减少两者之间的黏结力、摩擦力，并使保护层的变形不受约束。隔离层材料的适用范围和技术要求应符合表 6.7 的规定。

表 6.7　隔离层材料的适用范围和技术要求

隔离层材料	适用范围	技术要求
塑料膜	块体材料、水泥砂浆保护层	0.4 mm 厚聚乙烯膜或 3 mm 厚发泡聚乙烯膜
土工布	块体材料、水泥砂浆保护层	200 g/m² 聚酯无纺布
卷材	块体材料、水泥砂浆保护层	石油沥青卷材一层
低强度等级砂浆	细石混凝土保护层	10 mm 厚黏土砂浆，石灰膏∶砂∶黏土=1∶2.4∶3.6
		10 mm 厚石灰砂浆，石灰膏∶砂=1∶4
		5 mm 厚掺有纤维的石灰砂浆

3. 卷材防水屋面的细部构造

屋面细部构造包括檐口、檐沟和天沟、女儿墙和山墙、变形缝、雨水口、伸出屋面管道、屋面出水口、反梁过水孔、设施基座等部位。细部构造设计应做到多道设防、复合用材、连续密封、局部增强，并应满足使用功能、温差变形、施工环境条件和可操作性等要求。卷材屋面细部构造详图索引示意如图 6.18 所示。

屋面细部节点构造.mp4

屋面细部节点——分格缝.mp4

防水附加层一般设置在屋面易渗漏、防水层易破坏的部位，如平面与立面结合部位、雨水口、伸出屋面管道根部、预埋件等关键部位，防水层基层后期产生裂缝或可预见变形的部位。前者设置涂膜附加层，后者设置卷材空铺附加层。对于屋面防水层基层可预见变形的部位，如分格缝或件与构件、构件与配件接缝部位，宜设置卷材空铺附加层，以保证基层变形时防水层有足够的变形区间，避免防水层被拉裂或因疲劳破坏。附加层的卷材与防水层卷材相同，附加层空铺宽度应根据基层接缝部位变形量和卷材抗变形能力而定。空铺附加层的做法可在附加层的两边条黏、单边粘贴、铺贴隔离纸、涂刷隔离剂等。附加防水层最小厚度要求见表 6.8 所示。

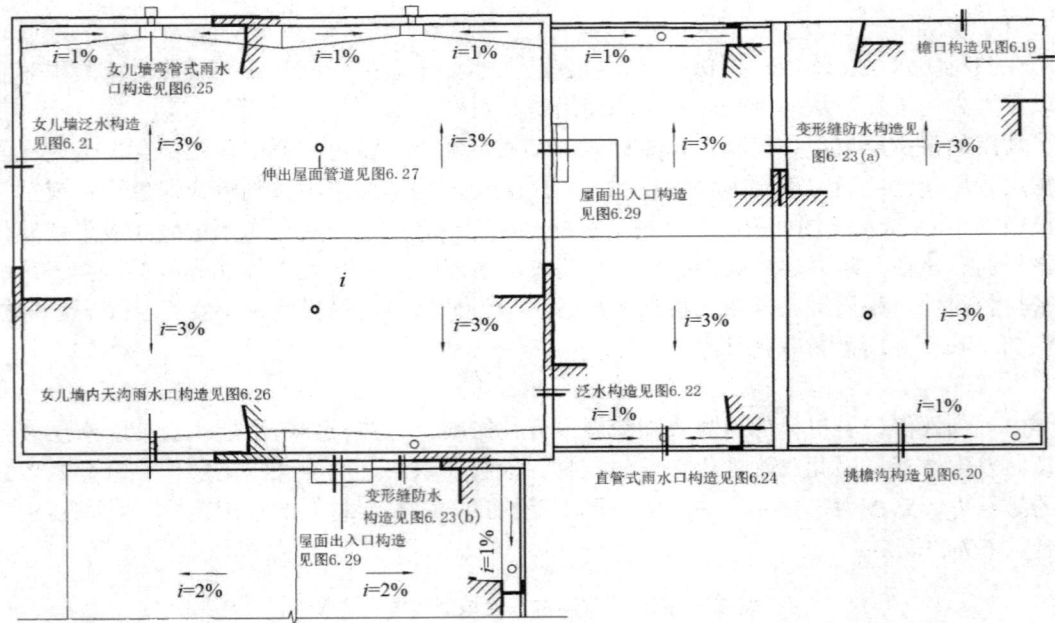

图 6.18 卷材防水屋面详图索引

表 6.8 附加防水层的最小厚度要求

单位：mm

防水材料	合成高分子防水卷材	高聚物改性沥青防水卷材(聚酯胎)	合成高分子防水涂料、聚合物水泥防水涂料	改性沥青防水涂料
附加防水层最小厚度	1.2	3.0	1.2	2.0

1) 挑檐口构造

挑檐口分为无组织排水和有组织排水两种做法。

(1) 无组织排水挑檐口。无组织排水挑檐口不宜直接采用屋面板外挑，因其温度变形大，易使檐口抹灰砂浆开裂，引起爬水和尿墙现象，所以最好采用与圈梁整浇的混凝土挑板。挑檐口的构造要点是檐口 800 mm 范围内卷材应采取满贴法，在混凝土檐口上用细石混凝土或水泥砂浆先做一凹槽，然后将卷材贴在槽内，将卷材收头用水泥钉钉牢，上面用防水油膏嵌填。无组织排水挑檐口的构造如图 6.19 所示。

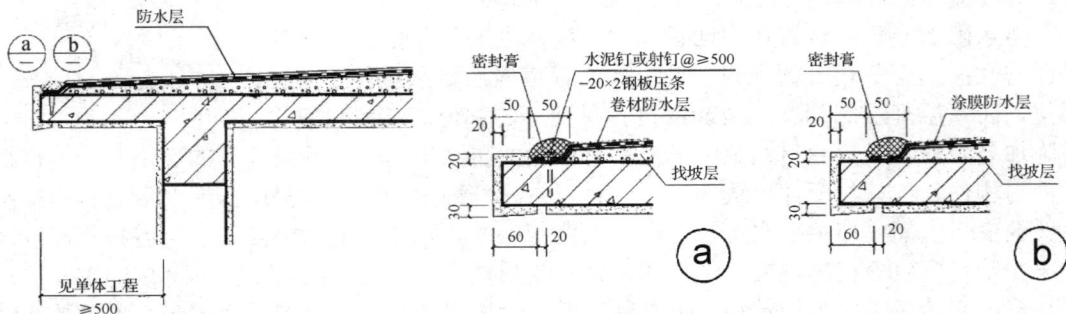

图 6.19 无组织排水挑檐口构造

(2) 有组织排水挑檐口(檐沟和天沟)。有组织排水挑檐口常将檐沟布置在出挑部位，现浇钢筋混凝土檐沟板可与圈梁连成整体，预制檐沟板则需搁置在钢筋混凝土屋架挑出牛腿上。有组织排水挑檐沟的构造如图 6.20 所示。构造要点是檐沟内加铺 1～2 层附加卷材，附加层伸入屋面的宽度不应小于 250 mm；沟内转角部位找平层应做成圆弧形或 45°斜坡；檐沟防水层和附加层应由沟底翻上至外侧顶部，卷材收头应用金属压条钉压，并应用密封材料油膏或砂浆盖缝封严(见图 6.20a、b)。有组织排水挑檐沟外侧下端应做鹰嘴或滴水槽(见图 6.20c、d)，檐沟外侧高于屋面结构板时，应设置溢水口。

屋面细部节点——
泛水.mp4

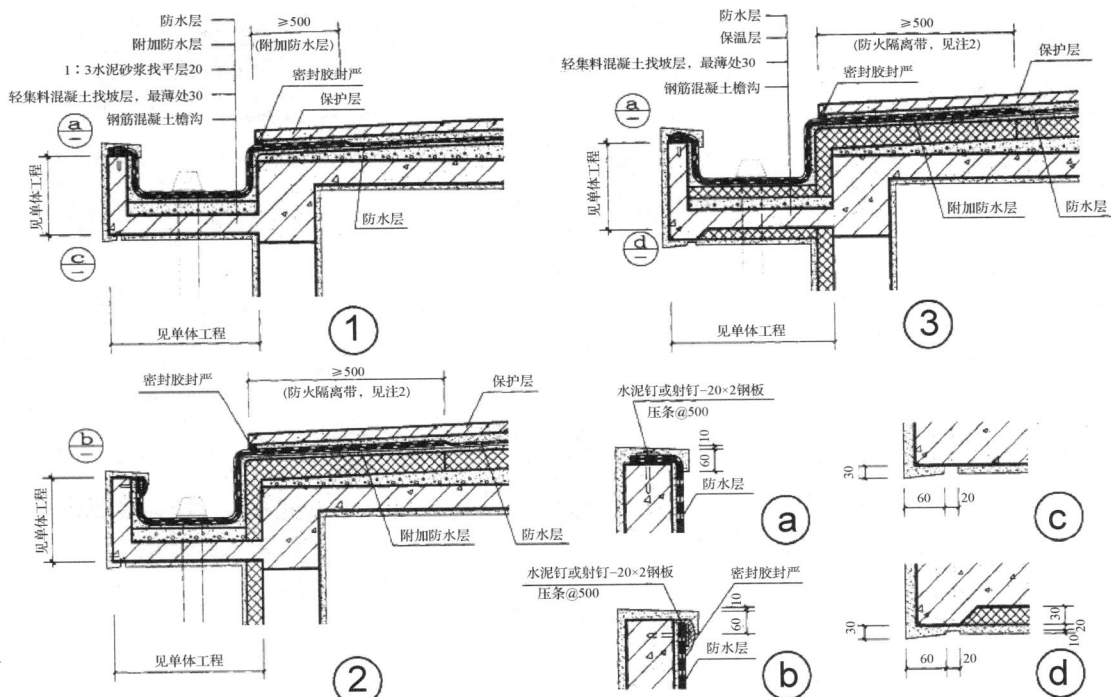

注：1.当工程设计需要做厚檐口时，即檐沟外檐板高于屋面结构时，为防止雨水口堵塞造成积水没上屋面，在檐沟两端应设置溢水口。
2.当屋面和外墙均采用B1、B2级保温材料时，应采用宽度不小于500的不燃材料设置防火隔离带将屋面和外墙分隔。

图 6.20　有组织排水挑檐沟的构造

2) 泛水构造

泛水是指屋面上沿所有垂直面所设的防水构造。突出屋面的女儿墙、烟囱、楼梯间、变形缝、检修孔、立管等的壁面与屋面的交接处是最容易漏水的地方，必须将屋面防水层延伸到这些垂直面上，形成立铺的防水层，称为泛水。泛水构造应注意以下几点。

(1) 铺贴泛水处的卷材应采用满黏法。泛水应有足够的高度，泛水高度一般不小于250 mm，并加铺一层附加卷材。屋面与立墙相交处应做成弧形或 45°斜面，使卷材紧贴于找平层上，而不致出现空鼓现象。

(2) 墙体为砖墙时，卷材收头可直接铺至女儿墙压顶下，用压条钉压固定并用密封材料封闭严密，压顶应做防水处理，如图 6.21(a)所示；也可以压入砖槽内固定密封，凹槽距屋面找平层的高度不应小于 250 mm，凹槽上部的墙体应做防水处理，如图 6.21(b)所示。

(3) 墙体为混凝土时，卷材的收头可采用金属压条钉压，并用密封处理封固，如图 6.21(c) 所示。卷材防水屋面女儿墙和立墙泛水构造举例如图 6.22 所示。

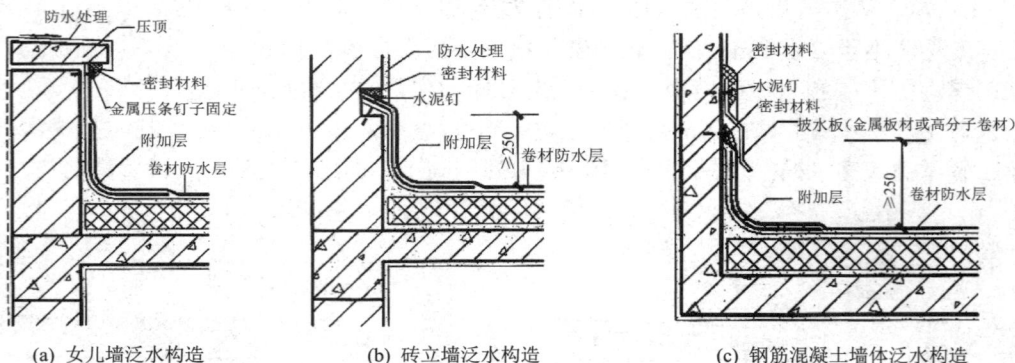

(a) 女儿墙泛水构造   (b) 砖立墙泛水构造   (c) 钢筋混凝土墙体泛水构造

图 6.21　泛水构造

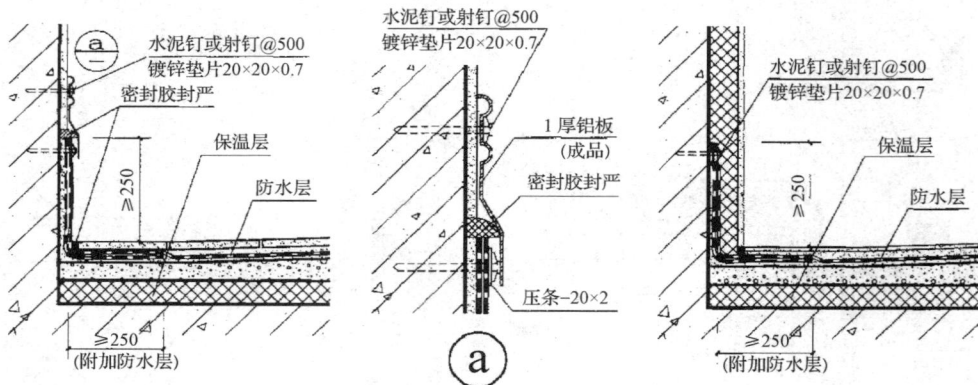

(a) 卷材防水屋面立墙泛水   (b) 卷材防水屋面立墙(有保温层)泛水

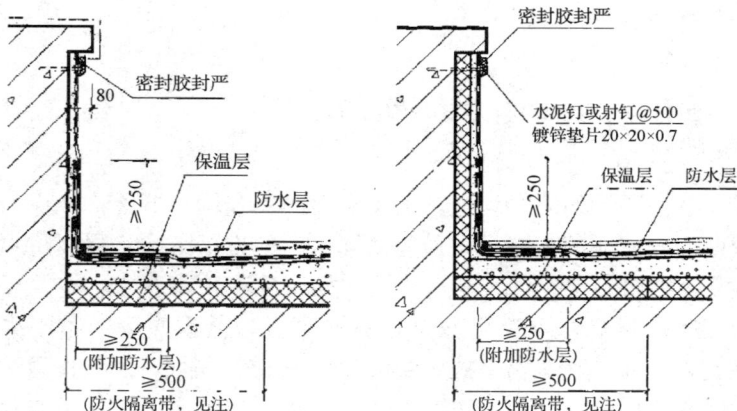

(c) 卷材防水屋面女儿墙泛水   (d) 屋面女儿墙(有保温层)泛水

注：1. 当女儿墙高度小于500时，也可将立墙附加防水层提高到女儿墙压顶下缘。

2. 当屋面和外墙均采用B1、B2级保温材料时，应采用宽度不小于500的不燃材料设置防火隔离带将屋面和外墙分隔。

图 6.22　卷材防水屋面泛水构造

3) 屋面变形缝处构造

屋面变形缝处构造是在保证两侧结构构件能在水平方向自由伸缩的同时又能满足防水、保温、隔热等屋面结构的要求。图 6.23 所示为屋面变形缝构造。

4) 雨水口构造

雨水口是指为了将屋面雨水排至雨水管而在檐口处或檐沟内开设的洞口，要求排水通畅，不易堵塞和渗漏。雨水口的位置应尽可能比屋面或檐沟面低。有垫坡层或保温层的屋面，在雨水口周围直径 500 mm 范围内坡度不应小于 5%，形成漏斗形，使之排水通畅，避免积水，防水层下应增设涂膜附加层，防水层和附加层伸入雨水口杯内不应小于 50 mm，并黏结牢固。有组织外排水最常用的有檐沟与女儿墙雨水口两种形式，雨水口分为直管式和弯管式两类。直管式适用于中间天沟、挑檐沟和女儿墙内排水天沟，其构造如图 6.24 所示。弯管式适用于女儿墙外排水。其构造是将屋面防水层及泛水的卷材铺贴到套管内壁四周，铺入深度至少为 50 mm，套管口用铸铁算遮盖，以防污物堵塞雨水口，如图 6.25 所示。图 6.26 所示为是直管式 65 型女儿墙内天沟雨水口构造举例。

屋面细部节点——高低跨变形缝处.mp4

屋面细部节点防水——出水口、阴阳角.mp4

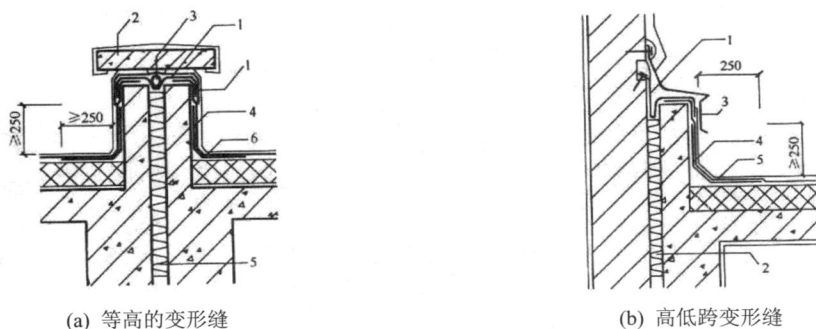

(a) 等高的变形缝

(b) 高低跨变形缝

图 6.23　屋面变形缝构造

1—卷材封盖；2—混凝土盖板；3—衬垫材料；4—附加层；
5—不燃保温材料；6—防水层

1—卷材封盖；2—不燃保温材料；3—金属盖板；
4—附加层；5—防水层

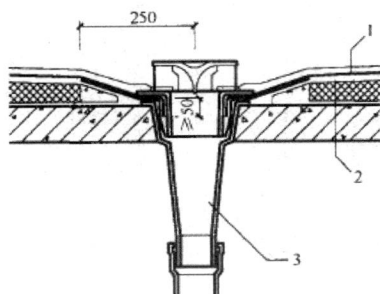

图 6.24　直管式雨水口构造

1—防水层；2—附加层；3—雨水斗

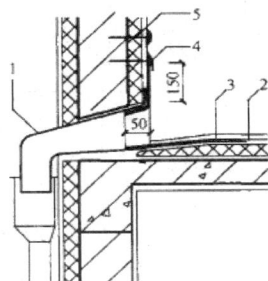

图 6.25　弯管式雨水口构造

1—雨水斗；2—防水层；3—附加层；
4—密封材料；5—水泥钉

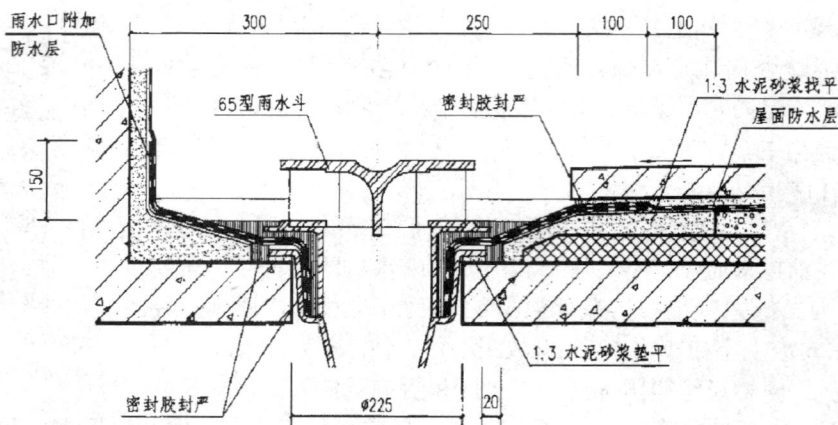

图 6.26　卷材防水屋面女儿墙内天沟雨水口构造

5) 管道穿屋面构造

管道穿屋面构的防水要求：管道周围的找平层应抹出高度不小于 30 mm 的排水坡；管道泛水处的防水层下应增设附加层，附加层在平面和立面的宽度均不应小于 250 mm；管道泛水处的防水层泛水高度不应小于 250 mm；卷材收头应用金属箍紧固和密封材料封严，涂膜收头应用防水涂料多遍涂刷，如图 6.27 所示。

6) 屋面垂直出入口构造

屋面垂直出入口泛水处应增设附加层，附加层在平面和立面的宽度均不应小于 250 mm；防水层收头应在混凝土压顶圈下，如图 6.28 所示。屋面水平出入口泛水处应增设附加层和护墙，附加层在平面上的宽度不应小于 250 mm；防水层收头应压在混凝土踏步下，构造举例如图 6.29 所示。

屋面细部节点——
伸出屋面管道.mp4

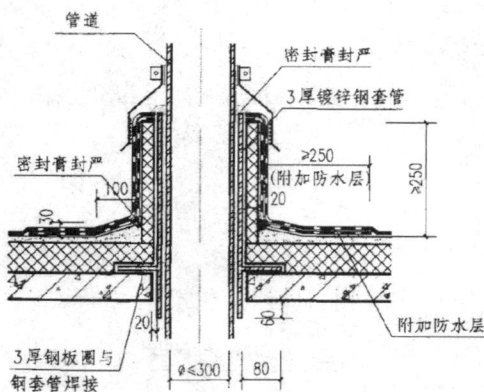

图 6.27　卷材防水管道穿屋面防水构造

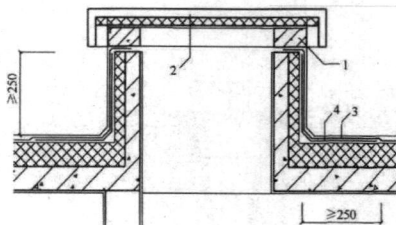

图 6.28　屋面垂直出入口构造

1—混凝土压顶圈；2—上人孔盖；3—防水层；4—附加层

7) 反梁过水孔构造

反梁过水孔的构造如图 6.30 所示。应根据排水坡度留设反梁过水孔，并注明孔底标高。反梁过水孔宜采用预埋管道，其内管径不得小于 30 mm；过水孔可采用防水涂料、密封材料防水。预埋管道两端周围与混凝土接触处应留凹槽，并用密封材料封严。

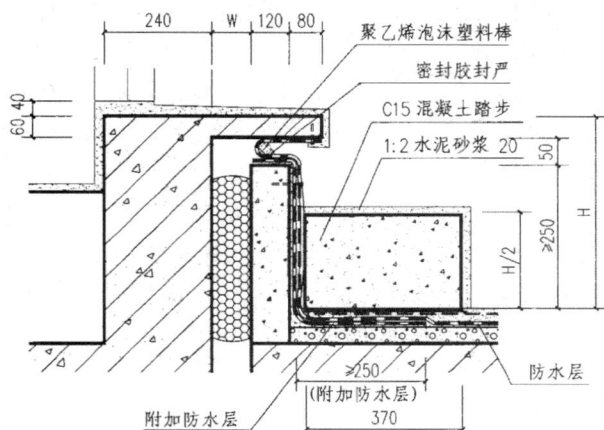

图 6.29　屋面水平出入口构造

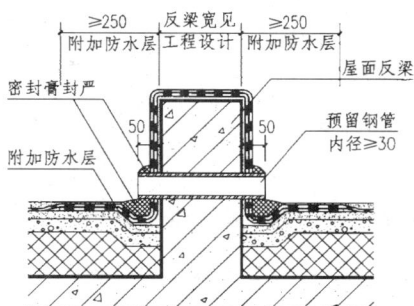

图 6.30　反梁过水孔构造

8）设施基座构造

屋面轻型设施需放置在防水层上时，防水层下应增设卷材附加层，必要时应在其上浇筑细石混凝土，其厚度不应小于 50 mm，如图 6.31(a)所示。设施基座与结构层相连时，防水层应包裹设施基座的上部，并应在地脚螺栓周围作密封处理，如图 6.31(b)所示。

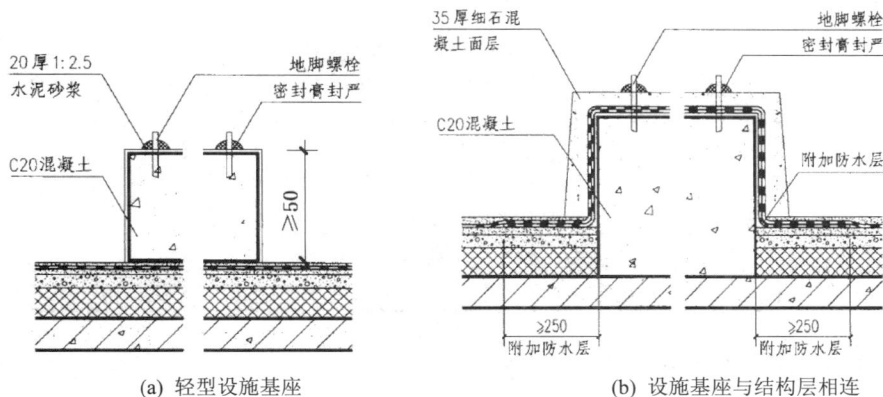

(a) 轻型设施基座

(b) 设施基座与结构层相连

图 6.31　设施基座

6.3.2　涂膜防水屋面

涂膜防水是用防水涂料直接涂刷在屋面基层上，利用涂料干燥或固化以后的不透水性来达到防水的目的。涂膜防水特别适合于各种复杂、不规则部位的防水，能形成无接缝的完整防水膜。涂膜防水屋面具有防水、抗渗、黏结力强、耐腐蚀、耐老化、延伸率大、弹性好、无毒和施工方便等诸多优点，已广泛应用于建筑各部位的防水工程中。

1. 防水涂料

防水涂料的种类很多，根据材料可分为沥青基防水涂料、高聚物改性沥青防水涂料和合成高分子防水涂料。

(1) 沥青基防水涂料是以沥青为基料配置而成的水乳型或溶剂型防水涂料，其常用的分散剂为石棉和膨润土。其在耐水性、耐候性、稳定性和耐久性方面优于一般乳化沥青。

(2) 高聚物改性沥青防水涂料是以石油沥青为基料，用合成高分子聚合物对其改性，加入适量助剂配置而成的水乳型和溶剂型防水涂料。与沥青基防水涂料相比，其柔韧性、抗裂性、强度、耐高温性能和使用寿命等方面都有很大改善。

(3) 合成高分子防水涂料是以合成橡胶或合成树脂为原料，加入适量的活性剂、改性剂、增塑剂、防霉剂及填充料等制成的单组分或双组分防水涂料，具有高弹性、防水性好、耐久性好及耐高低温的优良性能，其中以聚氨酯防水涂料性能最好。防水涂料应按屋面防水等级和设防要求选择。

2. 涂膜防水屋面的构造组成

涂膜防水屋面的构造组成与卷材防水屋面的构造组成相同。涂膜防水层基层应坚实平整、排水坡度应符合设计要求；同时防水层施工前基层应干净，无孔隙、起砂和裂缝，保证涂膜防水层与基层有较好黏结强度。

基层处理剂应与防水涂料相容。在基层上涂刷基层处理剂的作用，是堵塞基层毛细孔，使基层的湿气不易渗到防水层中以至引起防水层空鼓、起皮现象，增强涂膜防水层与基层黏结强度。涂膜防水层一般都要涂刷基层处理剂，要求涂刷均匀、覆盖完全。同时要求待基层处理剂干燥后再涂布防水涂料。涂膜基层处理剂的选用见表 6.9。

表 6.9　涂膜基层处理剂的选用

涂　料	基层处理剂
高聚物改性沥青涂料	石油沥青冷底子油
水乳型涂料	掺 0.2%～0.3%乳化剂的水溶液或软水稀释，质量比为 1∶0.5～1∶1 切忌用天然水或自来水
溶剂型涂料	直接用相应的溶剂稀释后的涂料薄涂
聚合物水泥涂料	由聚合物乳液与水泥在施工现场随配随用

3. 涂膜防水屋面的细部构造

涂膜防水屋面的防水要求及做法与卷材防水屋面基本相同。屋面的雨水口、女儿墙泛水、屋面檐沟细部构造举例如图 6.32、6.33 所示。涂膜防水层的收头，应用防水涂料多遍涂刷或用密封材料封严。对易开裂、渗水的部位，应留凹槽嵌填密封材料，并增设一层或多层带有胎体增强材料的附加层。涂膜防水层应沿找平层分格缝增设带有胎体增强材料的空铺附加层，空铺宽度宜为 100 mm。涂膜防水屋面应设置保护层，保护层材料可采用细砂、云母、蛭石、浅色涂料、水泥砂浆或块体材料等。采用水

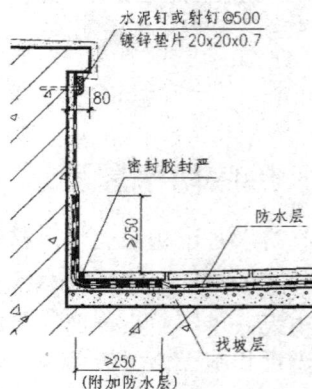

图 6.32　涂膜防水屋面女儿墙泛水构造

泥砂浆或块材时，应在涂膜与保护层之间设置隔离层。水泥砂浆保护层厚度不宜小于 20 mm。

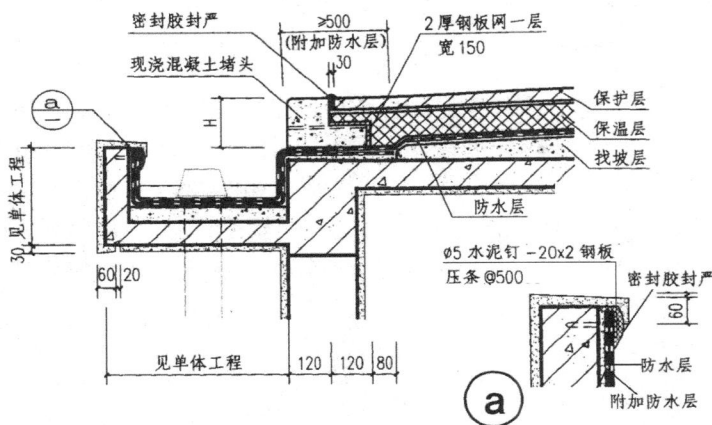

图 6.33　涂膜防水倒置式屋面檐沟

6.3.3　复合防水屋面

复合防水屋面是指屋面防水层为复合防水层，即彼此相容的卷材和涂料组合而成的防水层。使用过程中除要求两种材料材性相容外，同时要求两种材料不得相互腐蚀，施工过程中不得相互影响。因此挥发固化型防水涂料不得作为卷材黏接材料使用，否则涂膜防水层成膜质量会受到影响；水乳型或合成高分子类防水涂料上面不得采用热熔型防水卷材，否则卷材防水层施工时会破坏涂膜防水层；水乳型或水泥基类防水涂料应待涂膜干燥后铺贴卷材，否则涂膜防水层成膜质量差，严重的将成不了柔性防水膜。当两种防水材料不相容或相互腐蚀时，应设置隔离层，具体选择应根据上层防水材料对基层的要求来确定。

复合平屋顶防水屋面
构造做法.mp4

6.4　坡屋顶构造

坡屋顶是我国传统的建筑屋顶形式，广泛应用于民居建筑中，在现代城市建设中为满足景观或建筑风格的要求也广泛采用坡屋顶形式。坡屋顶多采用瓦材防水，具有坡度大、排水快、防水功能好的特点。

6.4.1　坡屋顶的承重结构

坡屋顶的承重结构主要有山墙承重、屋架承重和梁架承重等方案。

1. 山墙承重

山墙承重即在山墙上搁檩条、檩条上设椽子后再铺屋面，也可在山墙上直接搁置挂瓦板、预制板等形成山墙承重体系，如图 6.34 所示。布置檩条时，山墙端部檩条可出挑形成悬山屋顶。常用檩条有木檩条、混凝土檩条、钢檩条等。木檩条有矩形和圆形(即原木)两种；钢筋混凝土檩条有矩形、L形、T形等。钢檩条有型钢或轻型钢檩条。

2. 屋架承重

屋架承重是将屋架设置于墙或柱上，再在屋架上放置檩条及椽子而形成的屋顶结构形式。屋架由上弦杆、下弦杆、腹杆组成。由于屋顶坡度较大，故一般采用三角形屋架。屋架有木屋架、钢屋架、混凝土屋架等类型，屋架形式如图 6.35 所示。木屋架一般用于跨度不大于 12m 的建筑；钢木屋架是将木屋架中受拉力的下弦及直腹杆用钢筋或型钢代替，它一般用于跨度不超过 18m 的建筑；当跨度更大时需采用钢筋混凝土屋架或钢屋架。

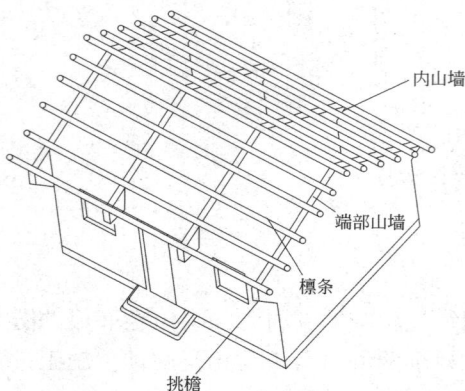

图 6.34　山墙承重体系

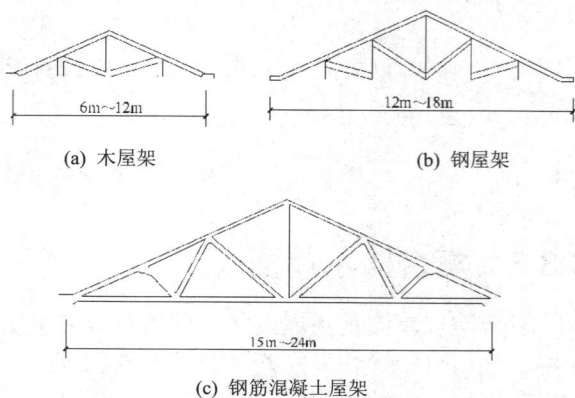

(a) 木屋架　　　　　　　(b) 钢屋架

(c) 钢筋混凝土屋架

图 6.35　屋架形式

屋架应根据屋顶坡度进行布置，在四坡顶屋顶及屋顶相交处需增设斜梁或半屋架等构件，屋架布置如图 6.36 所示。为保证屋架承重结构坡屋顶的空间刚度和整体稳定性，屋架间需设支撑。屋架承重结构适用于有较大空间的建筑物。

3. 梁架承重

梁架承重是我国的传统结构形式，用木材做主要材料的柱与梁形成的梁架承重体系是一个整体承重骨架，墙体只起围护和分隔的作用，如图 6.37 所示。

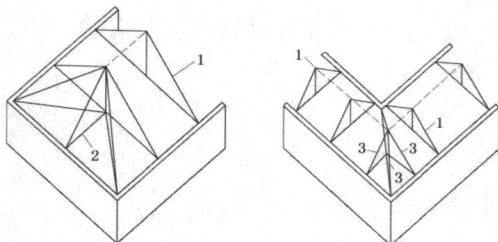

图 6.36　屋架布置

1—屋架；2—半屋架；3—斜屋架

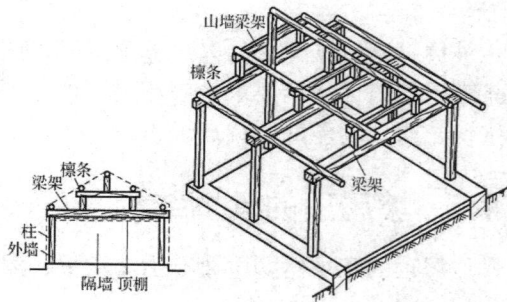

图 6.37　梁架承重结构

6.4.2　坡屋顶的细部构造

坡屋顶常用瓦材作为防水层。在有檩体系中，瓦通常铺设在由檩条、屋面板、挂瓦条等组成的基层上；无檩体系的瓦屋面基层则由各类钢筋混凝土板构成。构造层次与平屋面类似，基本构造层次按构造要求由结构层、找平层、结合层、防水层、保温层和保护层组成。坡屋面的名称可随瓦的种类而定，如平瓦屋面、小青瓦屋面、石棉水泥瓦屋面等。基层的做法则随瓦的种类和房屋的质量要求而定。这里主要介绍平瓦屋面和小青瓦屋面的构造。

1. 平瓦屋面

平瓦屋面根据基层的不同常见做法有：冷摊平瓦屋面、木(或混凝土)望板平瓦屋面、钢筋混凝土挂瓦板平瓦屋面和钢筋混凝土板平瓦屋面，如图 6.38～图 6.41 所示。

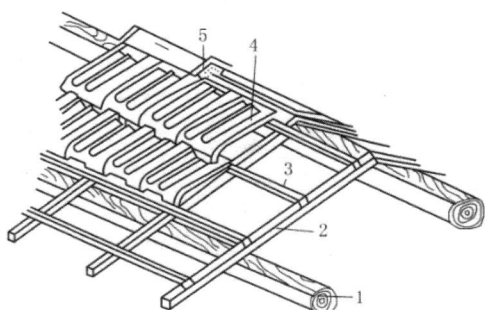

图 6.38　冷摊平瓦屋面

1—檩条；2—椽条；3—挂瓦条；4—平瓦；5—脊瓦

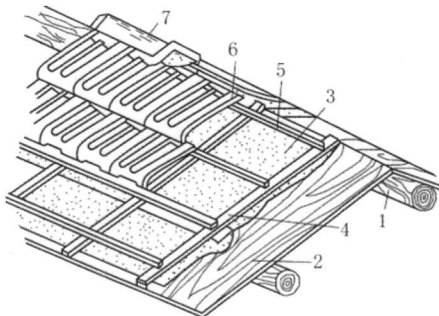

图 6.39　木望板平瓦屋面

1—檩条；2—木望板；3—油毡；4—顺水条；
5—挂瓦条；6—平瓦；7—脊瓦

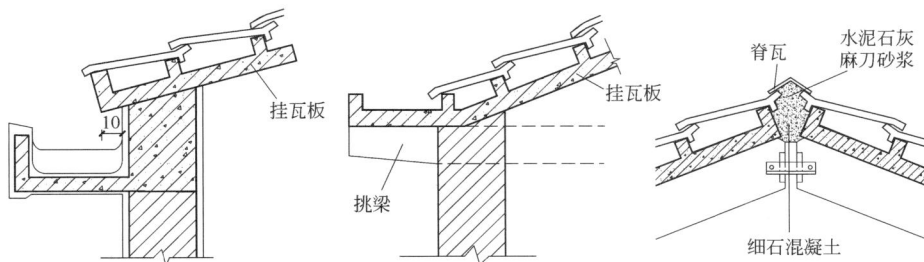

图 6.40　钢筋混凝土挂瓦板平瓦屋面

平瓦屋面应做好檐口、屋脊、天沟等部位的构造处理。图 6.42 为平瓦屋面有组织排水钢筋混凝土挑檐沟的构造举例。图 6.43 为平瓦屋面屋脊和天沟构造举例。互为相反的两坡面相交在最高处形成屋脊，屋脊处应用脊瓦盖缝，如图 6.43(a)所示。两个互相垂直的屋面相交处会形成斜天沟，如图 6.43(b)所示。在等高跨或高低跨屋面相交处都会形成天沟，如图 6.43(c)、图 6.43(d)所示。

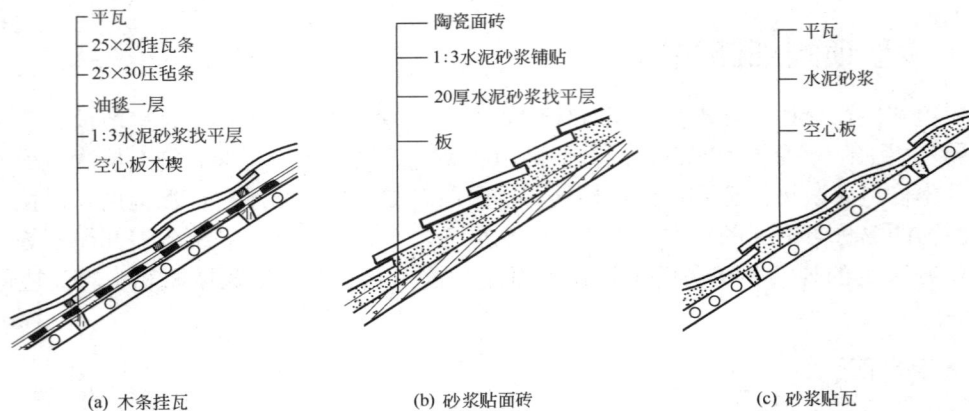

图 6.41　钢筋混凝土板平瓦屋面

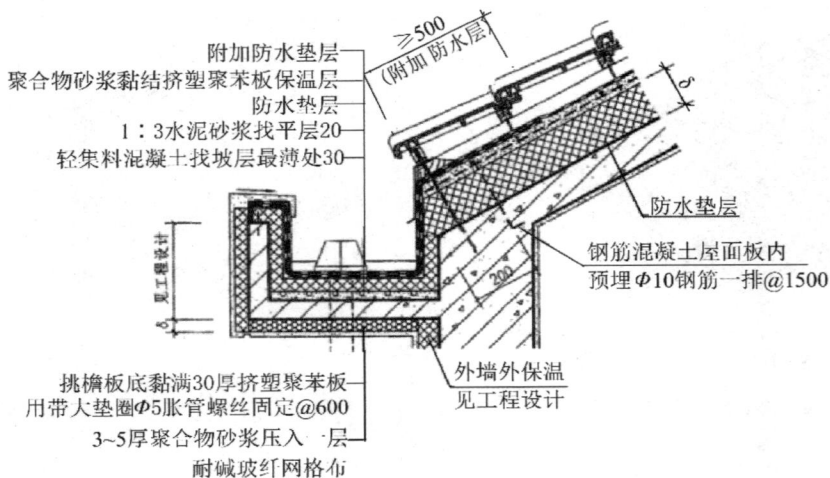

图 6.42　有组织排水檐沟

2. 小青瓦

在我国旧民居建筑中常用小青瓦作屋面。小青瓦断面呈弓形,一头较窄,尺寸规格不一,宽度为 165~220 mm。小青瓦屋面的常见构造如图 6.44 所示。

小青瓦作屋面铺盖方法是分别将瓦覆、仰铺排,覆盖成陇,仰铺成沟。盖瓦搭设底瓦约 1/3,上、下两皮瓦搭接长度为:少雨地区为搭六露四;多雨地区搭七露三。露出长度不宜大于 1/2 瓦长。一般在木望板或芦席、苇箔上铺灰泥,灰泥上盖瓦。在檐口盖瓦尽头处常设花边瓦,底瓦则铺滴水瓦。小青瓦块小,容易漏雨,须经常维修,除旧房维修及少数地区民居外已很少使用。图 6.44(a)所示为单层瓦,适用于少雨地区;图 6.44(b)和图 6.44(d)所示为阴阳瓦,适用于多雨地区;图 6.44(c)所示为筒板瓦,适用于多雨地区;图 6.44(e)所示为冷摊瓦,适用于炎热地区;图 6.44(f)所示为通风屋面,适用于炎热地区。

坡屋顶构造层次.mp4

木条挂平瓦.mp4

平瓦屋面
1：4水泥石灰砂浆坐灰
加强顺水条20×30
中距500用水泥钉固定
防水层
找平层
20×30挂瓦条
脊瓦
1：1：4水泥石灰砂浆
现浇钢筋混凝土屋面板

(a) 屋脊

24号镀锌铁皮斜沟
300
50
50
三角木

(b) 三角形天沟(双跨屋面)

60×120
檩条找坡
三角木条
24号镀锌铁皮
20厚木板
三角木垫块

(c) 矩形天沟(双跨屋面)

24号镀锌铁皮
20厚木板
350
钢板卡
20×8@600
≥120
三角垫木找天沟纵坡

(d) 高低跨屋面天沟

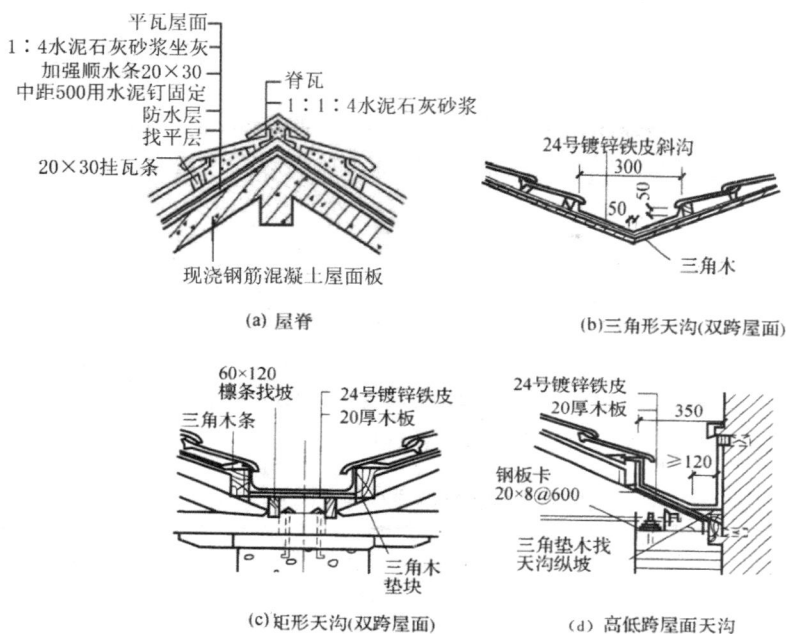

图 6.43　屋脊、天沟和斜天沟

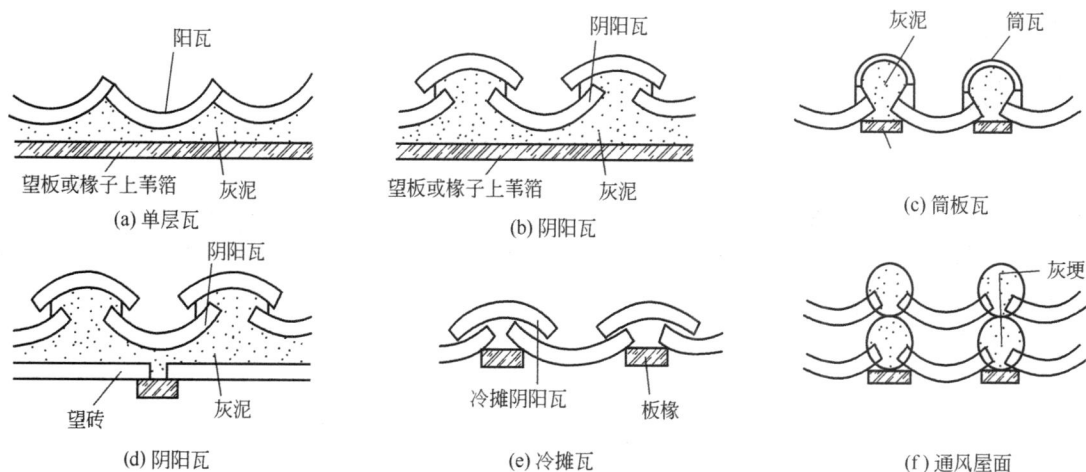

阳瓦
望板或椽子上苇箔
灰泥
(a) 单层瓦

阴阳瓦
望板或椽子上苇箔
灰泥
(b) 阴阳瓦

灰泥
筒瓦
(c) 筒板瓦

阴阳瓦
望砖
灰泥
(d) 阴阳瓦

冷摊阴阳瓦
板椽
(e) 冷摊瓦

灰埂
(f) 通风屋面

图 6.44　小青瓦屋面常见构造

6.5　屋面的保温与隔热

　　为保证建筑物室内环境为人们提供舒适空间，避免外界自然环境的不利影响，建筑物外围护构件必须具有良好的建筑热工性能。我国各地区气候差异很大，北方地区冬天寒冷，南方地区夏天炎热，因此北方地区需加强保温措施，南方地区则需加强隔热措施。

6.5.1　屋面的保温

在寒冷地区或有空调要求的建筑物中，屋面应做保温处理，以减少室内热量的损失，降低能源消耗。保温构造处理的方法通常是在屋面中增设保温层。

1.　保温材料

根据国家对节约能源政策的不断提升，目前民用建筑节能标准已提高到 50%或 65%，为了使屋面结构传热系数满足本地区建筑节能设计标准规定的限制，保温层宜选用吸水率低、密度和导热系数小，并有一定强度的保温材料，其厚度应按现行建筑节能设计标准计算确定。保温层及其保温材料应符合表 6.10 的规定。屋面保温层应采用轻质、高效的保温材料，以保证屋面保温性能和适用要求。考虑屋面防火安全，应优先选用无机保温材料。

表 6.10　保温层及其保温材料

保温层	保温材料
板状材料保温层	聚苯乙烯泡沫塑料、硬质聚氨酯泡沫塑料、膨胀珍珠岩制品、泡沫玻璃制品、加气混凝土砌块、泡沫混凝土砌块
纤维材料保温层	玻璃棉制品、岩棉、矿渣棉制品
整体材料保温层	喷涂硬泡聚氨酯、现浇泡沫混凝土

2.　平屋面的保温构造

1) 保温层构造

保温层的厚度需由热工计算确定。保温层的位置主要有正置式和倒置式两种。最常见的正置式保温屋面是将保温层设在结构层与防水层之间，如图 6.45 所示。这种做法施工方便，还可利用其进行屋面找坡。倒置式保温屋面是将保温层设在防水层的上面，如图 6.46 所示。其优点是防水层被掩盖在保温层下面而不受阳光及气候变化的影响，温差较小，同时防水层不易受到来自外界的机械损伤。

图 6.45　平屋面的正置式上人保温构造 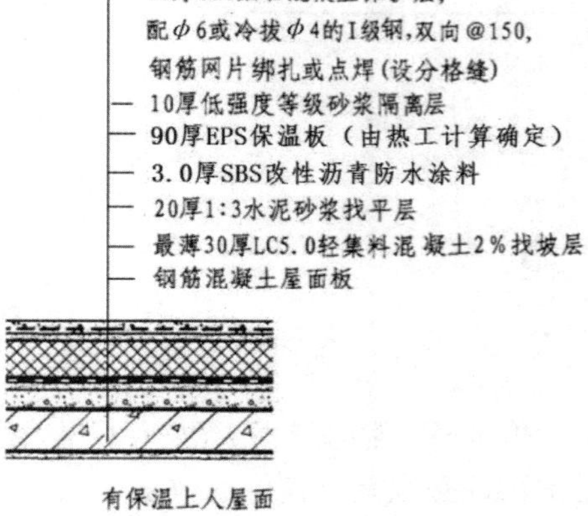　　图 6.46　平屋面的倒置式上人保温构造

倒置式屋面的坡度宜为 3%，坡度太大会造成保温材料下滑，坡度太小不利于屋面的排水。由于倒置式屋面保温材料容易受雨水浸泡，使导热系数增大，保温性能下降，且易遭水侵蚀破坏，因此应选用吸水率低，且长期浸水不变质的保温材料，如挤塑聚苯乙烯泡沫塑料、硬质聚氨酯泡沫塑料和喷涂硬泡聚氨酯等。由于有机保温材料长期暴露在外，受到紫外线照射及臭氧、酸碱离子侵蚀会过早老化，以及人在上面踩踏而破坏，因此保温层上面应设置块体材料或细石混凝土保护层。为了不造成板状保温材料下面长期积水，在保温层的下部应设置排水通道和泄水孔。图 6.47 为倒置式不上人保温屋面构造举例。

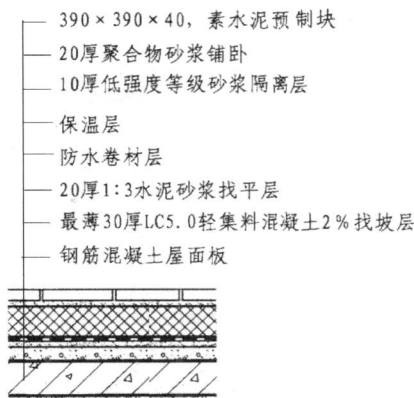

- 390×390×40，素水泥预制块
- 20厚聚合物砂浆铺卧
- 10厚低强度等级砂浆隔离层
- 保温层
- 防水卷材层
- 20厚1:3水泥砂浆找平层
- 最薄30厚LC5.0轻集料混凝土2%找坡层
- 钢筋混凝土屋面板

图 6.47　倒铺式不上人保温屋面构造

2）隔汽层

根据规范的要求，在严寒及寒冷地区且室内空气湿度大于 75%，其他地区室内空气湿度常年大于 80%，或采用纤维状保温材料时，保温层下应选用气密性、水密性好的材料做隔汽层。温水游泳池、公共浴室、厨房操作间、开水房等的屋面应设置隔汽层。其原因是：冬季室内温度高于室外温度，热气流从室内向室外渗透，空气中的水蒸气随着热气流上升，从屋面板的孔隙渗透进保温层，大大降低保温层的效果；同时，窝存于保温层中的水遇热后转化为水蒸气，体积膨胀，造成卷材起鼓甚至开裂。隔汽层可采用防水卷材或涂料，并宜选择蒸汽渗透阻较大者，隔汽层采用卷材时宜优先采用空铺法铺贴。局部铺贴隔汽层时，隔汽层应扩大至潮湿房间以外至少 1.0 m 处。隔汽层在屋面上应形成全封闭的构造层，沿周边女儿墙或立墙面向上翻至与屋面防水层相连接，或高出保温层上表面不小于 150 mm。

在混凝土结构屋面保温层干燥有困难时，应采取排汽措施，排汽道设置在保温层内，排汽道应纵横贯通，并与大气连通的排汽管相通，排汽管可设在檐口下或屋面排汽道的交叉处。排汽道纵横间距 6 m，屋面面积每 36 m² 设一个排汽管。排汽管应固定牢靠，并做好防水处理。排汽孔应作防水处理，卷材、涂膜防水屋面排汽措施构造如图 6.48 所示。

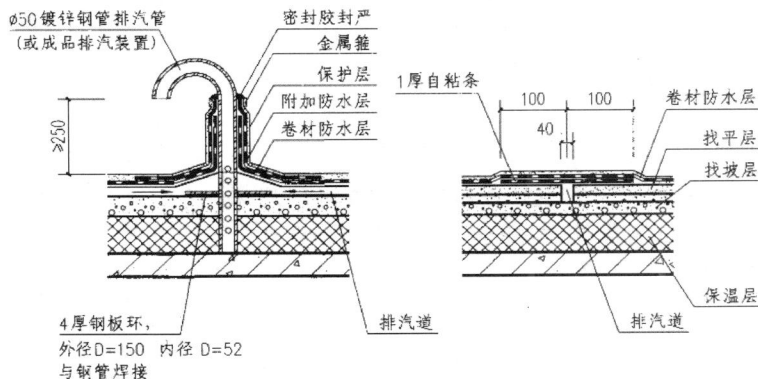

图 6.48　卷材、涂膜防水屋面排汽措施构造

3. 坡屋顶的保温构造

坡屋面的保温有屋面层保温和顶棚层保温两种做法。坡屋面的保温构造如图 6.49 所示。

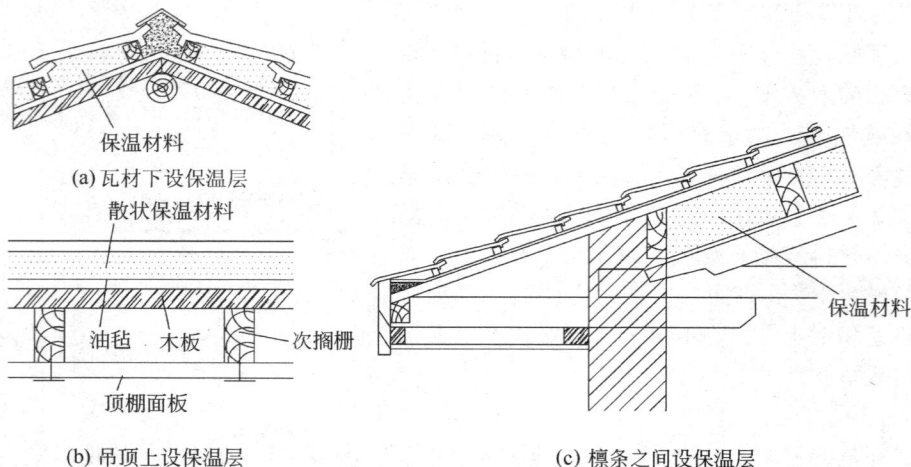

(a) 瓦材下设保温层

(b) 吊顶上设保温层

(c) 檩条之间设保温层

图 6.49　坡屋顶保温构造

当采用屋面层保温时，保温层可设置在瓦材下面或檩条之间。当屋面为顶棚层保温时，通常在吊顶龙骨上铺板，板上设保温层，取到保温与隔热的双重效果。

6.5.2　屋顶的隔热

我国南方地区夏季太阳辐射强烈，气候炎热，屋面温度较高，为了改善居住条件，需对屋面进行隔热处理，以降低屋面热量对室内的影响。常用的隔热措施如下。

1. 平屋顶隔热

1）屋面通风隔热

通风隔热就是在屋面设置架空通风间层，使其上层表面遮挡阳光辐射，同时利用风压和热压作用使间层中的热空气被不断带走。通风间层的设置通常有两种方式：一种是在屋面上做架空通风隔热间层，另一种是利用吊顶棚内的空间做通风间层。

(1) 架空通风隔热。架空通风隔热间层设于屋面防水层上，架空通风层通常用砖、瓦、混凝土等材料及其制品制作。架空通风隔热构造如图 6.50 所示。

架空通风隔热层应满足以下要求：架空层的净空高度一般以 180～240 mm 为宜，屋面宽度大于 10 m 时，应在屋脊处设置通风桥以改善通风效果；为保证架空层内的空气流通顺畅，其周边应留设一定数量的通风孔，当女儿墙不宜开设通风孔时，应距女儿墙 500 mm 范围内不铺设架空板，架空隔热板的支承物可以做成砖垄墙式，也可做成砖墩式。图 6.51 为架空屋面檐沟及立墙泛水构造。

(2) 顶棚通风隔热。这种做法是利用顶棚与屋面之间的空间作隔热层。顶棚通风隔热层设计应注意满足下列要求：必须设置一定数量的通风孔，使顶棚内的空气能迅速对流；顶棚通风层应有足够的净空高度，仅作通风隔热用的空间净高一般为 500 mm 左右；通风孔须考虑防止雨水飘进；应注意解决好屋面防水层的保护问题。

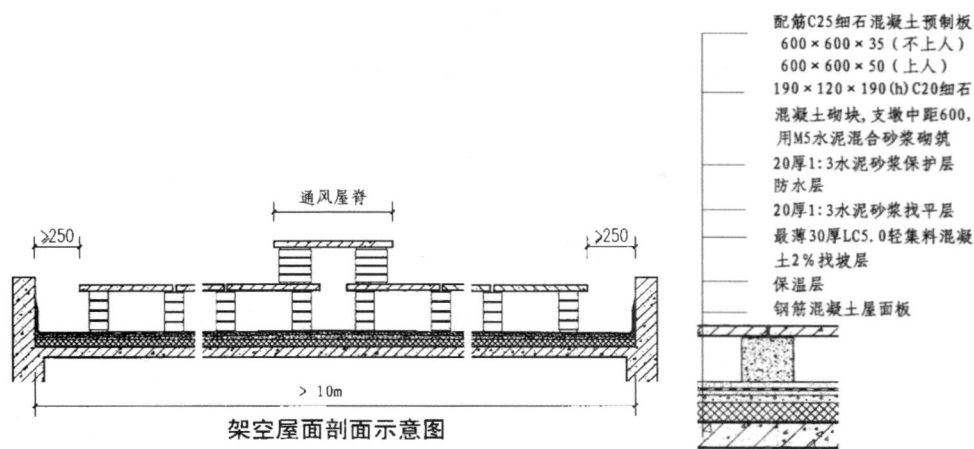

配筋C25细石混凝土预制板
600×600×35（不上人）
600×600×50（上人）
190×120×190(h)C20细石
混凝土砌块，支墩中距600，
用M5水泥混合砂浆砌筑
20厚1:3水泥砂浆保护层
防水层
20厚1:3水泥砂浆找平层
最薄30厚LC5.0轻集料混凝
土2%找坡层
保温层
钢筋混凝土屋面板

通风屋脊

架空屋面剖面示意图

图 6.50　架空屋面构造

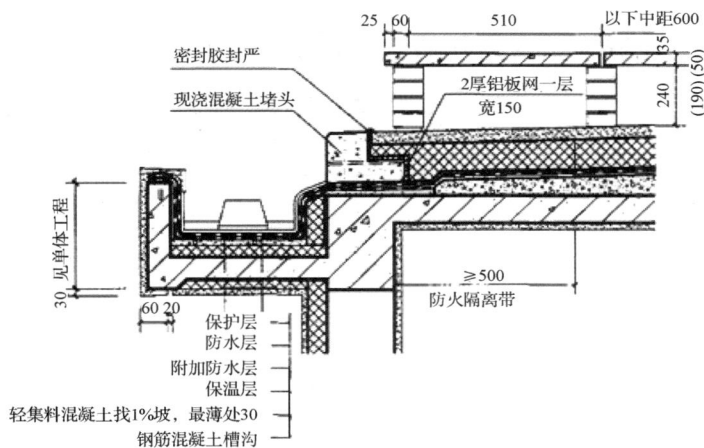

密封胶封严
现浇混凝土堵头
见单体工程
保护层
防水层
附加防水层
保温层
轻集料混凝土找1%坡，最薄处30
钢筋混凝土槽沟

2厚铝板网一层
宽150
防火隔离带

图 6.51　架空屋面檐沟及立墙泛水构造

2）种植隔热

种植隔热的原理是在平屋面上种植植物，借助栽培介质隔热及植物吸收阳光进行光合作用和遮挡阳光的双重功效来达到降温隔热的目的。种植隔热屋面构造与刚性防水屋面构造基本相同，不同的是需增设挡墙和种植介质。一般种植隔热屋面是在屋面防水层上直接铺填种植介质，栽培植物。其构造要点如图 6.52 所示。

3）蓄水隔热

蓄水隔热屋面利用屋面的蓄水层来达到隔热的目的。蓄水屋面构造与刚性防水屋面构造基本相同，主要区别是增加了蓄水分仓壁、溢水孔、泄水孔和过水孔。蓄水屋面的檐沟构造如图 6.53 所示。

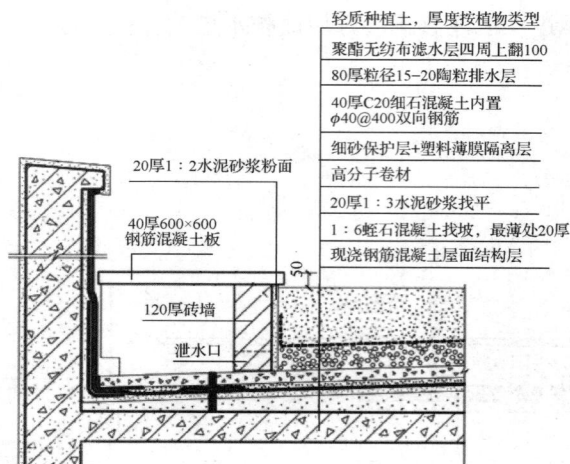

轻质种植土，厚度按植物类型
聚酯无纺布滤水层四周上翻100
80厚粒径15~20陶粒排水层
40厚C20细石混凝土内置
φ40@400双向钢筋
细砂保护层+塑料薄膜隔离层
高分子卷材
20厚1:3水泥砂浆找平
1:6蛭石混凝土找坡，最薄处20厚
现浇钢筋混凝土屋面结构层

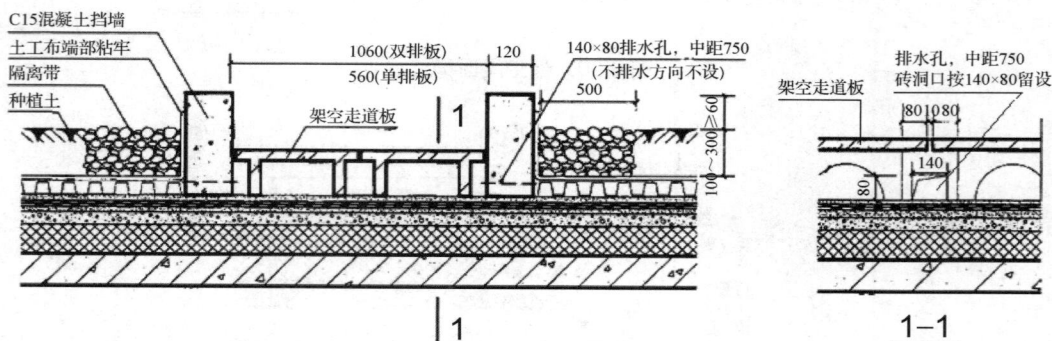

20厚1:2水泥砂浆粉面

40厚600×600
钢筋混凝土板

120厚砖墙

泄水口

C15混凝土挡墙
土工布端部粘牢
隔离带
种植土

1060(双排板)
560(单排板)
120
架空走道板
500
140×80排水孔，中距750
(不排水方向不设)
100~300≥60

排水孔，中距750
砖洞口按140×80留设
架空走道板
801080
140
80

1—1

图 6.52　种植隔热屋面构造

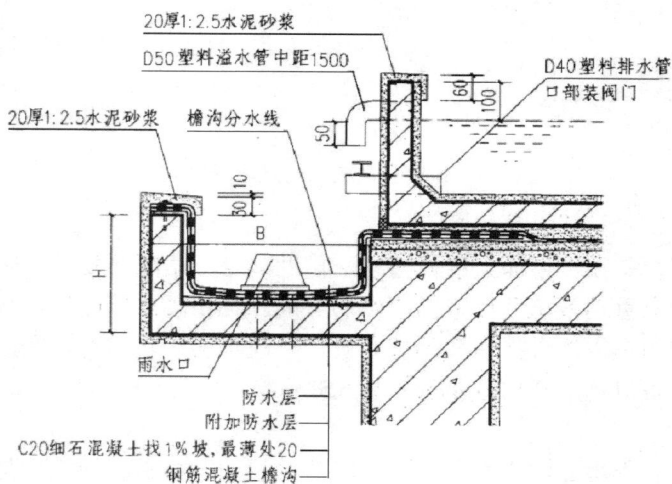

20厚1:2.5水泥砂浆
D50塑料溢水管中距1500
D40塑料排水管
口部装阀门
60
100
50
檐沟分水线
20厚1:2.5水泥砂浆
30 10
B
H
雨水口
防水层
附加防水层
C20细石混凝土找1%坡，最薄处20
钢筋混凝土檐沟

图 6.53　蓄水屋面檐沟构造

4) 反射降温

反射屋面是一种特殊的隔热屋面，它对屋面面层进行浅色处理，减少太阳热辐射对屋面的作用，降低屋面表面温度，达到改善屋面隔热效果的目的。通常浅色处理的做法是在屋面层喷涂一层白色或浅色的涂料，或采用屋面层铺设白色或浅色的地面砖等。反射屋面的隔热降温作用主要取决于屋面表面反射材料的性质，如材料表面的光洁度、反射率。材料表面颜色越浅，反射太阳辐射热的能力越大。在反射屋面的设计和施工中，应选择对太阳辐射的反射率大，同时材料本身的反射率也大的材料，作为反射屋面的面层材料。

2. 坡屋顶隔热

炎热地区在坡屋顶中设进气口和排气口，利用屋面内外的热压差和迎风面的压力差，组织空气对流，形成屋面内的自然通风，以减少由屋面传入室内的辐射热，从而达到隔热降温的目的。进气口一般设在檐墙上、屋檐部位或室内顶棚上；出气口最好设在屋脊处，以增大高差，有利于加速空气流通。

图 6.54 所示为几种通风屋顶的示意图。其中，图 6.54(a)在平顶上设进气口，屋顶上设通风窗作排气口，造成空气对流，通风窗可做成多种形式；图 6.54(b)将檐墙自平顶以上做成开敞式作为进气口，通风屋脊为排气口，形成空气对流；图 6.54(c)中将进气口设在挑檐平顶上，排气口设在屋脊上，以增大高差获得热压，加强通风。

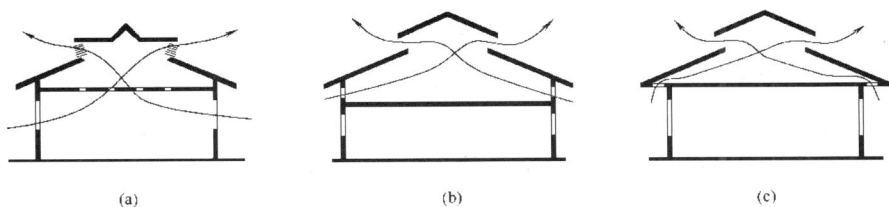

(a)   (b)   (c)

图 6.54   屋顶通风示意图

6.6   单 元 小 结

内　容	知识要点	能力要求
屋顶概述	平屋顶、坡屋顶的概念，屋顶的设计要求	熟悉屋顶的类型与设计要求
屋面排水设计	屋面坡度的表示方法、形成排水坡度的方法、屋面的排水方式、排水组织设计	掌握有组织排水的方案，熟悉屋面排水设计的内容
平屋面防水构造	卷材防水屋面、涂膜防水屋面构造做法	掌握平屋面卷材防水屋面、涂膜防水屋面的构造做法、细部构造
坡屋面构造	坡屋顶的承重方案，平瓦屋面构造做法	掌握坡屋顶的承重方案，熟悉平瓦屋面的构造做法；了解坡屋顶的保温与隔热构造
屋面的保温与隔热	保温材料、屋面保温、隔热层构造做法	掌握平屋面的保温与隔热构造做法

6.7　复习思考题

一、名词解释

1. 材料找坡　　2. 结构找坡　　3. 有组织排水　　4. 无组织排水

二、选择题

1. 平屋面排水坡度通常为_____。
   A. 2%～5%　　　　B. 20%　　　　　　C. 1∶5　　　　　　　D. 1∶10
2. 下列不宜用作屋面保温层的材料是_____。
   A. 混凝土　　　　B. 水泥蛭石　　　C. 聚苯乙烯泡沫塑料　　D. 水泥珍珠岩
3. 对于保温层面，通常在保温层下设置_____，以防止室内水蒸气进入保温层内。
   A. 找平层　　　　B. 保护层　　　　C. 隔汽层　　　　　D. 隔离层

三、简答题

1. 屋面设计应满足哪些要求？影响屋面坡度的因素有哪些？
2. 屋面坡度的形成方法有哪些？比较各方法的优缺点。
3. 常见的有组织排水方案有哪几种？各适用于什么条件？
4. 屋面排水组织设计的内容和要求是什么？
5. 卷材屋面的构造层有哪些？各层的做法如何？
6. 卷材防水屋面的泛水、天沟、檐口等细部构造的要点是什么？注意识记典型构造图。
7. 何谓涂膜防水屋面？其基本构造层次有哪些？
8. 坡屋顶的承重结构有哪几种？
9. 屋面的保温材料有哪几类？其保温构造有哪几种做法？用构造图表示。
10. 平屋顶的隔热有哪几种做法？用构造图表示。

第7章 门　　窗

内容提要：本章主要介绍建筑门窗的作用、类型和构造要求；平开木门窗的构造和安装；塑钢、铝合金等金属门窗的基本特点和连接构造；建筑中遮阳的作用与形式等内容。本章重点是门窗的选型和连接构造。

教学目标：

- 熟悉门窗的作用、类型和组成；
- 掌握平开木门窗的构造和安装方法；
- 熟悉塑钢、铝合金、铝塑门窗的选型和连接构造；
- 了解门窗保温节能措施和建筑中遮阳的作用与形式。

门和窗是建筑物的重要组成部分，也是建筑物的主要围护构件之一。在不同情况下，门和窗应分别满足其对建筑物的分隔、保温、隔声、采光、通风等功能要求。

7.1　概　　述

建筑物的门窗是建造在墙体上连通室内和室外或室内和室内的开口部位。门的主要功能是交通出入、分隔联系建筑空间，以及采光、通风；窗的主要功能是采光、通风及观望。同时，门窗还具有调节控制阳光、气流、声音及防火等功能。

门窗对建筑物的外观及室内装修造型影响也很大。门窗的要求如下。

1. 交通安全方面的要求

由于门主要供出入、联系室内外，具有紧急疏散的功能，因此门的数量、位置、大小及开启的方向要根据设计规范和人流数量来考虑，以便能通行流畅、符合安全的要求。大型民用建筑或者使用人数特别多时，外门必须向外开。

2. 采光、通风方面的要求

在设计中，从舒适性及合理利用能源的角度来说，首先要考虑天然采光的因素，选择合适的窗户形式和面积。例如，长方形的窗户构造简单，在采光等级和采光均匀性方面最佳。虽然横放和竖放的采光面积相同，但由于光照深度不一样，效果相差很大。竖放的窗户适合于进深大的房间，横放则适合于进深浅的房间或者高窗。窗户的形式对室内采光的影响如图 7.1(a)所示。如果采用顶光，亮度将会增加 6~8 倍之多，但同时也伴随着出现眩光问题。所以在确定窗户的形式及位置的时候，要综合考虑各方面的因素。

房间的通风和换气主要靠外窗。在房间内要形成合理的通风及气流，内门窗和外窗的相对位置很重要，要尽量形成对空气对流有利的布置。图 7.1(b)所示为门窗对室内通风和换气的影响。对于有些不利于自然通风的特殊建筑，可以采用机械通风的手段来解决换气的问题。

窗与窗之间由于墙垛(窗间墙)产生阴影的关系，因此在理论上最好采用一樘宽窗来满足采光要求。民用建筑采光面积，除要求较高的陈列馆外，可根据窗地面积之比值来决定。一般居住建筑物的窗户面积为地板面积的 1/10～1/8。公共建筑方面，学校的窗地面积比为 1/5，医院手术室的窗地面积比为 1/3～1/2，辅助房间的窗地面积比为 1/12。

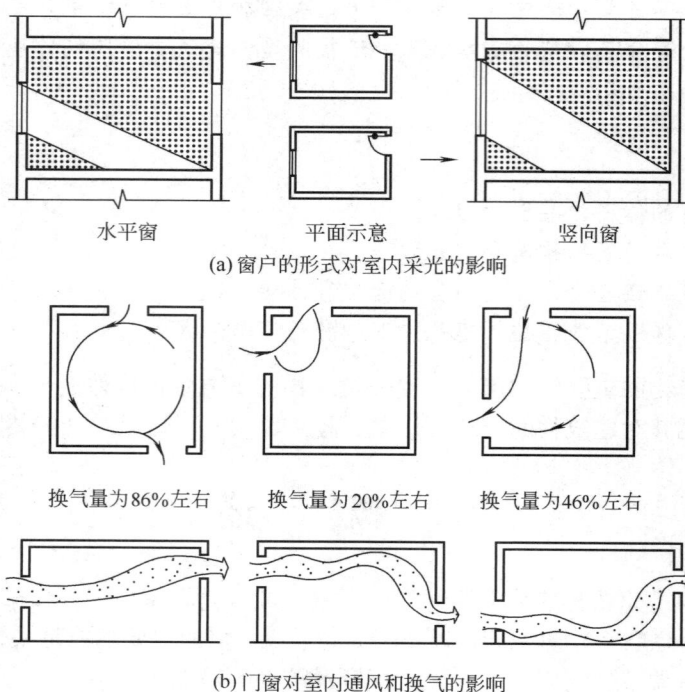

(a) 窗户的形式对室内采光的影响

换气量为86%左右　　换气量为20%左右　　换气量为46%左右

(b) 门窗对室内通风和换气的影响

图 7.1　门窗对室内采光和通风的影响

3. 维护作用的要求

建筑物的外门窗作为外围护墙的开口部分，必须要考虑防风沙、防水、防盗、保温、隔热和隔声等要求，以保证室内舒适的环境。如在门窗的设计中设置空腔防风缝、披水板和滴水槽，采用双层玻璃、百叶窗和纱窗等。窗框和窗扇的接缝，既不宜过宽，也不宜过窄，过窄时即使风压不大，也会产生毛细管作用，从而使雨水吸入室内。

4. 建筑设计方面的要求

门窗是建筑物立面造型中的主要部分，应在满足交通、采光、通风等主要功能的前提下，适当考虑美观要求和经济问题。木门窗质轻、构造简单、容易加工，但不及钢门窗坚固、防火性能好。窗户容易积尘，减弱光线，影响亮度，所以要求线条简单、不易积尘。此外，还应注意对于高层或大面积窗户的擦窗安全问题。

5. 材料的要求

随着国民经济的发展和人民生活水平的改善提高，人们对门窗材料的要求也越来越高，门窗的材料从最初以木门窗和钢门窗为主，发展到现在大量使用铝合金、塑包铝和不锈钢门窗，这对建筑设计和装修提出了更高的要求。

6. 门窗模数的要求

在建筑设计中门窗是按照 300 mm 模数为基本模。目前，由于门窗的制作生产已标准化、规格化和商品化，设计时可直接选用建筑门窗标准图和通用图集。

7.2 门

门因其开启形式、所用材料、安装方式的不同，类型很多，由此要求在不同的环境选用不同的门。

7.2.1 门的分类与尺度

1. 门的分类

门按其开启方式、材料、构造和功能等，可进行如下分类。

(1) 按开启方式可分为平开门、弹簧门、推拉门、折叠门、转门，其他还有上翻门、升降门、卷帘门等，如图 7.2 所示。

(2) 按使用材料可分为木门、钢木门、钢门、铝合金门、玻璃门及混凝土门等。

(3) 按构造可分为镶板门、拼板门、夹板门、百叶门等。

(4) 按功能可分为保温门、隔声门、防火门、防护门等。

一个房间应该开几个门，每个建筑物门的总宽度应该是多少，一般是根据交通疏散的要求和防火规范来确定的。一般规定：公共建筑物安全出入口的数目应不少于两个；但房间面积在 60 m² 以下，人数不超过 50 人时，可只设一个出入口；对于低层建筑，每层面积不大，人数也较少的，可以设一个通向户外的出口。

2. 门的尺度

门的尺度通常是指门洞的高宽尺寸。门的尺度应根据建筑中人员和家具设备等的日常通行要求、安全疏散要求以及建筑造型艺术和立面设计要求等决定。门作为交通疏散通道，其尺度取决于人的通行要求、家具器械的搬运及与建筑物的比例关系等，并要符合现行《建筑模数协调统一标准》的规定。

门的高度不宜小于 2100 mm。如门设有门头窗(也称亮子)时，门头窗高度一般为 300～600 mm，则门洞高度为 2400～3000 mm，如图 7.3 所示(腰头窗是门头窗的一种)。公共建筑大门的高度可视需要适当提高。

门的宽度：为避免门扇面积过大导致门扇及五金连接件等变形而影响门的使用，门的宽度也要符合防火规范的要求。单扇门宽度为 700～1000 mm，双扇门宽度为 1200～1800 mm。宽度在 2100 mm 以上时，则做成三扇、四扇或双扇带固定扇的门。辅助房间(如浴厕、厨房、储藏室等)门的宽度可窄些，一般为 700～800 mm。住宅门洞的最小尺寸如表 7.1 所示。

对于人员密集的剧院、电影院、礼堂、体育馆等公共场所中观众厅的疏散门，一般按每百人取 0.6～1.0 m(宽度)，出入口应分散布置。公共建筑的门宽：一般单扇门为 1 m，双扇门为 1.2~1.8 m，双扇门或多扇门的门扇宽以 0.6~1.0 m 为宜。对于学校、商店和办公楼等的门宽，可以按照表 7.2 所示确定。表中所列数值均为最低要求，在实际确定门的数量和宽度时，还要考虑通风、采光、交通及搬运家具、设备等要求。

表 7.1　住宅门洞的最小尺寸

类　别	洞口宽度/m	洞口高度/m
公用外门	1.20	2.00
户(套)门、起居室(厅)门、卧室门	1.00	2.00
厨房门	0.80	2.00
卫生间门、阳台门(单扇)	0.70	2.00

注：①表中门洞高度不包括门上门头窗高度。②洞口两侧地面有高低差时，以高地面为起算高度。

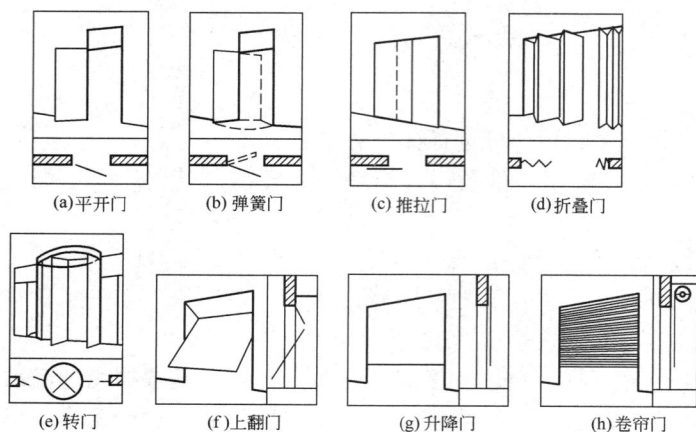

(a)平开门　(b) 弹簧门　(c) 推拉门　(d) 折叠门

(e)转门　(f)上翻门　(g)升降门　(h)卷帘门

图 7.2　门的开启方式

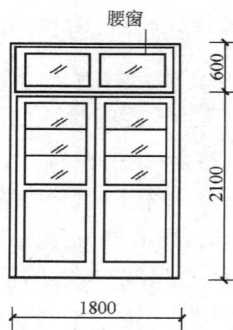

腰窗

600

2100

1800

图 7.3　腰窗

表 7.2　民用建筑的门宽(百人指标)

单位：mm

层　别	耐火等级一、二级	耐火等级三级	耐火等级四级
1、2 层	650	750	1000
3 层	750	1000	—
≥4 层	1000	1250	—

7.2.2　木门的组成与构造

木门主要由木门框、腰窗、门扇、贴脸板和筒子板及门的五金零件等部件组成。平开木门的组成如图 7.4 所示。

1. 木门框

木门框又称门樘，其主要作用是固定门扇和腰窗并与门洞相联系，一般由两根边框和上槛组成。有腰窗的门还有中横档；多扇门还有中竖梃；外门及特种需要的门有些还有下槛。门框用料一般分为四级，净料宽为 135 mm、115 mm、95 mm、80 mm，厚度有 52mm、67 mm 两种。框料厚薄与木材优劣有关，一般采用松木和杉木。为了掩盖门框与墙面抹灰之间的裂缝，提高室内装饰的质量，门框四周加钉带有装饰框之间的镶合均用榫接，如图 7.5 所示。

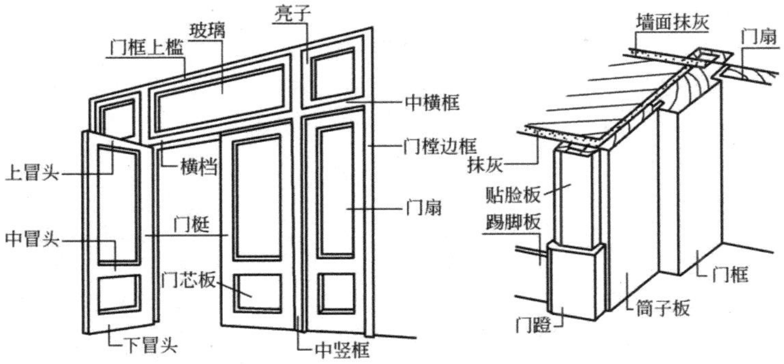

图 7.4　平开木门的组成

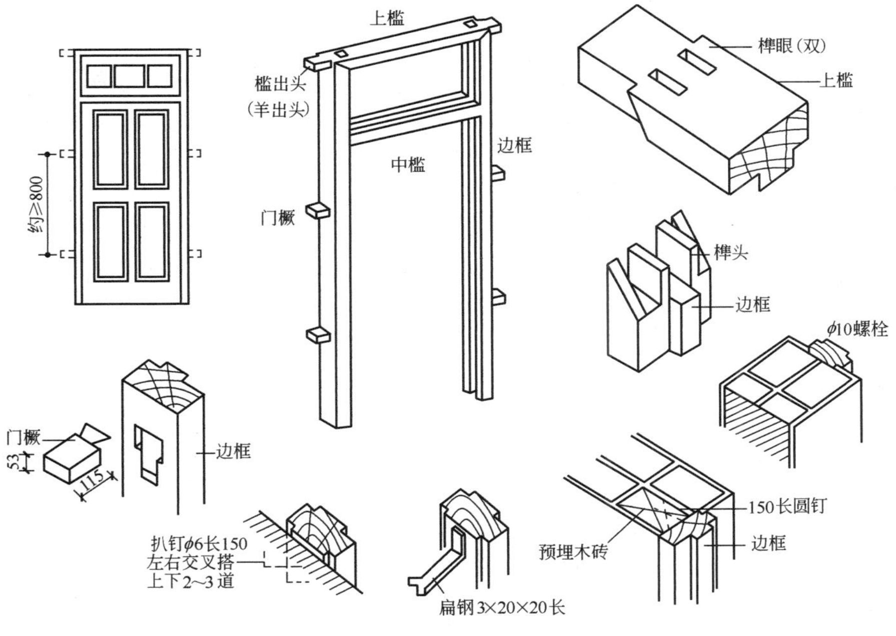

图 7.5　木门框的构造

2. 腰窗

腰窗也称亮窗，其构造与窗的构造基本相同，一般采用中悬开启方法，也可以采用上悬、平开及固定窗形式，如图 7.3～图 7.4 所示。

3. 门扇

木门扇主要由上冒头、中冒头、下冒头、门框及门芯板等组成。按门板的材料，木门又有镶板门、夹板门和百叶门、全玻璃门和半玻璃门等类型。

1) 镶板门

主要骨架由上下冒头和两根边梃组成框子，有时中间还有一条或几条横冒头或一条竖向中梃，在其中镶装门芯板。门芯板可用 10～15mm 厚木板拼装成整块，镶入边框。有的门芯板用多层胶合板、硬质纤维板或其他塑料板等代替。门扇边框的厚度一般为 40～45 mm，纱门的厚度为 30～35 mm，上冒头和两旁边梃的宽度为 75～120 mm，下冒头因设置踢脚等原因一般宽度较大，常用 150～300 mm。镶板门的构造如图 7.6 所示。

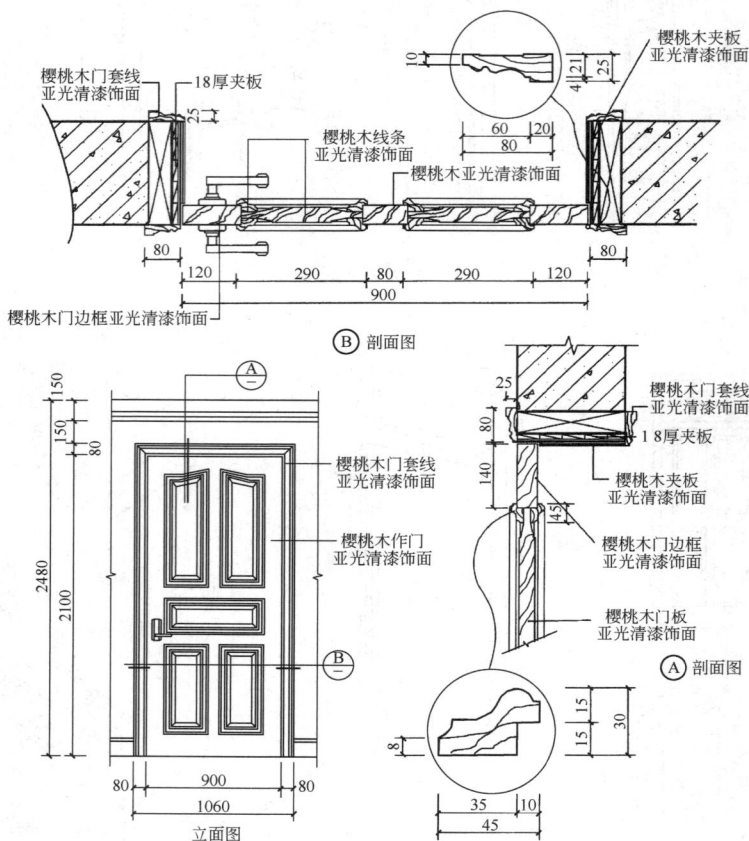

图 7.6　镶板门的构造

2) 夹板门和百叶门

夹板门和百叶门先用木料做成木框格，再在两面用钉或胶黏的方法加上面板，框料的做法不一。夹板门和百叶门如图 7.7 所示。外框用 35 mm×(50～70) mm 的木料，内框用 33 mm×(25～35) mm 的木料，中距为 100～300 mm。夹板门的构造须注意：面板不能胶黏到外框边，否则经常碰撞容易损坏。为了保持门扇内部干燥，最好在上下框格上贯通透气孔，孔径为 9 mm。面板一般为胶合板、硬质纤维板或塑料板，用胶结材料双面胶结。有换气要求的房间，选用百叶门，如卫生间、厨房等。

3) 全玻璃门和半玻璃门

全玻璃门和半玻璃门简称全玻门和半玻门，主要是指门扇。全玻门扇只有上、下冒头及边梃，中间全部镶玻璃(整块或分格)。半玻门扇有上、中、下冒头及边梃，中冒头以上(即上半部分)镶玻璃(整块或分格)，中冒头以下镶木板(主要为实木板，有的木板还要企口拼接)。这里是就木质门而言的，也有其他材质的门扇，形式是一样的。

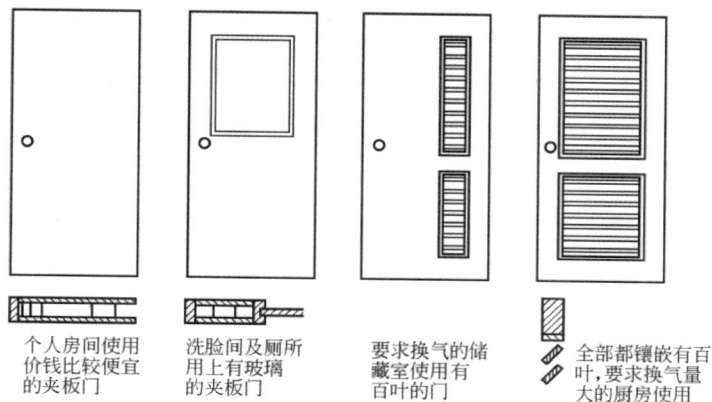

个人房间使用价钱比较便宜的夹板门

洗脸间及厕所用上有玻璃的夹板门

要求换气的储藏室使用有百叶的门

全部都镶嵌有百叶，要求换气量大的厨房使用

图 7.7　夹板门和百叶门

4. 贴脸和筒子板

贴脸是指门与墙面平齐时钉在门框周围正面用来盖缝的装饰材料。门的边梃与墙体抹灰层的交界处，常因材质不同导致收缩裂缝，影响美观，在木边梃边上钉木条盖住缝，起到盖住缝装饰的作用。筒子板是指门框与墙面在门洞口内侧安装的板材，用来保护门洞口两侧墙面的装饰材料，筒子板是高级民用建筑及有特殊要求建筑的门洞的包装板。人们习惯把贴脸和筒子板合称为门套，见图 7.4 所示。

5. 门的五金零件

门的五金零件主要有铰链、插销、门锁和拉手(见图 7.8)、闭门器(见图 7.9)等，均为工业定型产品，形式多种多样。在选型时，需特别注意铰链强度，以防止其变形影响门的使用，对于拉手需结合建筑装修进行选型。

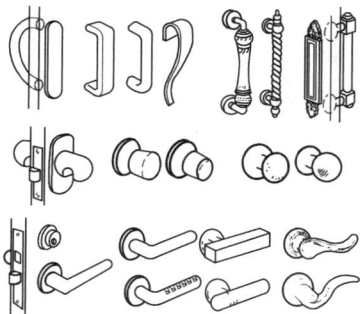

图 7.8　拉手和拉手门锁

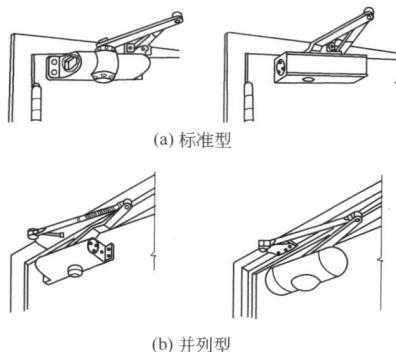

(a) 标准型

(b) 并列型

图 7.9　闭门器

7.2.3　木门的安装

1. 木门的安装方式

木门的安装有先立口和后塞口两类，均需在地面找平层和面层施工前进行，以便门边框伸入地面 20 mm 以上。先立口安装目前使用较少。后塞口安装是在门洞口侧墙上每隔 500～800 mm 高预埋木砖，用长钉、木螺钉等固定门框。门框外侧与墙面(柱面)的接触面、预埋木砖均需进行防腐处理。门框的安装方式如图 7.10 所示。

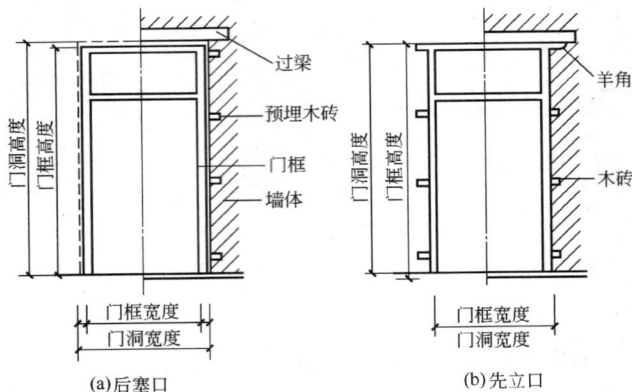

图 7.10　门框的安装方式

2. 门框在墙中的位置

门框在墙中的位置，可在墙的中间或与墙的一侧平齐。一般多与开启方向一侧平齐，尽可能使门扇开启时贴近墙面。门框位置、门贴脸板及筒子板安装示意图见图 7.11。

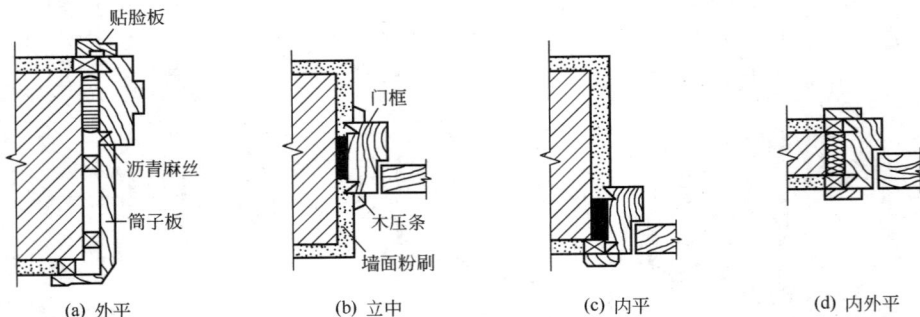

图 7.11　门框位置、门贴脸板及筒子板安装示意图

7.3　窗

窗的主要功能是采光、通风及瞭望。窗的材料、位置、大小、造型、式样对室内外装饰起着非常重要的作用。

7.3.1 窗的分类与尺度

窗按使用材料可分为木窗、钢窗、铝合金窗、塑料窗、玻璃钢窗和塑钢窗等。窗按开启方式可分为固定窗、平开窗、悬窗、立式转窗、推拉窗及百叶窗等，如图 7.12 所示。

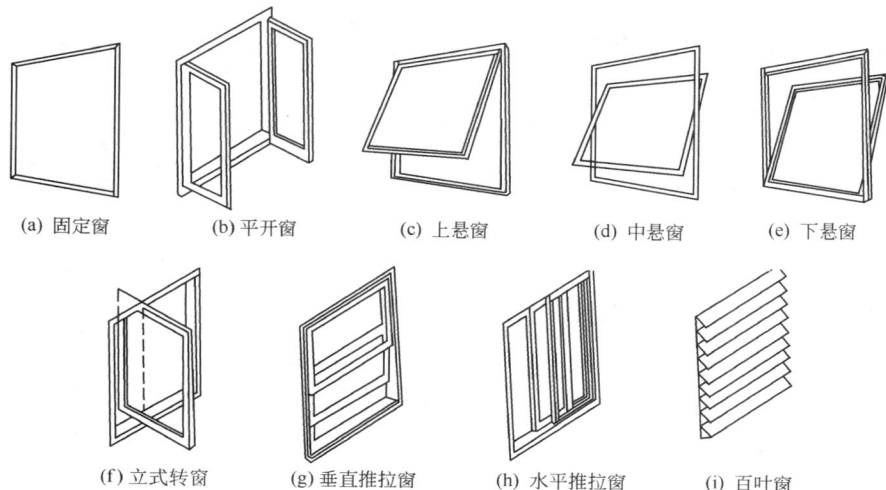

(a) 固定窗 (b) 平开窗 (c) 上悬窗 (d) 中悬窗 (e) 下悬窗

(f) 立式转窗 (g) 垂直推拉窗 (h) 水平推拉窗 (i) 百叶窗

图 7.12　窗的开启方式

(1) 固定窗。固定窗是无窗扇、不能开启的窗。固定窗的玻璃直接嵌固在窗框上，可供采光和眺望之用。

(2) 平开窗。铰链安装在窗扇一侧与窗框相连，向外或向内水平开启。平开窗有单扇、双扇、多扇，向内开与向外开之分。其构造简单、开启灵活、制作维修方便，是民用建筑中采用最广泛的窗。

(3) 悬窗。因铰链和转轴的位置不同，可分为上悬窗、中悬窗和下悬窗。

(4) 立式转窗。引导风进入室内效果较好，防雨及密封性较差，多用于单层厂房的低侧窗。因密闭性较差，不宜用于寒冷和多风沙的地区。

(5) 推拉窗。分垂直推拉窗和水平推拉窗两种。它们开启时不占据室内外空间，窗扇受力状态较好，适宜安装较大玻璃，但通风面积受到限制。

(6) 百叶窗。主要用于遮阳、防雨及通风，但采光差。百叶窗可用金属、木材、玻璃和钢筋混凝土等制作，有固定式和活动式两种形式。

窗的尺度主要取决于房间的采光、通风、构造做法和建筑造型等要求，并要符合现行《建筑模数协调标准》的规定。为使窗坚固耐久，考虑到 900 mm 高窗台，一般窗的窗扇高度为 800～1200 mm，宽度一般可设置为 300～2400 mm 等；上下悬窗的窗扇高度为 300～600 mm；中悬窗窗扇高度不宜大于 1200 mm，宽度不宜大于 1000 mm；推拉窗高宽均不宜大于 1500 mm。对一般民用建筑用窗，各地均有通用图，各类窗的高度与宽度尺寸通常采用扩大模数 3M 数列作为洞口的标志尺寸，需要时只要按所需类型及尺度大小直接选用即可。设置落地窗时最好到地面高出 200 mm，这是考虑到落地窗的下部止水问题。

7.3.2　木窗的组成与构造

木窗主要由窗框、窗扇、五金零件和附加件四部分组成，如图 7.13 所示。

(1) 窗框又称窗樘，其主要作用是与墙连接并通过五金零件固定窗扇。窗框由上槛、中槛、下槛，边框用合角全榫拼接成框。单层窗窗樘的厚度常为 40～50 mm，宽度为 70～95 mm；中竖梃双面窗扇需加厚一个铲口的深度 10 mm；中横档除加厚 10 mm 外，若要加披水，一般还要加宽 20 mm 左右。

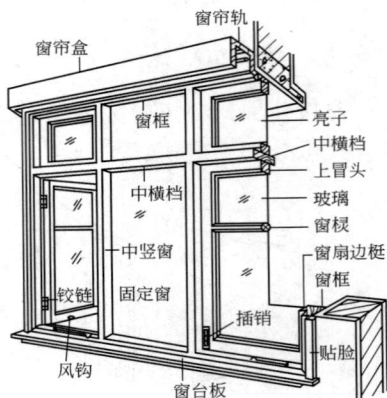

图 7.13　木窗的组成

(2) 窗扇。窗扇一般由上下冒头和左右边梃榫接而成，有的中间还设窗棂。窗扇厚度为 35～42 mm，一般为 40 mm。上下冒头及边梃的宽度视木料材质和窗扇大小而定，一般为 50～60 mm，下冒头可较上冒头适当加宽 10～25 mm，窗棂宽度为 27～40 mm。

玻璃常用厚度为 5～6 mm。为了满足隔声保温等需要可采用双层中空玻璃；需遮挡或模糊视线可选用磨砂玻璃或压花玻璃；为了安全可采用夹丝玻璃、钢化玻璃以及有机玻璃等；为了防晒可采用有色、吸热和涂层、变色等种类的玻璃。纱窗窗扇一般为 30 mm×50 mm～35 mm×65 mm。

(3) 五金零件一般有铰链、插销、窗钩和拉手等。铰链又称合页、折页，是连接窗扇和窗框的连接件，窗扇可绕铰链转动；插销和窗钩是固定窗扇的零件；拉手为开关窗扇用。

(4) 附加件如贴脸、筒子板、窗台板、木压条等。

7.3.3　木窗的安装

1. 安装方法

木窗的安装也是分先立口和后塞口两类。

(1) 立口又称立樘子，施工时先将窗框放好，然后砌窗间墙。上下档各伸出约半砖长的木段(羊角或走头)，在边框外侧每 500～700 mm 设一木拉砖(木鞘)或铁脚砌入墙身，如图 7.14 所示。窗框与墙的连接紧密，但施工不便，窗框及其临时支撑易被碰撞，因此较少采用这种安装方法。

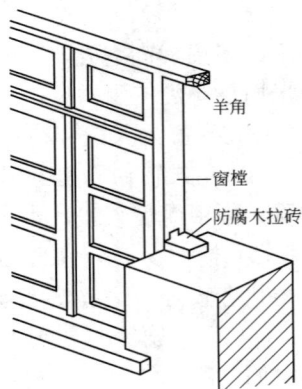

图 7.14　窗的先立口安装

(2) 塞口又称塞框子或嵌框子，在砌墙时先留出窗洞，再安装窗框。窗洞两侧每隔 500～700 mm 砌入一块半砖大小的防腐木砖(窗洞每侧应不少于两块)，安装窗框时用长钉或螺钉将窗框钉在木砖上，也可在框子上钉铁脚，再用膨胀螺丝钉在墙上或用膨胀螺丝直接把框子钉于墙上。塞框子的窗框每边应比窗洞小 10～20 mm。

框架结构中一般采用湿法和干法安装窗。湿法是在墙面装饰工程前安装，干法是在墙面装饰工程完成后安装。

一般窗扇都用铰链、转轴或滑轨固定在窗樘上。通常在窗樘上做铲口，深 10～12 mm，也可钉小木条形成铲口。为提高防风雨能力,可适当提高铲口深度(约 15 mm)或钉密封条,或在窗樘留槽,形成空腔的回风槽。

外开窗的上口和内开窗的下口,一般须做披水板及滴水槽以防止雨水内渗,同时在窗樘内槽及窗盘处做积水槽及排水孔将渗入的雨水排出。

2. 窗框在墙中的位置

窗框在墙中的位置,一般是与墙内表面平,安装时窗框突出砖面 20 mm,以便墙面粉刷后与抹灰面平。框与抹灰面交接处,应用贴脸板搭盖,以阻止由于抹灰干缩形成缝隙后风透入室内,同时可增加美观。贴脸板的形状及尺寸与门的贴脸板相似,参见图 7.11。

7.4 建筑节能门窗

7.4.1 门窗保温节能

1. 门窗保温节能基本知识

建筑门窗对建筑物节能起着重要作用。建筑门窗是薄壁的轻质构体,由玻璃、型材组成,是整个建筑围护结构中保温隔热最薄弱的一个环节。相对墙体而言,门、窗的保温隔热性能很差,大量的热量通过窗户是双向流动的。普通单层玻璃窗的能量损失约占建筑物夏季降温及冬季保温能耗的 50%以上,所以改善其隔热性能是节能的重点。衡量门窗节能效果主要是衡量门窗的保温性能和隔热性能。提高门窗的保温性能就是要增大门窗的总热阻或减少窗户的总传热;提高门窗的隔热性能就是要隔离或减少太阳的热辐射。门窗节能主要是通过对门窗框型材、玻璃这两部分结构性能的改造和提高门窗气密性及设置遮阳措施等降低能耗的。

窗框材料对中空玻璃的性能影响较大。近年来,单框双玻彩板钢窗、聚氯乙烯塑料门窗和铝合金窗,以其良好的保温性和气密性,得到了较为广泛的应用。另外,窗户上加贴透明聚酯膜,也是节能措施之一。

门窗缝隙是冷风渗透的主要通道,为了减少能耗,达到节能效果,可选用气密窗、中空玻璃、塑钢门窗、密闭保温性能好的防盗门、新型外墙保温材料或采取密闭和密封措施。

保温窗常采用双层窗及双层玻璃的单层窗两种。双层窗可内外开或内开、外开。双层玻璃单层窗又分为:①双层中空玻璃窗,双层玻璃之间的距离为 5~8 mm,窗扇的上下冒头应设透气孔;②双层密闭玻璃窗,两层玻璃之间为封闭式空气间层,其厚度一般为 4~12 mm,充以干燥空气或惰性气体,玻璃四周密封。这样可增大热阻、减少空气渗透,避免空气间层内产生凝结水,如图 7.15 所示。

若采用双层窗隔声,应采用不同厚度的玻璃,以减少吻合效应的影响。厚玻璃应位于声源一侧,玻璃间的距离一般为 80~100 mm。

应根据采暖费用、空调设备的价格和制冷的比较来选择合适的玻璃品种,并从各种玻璃的太阳能阻隔特性和导热性等方面去比较其节能效果,选择热反射玻璃、吸热玻璃、中空玻璃和低辐射玻璃等,以提高玻璃的气密水平。

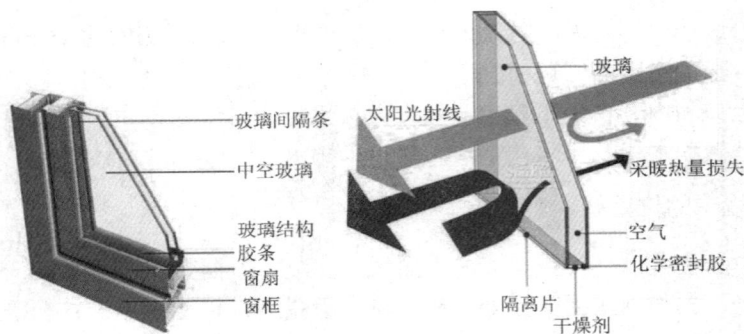

图 7.15　中空玻璃窗

2. 建筑节能门窗的分类和选用

随着经济的发展和人民生活水平的提高，新型的金属及塑料门窗在建筑中得到了越来越广泛的应用。依据建筑节能门窗图集(16J607)，节能门窗包括铝合金门窗、塑料门窗、铝塑门窗、铝木门窗、木塑铝门窗、木门窗、增强聚氨酯门窗、玻璃钢门窗、一体化集成型门窗和彩钢门窗。这里重点介绍铝合金门窗、塑料门窗和彩钢门窗。

1) 门窗的类别和门窗编号

例如，平开门(PM)、推拉门(TM)、内平开连窗门(NCM)、外平开连窗门(WCM)、内平开窗(NPC)、外平开窗(WPC)、推拉窗(TC)、固定窗(GC)、内平开下悬窗(NPXC)，门窗的编号方法是用拼音符号表示门窗的形式和开启方式。将门窗洞口宽和高组成代号，前两位数字表示门窗洞口的宽度尺寸，后两位数字表示门窗洞口的高度尺寸。门窗类别和编号举例见表 7.3。

表 7.3　门窗类别和编号举例

门窗编号方法	编　号	门窗示例	编　号	门窗示例
	内平开窗 1518NPC		平开连窗门 1220WCM	
	推拉门 1521TM		平开全玻门 0921PM	

2) 门窗选用的要求

门窗的外观、材料、尺寸及装配质量应符合国家现行相应产品标准的规定。应参考建筑节能门窗图集(16J607)，确定所设计工程项目的门窗立面及洞口尺寸。

根据工程所在地区、工程性质、建筑高度等，确定门窗的抗风压、水密性、气密性、传热系数及采光性能等级。门窗开启扇的最大尺寸应根据门窗框料的抗压强度、扇的自重、五金件的承载能力和五金件与门窗框扇的连接强度确定。门窗用钢化玻璃宜符合《建筑门窗幕墙用钢化玻璃》(JG/T 455—2014)的规定。

7.4.2　铝合金门窗

铝合金是以铝为主，加入适量钢、镁等多种元素的合金。其具有轻质、高强、耐腐蚀、无磁性、易加工、质感好、密闭性能好的特点，广泛应用于各种建筑中，但造价较高。从建筑立面效果看，铝合金门窗面积较大，结构坚挺明快，使建筑物显得简洁明亮，更有现代感。

1. 铝合金门

铝合金门的形式很多，其构造方法与木门、钢门相似，由铝合金门框、门扇、腰窗及五金零件组成。按其门芯板的镶嵌材料有铝合金条板门、半玻璃门、全玻璃门等形式，主要有平开、弹簧、推拉三种开启方法，其中铝合金的弹簧门、铝合金平开门是最常用的。图 7.16 所示为铝合金弹簧门的构造示意图。为避免铝合金门门扇变形，其单扇门宽度受型材影响，有 55 系列、70 系列、90 系列、100 系列型材等。铝合金门有国家标准图集，各地区也有相应的通用图供选用。

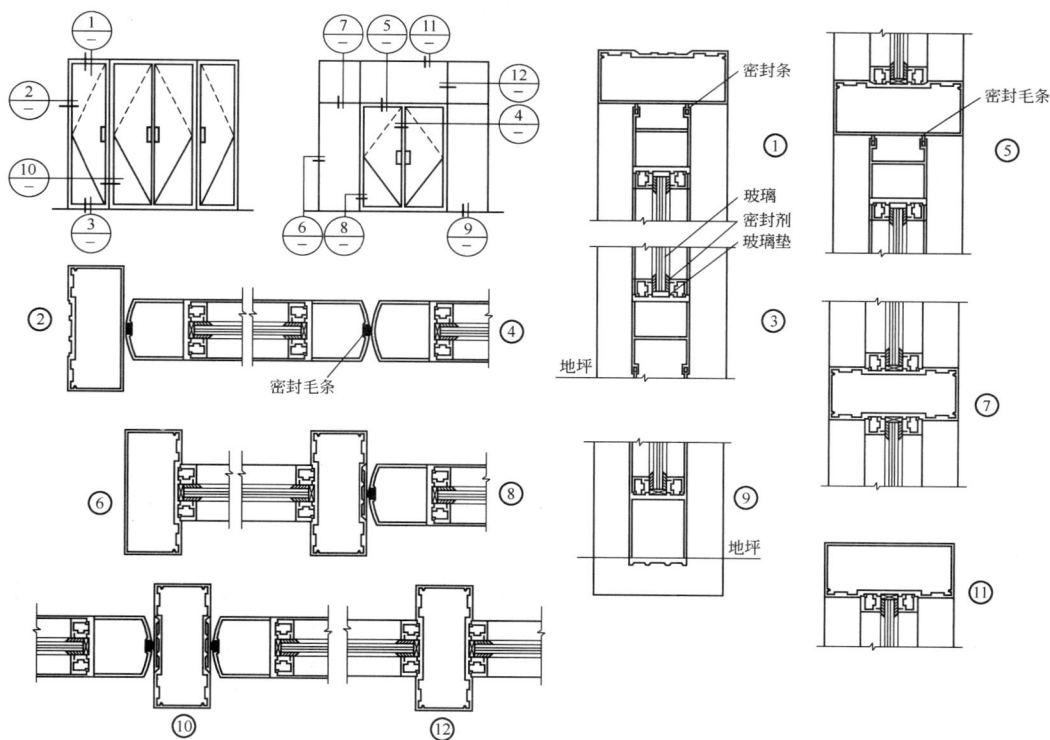

图 7.16　铝合金弹簧门的构造

2. 铝合金窗

铝合金窗是指采用铝合金挤压型材为框、梃、扇料制作的窗。它的质量轻，气密性和水密性能好，其隔音、隔热、耐腐蚀等性能也比普通木窗有显著提高，不需要日常维护，具有良好的装饰效果。铝合金窗是目前建筑中使用较为广泛的基本窗型。外平开窗是传统、简捷的开启方式，不占用室内空间，且在外部压力的作用下具有良好的密封性。但对高层建筑而言，外平开窗的五金配件难以承受高层的风压，而内平开窗通过五金联动装置可实现上悬倾开、内平开两种功能，高层内平开隔热窗更受市场青睐。图7.17为60系列内平开下悬铝合金平开窗节点图。铝合金窗还包括以铝合金做受力杆件(承受并传递自重和荷载的杆件)基材的和木材、塑料复合的窗，简称铝木复合窗、铝塑复合窗。

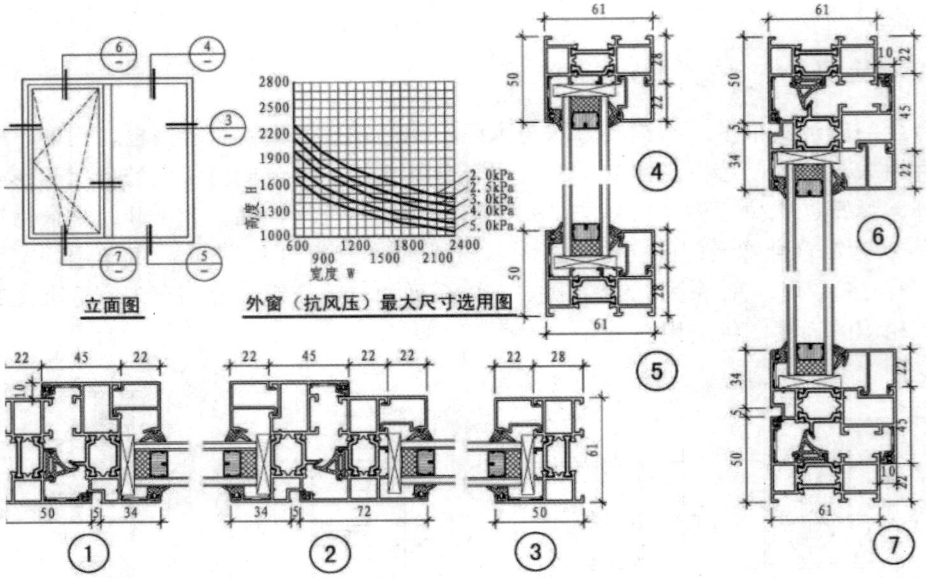

图 7.17　60 系列内平开下悬铝合金平开窗节点图

3. 铝合金门窗的安装

铝合金门窗是高档门窗产品，对安装要求较高，因此，安装应按一定标准进行。门窗的宽、高实际尺寸应根据预留洞口尺寸和墙体饰面材料的厚度确定。门窗边框和上框与洞口间隙应符合表7.4的要求，门窗下框与洞口间隙可根据设计要求确定。

表 7.4　门窗边框和上框与洞口间隙

单位：mm

墙体饰面材料	洞口与门窗框间隙
清水墙	10
墙体外饰面抹水泥砂浆或贴马赛克	15～20
墙体外饰面贴釉面瓷砖	20～25
墙体外饰面贴大理石或花岗岩板	40～50
外保温墙体	保温层厚度+10

注：以饰面层厚度能盖过缝隙5～10 mm为度，但不要压盖框料过多。

16J607图集中门窗一律采用干法施工的方法安装分为有附框安装法和无附框安装法两种。

1) 有附框安装法

建筑物外窗在安装窗户前，在窗洞内先安装一个钢性的框架，然后把窗扇安装在这个钢框上，这个钢框叫做附框。附框对门窗起到定尺、定位的作用，可以比较精确地测定门窗加工尺寸，有利于门窗的安装，使门窗的安装质量能够得到控制，也可减小塑料门窗因热胀冷缩而产生的伸缩。外墙门窗既要美观大方，又必须确保其发挥防渗、节能、抵抗变形的功能要求。在高级门窗中要求安装钢附框，大大提高门窗的性能，响应国家建筑节能政策。门窗附框节点安装构造如图 7.18 所示。

2) 无附框安装法

铝合金门窗的安装主要依靠金属锚固件定位，其安装示意图如图 7.19 所示。安装时应保证定位正确、牢固，然后在门窗框与墙体之间分层填以矿棉毡、玻璃棉毡或沥青麻刀等保温隔声材料，并于门窗框内外四周各留 5～8 mm 深的槽口后填建筑密封膏。铝合金门窗不宜用水泥砂浆作门框与墙体间的填塞材料。门窗框固定铁件，除四周离边角 150 mm 处设一点外，一般间距 400～500 mm；铁件可采用预埋件焊于墙上、燕尾铁脚螺栓、膨胀螺栓或射钉连接等形式；锚固铁卡两端均须伸出铝框外，然后用射钉固定于墙上；固定铁卡用厚度不小于 1.5 mm 厚的镀锌铁片。图 7.20 所示为铝合金窗安装构造示意图。

无附框窗安装.mp4

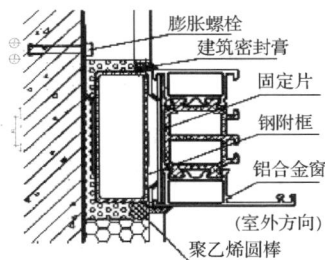

图 7.18　门窗附框节点安装构造

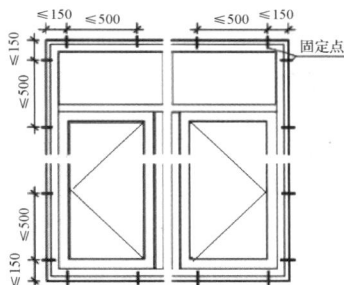

图 7.19　门窗安装示意图

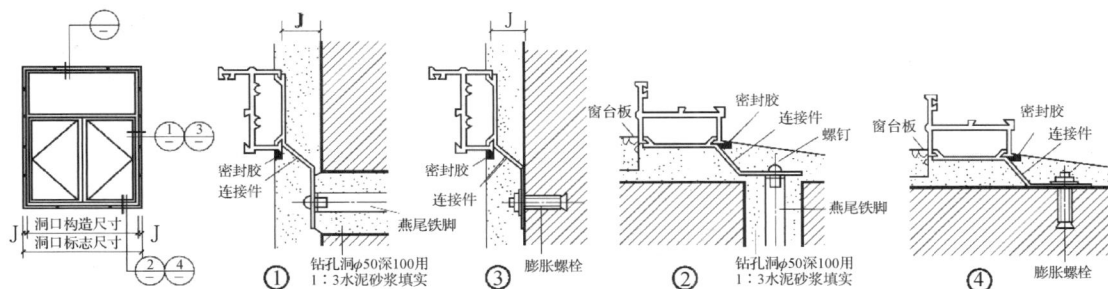

图 7.20　铝合金窗安装构造

7.4.3　塑料门窗

16J607 图集中的塑料门窗是由未增塑聚氯乙烯(PVC-U)塑料型材内腔加装增强型钢，经焊接加工制成的。具有抗风、防水、保温、阻燃，不需涂装，节约木材，比铝门窗经济等优点。塑料门窗主要包括平开窗、推拉窗、上悬窗、平开下悬窗、平开门、推拉门等。门窗构造尺寸由门窗生产厂家按建筑工程实际需要进行调整。

塑料门窗的安装施工应采用预留洞口法安装，不能直接与水泥砂浆接触，应按《塑料门窗工程技术规程》JGJ 103 的规定施工。门窗框与洞口之间的间隙内腔应采用发泡聚氨酯、闭孔泡沫塑料，发泡聚苯乙烯等弹性材料分层填塞，填塞不宜过紧。对于保温、隔声等级要求较高的工程，应采用相应的隔热、隔声材料填塞。填塞后，撤掉临时固定用木楔或垫块，其空隙也应用闭孔弹性材料填塞。门窗与墙体通过附框和连接件与墙体相连接，安装应牢固安全。如图 7.21 所示为 60/70 系列内平开塑料窗安装节点图举例。

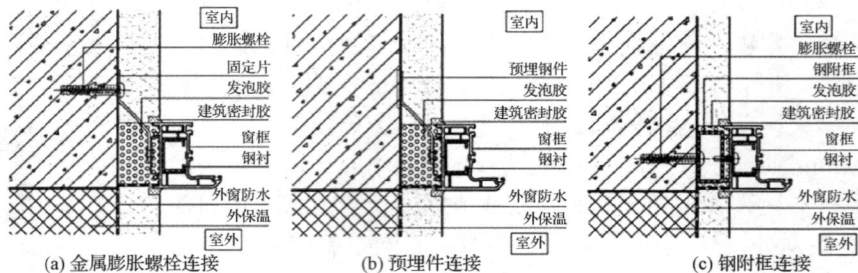

图 7.21 60/70 系列内平开塑料窗安装节点图

7.4.4 彩钢门窗

彩钢门窗是以彩色镀锌钢板经机械加工而成的门窗。它具有自重轻、硬度高、采光面积大、防尘、隔声、保温密封性好、造型美观、色彩绚丽及耐腐蚀等特点。

彩钢平开窗的安装构造目前有带附框和不带附框两种类型。当外墙装修为普通粉刷时，常采用不带附框的做法；当外墙面为花岗石、大理石等贴面材料时，常采用带附框的门窗，如图 7.22 所示。

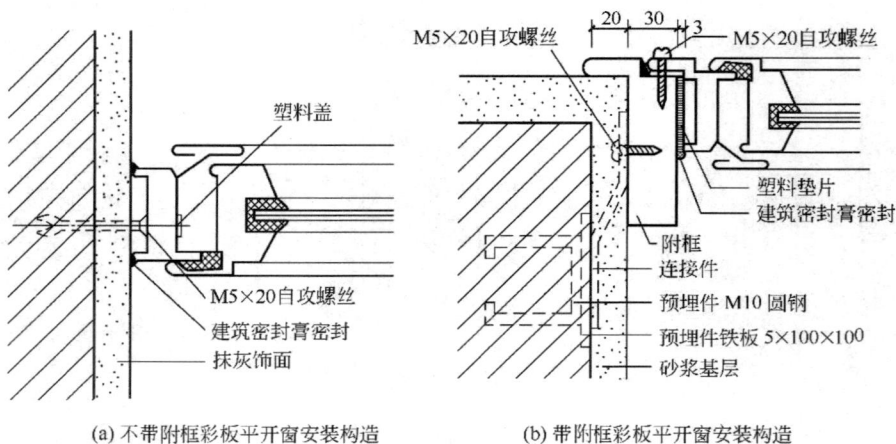

图 7.22 彩板平开窗安装构造

7.5　遮阳构造

遮阳是为了避免阳光直射室内，防止局部过热，减少太阳辐射热或避免产生眩光以及保护物品而采取的建筑措施。建筑遮阳的方法有很多，如室外绿化、室内悬挂窗帘、设置百叶窗等均是有效方法，但对于太阳辐射强烈的地区，特别是朝向不利的墙面上、建筑的门窗等洞口，应设置专用遮阳设施。

在窗外设置遮阳设施对室内通风和采光均会产生不利影响，对建筑造型和立面设计也会产生影响。因此，设计遮阳构造时应根据采光、通风、遮阳、美观等统一考虑。

建筑遮阳设施有简易活动遮阳、建筑构造(固定式)遮阳和绿化遮阳几种。简易活动遮阳是利用苇席、布篷、竹帘等设施进行遮阳，这种方法简单、经济、灵活，但耐久性差，如图 7.23 所示。

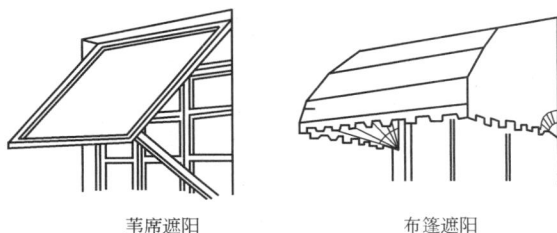

苇席遮阳　　　　　布篷遮阳

图 7.23　简易遮阳设施

建筑构造遮阳按其形状和效果，可分为水平式、垂直式、综合式及挡板式四种遮阳形式。这四种基本形式还可以组合成各种各样的遮阳形式，在工程中应根据设计时不同的纬度地区、不同的窗口朝向、不同房间的使用要求和建筑立面造型来选用各种不同的遮阳设施。

水平遮阳板能遮挡高度角较大的、从窗口上前方投射下来的直射阳光，宜布置在北回归线南向及接近南向的窗口和北回归线以南地区的南向及北向窗口，如图 7.24(a)所示。

垂直遮阳板能遮挡高度角小的、从窗户侧边斜射过来的直射阳光，它对高度角较大的、从窗口上方照射下来的阳光或接近日出日落时向窗口正射的阳光，不起遮挡作用。这种遮阳设施宜布置在北向、东北向、西北向的窗口，如图 7.24(b)所示。

综合式遮阳是水平遮阳和垂直遮阳的综合，能有效遮挡从窗前侧向斜射下来的直射阳光，遮挡效果比较均匀，宜布置在从东南向到西南向范围内的窗口，如图 7.24(c)所示。

挡板遮阳能够遮挡从窗口正前方射来的直射阳光，主要适用于东向、西向及其附近方向的窗口，如图 7.24(d)所示。

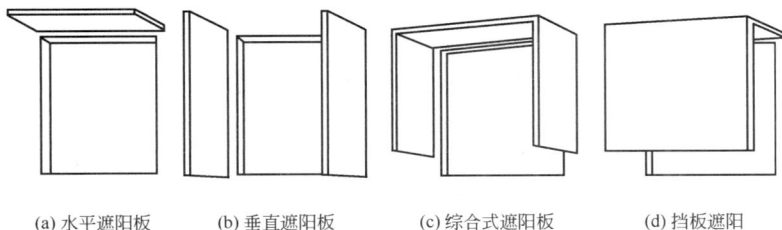

(a) 水平遮阳板　　(b) 垂直遮阳板　　(c) 综合式遮阳板　　(d) 挡板遮阳

图 7.24　固定遮阳板的形式

遮阳板的构造及建筑处理方法一般采用混凝土板，也可以采用钢构架石棉瓦、压型金属板等构造。选择和设置遮阳板时，应尽量减少对房间的采光和通风的影响，为兼顾建筑造型和立面设计要求，遮阳板布置宜整齐有规律。建筑通常将水平遮阳板或垂直遮阳板连续设置，形成较好的立面效果，如图7.25所示。

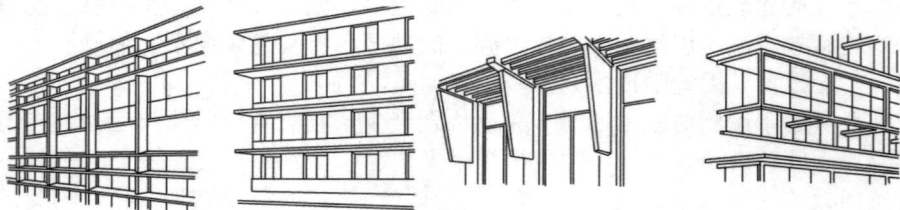

图 7.25　遮阳板的建筑立面效果

内遮阳可降低空调负荷，改善室内环境。内遮阳的主要形式有百叶帘、卷帘、窗帘等。

绿化遮阳对于低层建筑来说，是一种既有效又经济美观的遮阳措施。绿化遮阳可以通过在窗外一定距离种树，在窗外或阳台上种植攀缘植物实现对墙面的遮阳，还能通过蒸发周围的空气降低地面的反射，常青的灌木和草坪也能很好地降低地面反射和建筑反射。

7.6　单　元　小　结

内　容	知识要点	能力要求
门窗设计要求	坚固耐用、美观大方、开启灵活、关闭紧密、功能合理、便于维修和清洁，规格尽量统一，符合《建筑模数协调统一标准》要求	能熟练选取门窗尺度
门窗分类	门按开启方式、使用材料、构造和功能不同分为不同类型	能区分门窗类别，根据不同要求熟练选择合适的门窗
门窗的组成、安装	门：门框、门扇、亮窗、五金配件等。窗：窗框、窗扇、五金零件等。砌体结构门窗的安装方法：立口、塞口。框架结构门窗的安装方法：干法、湿法	能识读门窗的组成、明确各部分的作用；掌握门窗的安装方法
门窗保温节能措施	常采用双层窗及双层玻璃的单层窗，采取密封和密闭措施	熟悉门窗保温节能构造设计
遮阳构造	绿化遮阳、简易设施遮阳、建筑构造遮阳(水平式、垂直式、综合式及挡板式)	能基本掌握各种遮阳形式的使用范围与特点

7.7　复习思考题

一、名词解释

1. 立口　　2. 塞口　　3. 附框

二、选择题

1. 住宅入户门、防烟楼梯间门、寒冷地区公共建筑外门应分别采用_____开启方式。
   A. 平开门、平开门、转门
   B. 推拉门、弹簧门、折叠门
   C. 平开门、弹簧门、转门
   D. 平开门、转门、转门

2. 一般住宅的主门、阳台门、厨房门及卫生间门的最小宽度分别是_____mm。
   A. 1000、800、800、700
   B. 1000、800、900、700
   C. 1000、900、800、700
   D. 1000、900、800、800

3. 铝合金门窗和塑料门窗的安装均应采用_____。
   A. 立口
   B. 塞口
   C. 立口和塞口均可

4. _____开启时不占室内空间,但擦窗及维修不便;_____擦窗安全方便,但影响家具布置和使用。
   A. 内开窗、固定窗
   B. 内开窗、外开窗
   C. 立转窗、外开窗
   D. 外开窗、内开窗

5. 下列描述中,_____是错误的。
   A. 塑料门窗有良好的隔热性和密封性
   B. 塑料门窗变形大,刚度差,在大风地区应慎用
   C. 塑料门窗耐腐蚀,不用刷涂料
   D. 以上都不对

6. 建筑遮阳板可分为水平遮阳板、垂直遮阳板、_____、挡板式遮阳板四种。
   A. 花格遮阳板　　B. 综合遮阳板　　C. 雨篷遮阳板　　D. 阳台遮阳板

三、简答题

1. 门和窗的作用分别是什么?举例说明学校有哪些类型的门窗?在构造方面如何考虑节能?

2. 平开木门窗的构造如何?绘图说明平开木窗、木门的构造组成。

3. 门和窗各有哪几种开启方式?它们各有何特点?门和窗的组成部分分别有哪些?

4. 安装窗框的方法有哪些?各有什么特点?如何安装?

5. 门窗框与砖墙的连接方法有哪些?窗框与墙体之间的缝隙如何处理?画图说明。

6. 铝合金门窗和塑料门窗有哪些特点?构造如何?安装要点是什么?

7. 门窗节能的构造做法是什么?遮阳板布置有哪些类型?遮阳措施有哪些?

8. 测量宿舍门窗的尺度,并说明宿舍门窗的开启方式和材料。

中国古建筑之美—门.pdf

第8章 变 形 缝

内容提要： 本章主要介绍建筑变形缝的概念，变形缝的类型、作用、设置原则以及各类变形缝的设置宽度，各种变形缝的特点、相互之间的区别和缝两侧的结构布置方案。重点是变形缝在墙体、楼地面、屋面各位置的盖缝构造处理方法。

教学目标：

● 了解建筑变形缝的概念；
● 掌握变形缝的类型、作用、设置原则及相互之间的区别以及缝两侧的结构布置方案；
● 掌握变形缝在墙体、楼地面、屋面各位置的构造处理方法。

当建筑物的长度超过规定、体型复杂、平立面特别不规则、平面图形曲折变化比较多或同一建筑物不同部分的高度或荷载差异较大时，建筑构件内部会因气温变化、地基的不均匀沉降或地震等原因产生附加应力。当这种应力较大而又处理不妥当时，会引起建筑构件产生变形，导致建筑物出现裂缝甚至破坏，影响正常使用与安全。为了预防和避免这种情况的发生，一般可以采取两种措施：加强建筑物的整体性，使之具有足够的强度和刚度来克服这些附加应力和变形；或在设计和施工中预先在这些变形敏感部位将建筑构件垂直断开，留出一定的缝隙，将建筑物分成若干独立的部分，形成多个较规则的抗侧力结构单元。这种将建筑物垂直分开的预留缝隙称为变形缝。

8.1 变形缝的概念和设置

变形缝(deformation joint)是建筑物由于气温变化、地基不均匀沉降、地震等外界因素作用下，结构内部产生附加变形和应力，导致建筑物开裂、碰撞甚至破坏而预留的构造缝。变形缝分为伸缩缝、沉降缝和防震缝。

8.1.1 伸缩缝

建筑物会因受到温度变化的影响而产生热胀冷缩，使结构构件内部产生附加应力而变形。当建筑物较长时，为避免建筑物因热胀冷缩较大而使结构构件产生裂缝，建筑中需设置伸缩缝，伸缩缝又称温度缝。

1. 伸缩缝的设置原则

当建筑物超过一定长度，建筑平面复杂、变化较多，建筑中结构类型变化较大时，建筑中需设置伸缩缝。设置伸缩缝时，通常是沿建筑物长度方向每隔一定距离或结构变化较大处在垂直方向预留缝隙。伸缩缝的最大间距应根据不同结构类型、材料和当地温度变化情况而定。

伸缩缝.mp4

砌体结构房屋在正常使用条件下，应在墙体中设置伸缩缝。伸缩缝应设在因温度和收缩变形引起应力集中、砌体产生裂缝可能性最大处。伸缩缝的间距可按表 8.1 采用。

表 8.1　砌体结构房屋伸缩缝的最大间距

屋盖或楼盖的类别		间距/m
整体式或装配整体式钢筋混凝土结构	有保温层或隔热层的顶、楼层	50
	无保温层或隔热层的屋盖	40
装配式无檩体系钢筋混凝土结构	有保温层或隔热层的顶、楼层	60
	无保温层或隔热层的屋盖	50
装配式有檩条体系钢筋混凝土结构	有保温层或隔热层的屋顶	75
	无保温层或隔热层的屋顶	60
瓦材屋顶盖、木屋盖或楼层、轻钢屋盖		100

混凝土结构的伸(膨胀)缝、缩(收缩)缝合称伸缩缝，它是结构缝的一种，目的是为减小由于温差(早期水化热或使用期季节温差)和体积变化(施工期或使用早期的混凝土收缩)等间接作用效应积累的影响，将混凝土结构分割为较小的单元，可避免引起较大的约束应力和开裂。《混凝土结构设计规范》(GB 50010—2010)中有关钢筋混凝土结构房屋伸缩缝的最大间距规定如表 8.2 所示。

表 8.2　钢筋混凝土结构房屋伸缩缝的最大间距

单位：m

结　　构	类　　型	室内或土中	露　天
排架结构	装配式	100	70
框架结构	装配式	75	50
框架-剪力墙结构	现浇式	55	35
剪力墙结构	装配式	65	40
	现浇式	45	30
挡土墙及地下室墙壁等结构	装配式	40	30
	现浇式	30	20

2. 伸缩缝的结构构造

建筑物的伸缩缝是在建筑物的同一位置将基础以上的墙体、楼板层、屋顶等部分全部断开，分为各自独立的能在水平方向自由伸缩的部分，而基础部分因受温度变化影响较小，不需断开。伸缩缝宽一般为 20～40 mm，通常采用 30 mm。在结构处理上，砖混结构的墙和楼板及屋顶结构布置可采用单墙或双墙承重方案，如图 8.1 和图 8.2 所示。

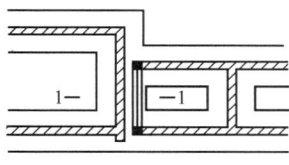

图 8.1　单墙承重方案

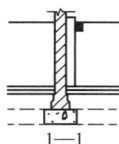

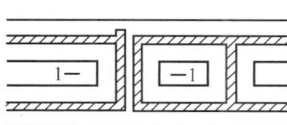

图 8.2　双墙承重方案

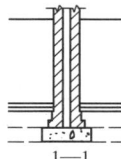

在框架结构中，最简单的方法是将楼层的中部断开，也可采用双柱、简支梁和悬挑的办法，如图 8.3 所示。

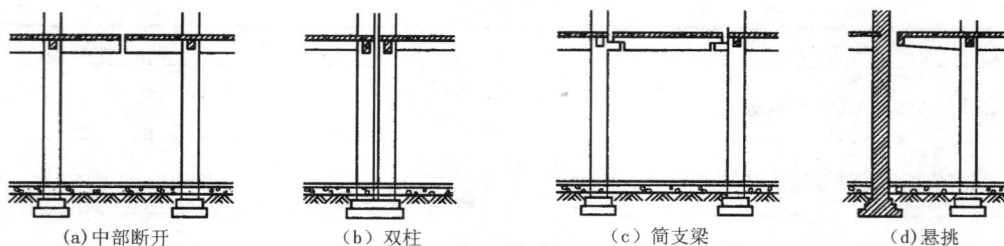

(a) 中部断开　　　　(b) 双柱　　　　(c) 简支梁　　　　(d) 悬挑

图 8.3　框架结构变形缝的设置

8.1.2　沉降缝

为防止建筑物各部分由于地基不均匀沉降引起房屋破坏所设置的垂直缝隙称为沉降缝。

1. 沉降缝的设置原则

符合下列情况之一，建筑物的下列部位，宜设置沉降缝，见图 8.4 所示。

(1) 建筑平面的转折部位。

(2) 高度差异或荷载差异处。

(3) 长高比过大的砌体承重结构或钢筋混凝土框架结构的适当部位。

(4) 地基土的压缩性有显著差异处。

(5) 建筑结构或基础类型不同处。

(6) 分期建造房屋的交界处。

沉降缝.mp4

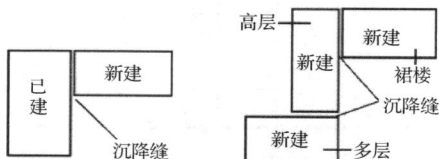

(a) 分期建造的房屋　(b) 高度差异处、建筑结构或基础类型不同处

图 8.4　沉降缝设置示意图

2. 沉降缝的结构处理

设置沉降缝时，必须将建筑的基础、墙体、楼层及屋顶等部分全部在垂直方向断开，使各部分能形成各自自由沉降的独立的刚度单元。基础必须断开是沉降缝不同于伸缩缝的主要特征。沉降缝的宽度与地基的性质和建筑物的高度有关，如表 8.3 所示。

砖混结构墙下条形基础通常有双墙偏心基础、挑梁基础和交叉式基础三种处理形式，基础沉降缝处理如图 8.5 所示。框架结构通常也有双柱下偏心基础、挑梁基础和柱交叉布置三种处理形式。沉降缝一般兼起伸缩缝的作用，其构造与伸缩缝基本相同，但盖缝条及调节片构造必须注意能保证在水平方向和垂直方向自由变形。

表 8.3　沉降缝的宽度

地基性质	建筑物高度/m	沉降缝宽度/mm
一般地基	<5	30
	5～10	50
	10～15	70
软弱地基	2～3 层	50～80
	4～5 层	80～120
	5 层以上	>120
湿陷性黄土地基		≥30～70

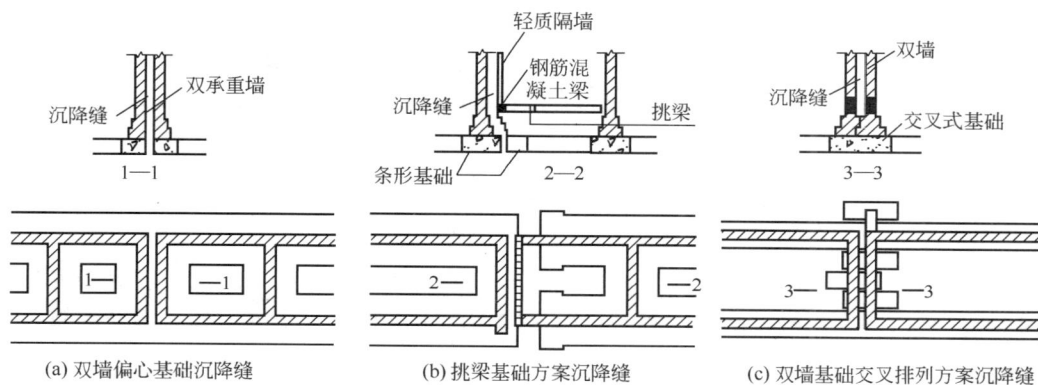

(a) 双墙偏心基础沉降缝　　(b) 挑梁基础方案沉降缝　　(c) 双墙基础交叉排列方案沉降缝

图 8.5　基础沉降缝处理示意图

8.1.3　防震缝

防震缝是为了解决由于地震时产生的相互撞击变形而设置的缝隙。我国建筑抗震设计规范中明确了各地区建筑物抗震的基本要求。在地震区建造房屋，应力求体型简单，重量、刚度对称并均匀分布，建筑物的形心和重心尽可能接近，避免在平面和立面上突变，最好不设变形缝以保证结构的整体性，加强整体刚度。

设置防震缝的目的是将大型建筑物分隔为较小的部分，形成相对独立的防震单元，避免因地震造成建筑物整体震动不协调而产生破坏。

防震缝应根据抗震设防烈度、结构材料种类、结构类型、结构单元的高度和高差以及可能的地震扭转效应的情况，留有足够的宽度，其两侧的上部结构应完全分开，基础可不设防震缝，但对具有沉降缝要求的防震缝要将基础分开。当设置伸缩缝和沉降缝时，其宽度应符合防震缝的要求。

对多层砌体房屋，有下列情况之一时宜设置防震缝，缝两侧均应设置墙体，防震缝缝宽应根据烈度和房屋高度确定，可采用 70～100 mm。

(1) 房屋立面高差大于 6 m。

(2) 房屋有错层，且楼板高差大于层高的 1/4。

(3) 房屋毗邻部分结构的刚度、质量截然不同。

钢筋混凝土房屋需要设置防震缝时，其宽度与房屋高度和设防烈度及结构类型有关，按照《建筑抗震设计规范》(GB 50011—2010)规定，防震缝的宽度如表 8.4 所示。当设置伸缩缝和沉降缝时，其宽度应符合防震缝的要求。当两侧结构类型不同时，宜按需要较宽防震缝的结构类型和较低房屋高度确定缝宽。

表 8.4　防震缝的宽度

结构类型	设计烈度	建筑物高度/m	防震缝宽度/mm	
框架结构	按设计烈度	≤15	基本值不应小于 100	
	6	>15	高度每增加 5	在基本值基础上增加 20
	7		高度每增加 4	
	8		高度每增加 3	
	9		高度每增加 2	
框架—抗震墙结构		取上述规定数值的 70%且不低于 100		
抗震墙结构		取上述规定数值的 50%且不低于 100		

8.2　变形缝的构造

变形缝构造设计时，材料和构造方式应符合变形缝所在位置的如防水、防火、美观等其他功能需要；在变形缝内应采用具有自防水功能的柔性材料来塞缝，如挤塑型苯板、沥青麻丝、橡胶条等，以防止热桥的产生。要求变形缝所选择的盖缝板的形式符合所属变形类别的变形需要如图 8.6 所示。

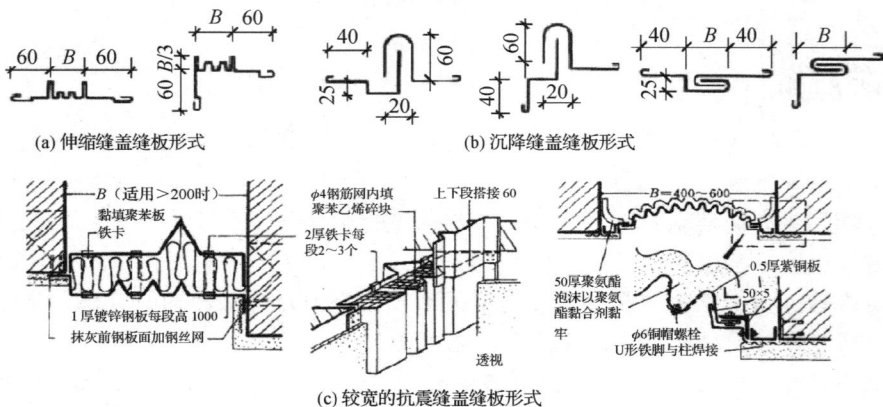

(a) 伸缩缝盖缝板形式　　　　(b) 沉降缝盖缝板形式

(c) 较宽的抗震缝盖缝板形式

图 8.6　适应变形的盖板形式

1. 墙体变形缝的构造

墙体变形缝的各构造示意图详见表 8.5。外墙外侧常用浸沥青的麻丝或木丝板及泡沫塑料条、油膏弹性防水材料塞缝，缝隙较宽时，可用镀锌铁皮、铝皮做盖缝处理。内墙一般结合室内装修用木板、各类金属板等盖缝处理。《变形缝建筑构造》图集(14J936)中 A 系列内、外墙面盖板型变形缝举例如图 8.7 所示。墙体防震缝一般较宽，通常采取覆盖的做法，盖缝应满足牢固、防

变形缝结构形式.mp4

风和防水等要求，同时还应具有一定的适应变形的能力。蒸压加气混凝土砌块防震缝构造如图8.8所示。

表8.5 变形缝构造示意图

| 伸缩缝构造 | (a)内墙平缝木条盖缝 | (b)内墙角缝木条盖缝 | (c)墙面平缝铝合金板盖缝 | (d)墙面角缝金属板盖缝 |

| 沉降缝构造 | (a)墙面平缝金属板盖缝 | (b)墙面角缝金属板盖缝 | (c)墙面平缝企口金属板盖缝 |

| 防震缝构造 | (a)粉刷外墙平缝金属板盖缝 | (b)粉刷外墙角缝金属板盖缝 | (c)面砖外墙平缝金属板盖缝 |

(a)内墙面平缝盖板型变形缝

(b)外墙角缝嵌平型变形缝

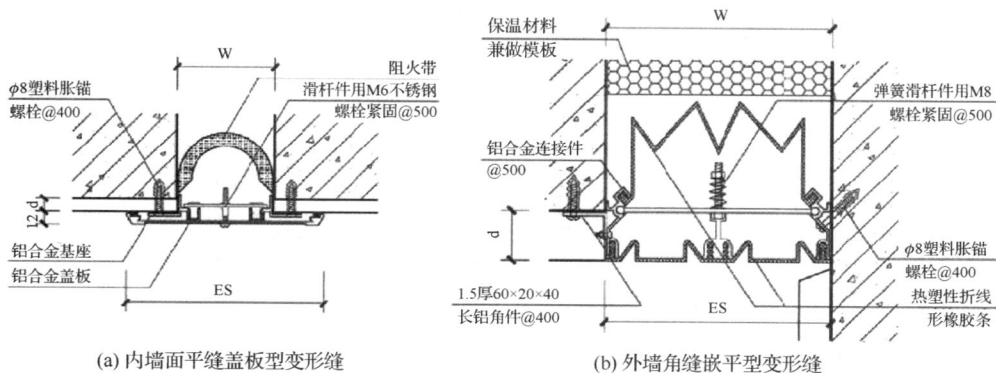

图8.7 A系列内墙面、外墙面变形缝举例

2. 楼地面变形缝的构造

楼地层伸缩缝常用油膏、沥青麻丝、金属或塑料调节片等材料做封缝处理。变形缝处铺金属、混凝土或橡塑等活动盖板，构造示意如图8.9所示。其构造处理需满足地面平整、光洁、防水和卫生等使用要求。楼地面变形缝盖缝构造举例如图8.10所示。

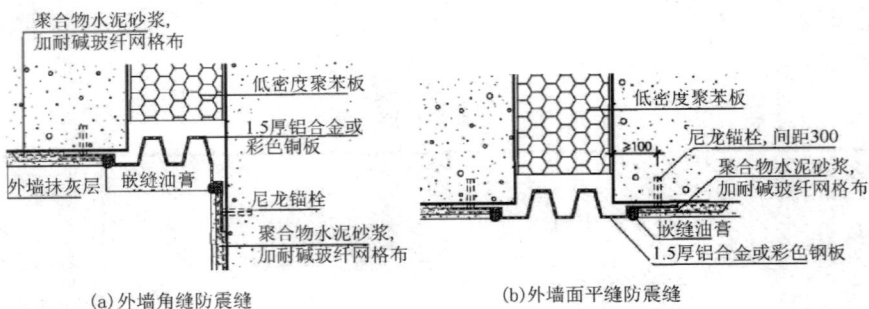

(a) 外墙角缝防震缝

(b) 外墙面平缝防震缝

图 8.8　蒸压加气混凝土砌块防震缝构造

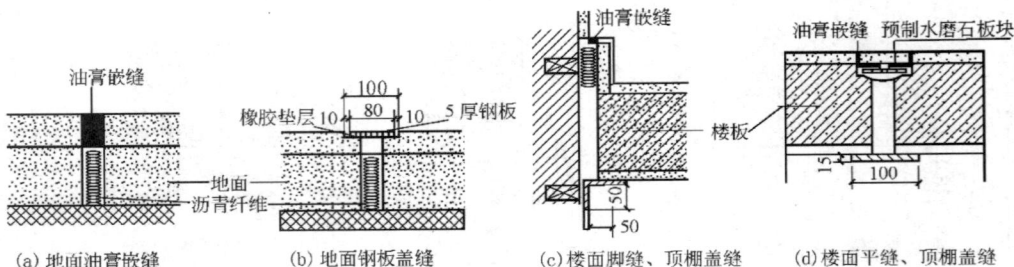

(a) 地面油膏嵌缝　　(b) 地面钢板盖缝　　(c) 楼面脚缝、顶棚盖缝　　(d) 楼面平缝、顶棚盖缝

图 8.9　楼地面伸缩缝盖缝示意图

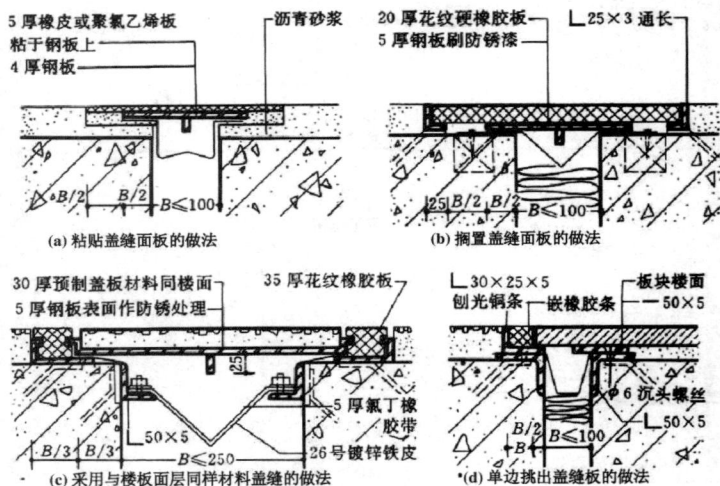

(a) 粘贴盖缝面板的做法

(b) 搁置盖缝面板的做法

(c) 采用与楼板面层同样材料盖缝的做法

(d) 单边挑出盖缝板的做法

图 8.10　楼面变形缝盖缝构造

3. 屋面变形缝的构造

　　屋面变形缝一般设在同一标高屋面或高低错落处屋面，其构造如图 8.11 所示。变形缝的构造处理原则是在保证两侧结构构件能在水平方向自由伸缩的同时又能满足防水、保温、隔热等屋面结构的要求。当变形缝两侧屋面标高相同又为上人屋面时，通常做油膏嵌缝并注意防水处理；为非上人屋面时一般在伸缩缝处加砌半砖矮墙，屋面防水和泛水基本上同

常规做法，在矮墙顶上，传统做法用镀锌铁皮盖缝，近年逐步流行用彩色薄钢板、铝板甚至不锈钢皮等盖缝。图 8.12 是《变形缝建筑构造》图集(14J936)中 A 系列屋面防震型变形缝的构造举例。

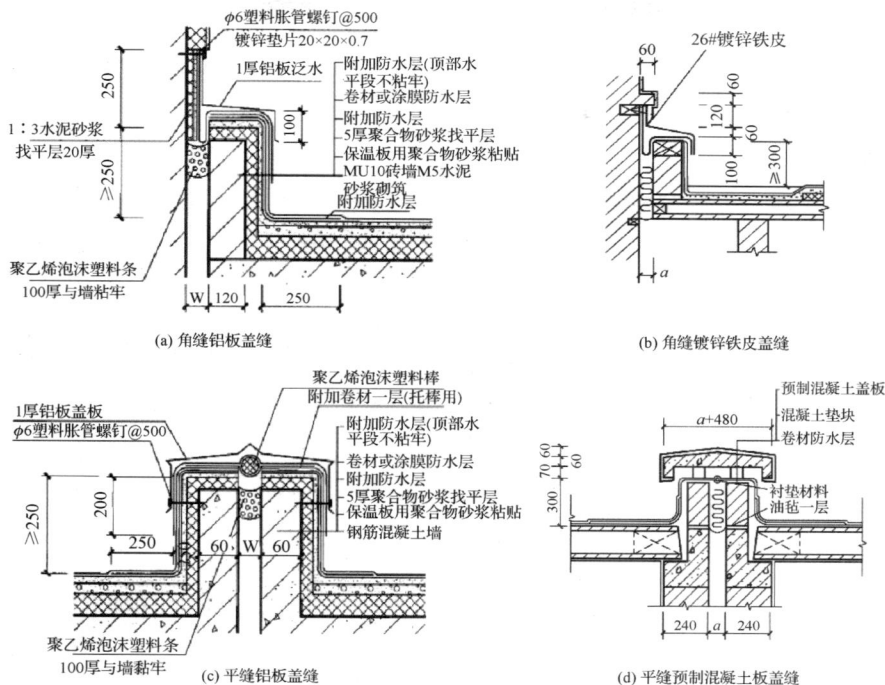

图 8.11　卷材屋面变形缝的构造

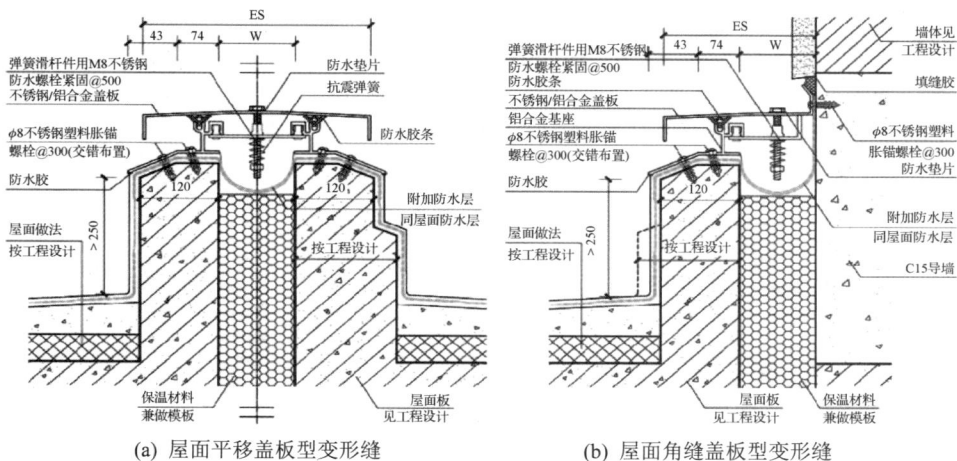

图 8.12　屋面防震型变形缝的构造举例

4. 地下室变形缝的构造

地下室一般作为基础，变形缝按沉降缝处理。变形缝应满足密封防水、适应变形、施工方便、检修容易等要求。地下室沉降缝的重点是做好地下室墙身及底板的防水，一般是在沉降缝处预埋止水带。止水带是设置在变形缝处，用来满足变形缝防水要求的条带形材料。止水带按材料分塑料止水带、金属止水带和橡胶止水带等类型，如图 8.13 所示。根据安装的位置和形式分为中埋式止水带、外贴式止水带和可卸式止水带。地下室止水带构造多复合式使用，中埋式放在混凝土结构变形缝"缺口"的中部，外贴式止水带紧贴混凝土结构"缺口"的外侧，而可卸式止水带为了拆卸方便，一般通过螺栓固定在混凝土结构的内侧，如图 8.14 所示。

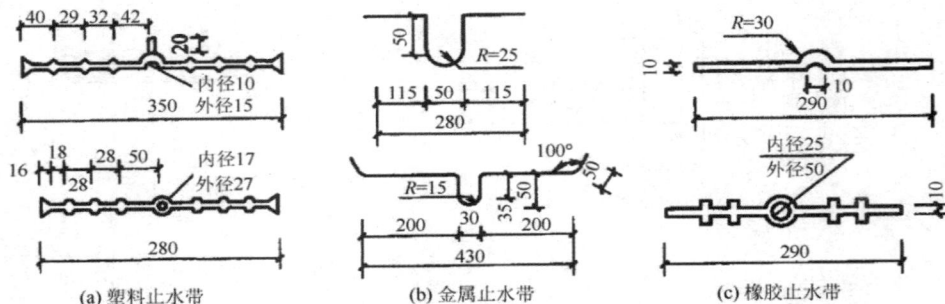

(a) 塑料止水带　　　　　　(b) 金属止水带　　　　　　(c) 橡胶止水带

图 8.13　地下室沉降缝构造

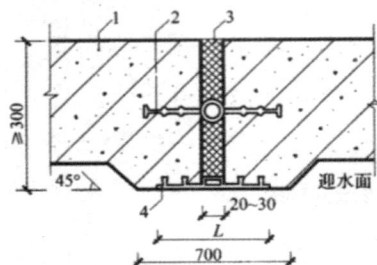

(a) 中埋式止水带与外贴防水层复合使用

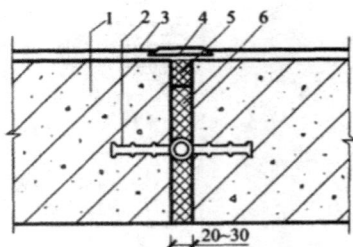

外贴式止水带 L≥300；外贴防水卷材 L≥400；外涂防水涂层 L≥400

1—混凝土结构；2—中埋式止水带；3—填缝材料；4—外贴止水带

(b) 中埋式止水带与嵌缝材料复合使用

1—混凝土结构；2—中埋式止水带；3—防水层；

4—隔离层；5—密封材料；6—填缝材料

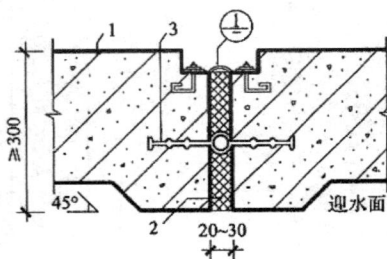

(c) 中埋式止水带与可卸式止水带复合使用

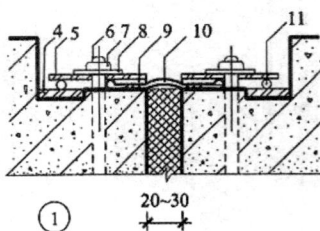

1—混凝土结构；2—填缝材料；3—中埋式止水带；4—预埋钢板；5—紧固件压板；6—预埋螺栓；

7—螺母；8—垫圈；9—紧固件压块；10—∩型止水带；11—紧固件圆钢

图 8.14　地下室沉降缝复合式使用构造

8.3 单 元 小 结

内　容	知识要点	能力要求
伸缩缝	伸缩缝即温度变形缝；伸缩缝的设置间距与结构类型、材料、施工方法以及建筑所处环境等因素有关；构造要求是必须保证建筑构件能在水平方向自由变形	能辨识伸缩缝，能处理建筑各部位伸缩缝的构造
沉降缝	沉降缝是为防止因建筑物各部分不均匀沉降引起的破坏而设置的变形缝，构造要求是必须保证建筑构件能在竖向自由变形	能辨识沉降缝，能处理建筑各部位沉降缝的构造
防震缝	防震缝是为防止地震作用引起建筑物的破坏而设置的变形缝，防震缝的构造一般只考虑水平方向	能辨识防震缝，能处理建筑各部位防震缝的构造

8.4 复习思考题

一、名词解释

1. 建筑变形缝　　2. 伸缩缝　　3. 沉降缝　　4. 防震缝

二、选择题

1. 建筑变形缝包括_____。
　　A. 伸缩缝　　　B. 沉降缝　　　C. 分仓缝　　　D. 防震缝　　　E. 施工缝

2. 为防止建筑物在外界因素影响下产生变形和开裂导致结构破坏而设计的缝叫_____。
　　A. 分仓缝　　　　　B. 构造缝　　　　　C. 变形缝　　　　　D. 通缝

3. 8 度设防区，高度为 18 m 的多层钢筋混凝土框架建筑，抗震缝缝宽为_____。
　　A. 50 mm　　　　B. 70 mm　　　　C. 90 mm　　　　D. 110 mm

4. 在地震区地下室用于沉降的变形缝宽度，下列_____为宜。
　　A. 20～30 mm　　　B. 40～50 mm　　　C. 70 mm　　　D. 等于上部结构防震缝的宽度

5. 地下工程无论何种防水等级，变形缝均应选用_____防水措施。
　　A. 外贴式止水带　　B. 遇水膨胀止水条　　C. 外涂防水涂料　　D. 中埋式止水带

6. 为了防止和减少建筑物在荷载作用下由于变形而破坏，可以考虑设置_____。
　　A. 伸缩缝　　　　　B. 沉降缝　　　　　C. 施工缝　　　　　D. 冷缝　　　　E. 防震缝

三、简答题

1. 在学校里寻找建筑变形缝，辨识属于哪一种，并说明该变形缝的构造、材料。
2. 建筑物中哪些情况应设置伸缩缝、沉降缝、防震缝？如何确定变形缝的宽度？
3. 伸缩缝、沉降缝、防震缝在外墙、地面、楼面、屋面等位置时如何进行盖缝处理？

第9章 工业建筑

内容提要： 本章主要介绍工业建筑的特点与分类；单层工业厂房的结构组成、类型与定位轴线；单层工业厂房的主要结构构件、围护构件与其他构造。重点是单层厂房的结构组成、定位轴线、主要结构构件和围护构件中的天窗构造。

教学目标：

- 了解工业厂房建筑的特点、分类；
- 了解单层工业厂房的结构组成和类型；
- 掌握单层厂房的柱网尺寸、定位轴线的划分方法；
- 熟悉单层工业厂房建筑的主要结构构件和围护构件，了解主要构件的连接和构造特点；
- 了解单层工业厂房建筑的地面构造。

工业建筑是各类工厂为工业生产需要而建造的各种不同用途的建筑物和构筑物的总称。通常把用于工业生产的建筑物称为工业厂房。

9.1 工业建筑的特点与分类

工业建筑和民用建筑具有建筑的共性，但由于工业建筑是直接为工业生产服务的，所以具体的生产工艺将直接影响工业建筑物的平面及空间布局、建筑结构、建筑构造、建筑施工工艺等，这与民用建筑又有很大差别。

9.1.1 工业建筑的特点

工业厂房是为工业生产服务的。一般来说，厂房与民用建筑相比，基建投资多，占地面积大，而且受生产工艺条件的制约。工业厂房建筑具有如下特点。

(1) 厂房要满足生产工艺流程的要求。由于每种工业产品的生产都有一定的生产程序，这种程序称为生产工艺流程。而生产工艺流程的要求决定了厂房平、剖面的布置和形式。在此基础上，还应为工人创造良好的劳动卫生条件，以便提高产品质量和劳动生产率。

(2) 厂房要求有较大的内部空间。许多工业产品的体积、质量都很大，在产品的生产过程中，往往需要配备大、中型的生产机器设备和起重运输设备(吊车)等。因此，工业建筑应有较大的内部空间。

(3) 厂房要有良好的采光和通风。有的厂房在生产过程中会散发出大量的余热、烟尘、有害气体、有侵蚀性的液体以及产生噪声等，这就要求厂房内应有良好的通风设施和采光要求。

(4) 厂房设计时应满足特殊方面的要求。有的厂房为保证正常生产，要求保持一定的温、湿度，或要求防尘、防震、防爆、防菌、防放射线等，需要采取相应的特殊技术措施来满足。

(5) 厂房设计时应考虑各种管道的荷载和敷设要求。生产过程中往往需要各种工程技术管网，如上/下水、热力、压缩空气、煤气、氧气和电力供应管道等，在建筑构造上应考虑这些因素。

(6) 厂房内常有各种运输车辆通行的要求。生产过程中有大量的原料、加工零件、半成品、成品、废料等需要用电瓶车、汽车或火车进行运输，所以应妥善解决运输工具的通行问题。

9.1.2　工业建筑的分类

由于生产工艺的多样化和复杂化，工业建筑的类型很多，通常分为以下几种类型。

1. 按厂房的用途分类

(1) 主要生产厂房。用于完成主要产品从原料到成品的整个加工、装配过程的各类厂房，如机械制造厂的铸造车间、热处理车间、机械加工车间和机械装配车间等。

(2) 辅助生产厂房。为主要生产车间服务的各类厂房，如机械制造厂的机械修理车间、电机修理车间、工具车间等。

(3) 动力用厂房。为全厂提供能源的各类厂房，如发电站、变电所、锅炉房、煤气站、乙炔站、氧气站和压缩空气站等。

(4) 储藏用建筑。储藏各种原材料、半成品、成品的仓库，如机械厂的金属料库、炉料库、砂料库、燃料库、油料库、易燃易爆材料库、辅助材料库、半成品库及成品库等。

(5) 运输用建筑。用于停放、检修各种交通运输工具的房屋，如机车库、汽车库、电瓶车库、起重车库、消防车库和站场用房等。

(6) 其他。不属于上述五类用途的建筑，如给排水泵站、污水处理建筑等。

2. 按层数分类

(1) 单层厂房是指层数仅为一层的工业厂房。多用于机械制造工业、冶金工业和其他重工业等，可分为单跨厂房和多跨厂房，如图 9.1 所示。

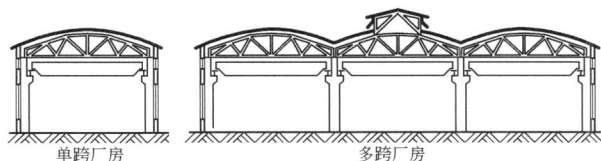

图 9.1　单层厂房

(2) 多层厂房是指层数在二层以上的厂房，一般为二至五层，多用于精密仪器仪表、电子、食品、服装加工工业等，如图 9.2 所示。

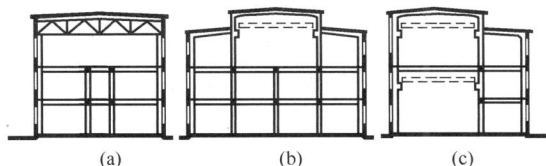

图 9.2　多层厂房

(3) 层次混合的厂房是指同一厂房内既有单层又有多层的厂房，如某些化学工业、热电站的主厂房等。图 9.3(a)所示为热电厂的主车间，汽轮发电机设在单层跨内，其他为多层。图 9.3(b)所示为一化工车间，高大的生产设备位于中间的单层跨内，两个边跨则为多层。

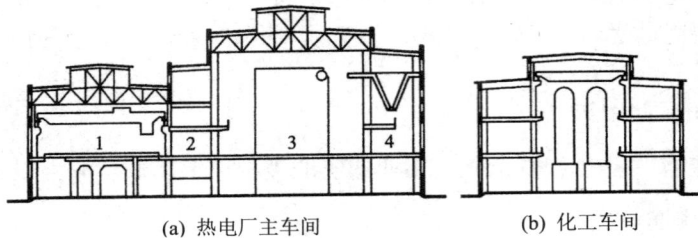

(a) 热电厂主车间 (b) 化工车间

图 9.3 层次混合的厂房

1—汽机间；2—除氧间；3—锅炉房；4—煤斗间

3. 按生产状况分类

(1) 热加工车间是指在高温状态下进行生产的车间，生产中有时伴随产生烟雾、灰尘和有害气体，如铸造、炼钢、轧钢和锅炉房等，应考虑通风及散热问题。

(2) 冷加工车间是指在正常温度、湿度条件下进行生产的车间，如机械加工、机械装配、工具与机修等车间。

(3) 恒温恒湿车间是指在恒定的温、湿度条件下进行生产的车间，如纺织车间、精密仪器车间、酿造车间等。

(4) 洁净车间是指在无尘、无菌、无污染的高度洁净状况下进行生产的车间，如精密仪器加工及装配车间、集成电路车间、医药工业中的粉针剂车间等。

(5) 其他特种状况的车间是指有特殊条件要求的车间，如有爆炸可能性、有大量腐蚀性物质、有放射性物质、高度隔声、防电磁波干扰的车间等。

生产状况是确定厂房平面、立面、剖面以及围护结构形式的主要因素，设计时应予以考虑。

4. 按工业厂房的结构类型分类

在厂房建筑中，支承各种荷载作用的构件所组成的承重骨架，通常称为结构。厂房结构按其承重结构的材料来分，有混合结构、钢筋混凝土结构和钢结构等类型。厂房结构按其主要承重结构的形式分为砖混结构、框架结构、排架结构、刚架结构、轻型钢结构及其他结构。

(1) 砖混结构。砖混结构主要指由砖墙(或者砖柱)、屋面大梁或屋架等构件组成的结构形式，图 9.4 所示为单层砖混结构厂房。由于这种结构各方面的性能都较差，只能适用于跨度、高度、吊车荷载等较小以及地震烈度较低的单层厂房。

(2) 框架结构。钢筋混凝土框架结构单、多层厂房类似于民用建筑中的框架结构，如图 9.5 所示。框架结构一般采用现浇施工，当跨度较大时，可采用预应力技术。

(3) 排架结构。排架结构是我国目前单层厂房中应用较多的一种基本结构形式，根据其所用材料，可分为钢筋混凝土排架结构、钢筋混凝土柱和钢屋架组成的排架结构、砖排架结构及钢排架结构等类型。其中，装配式钢筋混凝土排架结构(见图 9.6)是目前单层厂房中最基本、应用比较普遍的结构形式。排架结构施工安装较方便，适用范围较广，除用于一般单层厂房外，还能用于跨度和高度较大，且设有较大吨位的吊车或有较大振动荷载及地震烈度较高的大型厂房。

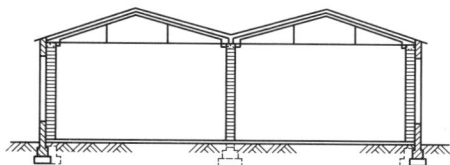

图 9.4　单层砖混结构厂房

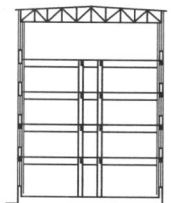

图 9.5　框架结构多层厂房

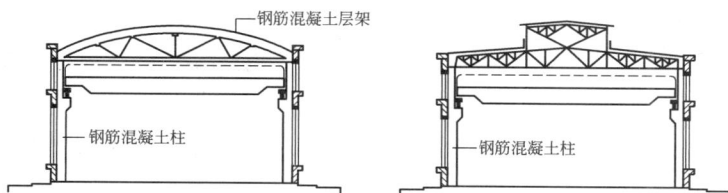

图 9.6　装配式钢筋混凝土排架结构

(4) 刚架结构。刚架结构的主要特点是屋架与柱子合并为同一构件，其连接处为整体刚接。单层厂房中的刚架结构主要采用门式刚架，依其顶部节点的连接情况，有两铰刚架和三铰刚架两种形式。钢筋混凝土门式刚架结构如图 9.7 所示。门式刚架构件类型少，制作简便，比较经济，室内空间宽敞、整洁。在高度不超过 10 m、跨度不超过 18 m 的纺织、印染等厂房中应用较普遍。

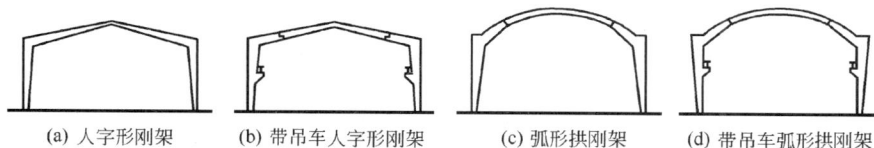

(a) 人字形刚架　　(b) 带吊车人字形刚架　　(c) 弧形拱刚架　　(d) 带吊车弧形拱刚架

图 9.7　钢筋混凝土门式刚架结构

(5) 轻型钢结构。轻型钢结构厂房以轻钢为骨架，以轻质复合板材为围护材料，以标准模数系列进行空间组合，构件采用螺栓及焊接工艺连接，属环保经济型厂房。

(6) 其他结构。在实际工程中，钢筋混凝土结构、钢结构等可以组合应用，也可以采用网架、折板、马鞍板和壳体等屋盖结构。其他结构形式如图 9.8 所示。

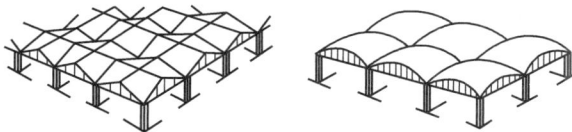

图 9.8　其他结构形式

9.2 排架结构单层厂房的结构组成

9.2.1 排架结构单层厂房的结构体系

装配式钢筋混凝土排架结构单层厂房，由厂房骨架和围护结构两大部分组成。以常见的装配式钢筋混凝土横向排架结构为例，单层厂房的结构组成如图 9.9 所示。厂房承重结构由横向排架、纵向连系构件以及支撑所组成。横向排架包括屋架(或屋面梁)、柱子和柱基础。它承受屋盖、天窗、外墙及吊车等荷载。纵向连系构件包括吊车架、基础梁、连系梁(或圈梁)、大型屋面板等，这些构件连系横向排架，保证了横向排架的稳定性，形成了厂房的整体骨架结构系统，并将作用在山墙上的风力和吊车纵向制动力传给柱子。此外，为了保证厂房的整体性和稳定性，还须设置屋盖支撑和柱间支撑系统。

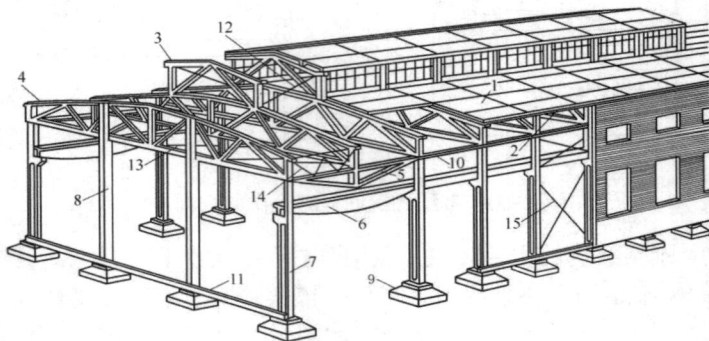

单层厂房组成.mp4

图 9.9 单层厂房结构组成

1—屋面板；2—天沟板；3—天窗架；4—屋架；5—托架；6—吊车梁；7—排架柱；8—抗风柱；
9—基础；10—连系梁；11—基础梁；12—天窗架垂直支撑；13—屋架下弦横向水平支撑；
14—屋架端部垂直支撑；15—柱间支撑

1. 屋盖结构

单层工业厂房的屋盖起围护与承重作用。它包括覆盖构件(如屋面板或檩条、瓦等)和承重构件(如屋架或屋面梁、天窗架、托架)两部分。

2. 柱

(1) 横向排架柱。它是厂房中的主要竖向承重构件，承受屋盖、吊车梁、支撑、连系梁和外墙传来的荷载，并把这些荷载传给基础。同时，柱子也要承担由山墙传来的风荷载。

(2) 抗风柱。同山墙一起承受风荷载，并把荷载中的一部分传到厂房纵向柱列上去，另一部分直接传给基础。

3. 吊车梁

吊车梁通常放置在柱子的牛腿上，牛腿从柱子伸出。吊车梁的作用是承受吊车自重、吊车的起重量，以及吊车启动、制动时产生的冲击力，并将这些荷载传给柱子。

4. 基础

基础的作用主要是承担柱子上的荷载，以及部分墙体荷载，并把这些荷载传给地基。单层厂房多采用独立式基础。

5. 外墙围护系统

(1) 外墙。厂房的大部分荷载由排架结构承担，因此，外墙是自承重构件，主要起防风、防雨、保温、隔热、遮阳、防火等作用。

(2) 窗与门。起采光、通风和交通运输作用。

(3) 连系梁(墙梁)。厂房纵向柱列的水平连系构件，用以增加厂房的纵向刚度，当设在墙内时承受上部墙体的荷载，并将荷载传给纵向柱列。

(4) 吊车梁。承受吊车荷载，并将荷载传给纵向柱列。

(5) 基础梁。承受上部墙体质量，并把它传给基础。

(6) 圈梁。不承重，主要起增强厂房的整体刚度和整体性的作用。

6. 支撑系统

支撑系统构件包括柱间支撑系统和屋盖支撑系统两大部分，其作用是加强厂房的空间刚度和稳定性，主要用于传递水平风荷载以及吊车产生的水平制动力。

9.2.2　厂房内部的起重运输设备

在生产过程中，为装卸、搬运各种原材料和产品，以及进行生产、设备检修等，厂房内需安装和运行各种类型的起重运输设备。起重吊车是目前厂房中应用最为广泛的一种起重运输设备。厂房剖面高度的确定和结构计算等，都和使用吊车的规格、起重质量等有密切关系。常见的吊车类型有单轨悬挂式吊车、梁式吊车和桥式吊车等。

电动单轨悬挂式吊车如图 9.10 所示。其起重质量一般为 1～2 t，有手动和电动两种类型。由于轨架悬挂在屋架下弦，所以对屋盖结构的刚度要求比较高。

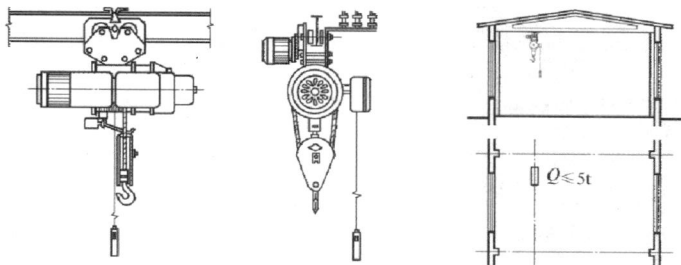

厂房内部的
起重设备.mp4

图 9.10　电动单轨悬挂式吊车

梁式吊车有悬挂式和支承式两种类型。悬挂梁式吊车如图 9.11(a)所示，是在屋架(或屋面梁)下弦悬挂梁式钢轨，钢轨布置成两行直线，在两行轨梁上设有滑行的单梁，在单梁上设有可横向移动的滑轮组(即电动葫芦)。支承梁式吊车如图 9.11(b)所示，是在排架柱上设置牛腿，牛腿上设置吊车梁，吊车梁上安装钢轨，钢轨上设有可滑行的单梁。在滑行的单梁上设置可滑行的滑轮组，在单梁与滑轮组行走范围内均可起重。梁式吊车的起重量一般不超过 5 t。确定厂房高度时，应考虑该吊车对净空高度的影响。

桥式吊车(起重机)由桥架和起重小车组成，通常是在厂房排架柱上设置牛腿，牛腿上搁置吊车梁，吊车梁上安装钢轨，钢轨上设置能沿着厂房纵向滑移的双榀钢桥架(或板梁)，桥架上设置起重小车，小车能沿桥架横向移动，并有供起重的滑轮组。桥式吊车如图 9.12 所示。在桥架与小车行走范围内均可起重，起重质量为 5～400 t。在桥架一端设有吊车司机室。

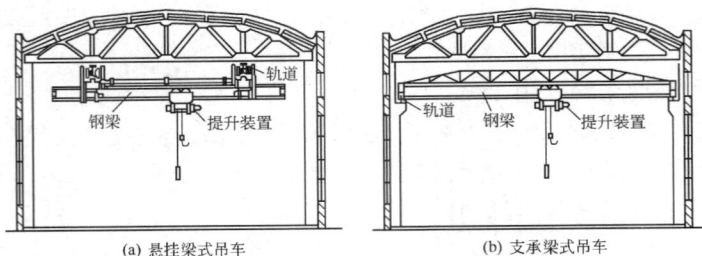

图 9.11　梁式吊车　　　　　　　　图 9.12　桥式吊车

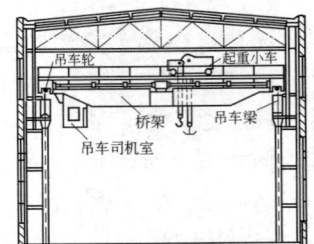

根据吊车工作的台班时间，桥式吊车的工作制分轻级、中级、重级三种。

轻级工作制：吊车工作时间占总工作时间的 15%～25%；中级工作制：吊车工作时间占总工作时间的 25%～40%；重级工作制：吊车工作时间大于 40%。使用吊车的频繁程度对支承它的构件(吊车梁、柱)有很大影响，因此，在进行吊车梁、柱子设计时必须考虑其所承受的吊车属于哪一级工作制。

9.2.3　单层厂房的高度与模数

单层厂房剖面设计应结合平面设计和立面设计同时考虑，它主要是研究和确定厂房的高度问题。

单层厂房的高度是指厂房地面至柱顶(或下撑式屋架下弦底面)的高度，如图 9.13(a)所示。厂房高度的确定，应满足生产和运输设备的布置、安装、操作和检修所需要的净高，以及满足采光和通风所需的高度。此外，还应符合国家标准《厂房建筑模数协调标准》(GB/T 50006—2010)规定的模数的要求。厂房各标高及要求如图 9.13(b)所示。

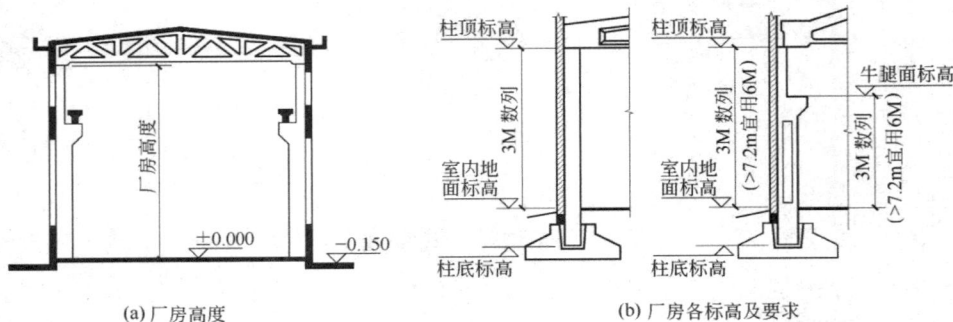

(a) 厂房高度　　　　　　　(b) 厂房各标高及要求

图 9.13　厂房高度示意图

9.2.4 厂房柱顶标高的确定

1. 无吊车厂房高度的确定

在无吊车设备的厂房中，柱顶标高通常是按厂房内最高的生产设备及其安装、检修所需的净高两部分之和来确定的，同时也要考虑生产时对采光、通风和隔热的要求。柱顶高一般不宜低于 4 m，且符合扩大模数 3M 的要求。

2. 有吊车厂房高度的确定

在有吊车的厂房中，不同的吊车类型、布置层数，对厂房高度的影响也各异。如采用悬挂式吊车与采用桥式和梁式吊车对厂房高度的要求就有所不同。当同一跨间需要布置上下两层吊车时，厂房的高度也要相应增加。

1) 轨顶标高的确定

轨顶标高(H_1)是由生产工艺人员根据生产工艺提出的，用公式表示为

$$H_1 = h_1 + h_2 + h_3 + h_4 + h_5$$

式中：h_1——生产设备、室内分隔墙或检修时所需的最大高度；

h_2——吊车与越过设备(或分隔墙)之间的安全距离(一般为 400～500 mm)；

h_3——被吊物件的最大高度；

h_4——吊索最小高度；

h_5——吊钩至轨顶面的最小距离(可根据产品目录查出)。

2) 柱顶标高的确定

对于一般常用的桥式和梁式吊车来说，柱顶标高(±0.000 至柱顶或下撑式屋架下弦的高度)由轨顶标高(±0.000 至轨顶的高度 H_1)、轨顶到柱顶的距离(H_2)两部分组成。单层厂房高度的确定如图 9.14 所示。用公式表示为

$$H = H_1 + H_2 = H_1 + h_6 + h_7$$

式中：H_1——轨顶标高；

H_2——轨顶至架下弦底部高度；

h_6——轨上尺寸，即轨顶至吊车小车顶部的高度；

h_7——吊车小车顶部至屋架下弦底部的安全距离。

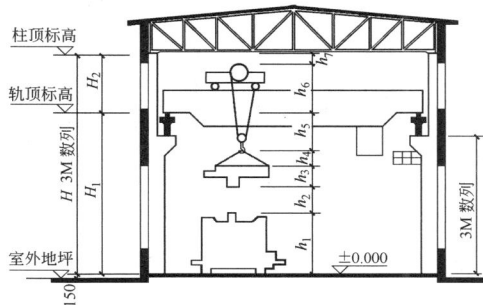

图 9.14 单层厂房高度

吊车小车顶部至屋架下弦底部的安全距离 h_7 依不同吊车起重量和跨度而定，按国家标

准《通用桥式起重机》(GB/T 14405—2011)分别规定为 300 mm、400 mm、500 mm; 轨上尺寸 h_6 亦与吊车起重量和跨度有关, 应按该标准规定的尺寸及产品样本确定。

　　3) 牛腿顶面标高的确定

　　牛腿顶面的高度按 3M 数列考虑, 当牛腿顶面的高度大于 7.2 m 时, 按 6M 数列考虑。

　　根据上述各部分尺寸得出的厂房高度, 还必须符合《厂房建筑模数协调标准》(GB/T 50006—2010)的有关规定, 即厂房地面至柱顶的高度应为扩大模数 3M 系列。为方便室内外运输, 厂房室内外高差不宜过大, 一般取 150 mm。

9.3　单层厂房的定位轴线

　　厂房的定位轴线是确定厂房主要构件的位置及其标志尺寸的基线, 同时也是设备定位、安装及厂房施工放线的依据。厂房设计只有进行合理的定位轴线划分, 才可能采用较少的标准构件来建造。定位轴线的划分是在柱网布置的基础上进行的, 并与柱网布置一致。

9.3.1　单层厂房柱网尺寸的划定

　　在单层工业厂房中, 为支承屋盖和吊车需设置柱子; 为了确定柱位, 在平面图上要布置纵向、横向定位轴线。一般在纵、横向定位轴线相交处设柱子, 图 9.15 所示为单层工业厂房平面柱网布置及定位轴线的划分。厂房柱子纵向、横向定位轴线在平面上形成有规律的网格称为柱网。柱网尺寸的确定, 实际上就是确定厂房的跨度和柱距。国家标准《厂房建筑模数协调标准》(GB/T 50006—2010)对单层厂房柱网尺寸做了有关规定。

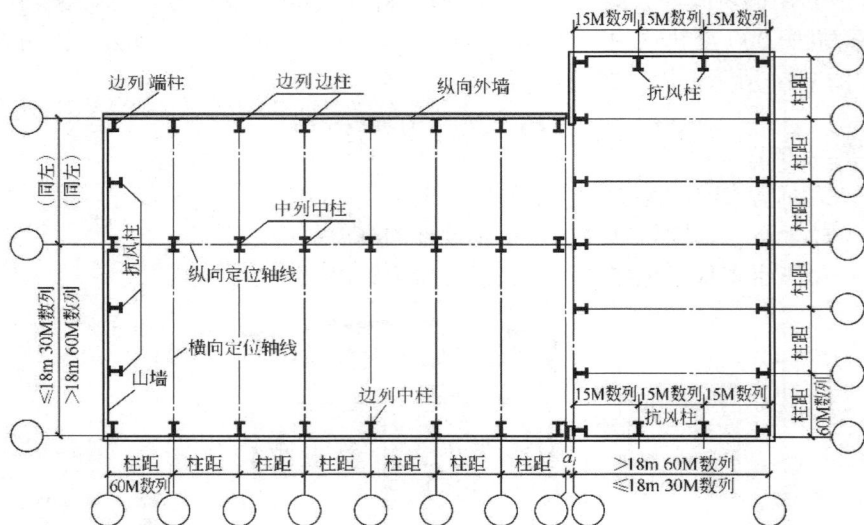

图 9.15　单层厂房平面柱网布置及定位轴线的划分

1. 跨度

　　厂房两纵向定位轴线间的距离称为跨度, 单层厂房的跨度小于或等于 18 m 时, 应采用扩大模数 30 M 数列，即 9 m、12 m、15 m、18 m；在 18 m 以上时，应采用扩大模数 60 M 数列，即 24 m、30 m、36 m。

2. 柱距

单层厂房两横向定位轴线的间距称为柱距。厂房柱距应采用扩大模数 60 M 数列。采用钢筋混凝土或钢结构时，常采用 6 m 柱距。有时因工艺要求，采用 12 m 柱距。单层厂房山墙处的抗风柱柱距宜采用扩大模数 15 M 数列，即 4.5 m、6 m。

9.3.2　厂房定位轴线的确定

厂房定位轴线，应满足生产工艺的要求，并注意减少厂房构件的类型和规格，同时使不同厂房结构形式所采用的构件能最大限度地互换和通用，这有利于提高厂房工业化水平。

厂房的定位轴线分为横向和纵向两种。与横向排架平面平行的称为横向定位轴线；与横向排架平面垂直的称为纵向定位轴线。

1. 横向定位轴线

与横向定位轴线有关的承重构件，主要有屋面板和吊车梁。横向定位轴线还与连系梁、基础梁、墙板及支撑等其他纵向构件有关。因此，横向定位轴线应与柱距方向的屋面板、吊车梁等构件长度的标志尺寸一致，并与屋架及柱的中心线重合(某些位置不能重合)。

1) 中间柱与横向定位轴线的关系

除了靠山墙的端部柱和横向变形缝两侧柱以外，厂房纵向柱列(包括中柱列和边柱列)中的中间柱的中心线应与横向定位轴线重合，且横向定位轴线通过屋架中心线和屋面板、吊车梁等构件的横向接缝。中间柱与横向定位轴线的关系如图 9.16 所示。

2) 山墙处柱子与横向定位轴线的关系

当山墙为非承重墙时，墙内缘应与横向定位轴线相重合，且端部柱及端部屋架的中心线应自横向定位轴线向内移 600 mm。非承重山墙处柱子与横向定位轴线的关系如图 9.17 所示。这是由于山墙内侧的抗风柱需通至屋架上弦或屋面梁上翼并与之连接，同时定位轴线定在山墙内缘，可与屋面板的标志尺寸端部重合，形成"封闭结合"，使构造简单。

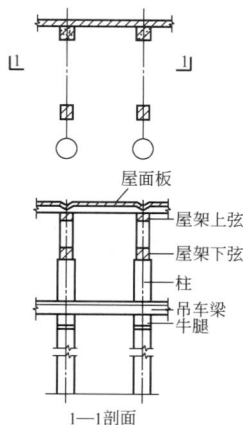

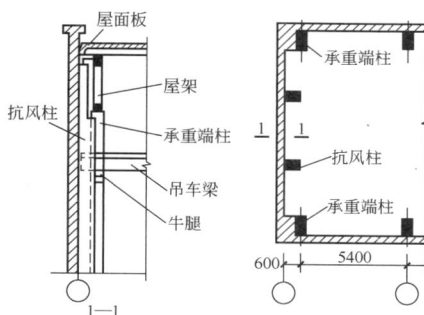

图 9.16　中间柱与横向定位轴线的关系　　图 9.17　非承重山墙处柱子(端柱)与横向定位轴线的关系

当山墙为承重山墙时，墙内缘与横向定位轴线间的距离应按砌体的块材类别分别为半块或半块的倍数或墙厚的一半。图 9.18 所示为承重山墙与横向定位轴线的关系，此时屋面板直接伸入墙内，并与墙上的钢筋混凝土垫梁连接。

3) 横向变形缝处柱子与横向定位轴线的关系

在横向伸缩缝或防震缝处，应采用双柱及两条定位轴线。柱的中心线均应自定位轴线向两侧各移 600 mm。横向变形缝处柱子与横向定位轴线的关系如图 9.19 所示，两条横向定位轴线分别通过两侧屋面板、吊车梁等纵向构件的标志尺寸端部，两轴线间的插入距为 a_i，所需变形缝的宽度 b_c 应符合现行国家标准的规定(即对伸缩缝、防震缝宽度的规定)。

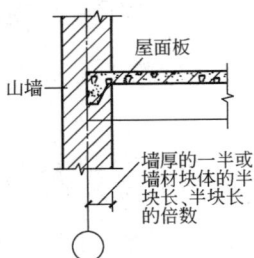

图 9.18　承重山墙与横向定位轴线的关系

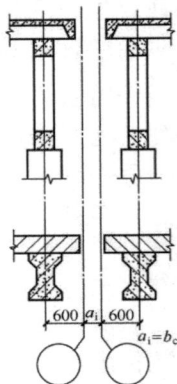

图 9.19　横向变形缝处柱子与横向定位轴线的关系

a_i—插入距；b_c—变形缝宽度

2. 纵向定位轴线

与纵向定位轴线有关的构件主要是屋架(或屋面梁)，此外，纵向定位轴线还与屋面板宽、吊车等有关。因为屋架(或屋面梁)的标志跨度是以 3 m 或 6 m 为倍数的扩大模数，并与大型屋面板(一般为 1.5 m 宽)相配合，所以厂房纵向定位轴线都是按照屋架跨度的标志尺寸从其两端垂直引下来的。

柱的定位.mp4

1) 边柱与纵向定位轴线的关系

在有梁式或桥式吊车的厂房中，为了使厂房结构和吊车规格相协调，保证吊车和厂房尺寸的标准化，并保证吊车的安全运行，将厂房跨度与吊车跨度两者的关系规定为

$$L_k = L - 2e$$

式中：L——厂房跨度，即纵向定位轴线间的距离；

L_k——吊车跨度，即吊车轨道中心线间的距离；

e——吊车轨道中心线至厂房纵向定位轴线间的距离(一般为 750 mm，当吊车为重级工作制而须设安全走道板，或者吊车起重量大于 50 t 时，采用 1000 mm)。

图 9.20 所示为吊车跨度与厂房跨度的关系。图 9.21 所示为吊车与纵向边柱定位轴线的关系。

吊车轨道中心线至厂房纵向定位轴线间的距离 e 是由厂房上柱的截面高度 h、吊车侧方宽度尺寸 B(吊车端部至轨道中心线的距离)、吊车侧方间隙 K(吊车运行时，吊车端部与上柱内缘间的安全间隙尺寸)等因素决定的，即 $e = B + K + h$。上柱截面高度 h 由结构设计

确定，常用尺寸为 400 mm 或 500 mm。

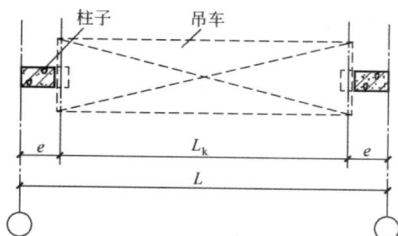

图 9.20　吊车跨度与厂房跨度的关系

L—厂房跨度；L_k—吊车跨度；

e—吊车轨道中心线至厂房纵向定位轴线的距离

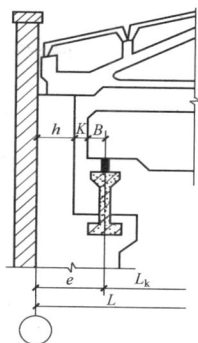

图 9.21　吊车与纵向边柱定位轴线的关系

吊车侧方间隙 K 与吊车起重量大小有关。当吊车起重量小于 5 t 时，K 为 80 mm；当吊车起重量大于 75 t 时，$K \geqslant 100$ mm。吊车侧方宽度尺寸 B 随吊车跨度和起重量的增大而增大，国家标准《通用桥式起重机》(GB/T 14405—2011)对各种吊车的界限尺寸、安全尺寸做了规定。

在实际工程中，由于吊车形式、起重量、厂房跨度、高度和柱距不同，以及是否设置安全走道板等条件不同，外墙、边柱与纵向定位轴线有下述两种关系。

(1) 封闭结合。

当结构所需的上柱截面高度 h、吊车侧方宽度 B 及安全运行所需的侧方间隙 K 三者之和 $(h+B+K) < e$ 时，可采用纵向定位轴线、边柱外缘和外墙内缘三者相重合的定位方式。使上部屋面板与外墙之间形成"封闭结合"的构造。这种纵向定位轴线称为"封闭轴线"。封闭结合的关系如图 9.22(a)所示，它适用于无吊车或只有悬挂吊车，以及柱距为 6 m、吊车起重质量不大且无须增设联系尺寸(a_c)的厂房。采用这种"封闭轴线"时，用标准的屋面板便可铺满整个屋面，无须另设补充构件，因此构造简单，施工方便，吊车荷载对柱的偏心距较小，比较经济。

(2) 非封闭结合。

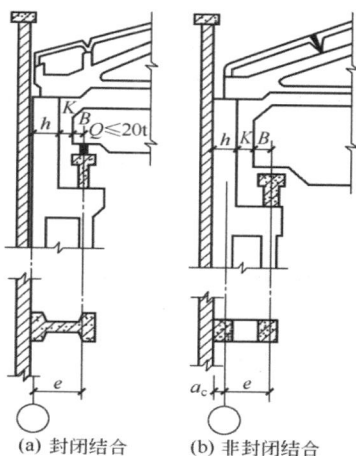

图 9.22　边柱与纵向定位轴线的关系

h—上柱截面高度；a_c—联系尺寸

当柱距大于 6 m，吊车起重量及厂房跨度较大时，由于 B、K、h 均可能增大，因而可能导致$(h+B+K) > e$，此时若继续采用上述"封闭结合"构造，便不能满足吊车安全运行所需净空的要求，造成厂房结构的不安全，因此，需将边柱的外缘从纵向定位轴线向外移出一定的联系尺寸 a_c，使$(e+a_c) > (h+B+K)$，从而保证结构的安全。非封闭结合的关系如图 9.22(b)所示。为了与墙板模数协调，a_c 应为 300 mm 或其整数倍，但维护结构为砌体时，a_c 可采用 M/2(即 50 mm)或其整数倍数。

当纵向定位轴线与柱子外缘间有联系尺寸时，由于屋架标志尺寸端部(即定位轴线)与柱子外缘、外墙内线不能重合，上部屋面板与外墙之间便出现空隙，这种情况称为"非封闭结合"，这种纵向定位轴线则称为"非封闭轴线"。此时，屋顶上部空隙处需做构造处理，通常应加设补充构件，"非封闭结合"屋面板与墙空隙的处理如图 9.23 所示。

是否需要设置联系尺寸及确定联系尺寸的数值时，应按选用的吊车规格及国家标准《通用桥式起重》(GB/T 14405—2011)的相应规定详细核定。注意校核安全净空尺寸，应使其在任何情况下，均有安全保证。厂房是否需要设置联系尺寸，除了与吊车起重量等有关以外，还与柱距以及是否设置吊车梁走道板等因素有关。

在柱距为 12 m、设有托架的厂房中，因结构构造的需要，无论有无吊车或吊车吨位大小，均应设置联系尺寸。设有托架的厂房边柱与纵向定位轴线的关系如图 9.24 所示。

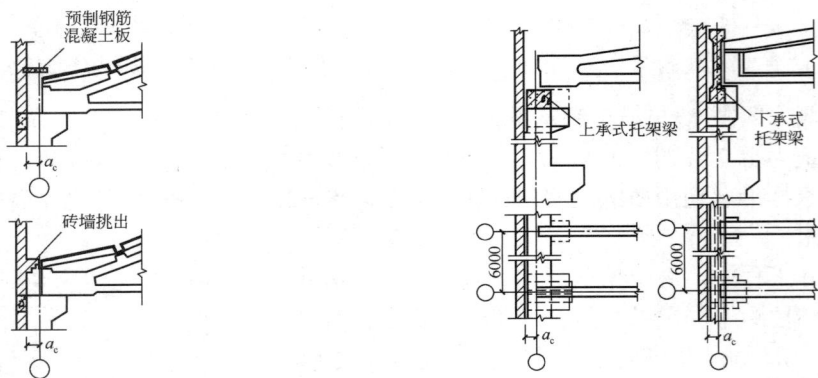

图 9.23 "非封闭结合"屋面板与墙空隙的处理　图 9.24 设有托架的厂房边柱与纵向定位轴线的关系

a_c—联系尺寸　　　　　　　　　　　　　　a_c—联系尺寸

一般重级工作制的吊车均须设置吊车梁走道板，以便经常检修吊车。为了确保检修工人经过上柱内侧时不被运行的吊车挤伤，上柱内缘至吊车端部之间的距离除应留足侧方间隙 C_b 之外，还应增加一个安全通行宽度(不小于 400 mm)。因此，在决定联系尺寸和 e 值的大小时，还应考虑走道板的构造要求，其边柱纵向定位轴线如图 9.25 所示。无吊车或有小吨位吊车的厂房，采用承重墙结构时，若为带壁柱的承重墙，其内缘宜与纵向定位轴线相重合，或与纵向定位轴线间相距半块砌体或半块砌体的倍数；若为无壁柱的承重墙，其内缘与纵向定位轴线的距离宜为半块砌体的倍数或墙厚的一半。带承重壁柱的外墙及承重外墙与纵向定位轴线的关系如图 9.26 所示。

2) 中柱与纵向定位轴线的关系

(1) 等高跨中柱与纵向定位轴线的关系。

设置单柱时的纵向定位轴线：等高厂房的中柱，当没有纵向变形缝时，宜设置单柱和一条纵向定位轴线，上柱的中心线宜与纵向定位轴线重合，如图 9.27(a)所示。当相邻跨为桥式吊车且起重量较大，或厂房柱距及构造要求设置插入距时，中柱可采用单柱及两条纵向定位轴线，如图 9.27(b)所示，其插入距 a_i 应符合 3 M 数列(即 300 mm 或其整数倍数)，但当围护结构为砌体时，a_i 可采用 M/2(即 50 mm)或其整数倍数，柱中心线宜与插入距中心线重合。当等高跨设有纵向伸缩缝时，中柱可采用单柱并设两条纵向定位轴线，伸缩缝一侧的屋架(或屋面梁)应搁置在活动支座上，两条定位轴线间插入距 a_i 为伸缩缝的宽度 b_c，如图 9.28 所示。

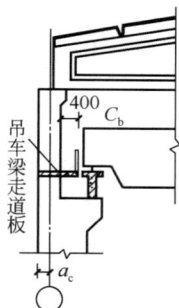

图 9.25　边柱纵向定位轴线

C_b—吊车侧方间隙

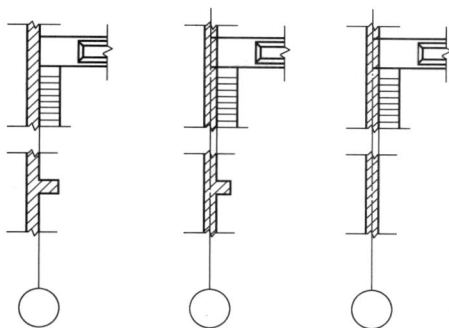

图 9.26　带承重壁柱的外墙及承重外墙与纵向定位轴线的关系

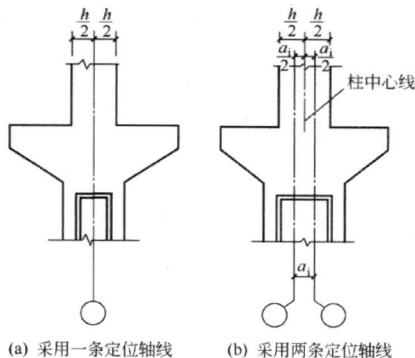

(a) 带承重壁柱的外墙(壁柱较大)　(b) 带承重壁柱的外墙(壁柱较小)　(c) 无壁柱承重墙

(a) 采用一条定位轴线　(b) 采用两条定位轴线

图 9.27　等高跨中柱单柱(无纵向伸缩缝)与纵向定位轴线的关系

a_i—插入距

$a_i(a_i=b_c)$

顶板焊在屋架端头下

钢轴

底板焊在柱顶上

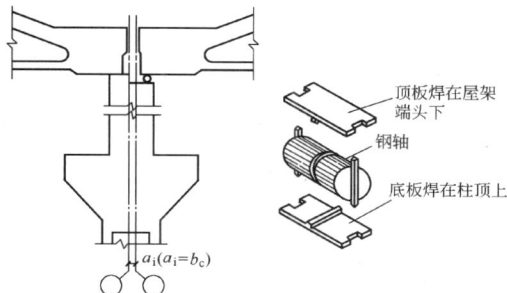

图 9.28　等高跨中柱单柱(有纵向伸缩缝)与纵向定位轴线的关系

a_i—插入距; b_c—伸缩缝宽度

(2) 不等高跨中柱与纵向定位轴线的关系。

① 设单柱时的纵向定位轴线。当不等高跨处采用单柱且高跨为"封闭结合"时,宜采用一条纵向定位轴线,即纵向定位轴线与高跨上柱外缘、封墙内缘及低跨屋架标志尺寸端部相重合。此时,封墙底面应高于低跨屋面,如图 9.29(a)所示。当封墙底面低于屋面时,应采用两条纵向定位轴线,且插入距 a_i 等于封墙厚度(δ),即 $a_i=\delta$,如图 9.29(c)所示。

当高跨需采用"非封闭结合"时,应采用两条纵向定位轴线。其插入距 a_i 视封墙位置分别等于联系尺寸或联系尺寸加封墙厚度,即 $a_i=a_c$ 或 $a_i=a_c+\delta$,如图 9.29(b)、图 9.29(d)所示。

当不等高跨处采用单柱设纵向伸缩缝时,低跨的屋架或屋面梁搁置在活动支座上,不等高跨处应采用两条纵向定位轴线,并设插入距,如图 9.30 所示。其插入距 a_i 可根据封墙的高低位置及高跨是否"封闭结合"分别规定如下。

当高低两跨纵向定位轴线均采取"封闭结合",高跨封墙底面高于低跨屋面时,其插

入距 $a_i = b_c$，如图 9.30(a)所示。

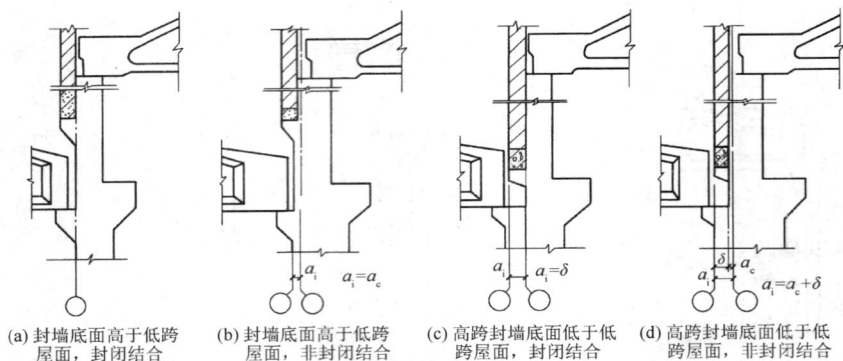

(a) 封墙底面高于低跨
屋面，封闭结合   (b) 封墙底面高于低跨
屋面，非封闭结合   (c) 高跨封墙底面低于低
跨屋面，封闭结合   (d) 高跨封墙底面低于低
跨屋面，非封闭结合

图 9.29 不等高跨单柱中柱(无纵向伸缩缝)与纵向定位轴线的关系

a_i—插入距；δ—封墙厚度；a_c—联系尺寸

当高低两跨纵向定位轴线均采取"封闭结合"，高跨封墙底面低于低跨屋面时，其插入距 $a_i = b_c + \delta$，如图 9.30(c)所示。

当高跨纵向定位轴线为"非封闭结合"，低跨仍为"封闭结合"，高跨封墙底面高于低跨屋面时，其插入距 $a_i = b_c + a_c$，如图 9.30(b)所示。

当高跨纵向定位轴线为"非封闭结合"，低跨仍为"封闭结合"，高跨封墙底面低于低跨屋面时，其插入距 $a_i = b_c + \delta + a_c$，如图 9.30(d)所示。

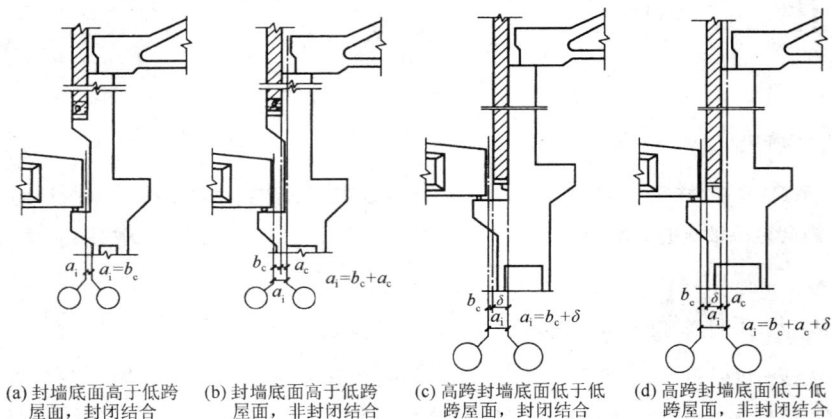

(a) 封墙底面高于低跨
屋面，封闭结合   (b) 封墙底面高于低跨
屋面，非封闭结合   (c) 高跨封墙底面低于低
跨屋面，封闭结合   (d) 高跨封墙底面低于低
跨屋面，非封闭结合

图 9.30 不等高跨单柱中柱(有纵向伸缩缝)与纵向定位的轴线的关系

a_i—插入距；b_c—伸缩缝宽度；δ—封墙厚度；a_c—联系尺寸

② 设双柱时的纵向定位轴线。高低跨处设单柱，柱子数量少，结构简单，吊装工程量少，比较经济。但通常柱的外形较复杂，制作困难，特别是当两侧高低悬殊或吊车起重量差异较大时，可结合伸缩缝、抗震缝采用双柱结构，如图 9.31 所示。

当高低跨处设纵向伸缩缝或防震缝并采用双柱结构时，缝两侧的结构实际上各自独立，此时应采用两条纵向定位轴线，且轴线与柱的关系可分别按各自的边柱处理，两条轴线间的插入距尺寸与单柱结构相同。

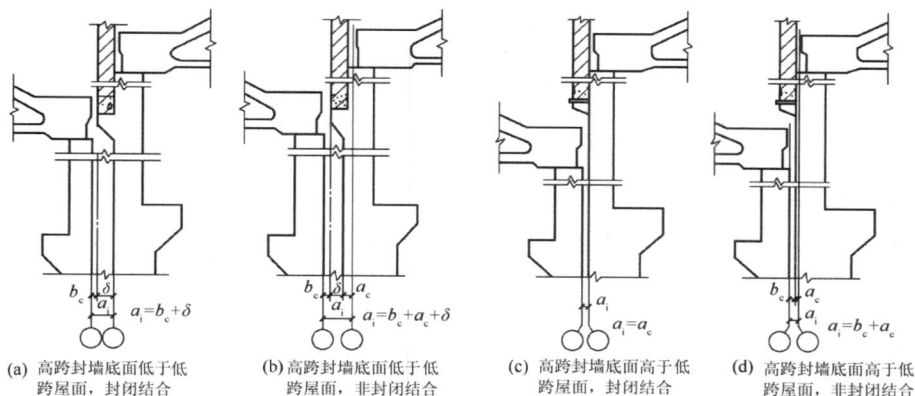

(a) 高跨封墙底面低于低　　(b) 高跨封墙底面低于低　　(c) 高跨封墙底面高于低　　(d) 高跨封墙底面高于低
　　跨屋面，封闭结合　　　　跨屋面，非封闭结合　　　跨屋面，封闭结合　　　　跨屋面，非封闭结合

图 9.31　不等高厂房纵向变形缝处双柱与双轴线的关系

3) 纵横跨相交处柱与定位轴线的定位

在有纵横跨的厂房中，应在相交处设置伸缩缝或防震缝，将两者断开，使纵横两跨在结构上各自独立。因此，须设置双柱并采用各自的定位轴线，如图 9.32 所示。

两轴线与柱的定位分别按山墙处柱横向定位轴线和边柱纵向定位轴线的定位方法。其插入距应视封墙单墙或双墙及封墙材料(墙板或砌体)和横跨是否"封闭结合"及变形缝的宽度而定。当山墙比侧墙低时，宜采用单墙，此时，外墙若为砌体，$a_i = b_c + \delta$ 或 $a_i = b_c + \delta + a_c$；外墙若为墙板，则 $a_i = a_{op} + \delta$ 或 $a_i = a_{op} + \delta + a_c$ (式中，a_{op} 为吊装墙板所需的净空尺寸)，如图 9.32(a)、图 9.32 (b)所示。

当山墙比侧墙高而短时，应采用双柱双墙(至少在低跨柱顶以上用双墙)，此时，外墙若为砌体(或墙板)，则 $a_i = \delta + b_c(a_{op}) + \delta$ 或 $a_i = \delta + b_c(a_{op}) + \delta + a_c$，如图 9.32(c)、图 9.32(d)所示。

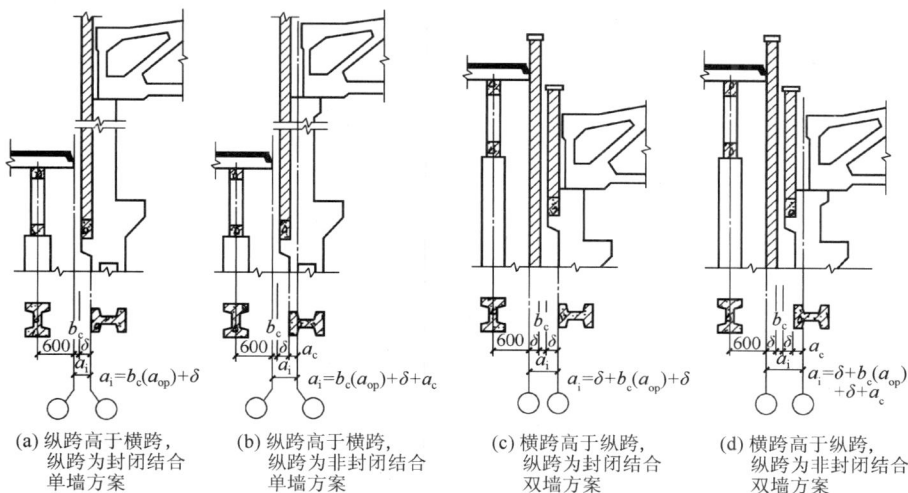

(a) 纵跨高于横跨，　　(b) 纵跨高于横跨，　　(c) 横跨高于纵跨，　　(d) 横跨高于纵跨，
　　纵跨为封闭结合　　　纵跨为非封闭结合　　纵跨为封闭结合　　　纵跨为非封闭结合
　　单墙方案　　　　　　单墙方案　　　　　　双墙方案　　　　　　双墙方案

图 9.32　纵横跨相交处的定位轴线

9.4　单层厂房的结构构件

单层工业厂房主要由骨架和围护结构两大部分组成。钢筋混凝土单层厂房的骨架由承重构件(屋盖结构体系、柱、基础和基础梁、吊车梁等)和保证厂房的整体性和稳定性的连系梁、圈梁、支撑等构件部分构成。围护结构主要包括屋面、天窗、外墙、侧窗和大门，以及地面和其他设施。

9.4.1　屋盖结构体系

单层厂房的屋盖体系起着承重和围护的双重作用。因此，屋盖构件分为承重构件(屋架、屋面梁、托架)和覆盖构件(屋面板、瓦)两部分。目前，单层厂房屋盖结构形式可分为无檩体系和有檩体系两种。

无檩体系：是将大型屋面板直接放在屋架(或屋面梁)上，屋架(屋面梁)放在柱子上。其优点是整体性好，刚度大，构件数量少，施工速度快，但屋面自重一般较大，大、中型厂房多采用这种屋盖结构形式。无檩体系屋盖如图9.33(a)所示。

有檩体系：是将各种小型屋面板(或瓦)直接放在檩条上，檩条支承在屋架(或屋面梁)上，屋架(屋面梁)放在柱子上，其优点是屋盖重量轻，构件小，吊装容易，但整体刚度较差，构件数量多，适用于小型厂房和吊车吨位小的中型工业厂房。有檩体系屋盖如图9.33(b)所示。

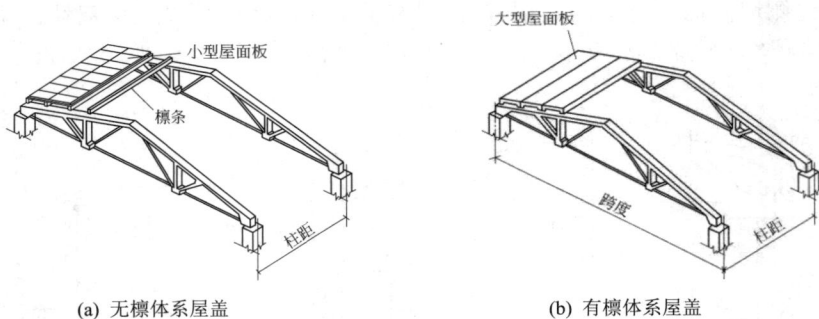

(a) 无檩体系屋盖　　　　(b) 有檩体系屋盖

图9.33　屋盖结构体系

1. 屋盖承重构件

1) 屋架及屋面梁

屋架(或屋面梁)是屋盖结构的主要承重构件，它直接承受屋面荷载。有些厂房的屋架(或屋面梁)还承受悬挂吊车、管道或其他工艺设备及天窗架等荷载。屋架(或屋面梁)和柱、屋面构件连接起来，使厂房组成一个整体的空间结构，对于保证厂房的空间刚度起着重要的作用。除了跨度很大的重型车间和高温车间需采用钢屋架之外，一般多采用钢筋混凝土屋面梁和各种形式的钢筋混凝土屋架。

(1) 屋面梁。断面呈T形和工字形薄腹梁，有单坡和双坡之分。单坡屋面梁适用于6 m、9 m、12 m的跨度，双坡屋面梁适用于9 m、12 m、15 m、18 m的跨度。常用屋面梁类型如图 9.34 所示。双坡屋面梁的坡度比较平缓，一般统一定为 1/12～1/8，适用于卷材屋面和非卷材屋面。屋面梁下可以悬挂 5 t 以下的电动葫芦和梁式吊车。它的特点是形状简单，制作安装方便，稳定性好，可以不加支撑，适用于震动及有腐蚀性介质的厂房，但其自重较大。

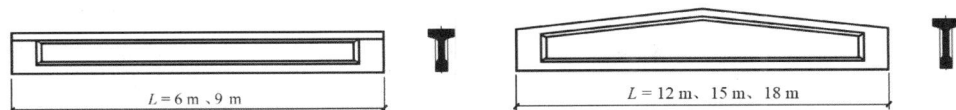

图 9.34　常用屋面梁的类型

(2) 屋架。当厂房跨度较大时就采用屋架，屋架可以采用钢结构、混凝土结构、木结构等，形状有折线形、梯形、三角形等。跨度可以是 12 m、15 m、18 m、24 m、30 m、36 m 等。屋面坡度视围护材料的类型确定。卷材防水屋面可以用 1/15～1/10 的坡度，块材屋面可以是 1/6～1/2 的坡度。目前，常用的钢筋混凝土屋架如图 9.35 所示。

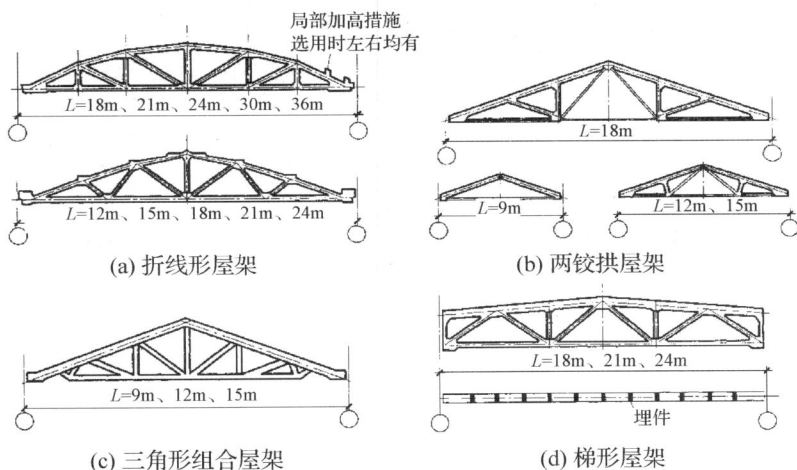

(a) 折线形屋架　　　　　　　　(b) 两铰拱屋架

(c) 三角形组合屋架　　　　　　(d) 梯形屋架

图 9.35　常用屋架类型

(3) 屋架的端部形式、屋架与柱的连接。

① 屋架的端部形式。按檐口及排水方式的不同，屋架上弦端部可分别设计成自由落水、外天沟及内天沟等三种端部节点形式，以便采用不同的排水方式，并配合使用各种檐口板或天沟板，简化房屋檐口和中间天沟的构造，做到统一定型，提高工业化程度。屋架的端部形式如图 9.36 所示。

② 屋架与柱的连接。屋架与柱的连接方法有焊接连接和螺栓连接两种，如图 9.37 所示。目前，采用较多的为焊接连接，如图 9.37(a)所示。

2) 屋架托架

当厂房全部或局部柱距为 12 m 或 12 m 以上而屋架间距仍保持 6 m 时，需在 12 m 柱距间设置屋架托架来支承中间屋架，屋架托架有预应力混凝土托架和钢托架两种，如图 9.38 所示。通过托架将屋架上的荷载传递给柱子，吊车梁也相应地采用 12 m 长。

屋架托架.mp4

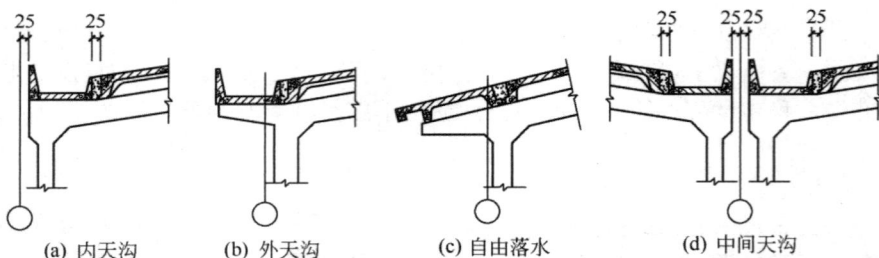

(a) 内天沟　　(b) 外天沟　　(c) 自由落水　　(d) 中间天沟

图 9.36　屋架端部形式

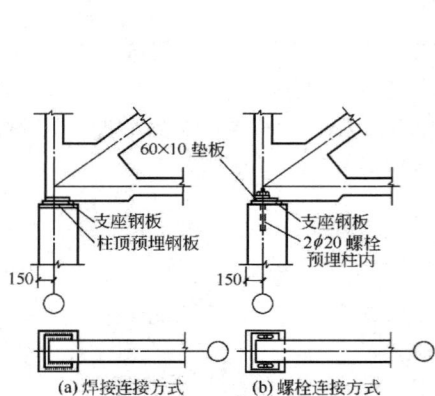

图 9.37　屋架与柱的连接

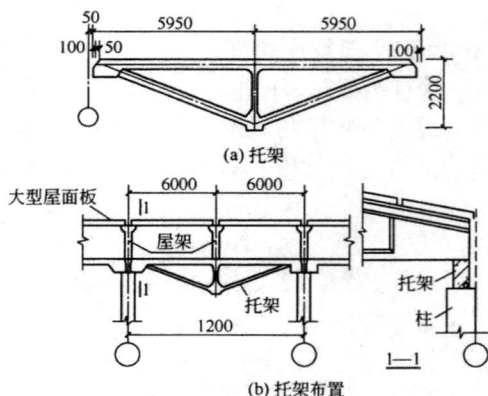

图 9.38　预应力钢筋混凝土托架

2. 天窗架

天窗架直接支承在屋架的上弦，是天窗的承重构件。天窗架有钢筋混凝土组合式和钢天窗架两类，其结构形式较多。钢筋混凝土天窗架则要与钢筋混凝土屋架配合使用。钢天窗架重量轻，制作吊装方便，多用于钢屋架上，也可用于钢筋混凝土屋架上。

1) 天窗架的类型

钢筋混凝土天窗架的形式一般有Ⅱ形和 W 形，也可制作成 Y 形，如图 9.39(a)所示。钢天窗架有多压杆式和桁架式，如图 9.39(b)所示。天窗架的跨度采用扩大模数 30M 系列，目前有 6 m、9 m、12 m 三种；天窗架的高度是根据采光通风要求选用的天窗扇的高度配套确定的。

2) 天窗架与屋架的连接

钢筋混凝土天窗架一般由两榀或三榀预制构件拼接而成，各榀之间采用螺栓连接，其支脚与屋架采用焊接方式。钢筋混凝土天窗架与屋架的连接，如图 9.39(c)所示。

3. 屋盖的覆盖构件

1) 屋面板

目前，厂房中应用较多的是预应力混凝土屋面板(又称预应力混凝土大型屋面板)，其外形尺寸常用的是 1.5 m×6.0 m。常用大型屋面板的类型如图 9.40 所示。有檩体系小型屋面板如图 9.41 所示。

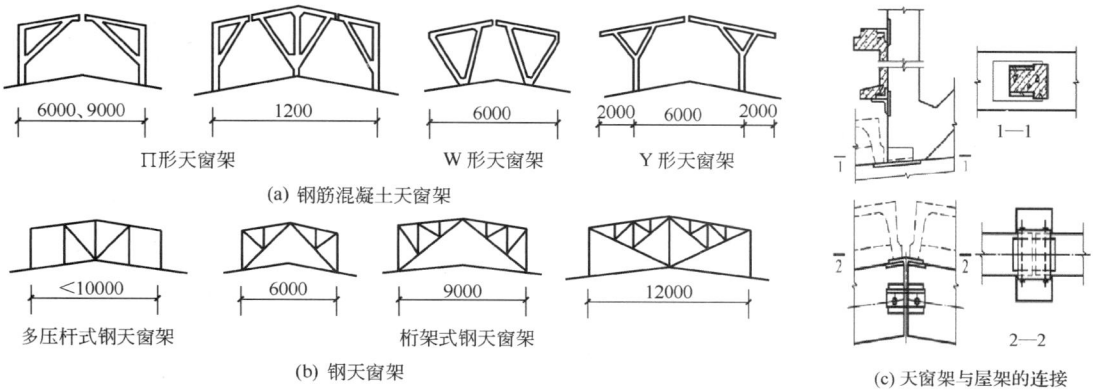

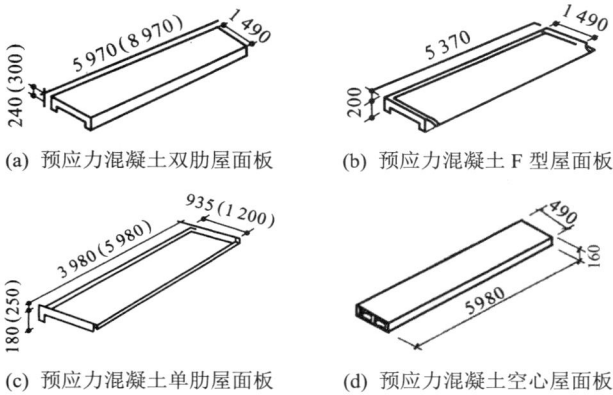

ΠΙ形天窗架　　W形天窗架　　Y形天窗架

(a) 钢筋混凝土天窗架

多压杆式钢天窗架　　桁架式钢天窗架

(b) 钢天窗架

(c) 天窗架与屋架的连接

图 9.39　天窗架的形式及钢筋混凝土天窗架与屋架的连接

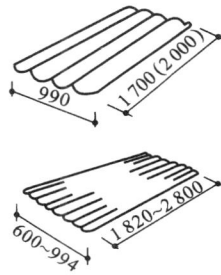

(a) 预应力混凝土双肋屋面板　　(b) 预应力混凝土 F 型屋面板

(c) 预应力混凝土单肋屋面板　　(d) 预应力混凝土空心屋面板

图 9.40　钢筋混凝土大型屋面板的类型　　图 9.41　有檩体系小型屋面板

　　为配合屋架尺寸和檐口做法，还有 0.9 m×6 m 的嵌板和檐口板，如图 9.42(a)、(b)所示。有时也采用 3 m×6 m、1.5 m×9.0 m、3.0 m×9.0 m、3.0 m×12.0 m 的屋面板。

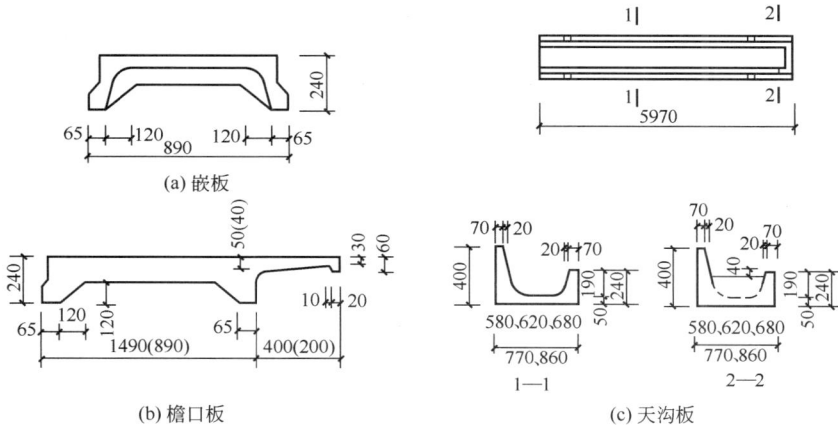

(a) 嵌板

(b) 檐口板　　(c) 天沟板

图 9.42　屋面嵌板、檐口板、天沟板

2）天沟板

预应力混凝土天沟板的截面形状为槽形，两边肋高低不同，低肋依附在屋面板边，高肋在外侧，安装时应注意其位置，如图 9.42(c)所示。天沟板宽度是随屋架跨度和排水方式确定的，其宽度共有 5 种，具体尺寸在屋架标准图集中可查得。

3）檩条

(1) 檩条的类型。

檩条起着支承槽瓦或小型屋面板等的作用，并将屋面荷载传给屋架。檩条应与屋架上弦连接牢固，以加强厂房的纵向刚度。檩条有钢筋混凝土、型钢和冷弯钢板等类型。常用的钢筋混凝土檩条类型有倒 L 形、T 形。

(2) 檩条与屋架上弦的连接。

檩条与屋架上弦的连接一般采用焊接方式，如图 9.43 所示。两根檩条在屋架上弦的对头空隙应以水泥砂浆填实。檩条搁置在屋架上可以立放，也可以斜放，后者比较常用。

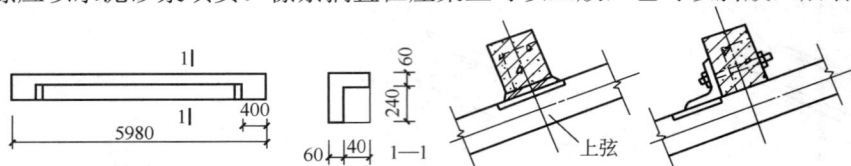

图 9.43　檩条与屋架上弦的连接

9.4.2　柱

在单层工业厂房中，按柱的作用可分为排架柱和抗风柱两种。

1. 排架柱

排架柱是厂房结构中的主要承重构件之一。它不仅承受屋盖和吊车等竖向荷载，还承受吊车刹车时产生的纵向和横向的水平荷载、风荷载、墙体和管道设备等荷载。因此，柱应具有足够的抗压和抗弯能力，并通过结构计算来合理确定截面尺寸和形式。

1）柱的类型

按选用的材料不同，柱可分为砖柱、钢筋混凝土柱和钢柱等。目前，钢筋混凝土柱应用最为广泛；跨度、高度和吊车起重量都比较大的大型厂房可以采用钢柱。单层工业厂房的钢筋混凝土柱，基本上可分为单肢柱和双肢柱两大类。单肢柱的截面形式有矩形、工字形及空心管柱。双肢柱的截面是由两肢矩形柱或两肢空心管柱，用腹杆(平腹杆或斜腹杆)连接而成。单层工业厂房常用的几种钢筋混凝土柱如图 9.44 所示。

2）柱的构造

柱的截面尺寸应根据厂房跨度、高度、柱距及吊车起重量等通过结构计算合理确定。从构造角度来看，柱的截面尺寸和外形应满足构造要求。

(1) 工字形柱。工字形柱的截面尺寸必须满足施工和使用上的构造要求。一般翼缘厚度不宜少于 80 mm，腹板厚度不宜少于 60 mm，工字形柱的构造尺寸和外形要求如图 9.45 所示。为了加强吊装和使用时的整体刚度，在柱与吊车梁连接处、柱间支撑连接处、柱顶部、柱脚处均做成矩形截面。

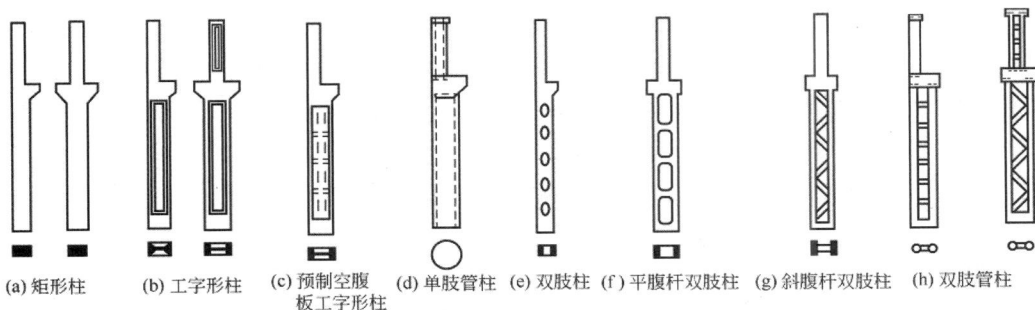

图 9.44 常用的几种钢筋混凝土柱

(a) 矩形柱　(b) 工字形柱　(c) 预制空腹板工字形柱　(d) 单肢管柱　(e) 双肢柱　(f) 平腹杆双肢柱　(g) 斜腹杆双肢柱　(h) 双肢管柱

(2) 双肢柱。双肢柱的截面构造尺寸及外形要求如图 9.46 所示。

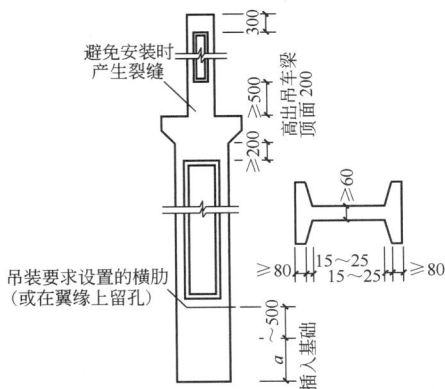

图 9.45 工字形柱的构造尺寸和外形要求

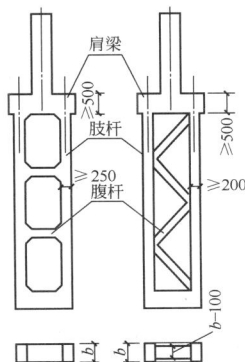

图 9.46 双肢柱的构造尺寸和外形要求

(3) 牛腿。厂房结构中的屋架、托架、吊车梁和连系梁等构件,常由设置在柱上的牛腿来支承。牛腿有实腹式和空腹式两种,通常采用实腹式牛腿。实腹式牛腿为一变截面的悬臂梁,其截面尺寸必须满足抗裂和构造要求。实腹式牛腿的构造要求如图 9.47 所示。

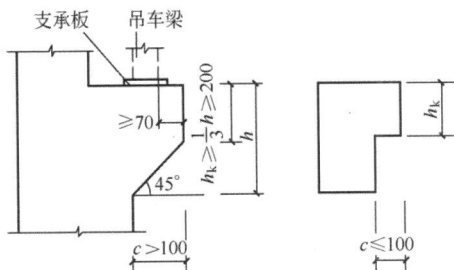

牛腿.mp4

图 9.47 实腹式牛腿的构造要求

① 牛腿外缘高度 h_k 应大于或等于 $h/3$,且不少于 200 mm。

② 支承吊车梁的牛腿,其支承板边与吊车梁外缘的距离不宜小于 70 mm(其中包括 20 mm 的施工误差)。

③ 当牛腿挑出距离 c 大于 100 mm 时,牛腿底面的倾斜角 β 宜小于或等于 45°;当 c

小于或等于 100 mm 时，β 可等于 $0°$。

(4) 柱的预埋件。钢筋混凝土柱除了按结构计算需要配置一定数量的钢筋外，还要根据柱的位置以及柱与其他构件连接的需要，在柱上预先准确无误地埋设铁件，不能遗漏。如柱与屋架、柱与吊车梁、柱与连系梁或圈梁、柱与砖墙或大型墙板及柱间支撑等相互连接处，均须在柱上埋设铁件(如钢板、螺栓及锚拉钢筋等)，如图 9.48 所示。

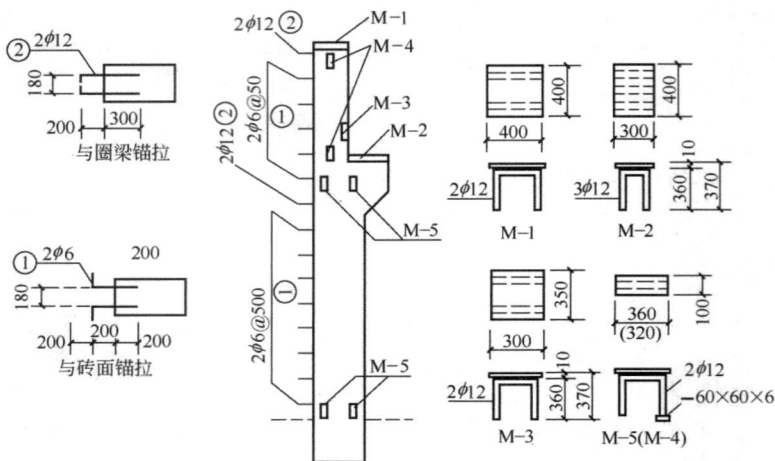

图 9.48　柱上预埋铁件

2. 抗风柱

由于单层工业厂房的山墙面积大，受到的风荷载影响也大，为保证山墙的稳定性，应在山墙内侧设置抗风柱来承受墙面上的风荷载，使山墙的风荷载一部分由抗风柱传至基础，另一部分由抗风柱的上端(与屋架上弦连接)传至屋盖系统，再传至纵向柱列。抗风柱的截面形状常为矩形，尺寸常为 400 mm×600 mm 或 400 mm×800 mm。

抗风柱与屋架的连接多为铰接，在构造处理上必须满足：

(1) 在水平方向应有可靠的连接，以保证有效地传递风荷载。

(2) 在竖向应使屋架与抗风柱之间有一定的相对竖向位移的可能性，以防止抗风柱与厂房沉降不均匀时屋盖的竖向荷载传给抗风柱，对屋盖结构产生不利影响。

因此，屋架与抗风柱之间一般采用竖向可以移动、水平方向又具有一定刚度的"ꓧ"形弹簧板连接方式，如图 9.49(a)所示。同时，屋架与抗风柱间应留有不小于 150 mm 的间隙。当厂房沉降较大时，则宜采用图 9.49(b)所示的螺栓连接方式。

一般情况下抗风柱须与屋架上弦连接；当屋架设有下弦横向水平支撑时，则抗风柱可与屋架下弦相连接，作为抗风柱的另一支点。

采用钢筋混凝土抗风柱，其间距根据厂房跨度的不同，可取 6 m 或 4.5 m 等。由于抗风柱上端要与屋架上弦连接，所以抗风柱的位置应尽量对准屋架上、下弦的节点。抗风柱的上柱截面比下柱截面小(通常在屋架下弦附近变截面)，其下端插入杯形基础。

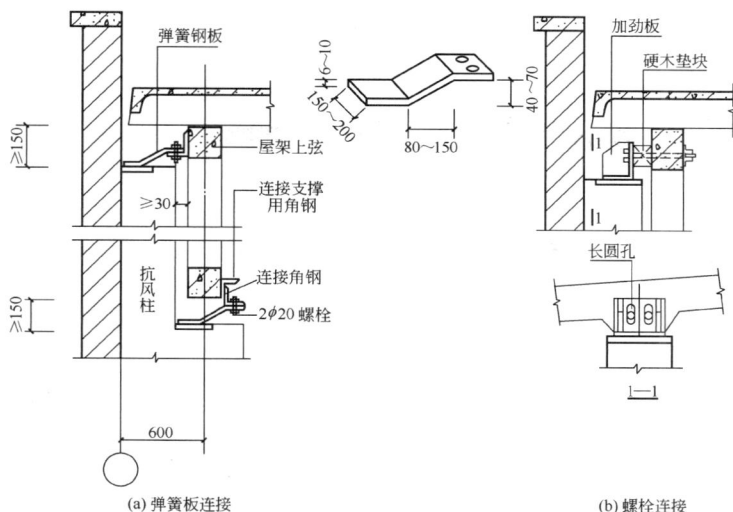

图 9.49　抗风柱与屋架连接方式

9.4.3　基础及基础梁

基础支承厂房上部结构的全部荷载，然后连同自重传递到地基中去，因此，基础起着承上传下的作用，是厂房结构中的重要结构构件之一。

1. 基础的类型与构造

基础的类型主要取决于上部荷载的大小、性质及工程地质条件等。单层工业厂房的基础一般做成独立式基础，其类型主要有锥台形基础、薄壳基础、板肋基础等，如图 9.50 所示。根据厂房荷载及地基情况，还可以采用条形基础和桩基础。

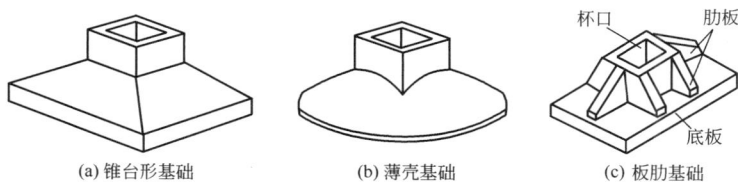

图 9.50　基础的类型

在单层工业厂房中，独立式基础的应用最为广泛，因此下面以独立式基础为例研究其构造。由于柱有现浇和预制两种施工方法，所以基础与柱的连接方法也有两种构造形式。

(1) 现浇柱下基础。现浇基础与柱由于不同时施工，应在基础顶面相应位置预留钢筋，其数量与柱中的纵向受力钢筋相同。预留钢筋的伸出长度应根据柱的受力情况、钢筋规格及接头方式(如是焊接还是绑扎接头)来确定。

(2) 预制柱下基础。钢筋混凝土预制柱下基础顶部应做成杯口，柱安装在杯口内，预制柱下杯形基础如图 9.51 所示，这种基础是目前应用最广泛的一种基础形式。有时为了使安装在埋置深度不同的杯形基础中的柱子规格统一，以利于施工，可以把基础做成高杯基础。在伸缩缝处，双柱的基础可以做成双杯口形式。

2. 基础梁

单层工业厂房采用钢筋混凝土排架结构时，外墙和内墙仅起围护或隔离作用。如果外墙或内墙自设基础，则由于它所承重的荷载比柱基础小得多，当地基土层构造复杂、压缩性不均匀时，容易与柱产生不均匀沉降，从而导致墙面开裂。因此，一般厂房将外墙或内墙砌筑在基础梁上，基础梁两端架设在相邻独立基础的顶面，成为自承重墙。基础梁的截面形状常用梯形，有预应力与非预应力钢筋混凝土两种，其外形与尺寸如图 9.52(a)所示。梯形基础梁预制较为方便，可以利用自己制成的梁作模板，其制作方法如图 9.52(b)所示。

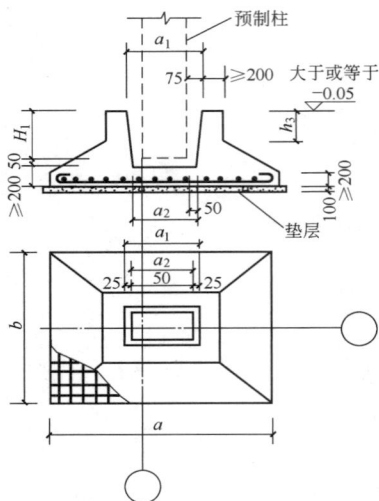

图 9.51　预制柱下杯形基础

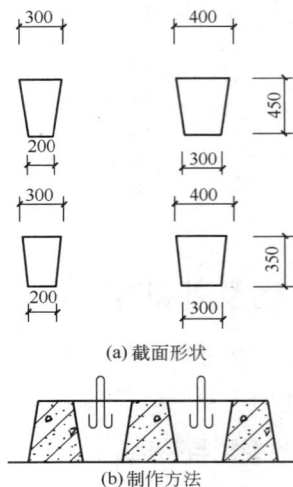

(a) 截面形状

(b) 制作方法

图 9.52　基础梁的截面形状及制作方法

基础梁搁置的构造要求如下。

(1) 为了避免影响开门及满足防潮要求，基础梁顶面标高应至少低于室内地坪 50 mm，高于室外地坪 100 mm。

(2) 基础产生沉降时，基础梁底的坚实土会对梁产生反拱作用，寒冷地区土壤冻胀也将对基础梁产生反拱作用，因此，在基础梁底部应留有 50～100 mm 的空隙，寒冷地区基础梁底应铺设厚度≥300 mm 的松散材料，如矿渣、干砂等。基础梁的下部构造如图 9.53 所示。

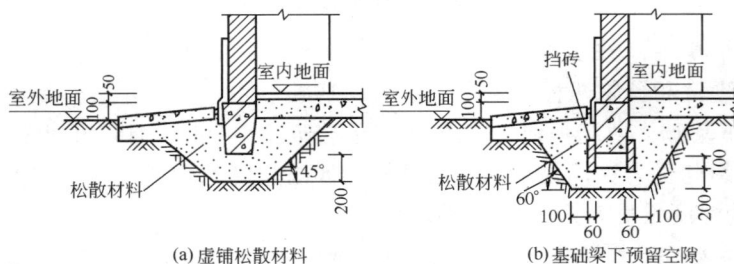

(a) 虚铺松散材料

(b) 基础梁下预留空隙

图 9.53　基础梁的下部构造

(3) 基础梁搁置在杯形基础顶的方式，视基础埋置深度而异，搁置方式如图 9.54 所示。

当基础杯口顶面距室内地坪为 500 mm 时，基础梁可直接搁置在杯口上；当基础杯口顶面距室内地坪大于 500 mm 时，则可设置 C20 混凝土垫块搁置在杯口顶面。当墙厚为 370 mm 时，垫块的宽度为 400 mm；当墙厚为 240 mm 时，垫块的宽度为 300 mm。当基础很深时，也可设置高杯口基础或在柱上设牛腿来搁置基础梁。

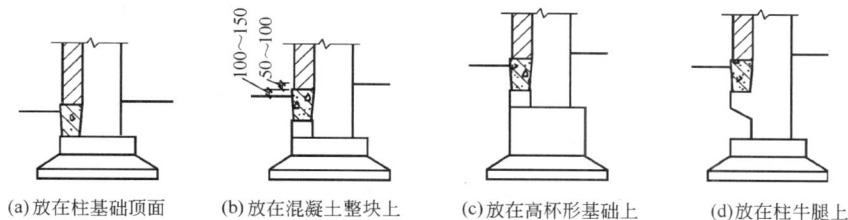

(a)放在柱基础顶面　　(b)放在混凝土整块上　　(c)放在高杯形基础上　　(d)放在柱牛腿上

图 9.54　基础梁的位置与搁置方式

9.4.4　吊车梁

吊车梁除了要满足一般梁的承载力、抗裂度、刚度等要求外，还要满足疲劳强度的要求。同时，吊车梁还有传递厂房纵向荷载(如山墙上的风荷载)、保证厂房纵向刚度和稳定性的作用，是厂房结构中的重要承重构件之一。

1. 吊车梁的类型

吊车梁的类型很多，按材料不同有钢筋混凝土吊车梁和钢吊车梁两种。钢筋混凝土吊车梁按截面形式不同，有等截面的 T 形吊车梁、工字形吊车梁和变截面的鱼腹式吊车梁等；吊车梁可用非预应力与预应力钢筋混凝土(有先张法和后张法两种生产工艺)制作。

(1) T 形吊车梁。T 形吊车梁的上部翼缘较宽，扩大了梁的受压面积，安装轨道也方便。这种吊车梁适用于 6 m 柱距，以及 5~75 t 的重级工作制、3~30 t 的中级工作制、2~20 t 的轻级工作制。T 形吊车梁的自重轻，省材料，施工方便。吊车梁的梁端上、下表面均留有预埋件，以便安装、焊接，如图 9.55 所示。梁身上的圆孔为电线预留孔。

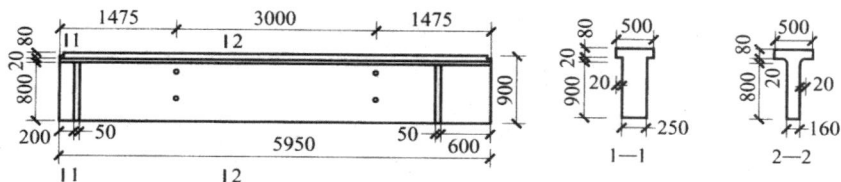

图 9.55　T 形吊车梁

(2) 工字形吊车梁。工字形吊车梁由预应力钢筋混凝土制成，它适用于 6 m 柱距、12~30 m 跨度的厂房，以及起重质量为 5~75 t 的重级、中级、轻级工作制，如图 9.56 所示。

(3) 鱼腹式吊车梁。鱼腹式吊车梁受力合理，腹板较薄，节省材料，适用于柱距为 6 m、跨度为 12~30 m 的厂房，起重质量可达 100 t，如图 9.57 所示。

(4) 钢吊车梁。钢吊车梁以 Q235~Q345 钢板焊接制成，它适用于 6 m 柱距、7.5~31.5 m 跨度的厂房，以及起重质量为 3~20 t 的中级、轻级工作制，如图 9.58 所示。

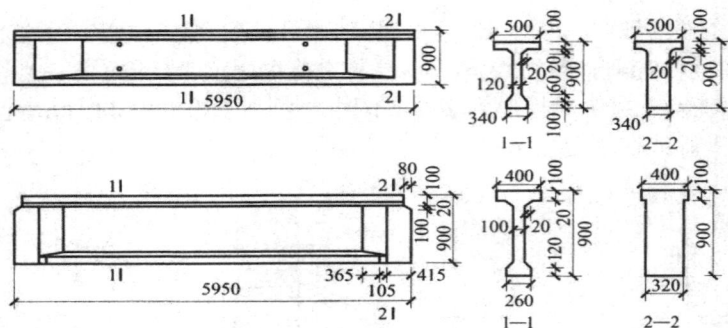

图 9.56　工字形吊车梁

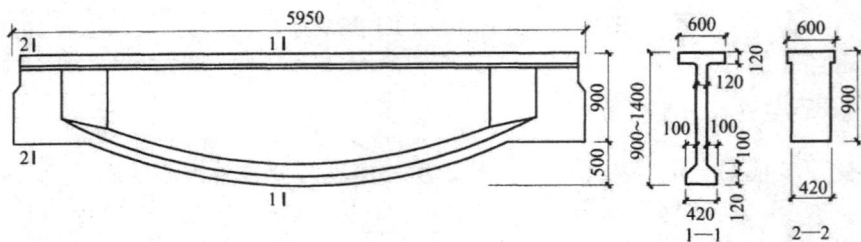

吊车梁、车挡.mp4

图 9.57　鱼腹式吊车梁

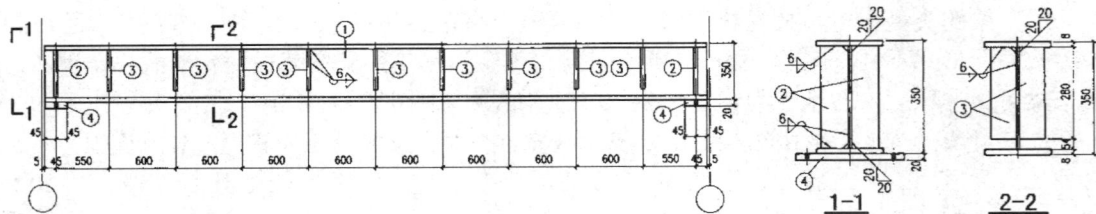

图 9.58　钢吊车梁

2. 钢筋混凝土吊车梁的预埋件及与柱的连接

　　吊车梁两端上、下边缘各预埋铁件，用于与柱子连接，如图 9.59 所示。由于端柱、伸缩缝处的柱距不同，所以在预制和安装吊车梁时应注意预埋件位置。钢筋混凝土吊车梁与柱的连接多采用焊接方式。为承受吊车横向水平刹车力，吊车梁上翼缘与柱间用钢板或角钢焊接；为承受吊车梁的竖向压力，吊车梁底部安装前应焊接上一块垫板(或称支承钢板)，与柱牛腿顶面预埋钢板焊牢。吊车梁与柱的连接如图 9.60 所示。吊车梁的对头空隙、吊车梁与柱之间的空隙均须用 C20 混凝土填实。

3. 车挡的固定

　　为防止吊车在行驶至山墙附近轨道端头处来不及刹车而冲撞到山墙上，应在吊车梁的尽端设有车挡装置，如图 9.61 所示。车挡的大小与吊车起重质量有关，可查阅相应标准图集。

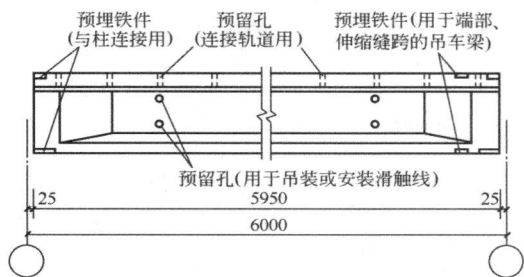

图 9.59 吊车梁的预埋件

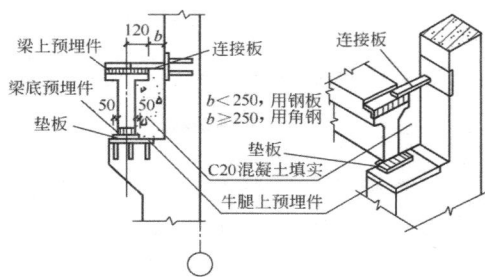

图 9.60 吊车梁与柱的连接

9.4.5 连系梁与圈梁

1. 连系梁

连系梁(也称墙梁)是柱与柱之间在纵向的水平连系构件，通常是预制的，有设在墙内和不设在墙内两种；其截面形式有矩形和 L 形两种，如图 9.62(a)所示；按其传递竖直荷载的方式分为非承重和承重两种。

(1) 非承重墙梁的主要作用是增强厂房的纵向刚度，传递山墙传来的风荷载到纵向列柱中去，减少砖墙或砌块墙的计算高度以满足其允许高厚比，同时承受墙上的水平风荷载，但它不起将墙体重量传给柱子的作用。因此，它与柱的连接应做成只能传送水平力，而不传递竖向力的形式，一般用螺栓或钢筋与柱拉结即可，而不将墙梁搁置在柱的牛腿上。非承重梁分为现浇与预制两种，如图 9.62(b)和图 9.62(c)所示。

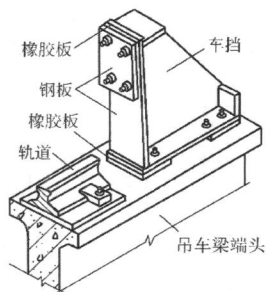

图 9.61 车挡

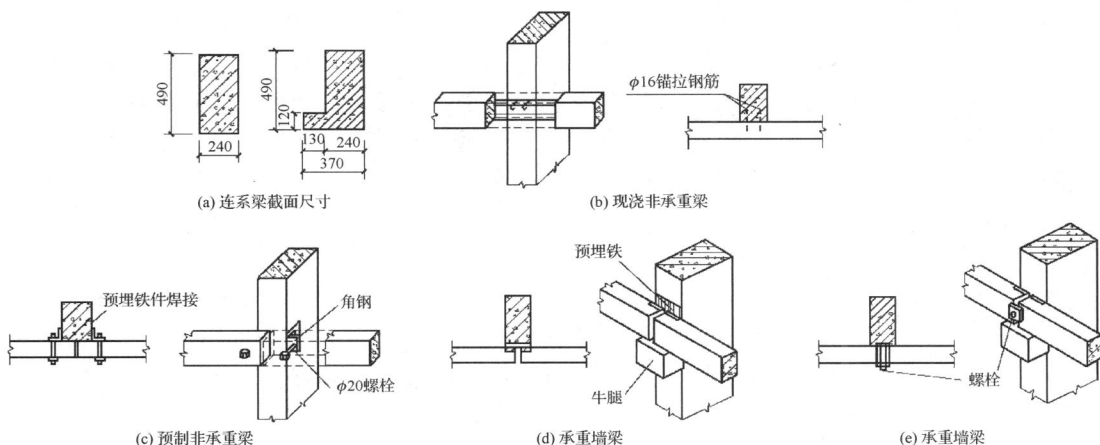

图 9.62 连系梁与柱的连接

(2) 承重墙梁除起非承重墙梁的作用外，还承受墙体重量并传给柱子，因此，它应搁置在柱的牛腿上并用焊接连接或螺栓连接，如图 9.62(d)所示。承重墙梁一般用于厂房高度大、刚度要求高、地基较差的厂房中。

2. 圈梁

圈梁是连续、封闭且在同一标高上设置的梁，其作用是将砌体同厂房的排架柱、抗风柱连在一起，加强厂房的整体刚度及墙的稳定性。圈梁与柱子的连接构造如图 9.63 所示。根据厂房高度、荷载和地基等情况以及抗震设防要求，可将一道或几道墙梁沿厂房四周连通做成圈梁。圈梁可预制或现浇，应设在墙内，通常设在柱顶、吊车梁、窗过梁等处。其断面高度应不小于 180 mm，配筋数量：主筋为 $4\phi12$，箍筋为 $\phi6@200$ mm，圈梁应与柱子中伸出的预埋筋进行连接。布置墙梁时，还应与厂房立面结合起来，尽可能兼作窗过梁用。不在墙内的连系梁主要起联系柱子、增加厂房纵向刚度的作用，一般布置于多跨厂房中列柱的顶端。

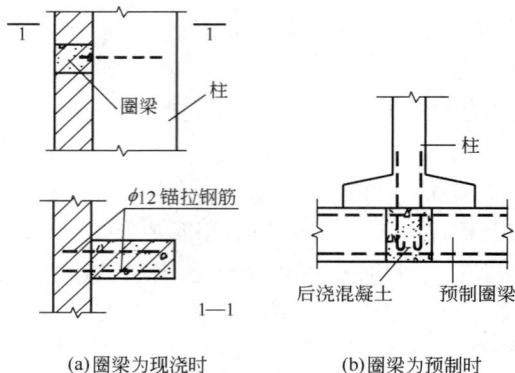

(a)圈梁为现浇时　　　　　　(b)圈梁为预制时

图 9.63　圈梁与柱子的连接

9.4.6　支撑

在装配式单层厂房结构中，支撑能够保证厂房结构和构件的承载力、稳定和刚度，并有传递部分水平荷载的作用，它是联系各主要承重构件以构成厂房结构空间骨架的重要组成部分。在装配式单层厂房中大多数构件节点为铰接，整体刚度较差，为保证厂房的整体刚度和稳定性，必须按结构要求合理地布置必要的支撑。支撑有屋盖支撑和柱间支撑两部分。

1. 屋盖支撑

为保证屋架上、下弦杆件受力后的稳定，屋盖支撑包括横向水平支撑(上弦或下弦横向水平支撑)、纵向水平支撑(上弦或下弦纵向水平支撑)、垂直支撑和纵向水平系杆(加劲杆)等。横向水平支撑和垂直支撑一般布置在厂房端部和伸缩缝两侧的第二(或第一)柱间内。屋盖支撑的种类如图 9.64 所示。

2. 柱间支撑

柱间支撑将吊车纵向制动力和山墙抗风柱经屋盖系统传来的风力及纵向地震力传至基础，用以提高厂房纵向刚度和稳定性。按吊车梁位置，柱间支撑分为上柱支撑和下柱支撑两种。柱间支撑一般采用型钢制作，支撑形式宜采用交叉式，其交叉倾角通常为 35°～55°，支撑杆件的长细比不宜超过表 9.1 所给的规定值。

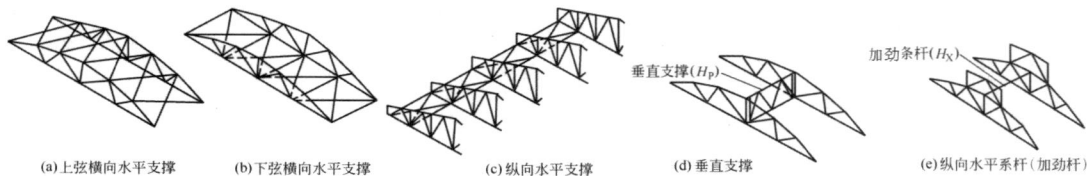

(a)上弦横向水平支撑　(b)下弦横向水平支撑　(c)纵向水平支撑　(d)垂直支撑　(e)纵向水平系杆（加劲杆）

图 9.64　屋盖支撑的种类

表 9.1　交叉支撑杆件的最大长细比

位　　置	地震烈度			
	6 度和 7 度Ⅰ、Ⅱ类场地	7 度Ⅲ、Ⅳ类场地和 8 度Ⅰ、Ⅱ类场地	8 度Ⅲ、Ⅳ类场地和 9 度Ⅰ、Ⅱ类场地	9 度Ⅲ、Ⅳ类场地
上柱支撑	250	250	200	150
下柱支撑	200	200	150	150

当柱间需要通行、放置设备或柱距较大等，采用交叉式支撑有困难时，可采用门架式支撑，如图 9.65 所示。

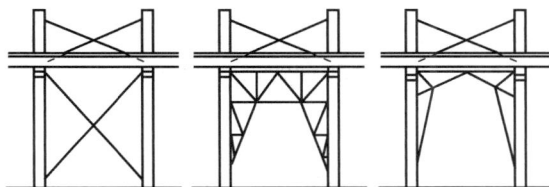

支撑.mp4

图 9.65　交叉式与门架式柱间支撑

9.5　单层工业厂房围护系统与地面构造

单层工业厂房主要由骨架和围护结构两大部分组成。围护结构主要包括屋面、天窗、外墙、侧窗、大门以及地面等。

9.5.1　屋面

单层工业厂房屋面的基本功能与民用建筑屋面的功能基本相同，但也存在一定的差异。一是屋面面积大，接缝多，而且多跨厂房各跨间还会有高差，导致厂房屋面在排除雨水方面比较不利；二是屋面上常设有各种天窗、天沟、檐沟、雨水斗及雨水管等，构造复杂；三是直接受厂房内部的振动、高温、腐蚀性气体、积灰等因素的影响。因此，解决好屋面的排水和防水是厂房屋面构造的主要问题；有些地区还要处理好屋面的保温、隔热问题；对于有爆炸危险的厂房，还须考虑屋面的防爆、泄压问题；对于有腐蚀性气体的厂房，还要考虑防腐蚀的问题等。通常屋面的排水和防水是相互补充的，排水组织得好，会减少渗漏的可能性，从而有助于防水；而高质量的屋面防水也会有益于屋面排水。因此，要防排结合，统筹考虑，综合处理。

1. 屋面排水方式与排水坡度

1) 屋面排水方式

厂房屋面排水方式可分为有组织排水和无组织排水两种。选择排水方式，应结合所在地区的降雨量、气温、车间生产特征、厂房高度和天窗宽度等因素综合考虑，一般可参考表 9.2 进行选择。

表 9.2 屋面排水方式

	地区年降雨量/mm	檐口高度 H/m	天窗宽度 l/m	相邻屋面高差 h/m	排水方式
	≤900	>8	≥12	≥4	有组织排水
		≤8		<4	无组织排水
	>900	>5	—	≥3.5	有组织排水
		≤5		<3.5	无组织排水

(1) 无组织排水。

无组织排水也称自由落水，是雨水直接由屋面经檐口自由排落到散水或明沟内。无组织排水构造简单，施工方便，造价便宜，适用于高度较低或屋面积灰较多的厂房，屋面防水要求很高的厂房及某些对屋面有特殊要求的厂房。

无组织排水的挑檐应有一定的长度，当檐口高度不大于 6 m 时，一般宜不小于 300 mm；当檐口高度大于 6 m 时，一般宜不小于 500 mm，如图 9.66 所示。在多风雨的地区，挑檐尺寸要适当加大，以减少屋面落水浇淋墙面和窗口的机会。勒脚外地面须做散水，其宽度一般宜超出挑檐 300 mm，也可以做成明沟，其明沟的中心线应对准挑檐端部。

高低跨厂房的高跨为无组织排水时，在低跨屋面的滴水范围内要加铺一层滴水板作保护层。滴水板的材料有混凝土板、机平瓦、石棉瓦和镀锌铁皮等，如图 9.67 所示。

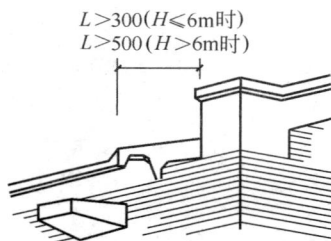

图 9.66 无组织排水挑檐

L—挑檐长度；H—檐口高度

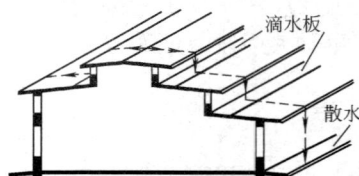

图 9.67 高低屋面处设滴水板

(2) 有组织排水。

有组织排水是通过屋面的坡度对雨水进行有组织的疏导，汇集到天沟或檐沟内，再经雨水斗、落水管排到室外或下水道。根据排水组织和位置的不同，有组织排水通常可分为外排水、内排水和内落外排水等几种形式。

① 长天沟外排水。当多跨厂房内天沟长度小于 96 m 时，可采用长天沟外排水方式。它是将天沟板延伸至两端上墙外，雨水由靠山墙的雨水竖管排走。图 9.68 所示为长天沟端部外排水。这种方式构造简单，施工方便，造价较低，但受地区降雨量、汇水面积、屋面材料、天沟断面和纵向坡度等因素的制约。即使在防水性能较好的卷材防水屋面中，其天沟每边的流水长度也不宜超过 48 m，天沟端部应设溢水口，防止暴雨或排水口堵塞时造成漫水现象。

② 檐沟外排水。单跨、多跨的双坡屋面以及多跨厂房的边跨外侧，可采用檐沟外排水。它是将屋面的雨、雪水组织在檐沟内，经水落口和立管排下，如图 9.69 所示。这种方式构造简单，施工方便，节省管材，造价低，且不妨碍车间内部工艺设备布置，尤其是在南方地区应用较广泛。

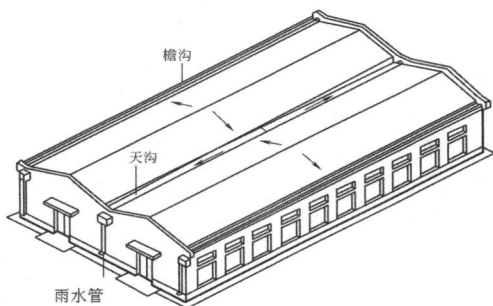

图 9.68　长天沟端部外排水

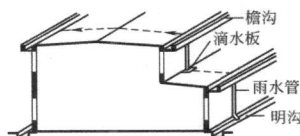

(a) 檐沟外排水示意图

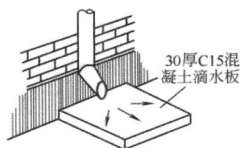

(b) 低跨屋面滴水板

图 9.69　檐沟外排水

③ 内排水。内排水不受厂房高度限制，屋面排水组织灵活，适用于多跨厂房，如图 9.70 所示。在严寒多雪地区采暖厂房和有生产余热的厂房，采用内排水可防止冬季雨、雪水流至檐口结成冰柱拉坏檐口及下落伤人，以及外部雨水管冻结破坏。但内排水构造复杂，造价及维修费用高，且与地下管道、设备基础、工艺管道等易发生矛盾。

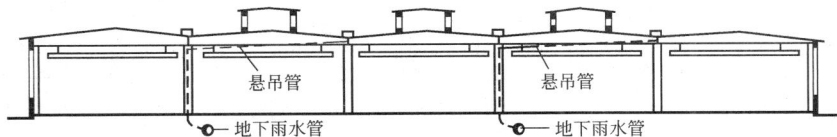

图 9.70　内排水

④ 内落外排水。这种排水方式是将厂房中部的雨水管改为具有 0.5%～1% 坡度的水平悬吊管，与靠墙的排水立管连通，下部导入明沟或排出墙外，如图 9.71 所示。这种方式可避免内排水与地下干管布置的矛盾。

2) 屋面排水坡度

屋面排水坡度的选择，主要取决于屋面基层的类型、防水构造方式、材料性能、屋架形式以及当地气候条件等因素。通常情况下，各种屋面的坡度可参考表 9.3 进行选择。

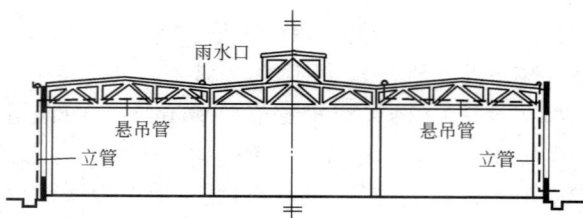

图 9.71　内落外排水

表 9.3　屋面坡度

防水类型	卷材类型	非卷材防水		
		嵌缝式	F 板	石棉瓦等
选择范围	1：4～1：50	1：4～1：10	1：3～1：8	1：2～1：5
常用坡度	1：5～1：10	1：5～1：8	1：5～1：8	1：2.5～1：4

2. 排水组织及排水装置的布置

1）排水组织

屋面排水应进行排水组织设计。如多跨多坡屋面采用内排水时，首先要按屋面的高低变形缝位置、跨度大小及坡面，将整个厂房屋面划分为若干个排水区段，并定出排水方向；然后根据当地降雨量和屋面汇水面积，选定合适的雨水管管径、雨水斗型号。通常在变形缝处不宜设雨水斗，以免因意外情况溢水而造成渗漏。

2）排水装置

(1) 天沟(或檐沟)。天沟的形式与屋面构造有关，具体有钢筋混凝土槽形天沟和直接在钢筋混凝土屋面板上做成的自然天沟两种，如图 9.72 所示。当厂房屋面为卷材防水时，由于屋面板接缝严密，钢筋混凝土槽形天沟或"自然天沟"排水的形式均可采用。

(2) 雨水斗。雨水斗的形式比较多，其中 65 型雨水斗较好，如图 9.73(a)所示；当采用自然天沟时，最好加设集水盘，与 65 型雨水斗配套使用，如图 9.73(b)

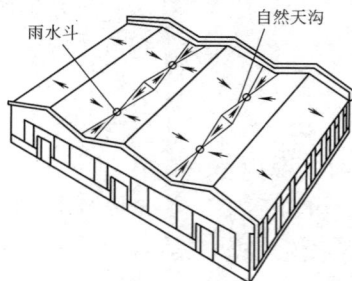

图 9.72　自然天沟

所示。有女儿墙的檐沟，也可采用铸铁弯头水漏斗和铸铁算装在檐沟女儿墙上，再经立管将雨水排下。雨水斗的间距要考虑每个雨水斗所能负担的汇水面积，除长天沟以外，一般为 18～24 m，少雨地区可增至 30～36 m，当采用悬吊管外排水时，最大间距为 24 m。

(3) 雨水管。在工业厂房中一般采用铸铁雨水管，当对金属有腐蚀作用时可采用塑料雨水管。铸铁雨水管管径常选用 ϕ100、ϕ150、ϕ200 三种，一般可根据雨水管最大汇水面积确定。雨水管用管卡固定在墙或柱上，做法同民用建筑。

3. 屋面防水

单层厂房的屋面防水应根据厂房的使用和防水、排水的要求，结合屋盖形式、屋面坡度、材料供应、地区气候条件及当地施工经验等因素来选择合适的防水形式。

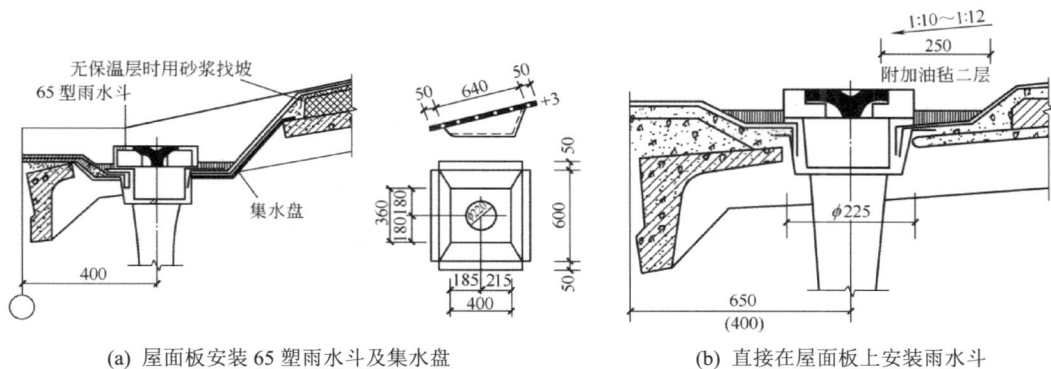

图 9.73 雨水斗的构造

卷材防水屋面在单层工业厂房中应用较为广泛(尤其是北方地区需采暖的厂房和振动较大的厂房),可分为保温屋面和非保温屋面两种,两者构造层次有很大不同。

保温防水屋面的构造一般为基层(结构层)、找平层、隔蒸汽层、保温层、找平层、防水层和保护层;非保温防水屋面的构造一般为基层、找平层、防水层和保护层。卷材防水屋面构造的原则和做法与民用建筑基本相同,它的防水质量关键在于基层和防水层。为了防止屋面卷材开裂,应选择刚度大的屋面构件,并采取改进构造做法等措施增强屋面基层的刚度和整体性,减少屋面基层的变形。下面着重介绍卷材防水屋面的几个节点构造。

1) 接缝

大型屋面板相接处的缝隙,必须用 C20 细石混凝土灌缝填实。在无隔热(保温)层的屋面上,屋面板短边端肋的交接缝(即横缝)处的卷材被拉裂的可能性较大,应加以处理。屋面板横缝处卷材防水层处理如图 9.74 所示。板的长边主肋的交缝(即纵缝)由于变形较小,一般不需特别处理。

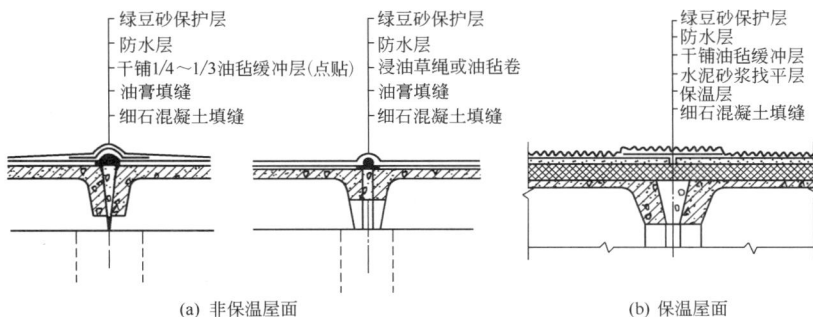

图 9.74 屋面板横缝处卷材防水层处理

2) 屋面泛水

厂房屋面泛水构造的做法,基本上与民用建筑的屋面类似,应做好卷材的收头处理和转折处理。山墙端部处理、女儿墙泛水和高低跨处的泛水构造示例如图 9.75～图 9.77 所示。

3) 挑檐

当屋面为无组织排水时,可用外伸的檐口板形成挑檐,有时也可利用顶部圈梁挑出挑檐板。挑檐处应处理好卷材的收头,以防止卷材起翘、翻裂。通常可采用卷材自然收头和附加镀锌铁皮收头,如图 9.78 所示。

(a) 檐口板排水　　　　(b) 结构布置　　　　(c) 女儿墙泛水构造

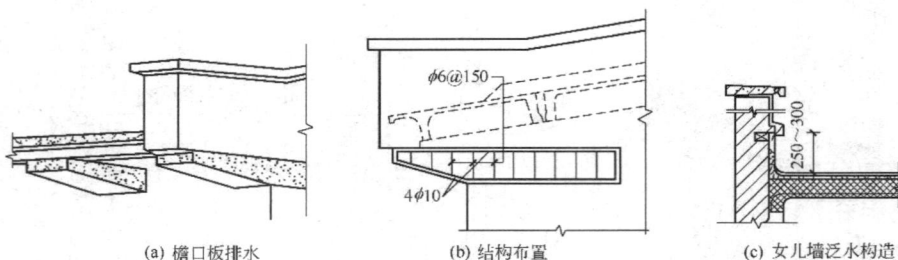

图 9.75　山墙端部处理和女儿墙泛水构造

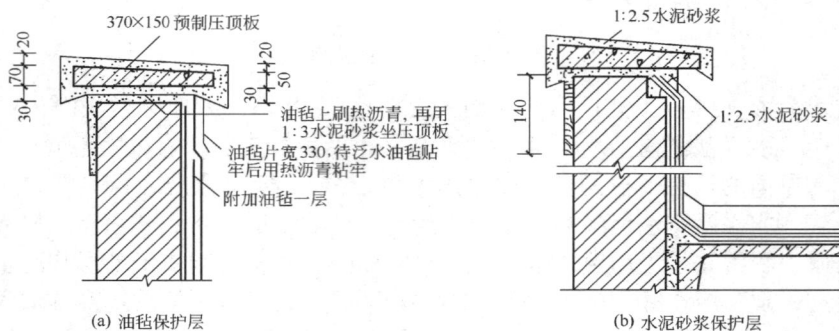

(a) 油毡保护层　　　　　　　　　　　　(b) 水泥砂浆保护层

图 9.76　女儿墙泛水的构造

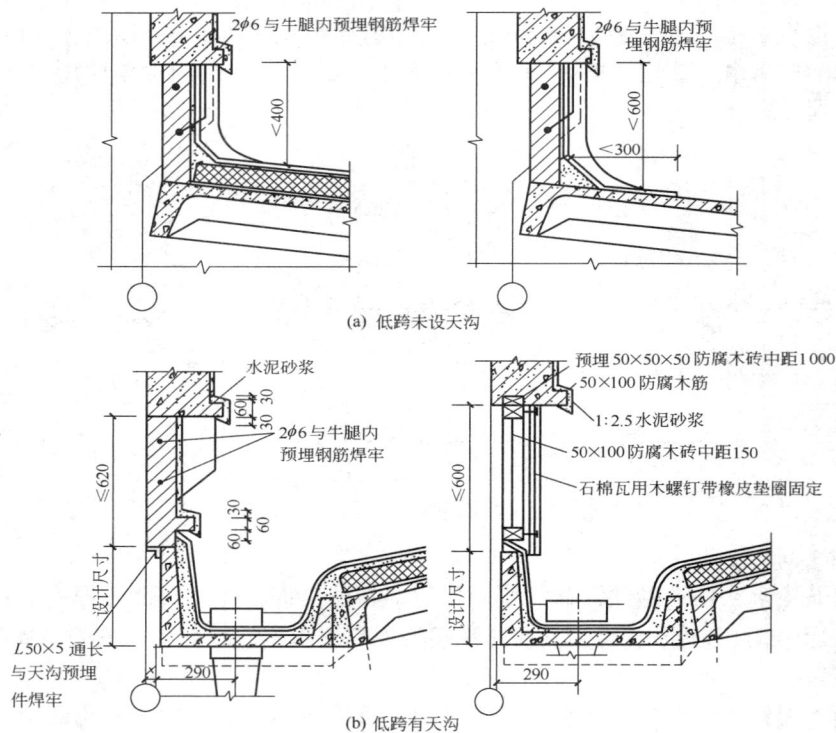

(a) 低跨未设天沟

(b) 低跨有天沟

图 9.77　高低跨处泛水的构造

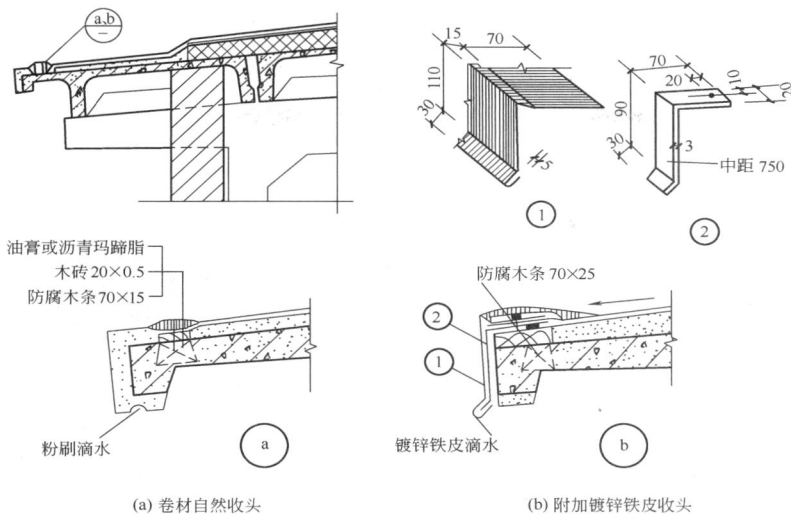

(a) 卷材自然收头

(b) 附加镀锌铁皮收头

图 9.78 挑檐的构造

4) 纵墙外天(檐)沟

南方地区较多采用檐沟外排水的形式,其槽形天沟板一般支承在钢筋混凝土屋架端部挑出的水平挑梁上或钢屋架、钢筋混凝土屋面大梁端部的钢牛腿上。檐沟的卷材防水层除与屋面相同以外,在防水层底应加铺一层卷材,水落口周围应附加玻璃布两层。檐沟的卷材防水也应注意收头的处理。因檐沟的檐壁较矮,为保证屋面检修、清灰的安全,可在沟外壁设铁栏杆。纵墙外檐沟的构造如图 9.79 所示。

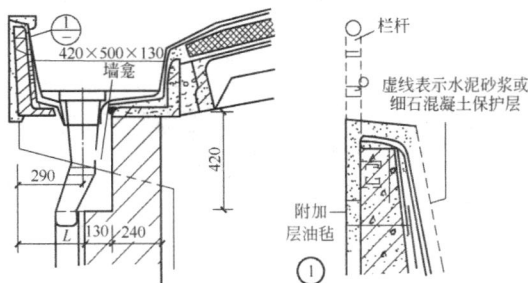

图 9.79 纵墙外檐沟的构造

5) 天沟

厂房屋面的天沟,按其所在位置有内天沟、边天沟及长天沟三种。

(1) 内天沟。内天沟的天沟板搁置在相邻两屋架的端头上,按其形成方式可分为单槽形天沟板和双槽形天沟板,如图 9.80(a)和图 9.80(b)所示。双槽形天沟板施工方便,但两个天沟板接缝处的防水较复杂。内天沟也可在大型屋面板上直接形成,如图 9.80(c)所示。

(2) 边天沟。边天沟也称内檐沟,可用槽形天沟板构成,也可在大型屋面板上直接做天沟。当边天沟做女儿墙而采用有组织外排水时,女儿墙根部应设出水口,构造做法与民用建筑相同。女儿墙边天沟的构造如图 9.81 所示。

(3) 长天沟。当采用长天沟外端部排水时,必须在山墙上留出洞口,将天沟板加长伸出山墙，该洞口可兼作溢水口用，洞口的上方应设置预制钢筋混凝土过梁。在天沟板端部设雨水斗，下接雨水管，如图 9.82 所示。长天沟及洞口处应注意卷材的收头处理。

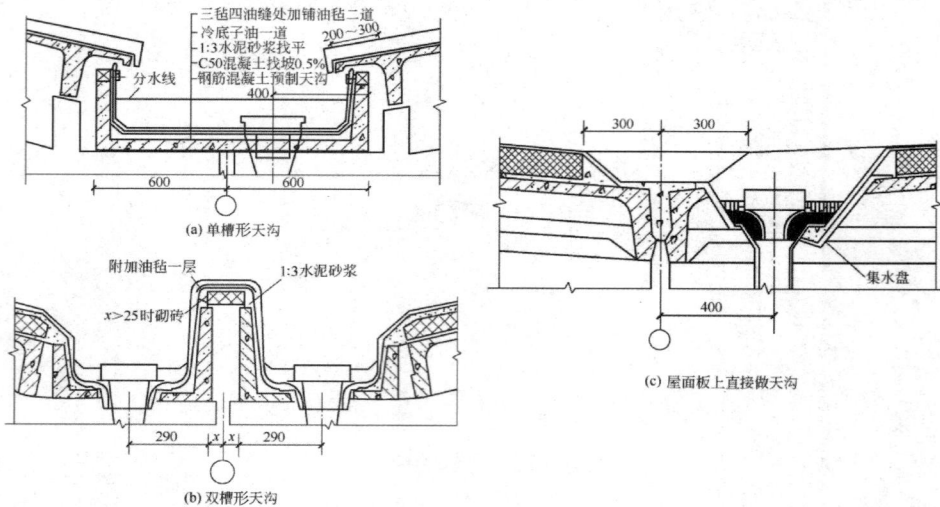

图 9.80　内天沟的构造

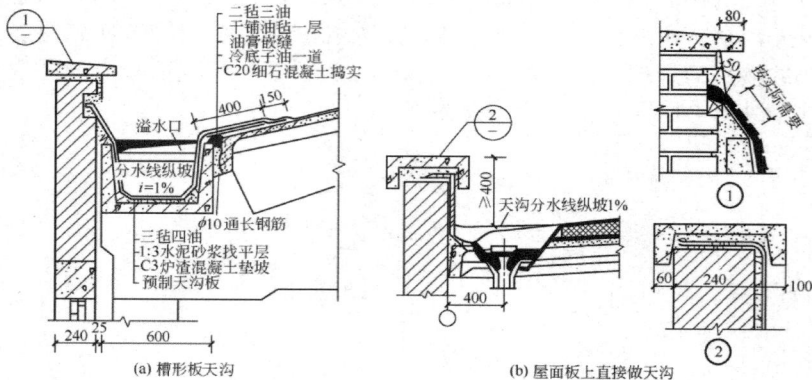

图 9.81　女儿墙边天沟的构造

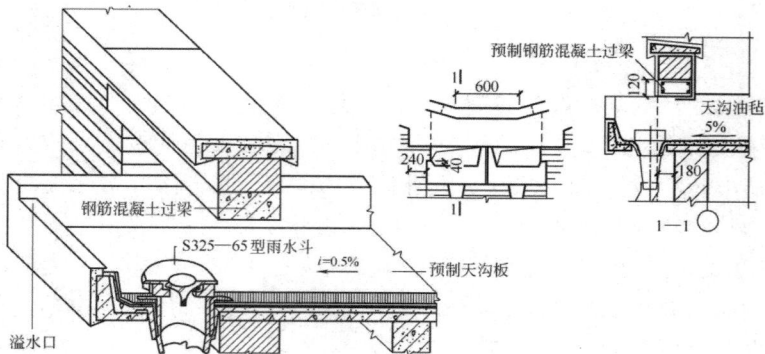

图 9.82　长天沟外排水的构造

6) 屋面变形缝

厂房屋面变形缝有等高跨变形缝和高低跨变形缝,其构造如图 9.83 和图 9.84 所示。横向高跨变形缝处最好设置矮墙泛水,并用镀锌铁皮盖缝或预制钢筋混凝土压顶板,缝内用沥青麻丝填实。

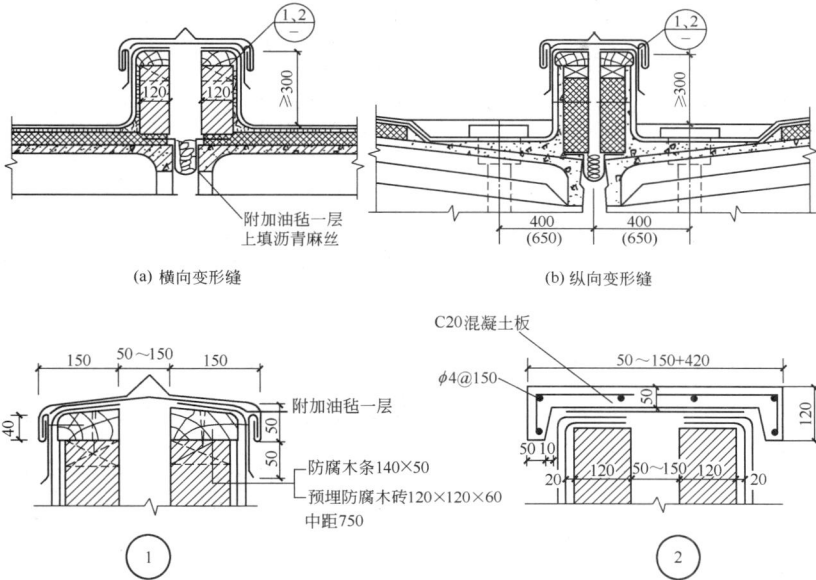

图 9.83 等高跨变形缝的构造

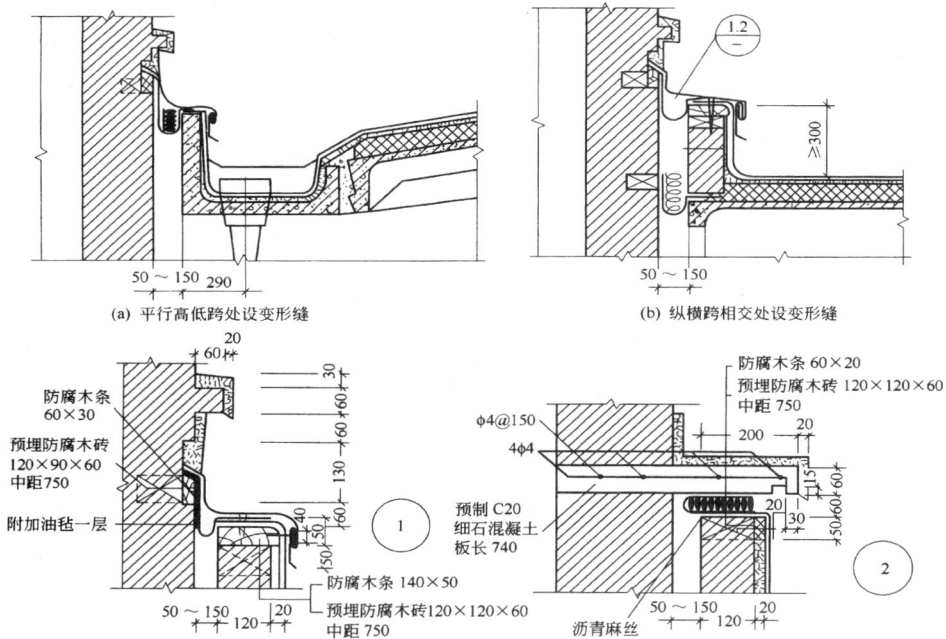

图 9.84 高低跨变形缝的构造

4. 屋面保温与隔热

(1) 屋面保温。按保温层与屋面板所处的相对位置，保温层可设在屋面板上部、下部或中部，如图 9.85 所示。保温层设在屋面板上部，常用于卷材防水屋面，其做法与民用建筑屋面做法相同。保温层设在屋面板下部，主要用于构件自防水屋面。施工方法有直接喷涂和吊挂两种形式。前者是将由水泥拌和的散状保温材料直接涂敷在屋面板下面，后者是将预制的块状保温材料固定在屋面板下方。保温层设在屋面板中部，一般采用夹芯保温屋面板，它具有保温、承重、防火的综合性功能。夹芯保温屋面板施工方便，现场湿作业少，但易产生裂缝，并存在"热桥"现象。

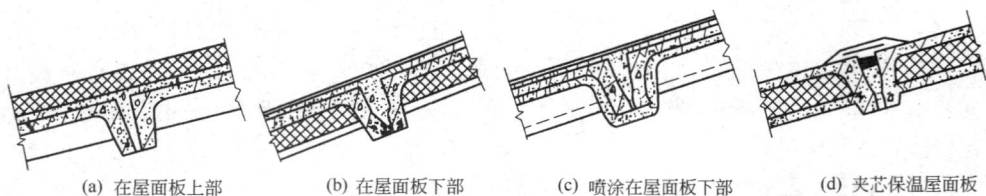

(a) 在屋面板上部　　(b) 在屋面板下部　　(c) 喷涂在屋面板下部　　(d) 夹芯保温屋面板

图 9.85　保温层设置的不同位置

(2) 屋面隔热。当钢筋混凝土屋面厂房的柱顶高度低于 8 m 时，工作区会受到屋面的辐射热影响，需考虑屋面隔热措施。单层厂房屋面的隔热，可采用民用建筑的屋面隔热措施。

9.5.2　天窗

在大跨度和多跨的单层工业厂房中，为了满足天然采光和自然通风的要求，常在厂房的屋顶设置各种类型的天窗。

1. 天窗的类型

单层厂房采用的天窗类型较多，按其主要作用，可分为采光天窗和通风天窗；按其在屋面的位置不同，可分为上凸式天窗、下沉式天窗和平天窗等。

1) 采光天窗

天窗采光属屋顶采光，常用于侧墙不能开窗或连续多跨的厂房。天窗的采光率较高，照度均匀。常用的采光天窗的种类有矩形天窗、锯齿形天窗、横向下沉式天窗、平天窗等，如图 9.86 所示。

2) 通风天窗

通风天窗与低侧窗结合，可以有效地运用热压通风原理和风压通风原理，产生良好的通风效果。在实际工程应用中，天窗一般不会只起采光或通风一种作用，采光天窗可同时具有通风功能，通风天窗也可兼有采光作用。采光天窗兼作通风天窗时，因排气不稳定，会影响通风效果，一般用于对通风要求不高的冷加工车间。常用的通风天窗有矩形天窗、纵向或横向下沉式天窗、井式天窗等。这里重点介绍矩形采光天窗、平天窗和矩形避风天窗的构造。

2. 矩形采光天窗的构造

矩形天窗是我国单层工业厂房中采用得最多的一种，南北方均适用。矩形采光天窗沿厂房的纵向布置，天窗宽度一般取 1/3～1/2 的厂房跨度。矩形采光天窗主要由天窗架、天窗扇、天窗屋面板、天窗侧板和天窗端壁等构件组成。为了简化构造并留出屋面检修和消防通道，在厂房的两端和横向变形缝的第一个柱间通常不设天窗，在每段天窗的端壁应设置上天窗屋面的消防梯(检修梯)。矩形采光天窗的构造组成如图9.87所示。

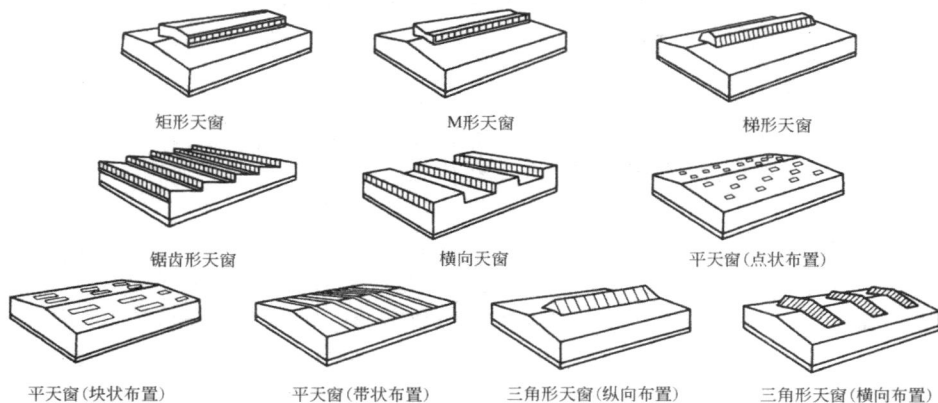

图 9.86　采光天窗的种类

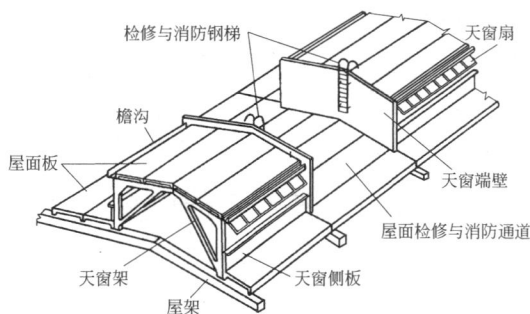

图 9.87　矩形采光天窗的构造组成

1) 天窗端壁

天窗两端的山墙称为天窗端壁，其主要起支撑和围护作用，常用的有预制钢筋混凝土端壁板和石棉水泥波形瓦端壁板。

(1) 预制钢筋混凝土端壁板。

预制钢筋混凝土端壁板多为肋形板。根据天窗宽度的不同，天窗端壁由2～3块端壁板组成。端壁板可代替端部的天窗架支承天窗屋面板。钢筋混凝土端壁板焊接固定在屋架上弦的一侧，屋架上弦的另一侧用于铺放与天窗相邻的屋面板。预制钢筋混凝土天窗端壁板的构造如图9.88所示。端壁板下部与屋面板相交处须做好泛水，需要时可在端壁板内侧设置保温层。

(2) 石棉水泥波形瓦端壁板。

钢筋混凝土端壁板重量较大，为了减少构件类型及减轻屋盖荷重，也可改用石棉水泥波形瓦或其他波形瓦作为天窗端壁。这种做法仍采用天窗架承重，而端壁的围护结构由轻型波形瓦做成，这种端壁构件琐碎，施工复杂，故主要用于钢天窗架上。石棉水泥波形瓦天窗端壁板的构造如图 9.89 所示。

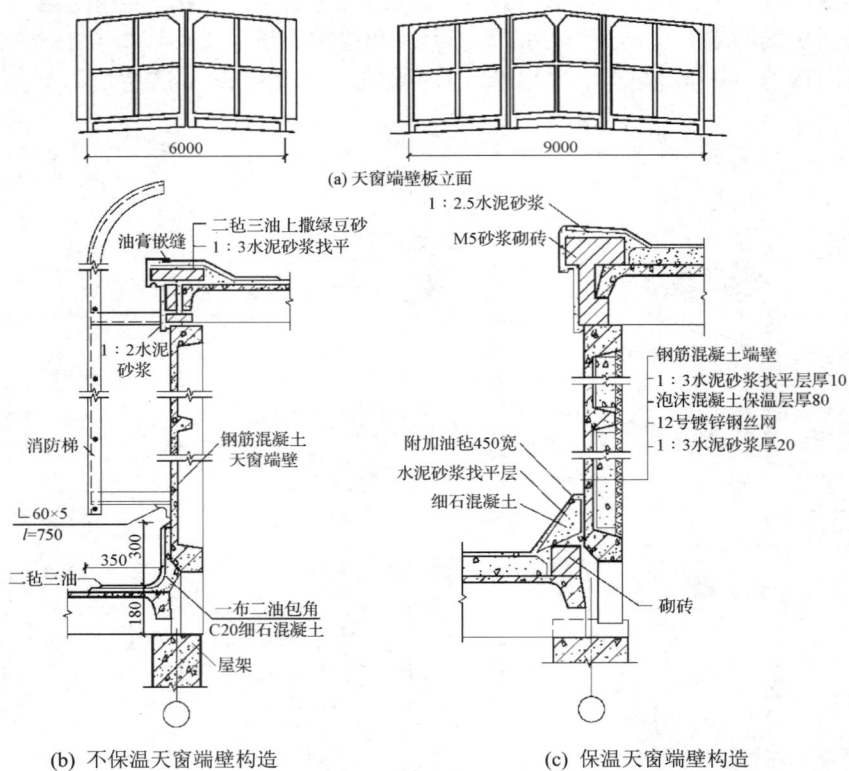

(a) 天窗端壁板立面

(b) 不保温天窗端壁构造

(c) 保温天窗端壁构造

图 9.88　预制钢筋混凝土天窗端壁板的构造

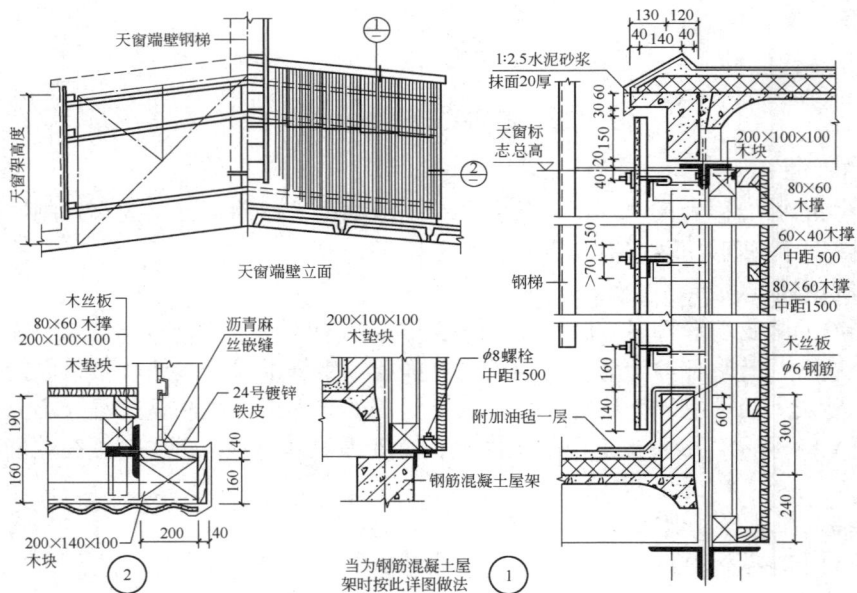

图 9.89　石棉水泥波形瓦天窗端壁板的构造(有保温)

2）天窗屋面及檐口

天窗屋面的构造通常与厂房屋面的构造相同。由于天窗的宽度和高度一般均较小，多采用无组织排水。为防止雨水直接流淌到天窗扇上和飘入室内，天窗檐口一般采用带挑檐的屋面板，挑出长度为 300～500 mm，并在天窗檐口下部的屋面上铺设滴水板；雨量多的地区或天窗高度和宽度较大时，宜采用有组织排水。一般可采用带檐沟的屋面板或在天窗架的钢牛腿上铺设槽形天沟板，以及在屋面板的挑檐下悬挂镀锌铁皮或石棉水泥檐沟等三种做法，如图 9.90 所示。

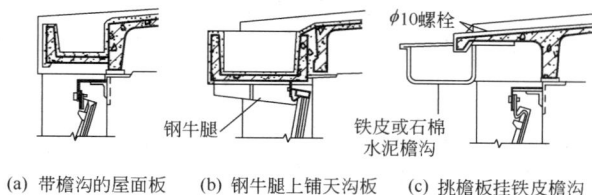

(a) 带檐沟的屋面板　(b) 钢牛腿上铺天沟板　(c) 挑檐板挂铁皮檐沟

图 9.90　有组织排水的天窗檐口的三种构造

3）天窗侧板

天窗侧板是天窗下部的围护构件，它的主要作用是防止屋面的雨水溅入车间以及避免积雪挡住天窗扇，影响开启。天窗侧板及檐口的构造如图 9.91 所示。

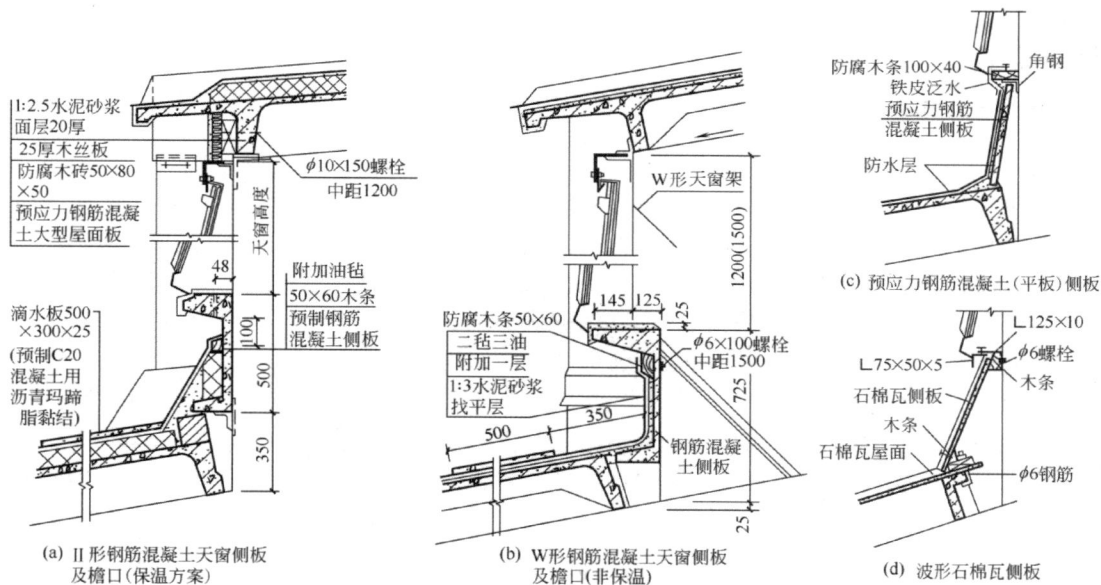

(a) Π形钢筋混凝土天窗侧板及檐口(保温方案)　(b) W形钢筋混凝土天窗侧板及檐口(非保温)　(c) 预应力钢筋混凝土(平板)侧板　(d) 波形石棉瓦侧板

图 9.91　天窗侧板及檐口的构造

4）天窗扇

天窗扇可采用钢、木、塑料和铝合金等材料制作。无论南北方一般均为单层。目前应用较多的是铝合金天窗扇，具有挡光少、不易变形、关闭严密、质量轻及耐久性强等优点。

天窗扇按开启方式分为上悬式天窗扇和中悬式天窗扇。上悬式天窗扇最大开启角仅为 45°，因此防雨性能较好，但通风性能较差；中悬式天窗扇开启角为 60°～80°，通风好，但防雨性能较差。

中悬式铝合金天窗扇(见图 9.92)的高度有三种(与上悬式铝合金天窗扇相同)，也可组合形成不同的窗口高度。中悬式铝合金天窗扇因受天窗架的阻挡和转轴位置的限制，只能分段设置，每个柱距内设一樘窗扇。

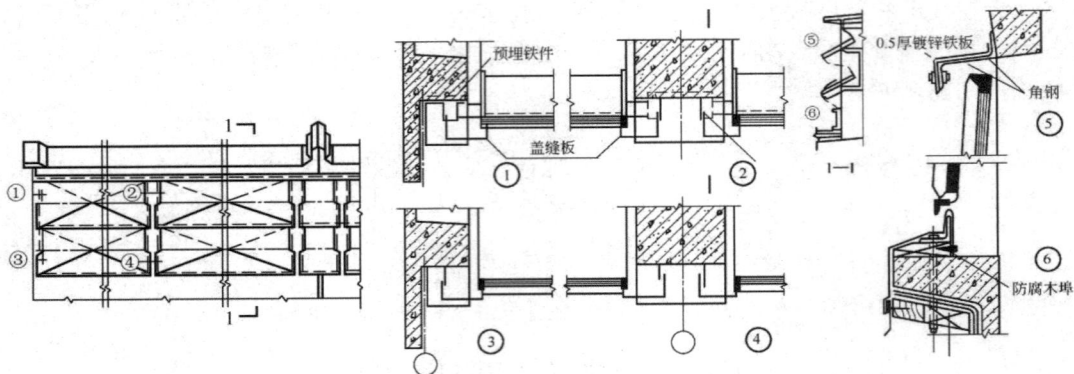

图 9.92　中悬式铝合金天窗扇的构造

上悬式天窗扇主要由开启扇和固定扇等若干单元组成，可以布置成通长天窗扇[见图 9.93(a)]和分段天窗扇[见图 9.93(b)]。在开启扇之间以及开启扇与天窗端壁之间，均须设置固定窗扇，起竖框作用。防雨要求较高的厂房可在上述固定扇的后侧附加 600 mm 宽的固定挡雨板，如图 9.93(c)所示，以防止雨水从窗扇两端开口处飘入车间。

3. 平天窗的构造

1) 平天窗的类型

平天窗是在厂房屋面上直接开设采光孔洞，采光孔洞上安装平板玻璃或玻璃钢罩等透光材料形成的天窗。平天窗主要有采光板、采光罩和采光带三种形式，如图 9.94 所示。

采光板：在屋面板的预留孔洞上安装平板式透光材料。采光板式平天窗由井壁、透光材料、横挡、固定卡钩、密封材料及钢丝保护网等组成，如图 9.95～图 9.97 所示。

采光罩：在屋面板的预留孔洞上设弧形或锥形透光材料。

采光带：在屋面板的纵向或横向开设长度在 6 m 以上的采光口，并安装平板透光材料。

采光板与采光罩有固定式和开启式两种，开启式采光板以采光为主，兼作通风。

平天窗的结构和构造简单，布置灵活，造价较低。在采光面积相同的情况下，平天窗的照度比矩形天窗高 2～3 倍。但平天窗不利于通风，易受积尘污染，一般适用于冷加工车间。

2) 平天窗的细部构造

(1) 井壁形式及泛水。

井壁是平天窗采光口的边框。为了防水和消除积雪对窗的影响，井壁一般高出屋面150 mm 左右，有暴风雨的地区则可提高至 250 mm 以上。平天窗井壁有垂直和倾斜两种形式，在采光口相同的情况下，倾斜井壁的采光较垂直井壁采光效率高。井壁的常用材料有钢筋混凝土、薄钢板、玻璃纤维塑料等，应注意处理好井壁与屋面板之间的缝隙，以防渗水。平天窗的井壁构造如图 9.96 所示。

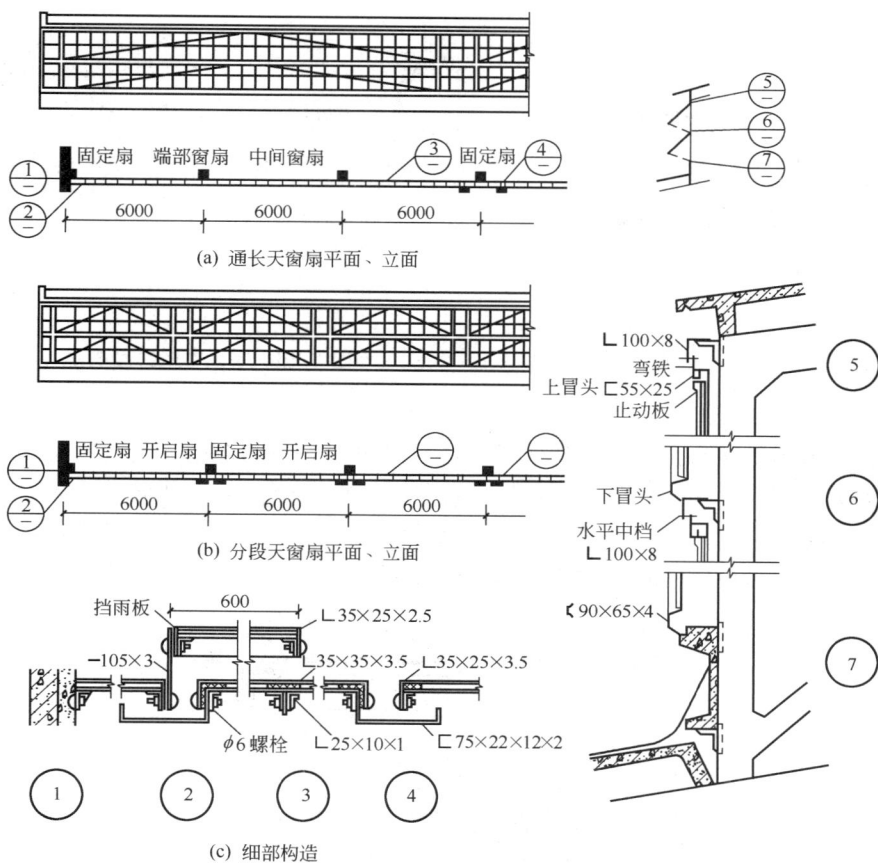

（a）通长天窗扇平面、立面

固定扇 端部窗扇 中间窗扇 固定扇

6000 6000 6000

（b）分段天窗扇平面、立面

固定扇 开启扇 固定扇 开启扇

6000 6000 6000

L100×8
弯铁
上冒头 L55×25
止动板

下冒头
水平中档
L100×8

∠90×65×4

（c）细部构造

挡雨板 600 L35×25×2.5
−105×3 35×35×3.5 L35×25×3.5
φ6螺栓 L25×10×1 L75×22×12×2

图 9.93 上悬式天窗扇的构造

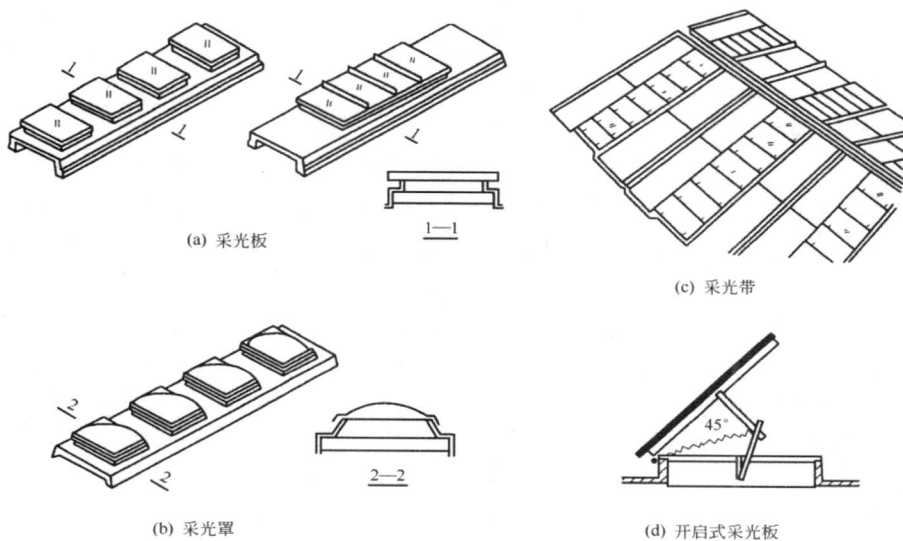

（a）采光板

1—1

（c）采光带

（b）采光罩

2—2

（d）开启式采光板

图 9.94 平天窗的形式

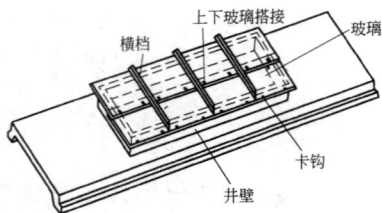

图 9.95　采光板式平天窗的组成

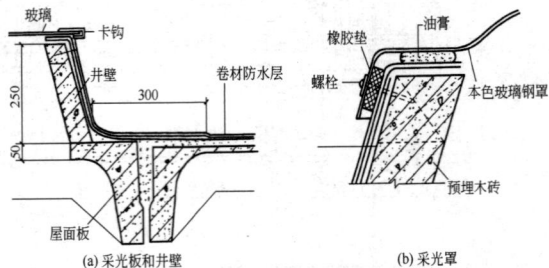

(a) 采光板和井壁　　　　　(b) 采光罩

图 9.96　平天窗的井壁构造

(2) 玻璃的安全防护。

为防止冰雹撞击等原因损坏采光玻璃,造成对室内人员的伤害,平天窗宜采用安全玻璃(如钢化玻璃、夹丝玻璃和玻璃钢罩等)。当采用平板玻璃、磨砂玻璃、压花玻璃等非安全玻璃时,须加设安全网。安全网一般设在玻璃下面,常采用镀锌铁丝网制作,挂在孔壁的挂钩上或横档上。安全网的构造如图 9.97 所示。

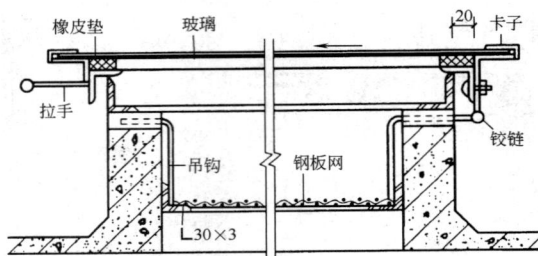

图 9.97　安全网的构造

4. 矩形避风天窗

1) 矩形避风天窗的工作原理与组成

(1) 工作原理。

矩形采光天窗一般可用作通风,但当室外风速较大时,室外气流会从天窗迎风面进入室内,甚至与天窗背风面形成封闭气流,阻碍天窗排气,如图 9.98(a)所示。若在矩形采光天窗两侧加设挡风板,当室外风吹到挡风板上时,由于挡风板的作用使气流的流向发生变化,在挡风板内侧与天窗口间形成负压区,天窗就能不受室外风向的影响,稳定排气,如图 9.98(b)所示。挡风板与天窗的距离一般为排风口高度的 1.1~1.5 倍。当平行等高跨厂房两矩形通风天窗的间距小于天窗高度的 5 倍时,两天窗之间一般能保证为负压区,可不设挡风板,如图 9.98(c)所示。

(2) 矩形避风天窗的组成。

矩形避风天窗是在矩形采光天窗两侧加设挡风板构成的。挡风板端部要用端部板封闭,保证室外风向变化时仍可正常排气。挡风板或端部板上要设供检修或除尘用的小门,如图 9.99 所示。矩形避风天窗多用于热加工车间。除有保温要求的厂房外,矩形避风天窗一般不设天窗扇,仅在进风口处设置挡风板,以提高避风效率。

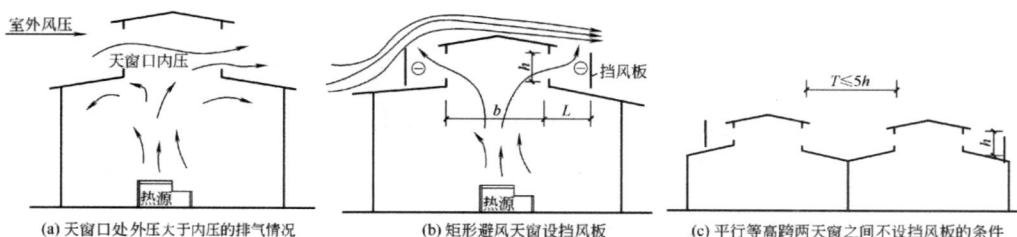

图 9.98　矩形避风天窗的工作原理示意图

2) 矩形避风天窗的构造

(1) 挡风板。

矩形避风天窗的挡风板高度不宜超过天窗檐口的高度。挡风板下部与厂房屋面间须留有 100～200 mm 的间隙，用以排水和除尘。挡风板端部要用端部板封闭，以保证风向变化时仍可排气。挡风板上要设置供除尘和检修时通行的小门。常用的挡风板有石棉水泥波形瓦、钢丝网水泥波形瓦和玻璃钢瓦等。

挡风板按固定形式有立柱式挡风板和悬挑式挡风板两种，如图 9.100(a)所示。

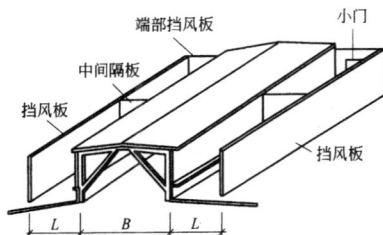

图 9.99　挡风板的设置

① 立柱式挡风板。立柱式挡风板是将钢立柱或预制钢筋混凝土立柱支承在屋架上弦的柱墩上，其构造如图 9.100(b)所示。

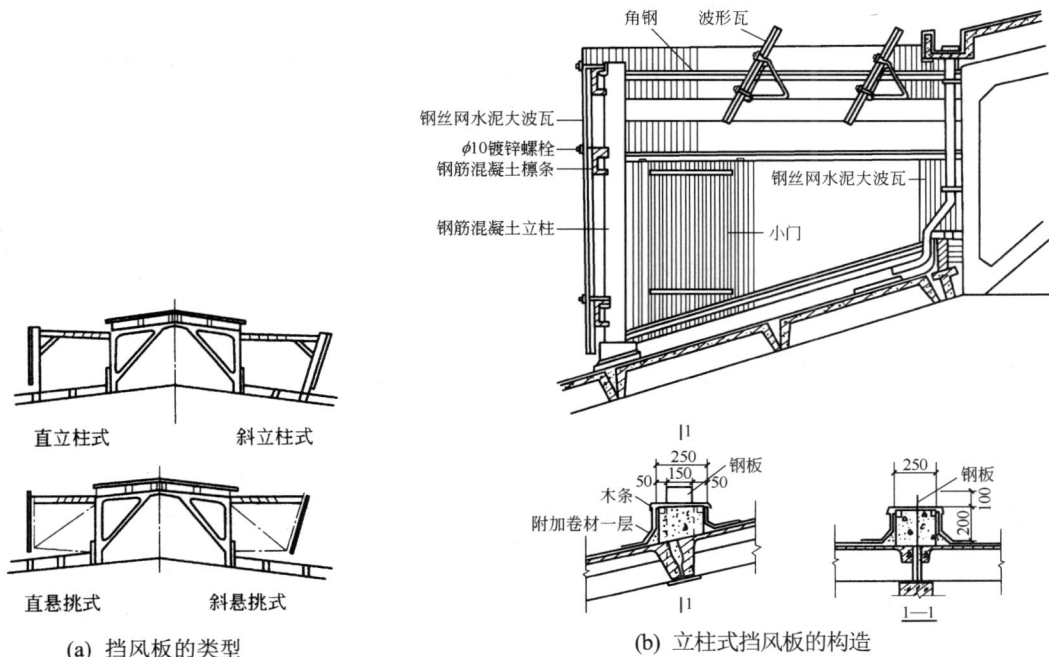

(a) 挡风板的类型

(b) 立柱式挡风板的构造

图 9.100　挡风板的类型与构造

立柱下部与柱墩上的预埋铁件焊接牢固，立柱上部焊接钢筋混凝土檩条或型钢。挡风板固定在钢筋混凝土檩条或型钢上。立柱式挡风板的结构合理，但为保证柱墩能通过屋面板的板缝与屋架结合，挡风板与天窗的距离会受影响，因此，立柱处的屋面防水构造比较复杂。

② 悬挑式挡风板。悬挑式挡风板的支架固定在天窗架上，挡风板与屋架完全分离，其构造如图 9.101 所示。悬挑式挡风板的布置灵活，但增大了天窗架的荷载，不利于抗震。

③ 活动的挡风板。矩形避风天窗还可以采用活动的挡风板，根据室内的排气量要求和室外的气候条件来调整挡风板的开启角度。活动挡风板的形式如图 9.102 所示。

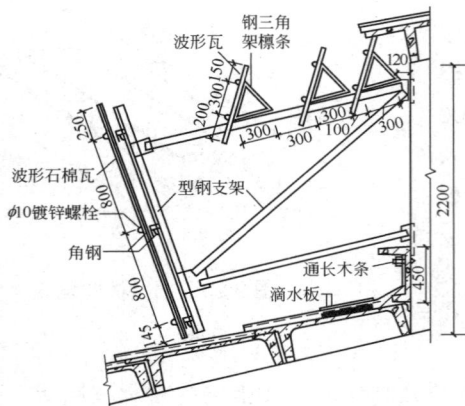

图 9.101　悬挑式挡风板的构造

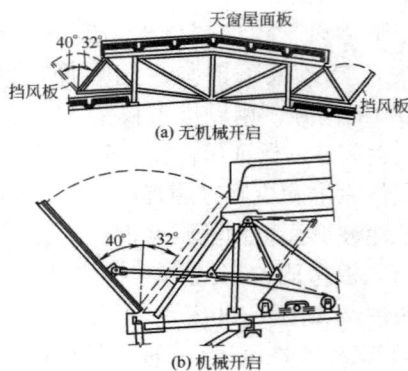

图 9.102　活动挡风板的形式

(2) 挡雨设施。

矩形天窗常用的挡雨设施有大挑檐挡雨、水平口挡雨片挡雨和垂直口挡雨片挡雨，如图 9.103 所示。

① 大挑檐挡雨。大挑檐挡雨会占用较多的水平口通风面积，多用于挡风板与天窗扇距离较大的天窗。

② 水平口挡雨片挡雨。水平口挡雨片挡雨是在水平口设置挡雨片，通风阻力小，挡雨片与水平面夹角有 45°、60° 和 90°，常用的是 60° 角，挡雨片的高度为 200～300 mm。

③ 垂直口挡雨片挡雨。在垂直口设置挡雨片时，挡雨片与水平面的夹角不宜小于 15°。大挑檐的挑出长度、挡雨片的数量、与水平面的夹角，应结合当地的挡雨角 α 确定。

按挡雨片的制作材料不同，有石棉水泥波形瓦、钢丝网水泥板、钢筋混凝土板、薄钢板、钢化玻璃和铅丝玻璃等。

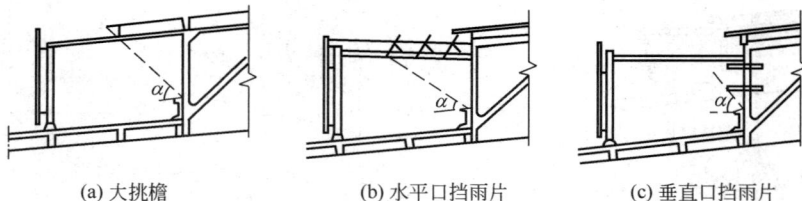

(a) 大挑檐　　　　　　(b) 水平口挡雨片　　　　　　(c) 垂直口挡雨片

图 9.103　挡雨设施的形式

9.5.3　外墙

单层厂房的外墙主要是根据生产工艺、结构条件和气候条件等要求设计的。单层厂房的外墙由于高度与长度都比较大，要承受较大的风荷载，同时还要受到机器设备与运输工具振动的影响，所以墙身的刚度与稳定性应有可靠的保证。单层厂房的外墙根据材料不同，可分为砖墙、砌块墙、板材墙、轻质板材墙和开敞式外墙；按承重方式不同，又可分为承重墙、承自重墙和填充墙(框架墙)等，如图 9.104 所示。

承重墙一般用于厂房跨度和高度不大，且没有设置或仅设置有较小的起重运输设备的中、小型厂房。图 9.104 中Ⓐ轴的墙直接承受屋盖与小型起重运输设备等荷载，其构造与民用建筑构造相似，因此不再重复叙述。当厂房跨度和高度较大，或厂房内起重运输设备吨位较大时，通常由钢筋混凝土排架柱来承受屋盖和起重运输设备的荷载，外墙只承受自重，仅起围护作用，这种墙称为承自重墙，如图 9.104 中Ⓓ轴下部的墙。某些高大厂房的上部墙体及厂房高低跨交接处的墙体，往往采用架空支承在与排架柱连接的墙梁(连系梁)上，这种墙称为填充墙，如图 9.104 中Ⓑ轴上部和Ⓓ轴上部的墙。本节主要介绍装配式钢筋混凝土排架结构的单层厂房的砖墙和砌块墙的外墙构造。

1. 墙与柱的连接

单层工业厂房围护墙与厂房柱的相对位置，一般有墙体在柱外和墙体在柱中两种布置方案，如图 9.105 所示。图 9.106 所示为单层厂房纵墙构造剖面。为使墙体与柱子间有可靠的连接，根据墙体传力的特点，主要考虑在水平方向与柱子拉结。通常的做法是在柱子高度方向每隔 500～600 mm 甩出两根 $\phi 6$ 的钢筋，砌筑时把钢筋砌在墙的水平缝里。墙与柱的连接如图 9.107 所示。

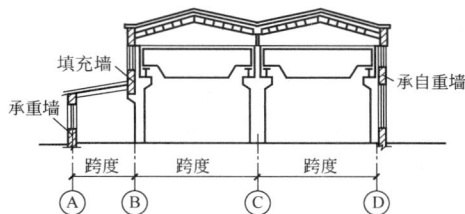

图 9.104　单层厂房外墙的类型

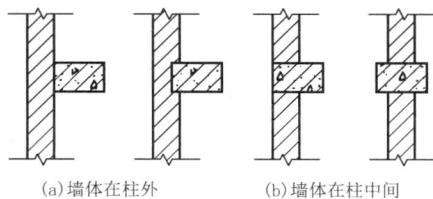

(a) 墙体在柱外　　(b) 墙体在柱中间

图 9.105　墙与柱的相对位置

2. 墙与屋架(或屋面梁)的连接

屋架的上弦、下弦或屋面梁可采用预埋钢筋拉接墙体；若在屋架的腹杆上预埋钢筋不方便时，可在腹杆预埋钢板上焊接钢筋与墙体拉接。墙与屋架和柱的连接构造要求如图 9.108 所示。

3. 纵向女儿墙的构造与屋面板的连接

纵向女儿墙是指纵向外墙高出屋面的部分，如图 9.109(a)所示。女儿墙高度不仅要满足构造的要求，还要考虑保护在屋面上从事检修、清扫积灰和积雪、擦洗天窗等人员的安全。因此，非地震区当厂房较高或屋面坡度较陡时，一般须设置 1 m 左右高的女儿墙，或在厂房的檐口上设置相应高度的护栏。受设备振动影响较大或地震区的厂房，其女儿墙高度则不应超过 500 mm，并须用整浇的钢筋混凝土压顶板加固。

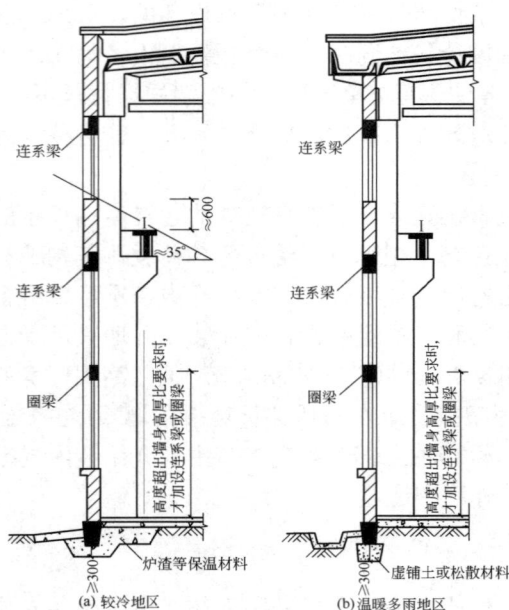

图 9.106　单层厂房纵墙构造剖面

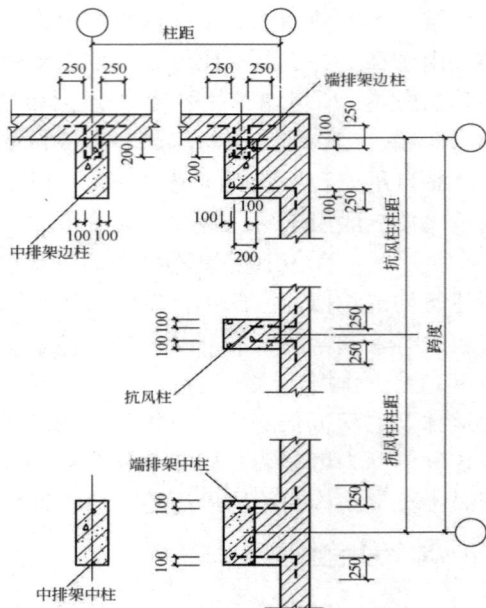

图 9.107　墙与柱的关系及连接

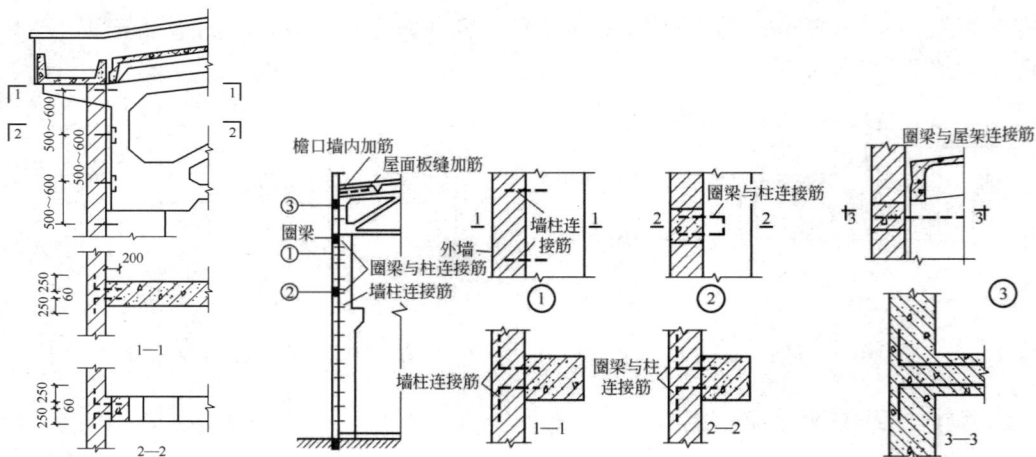

图 9.108　墙与屋架和柱的连接(挑檐沟和女儿墙)

为保证纵向女儿墙的稳定性，女儿墙的厚度一般不少于 240 mm，砂浆强度等级不低于 M5，并应设置构造柱，构造柱间距不宜大于 4 m，在墙与屋面板之间常采用钢筋拉结等措施，即在屋面板横向缝内放置一根 ϕ10 钢筋(长度为板宽度加上纵墙厚度的一半，并且两头弯钩)，在屋面板纵缝内及纵向外墙中各放置一根 ϕ12(长度为 1000 mm)钢筋，并且相连接，形成工字形的钢筋，然后在缝内用 C20 细石混凝土捣实。女儿墙的顶部都需做压顶处理，压顶宜用钢筋混凝土现场浇筑而成，其截面常为梯形，如图 9.109(b)所示。

4. 山墙与屋面板的连接

单层厂房的山墙面积比较高，为保证其稳定性和抗风要求，山墙与抗风柱及端柱除用钢筋拉结外，在非地震区，一般应在山墙上部沿屋面设置 2 根 $\phi 8$ 钢筋于墙中，并在屋面板的板缝中嵌入一根 $\phi 12$(长为 1000 mm)的钢筋与山墙中的钢筋拉结，如图 9.110 所示。

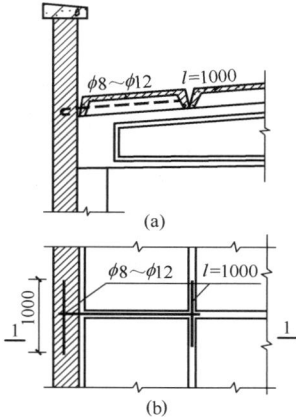

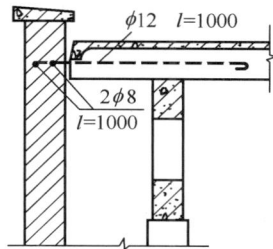

图 9.109　纵向女儿墙与屋面板的连接　　　图 9.110　山墙与屋面板的连接

5. 墙身的变形缝

单层工业厂房墙身的变形缝包括伸缩缝、防震缝和沉降缝三种。

(1) 伸缩缝。厂房的温度变形受到结构形式、厂房长度和气候温度变化等因素的影响。在一定条件下(如排架结构厂房长度超过 100 m 时)，厂房须设置伸缩缝，把厂房划分成几个温度区段，减小厂房温度变形对结构及墙体的影响。伸缩缝的缝宽为 20～30 mm。一般情况下，一砖墙可做成平缝；当墙身厚度较大，厂房内对保温要求较高时，可做成企口缝或错缝的形式。伸缩缝内用沥青麻丝等材料填实，墙体伸缩缝的构造如图 9.111 所示。

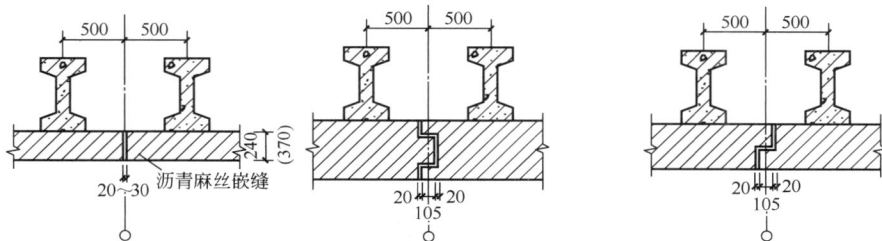

图 9.111　墙体伸缩缝的构造

(2) 防震缝。防震缝一般设置在纵向高低跨厂房交接处，纵横厂房交接处，与厂房毗邻而建的生活间、变电所等附属房屋的连接处等抗震薄弱的位置，其缝宽为 50～150 mm。砖砌外墙防震缝的构造如图 9.112 所示。

(3) 沉降缝。单层工业厂房沉降缝可参照民用建筑沉降缝的设置要求和构造做法。

当伸缩缝、防震缝和沉降缝需要同时设置时，应统一考虑。伸缩缝或沉降缝须满足防震缝的设置要求，设置原则同民用建筑。

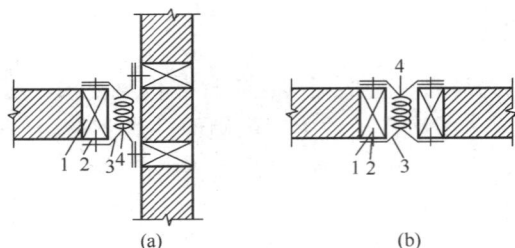

图 9.112　砖砌外墙防震缝的构造

1—防腐木砖；2—油毡；3—镀锌铁皮；4—沥青麻刀

9.5.4　侧窗和大门

单层工业厂房的侧窗与大门是供采光、通风、日照和交通运输使用的，由于厂房生产和工艺要求不同，增加了使用的特殊性。在进行侧窗和大门设计时，应在坚固耐久、开关方便的前提下，节省材料，降低造价。

1. 侧窗

1) 侧窗的层数和常见的开启方式

厂房侧窗，宜采用铝合金窗、塑钢窗或新型钢窗。单层厂房的侧窗一般情况下都采用单层窗。严寒地区的采暖车间，室内外温差大于26℃时，距地4 m以内应设双层窗。若生产上有特殊要求(如恒温恒湿、洁净车间等)，则应全部采用双层窗或双层玻璃窗。双层窗冬期保温，夏期隔热，而且防尘、密闭性能均较好，但造价高，施工复杂。厂房及附属建筑的侧窗玻璃，应根据相对湿度及冬期室内外采暖计算温度差，按表9.4的规定确定。

侧窗按开启的方式有平开窗、悬窗(上悬、中悬)、立旋窗和固定窗。一般情况下，可用中悬窗、平开窗、固定窗等组合成单层厂房的侧窗。侧窗的类型及组合如图9.113所示。

表 9.4　侧窗玻璃

相对湿度/%	冬季室内外采暖计算温度差/℃	侧窗玻璃
50～60	<26	单层玻璃
	≥26	中空玻璃
>60	<21	单层玻璃
	≥21	中空玻璃
≤50	不限	单层玻璃

注：当散热量大于23W/m² 时，侧窗玻璃采用单层玻璃。

当侧窗开启扇下沿高度小于 1.5 m 时，宜采用平开窗、推拉窗；当侧窗开启扇下沿高度大于1.5 m时，宜采用悬窗。需要开启的厂房高侧窗，应有方便开启的设施，如开关器。

2) 侧窗的布置形式及窗洞尺寸

单层厂房外墙侧窗的布置形式一般有两种：一种是被窗间墙隔开的单独的窗口形式；另一种是厂房整个墙面或墙面的大部分做成大片玻璃墙面或带状玻璃窗。

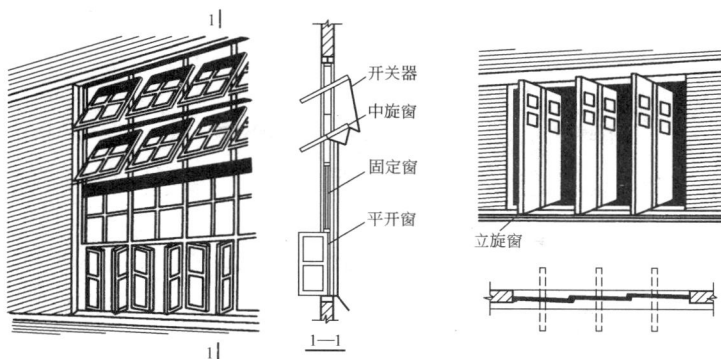

图 9.113　侧窗的类型及组合

　　侧窗有单面侧窗和双面侧窗两种。当厂房进深不大时，可用单面侧窗采光；单跨厂房多为双面侧窗采光，可以提高厂房采光照明的均匀程度。在设置有吊车的厂房中，可将侧窗分上、下两段布置，形成高侧窗和低侧窗，如图 9.114(a)所示。

　　低侧窗下沿略高于工作面，投光近，对近窗采光点有利；高侧窗投光远，光线均匀，可提高远离侧窗位置的采光效果。在工艺要求允许的情况下，可尽量采用高、低侧窗解决多跨厂房的采光问题。高、低侧窗结合布置的采光效果如图 9.114(b)所示。

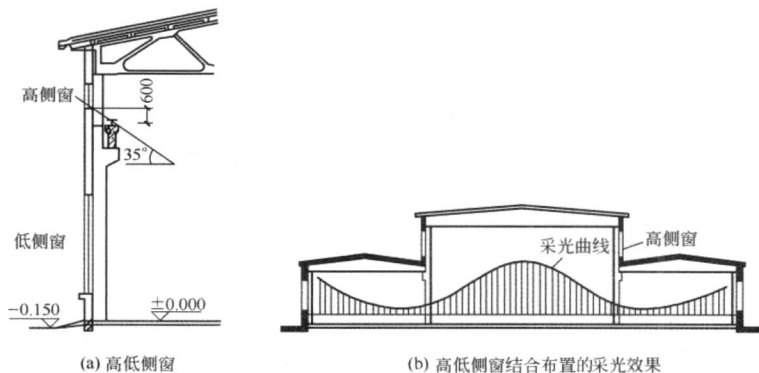

(a) 高低侧窗　　　　　　　　(b) 高低侧窗结合布置的采光效果

图 9.114　侧窗的布置形式

2. 大门的洞口尺寸与类型

1) 大门的洞口尺寸

　　厂房大门主要用于生产工具、物料的运输及人流的通行。大门的尺寸应根据运输工具的类型、运输货物的外形尺寸及通行方便等因素确定。一般厂房大门净宽度应大于最大运输件宽度 600 mm，净高度应大于最大运输件高度 300 mm；车辆出入频繁的大门及钢结构厂房车行大门内、外，应设置防撞措施。特大设备可设专门安装洞口。常用运输车辆类型及大门洞口的参考尺寸如图 9.115 所示。

2) 大门的类型

　　按用途分，有运输工具通行的大门；根据特殊要求设计的特殊大门，如保温门、防火门、冷藏门、射线防护门、防风纱门、隔声门和烘干室门等。

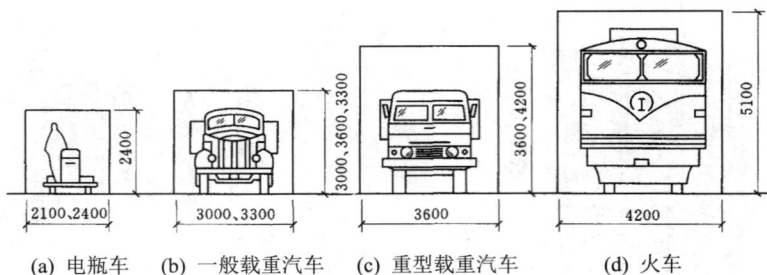

图 9.115　常用运输车辆类型及大门洞口尺寸

(a) 电瓶车　(b) 一般载重汽车　(c) 重型载重汽车　(d) 火车

　　按厂房大门所用的材料分,有钢木大门、木大门、钢板门和铝合金门等。大尺寸门一般为钢木门或钢板门。

　　按大门开启方式分,有平开门、折叠门、推拉门、上翻门、升降门、卷帘门、偏心门和光电控制门等,如图 9.116 所示。厂房大门可用人力、机械和电力方式开关。

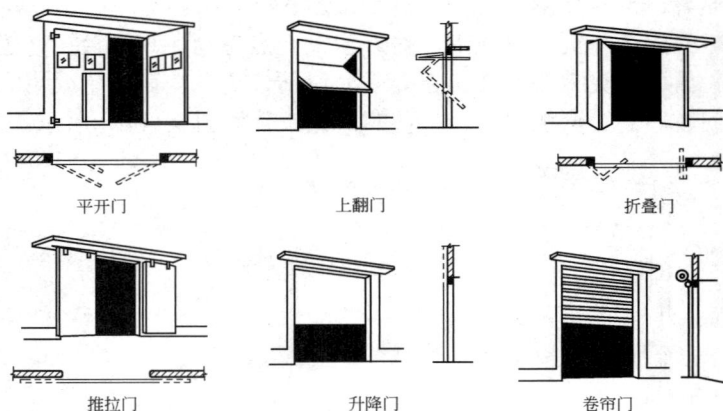

图 9.116　几种常见大门的开启方式

　　工业厂房各类大门的构造各不相同,一般均有标准图可供选择。平开钢木大门的构造示例如图 9.117 所示。

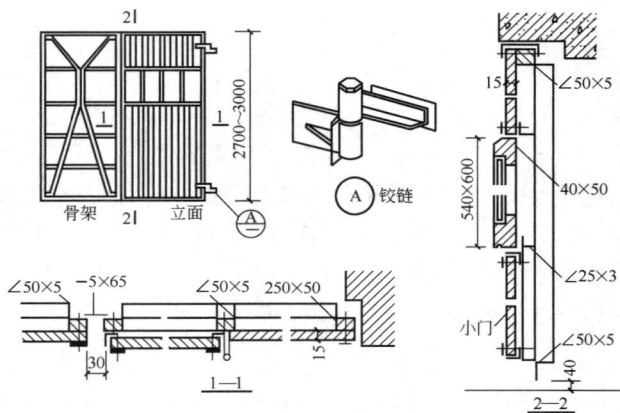

图 9.117　平开钢木大门

9.5.5　地面

工业厂房的地面面积、载荷重、材料用量都很大，要满足生产使用要求。如生产精密仪器或仪表的车间，地面应满足防尘要求；生产中有爆炸危险的车间，地面应满足防爆要求(不因撞击而产生火花)；有化学侵蚀的车间，地面应满足防腐蚀要求等。因此，正确而合理地选择地面构造，有利于生产，对节约建设投资都有重要意义。

1. 厂房地面的特点与要求

(1) 具有足够的强度和刚度，满足大型生产和运输设备的使用要求，有良好的抗冲击、抗震、耐磨、耐碾压性能。

(2) 满足不同生产工艺的要求，如隔热、防火、防水、防腐蚀、防尘等，处理好不同生产工段对地面不同要求引起的多类型地面的组合拼接。

(3) 选择合理的地面类型、构造及面层材料，为工人营造良好的劳动条件。处理好设备基础，满足设备管线敷设、地沟设置等特殊要求。合理选择材料与构造做法，降低造价。

2. 常用地面的组成

厂房地面与民用建筑地面一样，一般由面层、垫层和基层(地基)组成。当上述构造层不能充分满足使用要求或构造要求时，可增设其他构造层，如结合层、找平(找坡)层、隔离层等，如图 9.118 所示；在某些特殊情况下，还需增设保温层、隔绝层等附加层。为便于排水，地面还可设置 0.5%～1%的坡度。

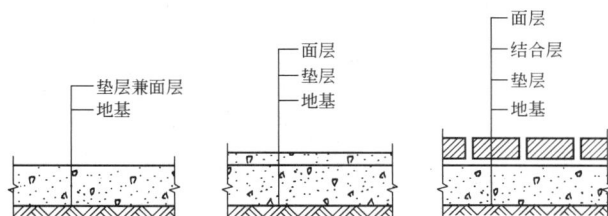

图 9.118　厂房地面的组成

1) 面层

地面面层是直接使用的表层，它与车间的工艺生产特点有直接关系，常以面层材料来命名。根据构造及材料性能不同，面层可分为整体式(包括单层整体式和多层整体式)及板、块状两大类。厂房地面面层应符合下列规定。

(1) 加工车间的地面面层，宜选用混凝土、细石混凝土、水泥砂浆、耐磨混凝土或耐磨涂料面层。

(2) 有强烈磨损及拖运尖锐金属物件的地面面层，宜选用金属骨料耐磨混凝土、钢纤维混凝土、块石、强度等级不低于 C25 的细石混凝土、铸铁板或钢格栅加固混凝土面层。

(3) 有坚硬重物经常冲击及有灼热物件接触地面和高温作业地段地面面层，宜选用素土、矿渣、块石、混凝土或铸铁板面层。

(4) 有清洁要求，平整光滑、不起尘地面面层，宜选用水磨石等面层。

(5) 有爆炸危险的房间或区域地面面层，应选用不发生火花的面层。

(6) 有防静电要求的地面面层，应选用导电材料制成的地面，并应做静电接地。

(7) 有防潮湿要求的库房地面面层，宜选用防潮混凝土、防潮水泥砂浆或沥青砂浆面层。

(8) 储存笨重物料的地段地面面层，宜选用素土、矿渣、碎石或块石面层。

细石混凝土面层的分格缝，应与垫层的缩缝对齐；水磨石、水泥砂浆、聚合物砂浆等面层的分格缝，除应与垫层的缩缝对齐外，其间距应符合设计要求；主梁两侧和柱周边处，宜设分格缝。

2) 垫层

垫层是承受并传递地面荷载至基层(地基)的构造层。

按材料性质的不同，垫层可分为刚性垫层、半刚性垫层和柔性垫层三种。

(1) 刚性垫层是指用混凝土、沥青混凝土和钢筋混凝土等材料做成的垫层。其整体性好，不透水，强度大，适用于直接安装中小型设备、受较大集中荷载且要求变形小的地面，以及受侵蚀性介质或大量水、中性溶液作用或面层构造要求为刚性垫层的地面。

(2) 半刚性垫层是指用灰土、三合土和四合土等材料做成的垫层。半刚性垫层受力后有一定的塑性变形，它可以利用工业废料和建筑废料制作，因而造价低。

(3) 柔性垫层是指用夯实的砂、碎石及炉渣等做成的垫层。

垫层的厚度主要根据作用在地面上的荷载情况来确定，其所需的厚度应按《建筑地面设计规范》(GB 50037—2013)的有关规定计算确定。垫层最小厚度、最低强度等级和配合比按构造要求设置。

为减少温度变化产生不规则裂缝引起地面的破坏，混凝土垫层应设接缝。接缝按其作用可分为伸缩缝和缩缝两种。厂房内的混凝土垫层受温度变化影响不大，故不设伸缩缝，只做缩缝。缩缝分为纵向和横向两种，平行于施工方向的缝称为纵向缩缝，垂直于施工方向的缝称为横向缩缝。纵向缩缝宜采用平头缝，当混

垫层最小厚度、最低强度等级和配合比的构造要求.pdf

凝土垫层厚度大于 150 mm 时，宜设企口缝，企口缝间距为 3～6 m；横向缩缝宜采用假缝，假缝的处理是上部有缝，但不贯通地面，其目的是引导垫层的收缩裂缝集中于该处，假缝间距为 6～12 m。混凝土垫层的缩缝形式如图 9.119 所示。

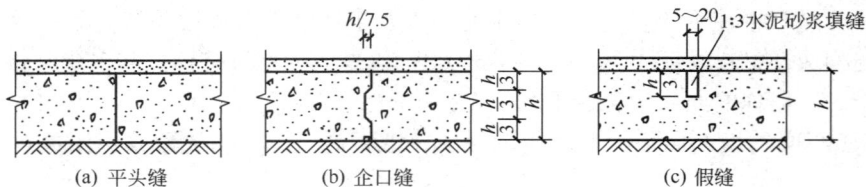

(a) 平头缝   (b) 企口缝   (c) 假缝

图 9.119　混凝土垫层的缩缝形式

3) 基层(地基)

基层是承受上部荷载的土壤层，是经过处理的地基土层，要求有足够的承载力。最常见的是素土夯实基层。地基处理的质量直接影响地面承载力，地基土不应用湿土、淤泥、腐殖土、冻土以及有机物含量大于 8% 的土作填料。若地基土层松软，可加入碎石、碎砖或

铺设灰土夯实，以提高其强度。用单纯加厚混凝土垫层和提高其强度等级的办法来提高承载力是不经济的。

4) 附加层

单层厂房地面根据需要可设置结合层、隔离层、找平层等附加层。

(1) 结合层。结合层是连接块材面层、板材或卷材与垫层的中间层。它主要起上下结合的作用。结合层的材料应根据面层和垫层的条件来进行选择，水泥砂浆或沥青砂浆结合层适用于有防水、防潮要求或要求稳定而无变形的地面；当地面有防酸、防碱要求时，结合层应采用耐酸砂浆或树脂胶泥等；有冲击荷载或高温作用的地面常用砂作为结合层。

(2) 隔离层。隔离层的作用是防止地面的水、腐蚀性液体渗漏到地面下影响建筑结构；或防止地下的水、潮气、腐蚀性介质由下向上渗透扩散，对地面产生不利影响。当厂房地面有侵蚀性液体影响垫层时，隔离层应设在垫层之上，可采用软聚氯乙烯玻璃钢做隔离层来防止渗透。地面处于地下水位毛细管作用上升范围内，而生产上又需要有较高的防潮要求时，地面须设置防水的隔离层，且隔离层应设在垫层之下，可采用一层沥青混凝土或灌沥青碎石的隔离层。防止地下水影响的隔离层设置如图 9.120 所示。

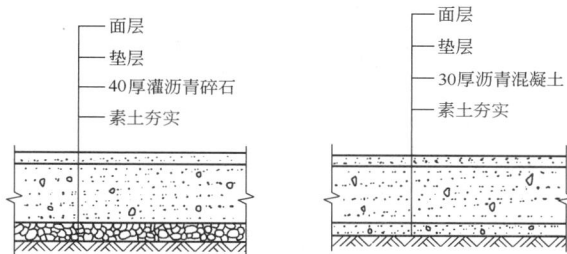

图 9.120　防止地下水影响的隔离层设置

(3) 找平(找坡)层。找平层起找平或找坡作用。当面层较薄，要求面层平整或有坡度时，垫层上需设找平层。在刚性垫层上，找平层一般为 20 mm 厚 1∶2 或 1∶3 水泥砂浆；在柔性垫层上，找平层宜采用细石混凝土制作(不大于 30 mm 厚)。找坡层常用 1∶1∶8 水泥、石灰、炉渣做成(最薄处不大于 30 mm 厚)。

3. 地面的细部构造

1) 变界缝

(1) 不同材料地面的接缝。两种不同材料的地面由于强度不同，交界缝处易遭破坏，应根据使用情况采取加固措施。一般可在地面交界处设置与垫层固定的角钢或扁钢嵌边，角钢与整体面层的厚度要一致；或设置混凝土预制块加固，以保证不同材料的垫层或面层的接缝施工，如图 9.121 所示。

(2) 防腐地面与非防腐地面的接缝。防腐地面与非防腐地面交界处一般应设挡水，并对挡水采取相应的防水措施，如图 9.122 所示。

(3) 地面与铁路的连接。当厂房内铺设铁轨时，为了车辆和行人的通行方便，轨顶应与地面平齐。轨道区一般铺设板、块地面，其宽度不小于枕木的外伸长度。当轨道上常有重型车辆通过时，轨沟要用角钢或旧钢轨等加固。地面与铁路的连接构造如图 9.123 所示。

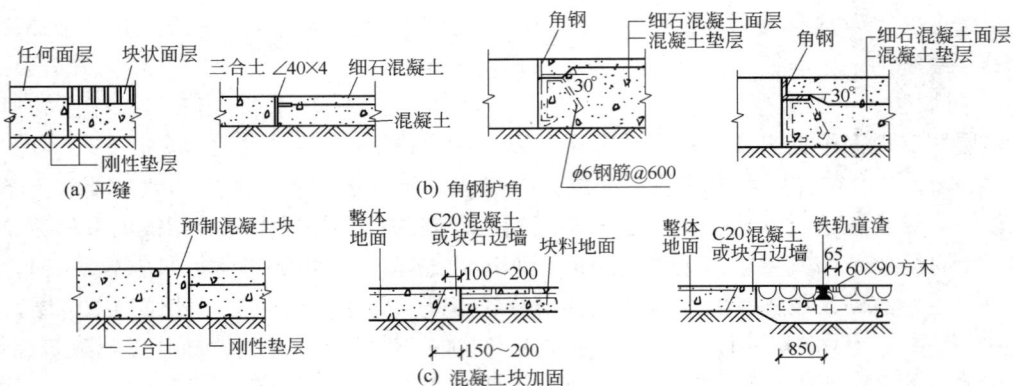

图 9.121 不同材料地面的接缝

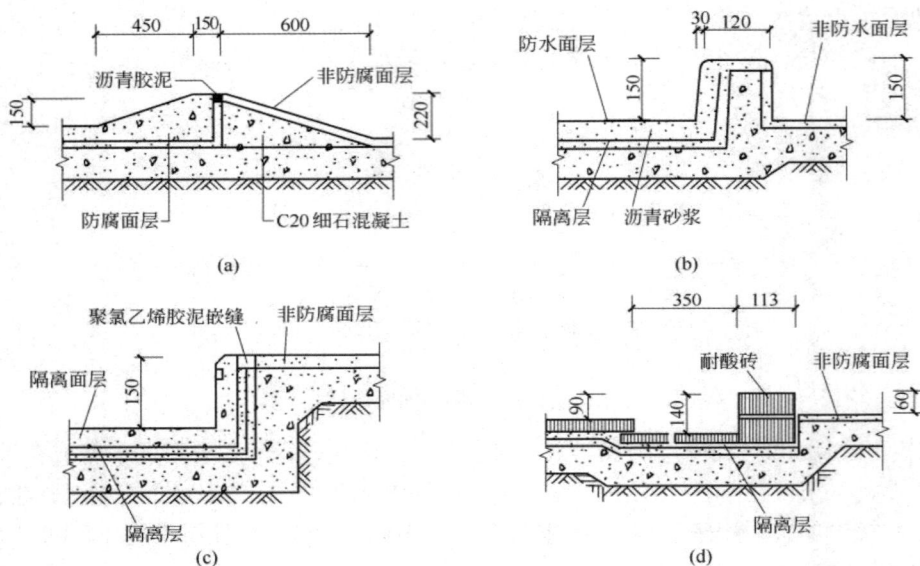

图 9.122 防腐地面与非防腐地面接缝处的挡水构造

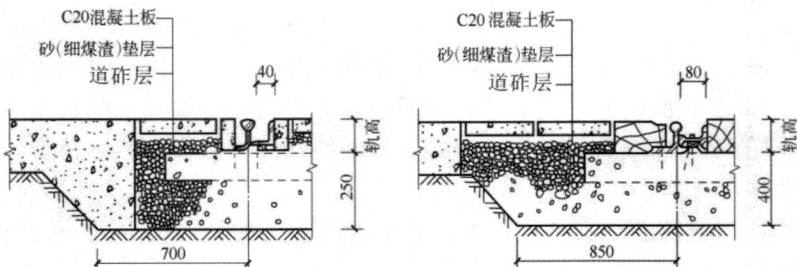

图 9.123 地面与铁路的连接构造

2) 变形缝

厂房地面变形缝与民用建筑的变形缝类似，有伸缩缝、沉降缝或防震缝。地面变形缝的位置与整个建筑的变形缝一致，且贯穿地面地基以上的各构造层。

一般地面变形缝的构造做法如图 9.124(a)所示；在有较大冲击、磨损或车辆频繁作用以及有巨型机械作用的地面变形缝处，地面应设钢板盖缝，角钢或扁铁护边，如图 9.124(b)所示；防腐蚀地面应尽量避免设置变形缝，当确需设置时，可在变形缝两侧利用增加面层厚度或垫层厚度的方式设置挡水。挡水设置和缝内的防腐蚀处理，如图 9.124(c)所示。

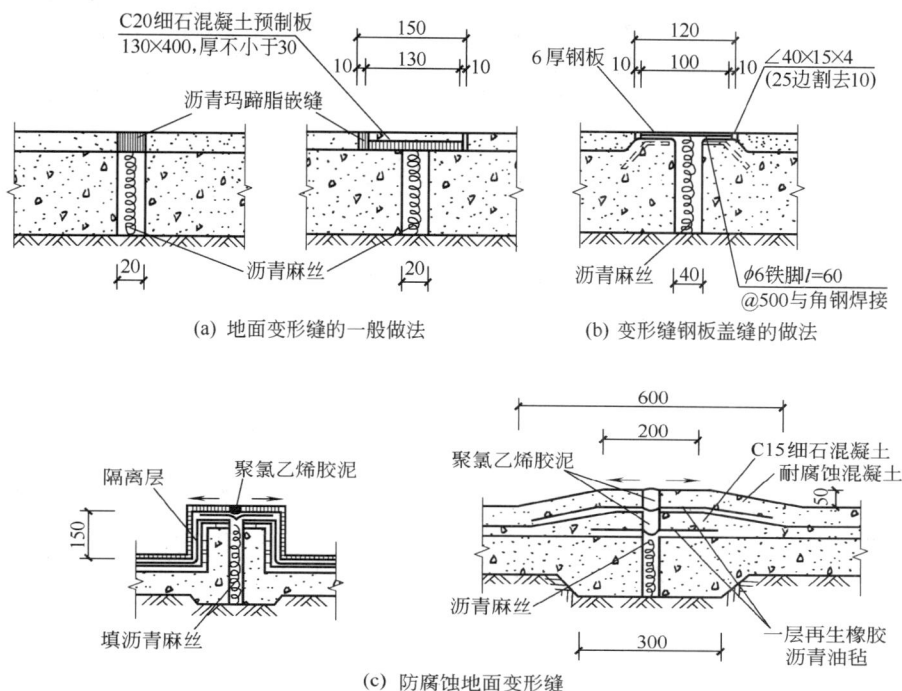

(a) 地面变形缝的一般做法　　　　(b) 变形缝钢板盖缝的做法

(c) 防腐蚀地面变形缝

图 9.124　地面变形缝的构造

9.6　单　元　小　结

内　容	知识要点	能力要求
工业建筑的特点与分类	工业建筑的特点；工业建筑的分类	了解工业建筑的特点及分类
排架结构单层厂房的结构组成	排架结构；单层厂房的结构组成：屋盖结构、柱、吊车梁、基础、外墙围护系统、支撑系统	掌握单层厂房排架结构的组成及其作用
单层厂房的高度	厂房高度与模数；厂房柱顶标高的确定	掌握厂房柱顶标高的确定方法
单层厂房的定位轴线	单层厂房柱网尺寸、厂房定位轴线的确定	掌握单层厂房柱网尺寸的划定方法；理解厂房定位轴线的确定方法
单层厂房的结构构件	屋盖结构体系；柱；基础及基础梁；吊车梁；连系梁与圈梁；支撑	掌握单层厂房的主要结构构件

续表

内　容	知识要点	能力要求
屋面	屋面排水与屋面防水构造；屋面保温与隔热构造	掌握单层厂房屋面排水与防水构造；了解屋面保温与隔热构造做法
天窗	天窗的类型；矩形采光天窗的构造；平天窗的构造；矩形避风天窗的构造	了解天窗的类型；熟悉各类采光天窗、避风天窗的构造及做法
外墙、侧窗、大门、地面	砖墙及砌块墙；侧窗；大门；地面	了解单层厂房砖墙、门窗、地面的构造

9.7　复习思考题

一、名词解释

1. 柱网　　2. 定位轴线　　3. 避风天窗　　4. 通风天窗

二、选择题

1. 金属加工车间属于(　　)。

　　A. 冷加工车间　　　B. 热加工车间　　　　C. 恒温恒湿车间　　　　D. 洁净车间

2. 工业建筑按用途可分为(　　)厂房。

　　A. 主要、辅助、动力、运输、储存、其他　　　B. 单层、多层、层次混合

　　C. 冷加工、热加工、恒温恒湿、洁净　　　　D. 轻工业、重工业等

3. 通常，采光效率最高的是(　　)。

　　A. 矩形天窗　　　　B. 锯齿形天窗　　　C. 下沉式天窗　　　　D. 平天窗

4. 根据《厂房建筑模数协调标准》(GB/T 50006—2010)的要求，排架结构单层厂房的屋架跨度>18 m 时，采用 30 M 的模数数列；>18 m 时，采用(　　)的模数数列。

　　A. 1 M　　　　　　B. 6 M　　　　　　C. 3 M　　　　　　D. 60 M

5. 厂房高度是指(　　)。

　　A. 室内地面至屋面　　　　　　　　　B. 室外地面至柱顶

　　C. 室内地面至柱顶　　　　　　　　　D. 室外地面至屋面

6. 梁式吊车的起重量不大于(　　)。

　　A. 3 t　　　　　　B. 5 t　　　　　　C. 4 t　　　　　　D. 10 t

7. 单层厂房屋面防水有(　　)等方式。

　　A. 卷材防水、刚性防水

　　B. 刚性防水、构件自防水、瓦屋面防水

　　C. 构件自防水、刚性防水、卷材防水

　　D. 瓦屋面防水、刚性防水、卷材防水、构件自防水

8. 下沉式通风天窗的特点是(　　)。①排风口始终处于负压区；②构造最简单；③采光效率高；④布置灵活；⑤通风流畅。

　　A. ①②③　　　　　B. ①④⑤　　　　　C. ③④⑤　　　　　D. ②④⑤

三、问答题

1. 工业厂房建筑的主要特点是什么？单层厂房的结构类型有哪几种？

2. 常见的装配式钢筋混凝土横向排架结构单层厂房由哪几部分组成？各部分由哪些构件组成？它们的主要作用是什么？

3. 确定柱网尺寸时对跨度和柱距方面有什么规定？

4. 什么是横向和纵向定位轴线？两种定位轴线与哪些主要构件有关？

5. 厂房的中间柱、端部柱以及横向变形缝处柱与横向定位轴线如何确定？

6. 纵向定位轴线的封闭结合与非封闭结合在构造处理上各有什么特点？它们在边柱的定位轴线关系如何？中柱与纵向定位轴线的关系如何(包括有、无纵向伸缩缝、防震缝时的等高跨中柱、不等高跨中柱，分单、双柱分别考虑)？

7. 纵横跨相交处的柱与定位轴线是怎么确定的？怎样确定单层厂房的高度？

8. 单房屋盖的主要作用是什么？它包括哪两大部分？一般有哪两大体系？

9. 钢筋混凝土柱如何分类？一般柱子上要预埋哪些铁件？

10. 为什么单层厂房要在山墙处设抗风柱？它与屋架的连接应满足怎样的构造要求？

11. 单层厂房的支撑包括哪两大部分？各部分又由哪些部分组成？

12. 单层厂房屋面排水坡度与哪些因素有关？卷材防水常用的屋面坡度是多少？

13. 单层厂房卷材防水屋面的接缝、挑檐、纵墙外檐沟、天沟泛水、变形缝等部位在构造上应如何处理？试画出各节点的构造图。

14. 常用的矩形天窗布置有什么要求？它由哪些构件组成？天窗架有哪些形式？

15. 墙与柱、墙与屋架、女儿墙及山墙与屋面板等是怎样连接以加强墙体的整体性和稳定性的？

16. 厂房地面有什么特点和要求？地面由哪些构造层次组成？它们各有什么作用？

下篇　建筑设计基础

第 10 章　民用建筑设计基础

内容提要：本章主要介绍民用建筑设计的基础知识，包括建筑的平面设计、剖面设计及体型与立面设计的基础知识。

教学目标：

- 熟悉建筑设计的依据和内容；
- 掌握平面设计的内容，理解使用房间、辅助房间、交通联系部分的设计以及建筑平面组合设计的概念及其设计依据；
- 掌握剖面设计的内容，了解人的各种活动对建筑的形状、高度、层数与空间的要求，理解建筑空间利用的概念；
- 理解建筑体型和立面设计的原则，了解建筑构图的规律及建筑体型与立面设计的方法。

通常所说的建筑设计是指"建筑学"范围内的工作。它所要解决的问题，包括建筑物内部各种使用功能和使用空间的合理安排，建筑物与周围环境、各种外部条件的协调配合，内部和外表的艺术效果，各个细部的构造方式，建筑与结构、建筑与各种设备等相关技术的综合协调。

10.1　建筑设计的依据和内容

建筑设计是房屋建造过程中的一个重要环节，其工作是将有关设计任务的文字资料转变为图纸。在这个过程中，还必须贯彻国家的建筑方针和政策，并使建筑与当地的自然条件相适应。因此，建筑设计是一个依次渐进的科学决策过程，必须在一定的基础上有依据地进行。现将建筑设计主要依据和内容分述如下。

10.1.1　建筑设计的依据

1. 满足使用功能的要求

(1) 人体尺度和人体活动所需的空间尺度。人体尺度及人体活动所需的空间尺度是确定民用建筑内部各种空间尺度的主要依据。图 10.1 所示为中等身材男子的人体基本尺度和人体基本动作尺度。

人体基本动作尺度.mp4

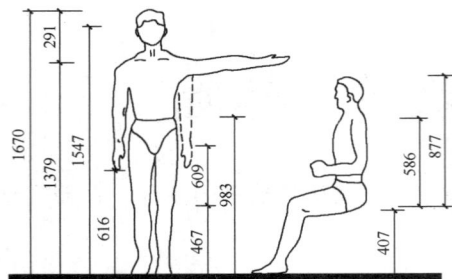

(a) 中等身材男子的人体基本尺度　　　　　(b) 人体基本动作尺度

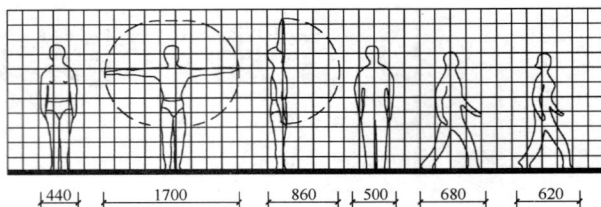

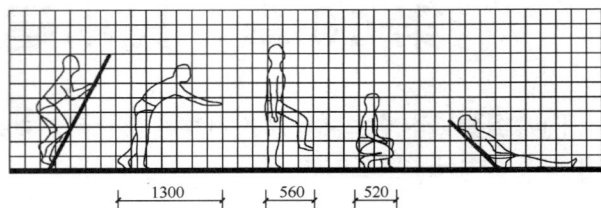

图 10.1　中等身材男子的人体基本尺度和人体基本动作尺度

(2) 家具、设备尺寸和使用空间。房间内家具设备的尺寸，以及人们使用它们所需的活动空间是确定房间内部使用面积的重要依据。

2. 满足自然条件的要求

1) 气候条件

温度、湿度、日照、雨雪、风向和风速等气候条件对建筑物的设计有较大的影响。如在湿热地区，房屋设计要考虑隔热、通风和遮阳等问题；在干冷地区，通常又希望把房屋的体型尽可能设计得紧凑一些，以减少外围护面的散热，有利于室内采暖、保温。

日照和主导风向通常是确定房屋朝向和间距的主要因素，风速是高层建筑、电视塔等设计中考虑结构布置和建筑体型的重要因素，雨雪量的多少对选用屋顶形式和构造也有一定影响。在设计前，需要收集当地上述有关的气象资料，作为设计的依据。

风向频率玫瑰图(简称风玫瑰图)是依据该地区多年来统计的各个方向吹风的平均日数的百分数按比例绘制而成的，一般用 16 个罗盘方位表示。图 10.2 所示为我国部分城市的风向频率玫瑰图，图中实线部分表示全年风向频率，虚线部分表示夏季风向频率，风向是指由外面吹向地区中心的方向。

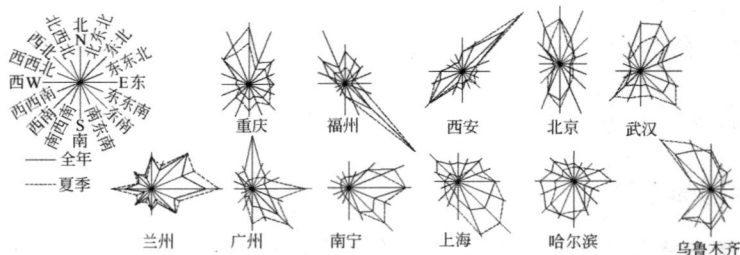

图 10.2　我国部分城市的风向频率玫瑰图

2) 地形、地质和地震烈度

基地地形的平缓或起伏、地质构成、土壤特性和地耐力的大小对建筑物的平面组合、结构布置和建筑体型都有明显的影响。坡度较陡的地形，常结合地形错层建造房屋；复杂的地质条件，要求房屋的构成和基础的设置采取相应的结构构造措施。

地震烈度表示地面及房屋建筑遭受地震破坏的程度。房屋抗震设防的重点是指 6、7、8、9 度地震烈度的地区，9 度以上的地区，由于地震过于强烈，从经济因素及耗用材料方面考虑，除特殊情况外，一般应尽可能避免在这些地区建造房屋。

3) 水文条件

水文条件是指地下水位的高低以及地下水的性质，直接影响建筑物的基础和地下室，设计时应采取相应的防水和防腐措施。

3. 满足设计文件的有关要求

(1) 建设单位主管部门有关建设任务使用要求、建筑面积、单方造价和总投资的批文，以及国家有关部、委或各省、市、地区规定的有关设计定额和指标。

(2) 工程设计任务书。由建设单位根据使用要求，提出各种房间的用途、面积大小以及其他一些要求，工程设计的具体内容、面积建筑标准等都需要和主管部门的批文相符合。

(3) 城建部门同意设计的批文。内容包括用地范围(常用红线划定)以及有关规划、环境等城镇建设对拟建房屋的要求。

(4) 委托设计工程项目表。建设单位根据有关批文向设计单位正式办理委托设计的手续。规模较大的工程还常采用投标方式，委托中标单位进行设计。

设计人员根据上述设计的有关文件，通过调查研究，收集必要的原始数据和勘测设计资料；综合考虑总体规划、基地环境、功能要求、结构施工、材料设备、建筑经济以及建筑艺术等方面的问题，进行设计并绘制建筑图纸，编制各工种的计算书、说明书以及概算和预算书。整套设计图纸和文件便成为房屋施工的依据。

4. 满足技术和设计标准要求

建筑设计中应遵循国家现代的各种标准和设计规范、规程及各地或各部门颁发的标准，如《民用建筑通用规范》(GB 55031—2022)、《民用建筑设计统一标准》(GB 50352—2019)、《建筑设计防火规范》(GB 50016—2014)、《住宅设计规范》(GB 50096—2011)及《建筑模数协调统一标准》(GB/T 50002—2013)等。

10.1.2　建筑设计的内容

建筑设计包括建筑空间环境的组合设计和构造设计两部分内容。

建筑空间环境的组合设计是指通过建筑空间的规定、塑造和组合，综合解决建筑物的功能、技术、经济、美观和环保等问题。其主要通过建筑总平面设计、建筑平面设计、建筑剖面设计、建筑体型与立面设计来完成。建筑的总平面设计应符合城市总体规划的要求。

建筑空间环境的构造设计主要是确定建筑物各构造组成部分的材料及构造方式，包括对基础、墙体、楼地面、楼梯、屋顶和门窗等构配件进行详细的构造设计，这也是建筑空间环境组合设计的继续和深入。这部分内容在本书的上篇已做了介绍，此处不再赘述。

下面重点介绍建筑平面设计、建筑剖面设计、建筑体型及立面设计方面的内容。

10.2 建筑平面设计

由于建筑平面表示建筑物在水平方向房屋各部分的组合关系，通常能较为集中地反映建筑功能方面的问题。一些剖面关系比较简单的民用建筑，其平面布置基本上能够反映空间组合的主要内容。因此，在进行平面方案设计时，总是先从建筑平面设计入手，始终紧密联系建筑的空间关系及建筑的剖面和立面，分析其可行性与合理性，从建筑整体空间体量和组合的效果考虑，不断修改。

10.2.1 建筑平面设计的内容

建筑平面设计包括单个房间的平面设计及平面组合设计。从组成平面各部分的使用性质来分析，包括使用部分和交通联系部分。使用部分包括主要房间和辅助房间的设计。

主要房间的设计包括房间的分类和设计要求；房间的面积；房间的形状；房间的尺寸(开间和进深)；房间门宽度及数量的设置；窗的设计。

辅助房间的设计一般包括厨房、卫生间(厕所)和浴室。

交通联系一般指水平交通空间(走道)和垂直交通空间(楼梯、电梯、自动扶梯等)。

单个房间设计是在整体建筑合理而适用的基础上，确定房间的面积、形状、尺寸以及门窗的大小和位置。

平面组合设计是根据各类建筑的功能要求，抓住使用房间、辅助房间、交通联系部分的相互关系，结合基地环境及其他条件，采取不同的组合方式将各单个房间合理地组合起来。图 10.3 所示为某住宅三室两厅两卫户型平面图示例。

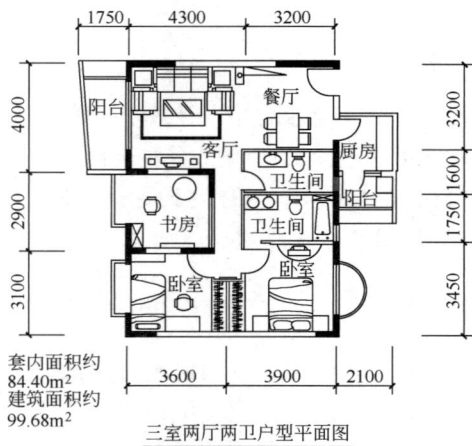

图 10.3 某住宅平面图示例

10.2.2　使用房间设计

1. 房间的分类和设计要求

房间从主要使用房间的功能要求分类有：

- 生活用房间：住宅的起居室、卧室、宿舍和招待所等。
- 工作学习用的房间：各类建筑中的办公室、值班室，学校中的教室、实验室等。
- 公共活动房间：商场的营业厅、剧院、电影院的观众厅、休息室等。

使用房间平面设计的要求主要有：

- 房间的面积、形状和尺寸要满足室内使用活动和家具、设备合理布置的要求。
- 门窗的大小和位置，应考虑房间的出入方便，疏散安全，采光通风良好。
- 房间的构成应该结构布置合理，施工方便，有利于房间之间的组合，材料要符合相应的建筑标准。
- 室内空间、顶棚、地面、各个墙面和构件细部，要考虑人们的使用和审美要求。

部分民用建筑房间
面积定额参考指标.pdf

(1) 容纳人数。无论是家具设备所需的面积还是人们活动及交通面积，都与房间的规模及容纳人数有关。

有些建筑的房间面积指标未做规定，使用人数也不固定，如展览室、营业厅等。这就要求设计人员根据设计任务书的要求，对同类型、规模相近的建筑物进行调查研究，通过分析比较得出合理的房间面积。

(2) 家具、设备及人们使用活动面积。图 10.4 所示为某住宅卧室和教室室内使用面积分析示意图。

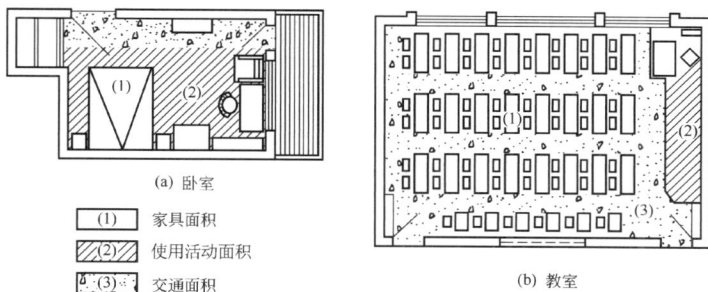

(a) 卧室

(1) 家具面积
(2) 使用活动面积
(3) 交通面积

(b) 教室

图 10.4　卧室和教室室内使用面积分析示意图

2. 房间形状

民用建筑常见的房间形状有矩形、钟形、扇形、六边形、圆形等，如图 10.5 所示。

大多数的民用建筑房间形状为矩形。对于一些单层大空间，如观众厅、杂技场及体育馆等，它们的形状则首先应满足这类建筑的特殊功能及视听要求。

3. 房间平面尺寸

房间平面尺寸是指房间的面宽和进深。面宽常常由一个或多个开间组成。在确定了房间面积和形状之后，确定合适的房间尺寸便是一个重要问题，一般从以下几方面进行综合考虑。

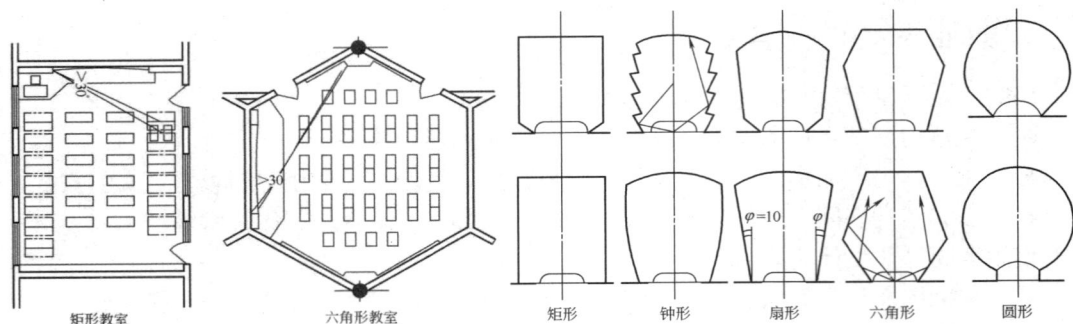

图 10.5　单层大空间房间的平面形状

(1) 满足家具设备布置及人们活动的要求。例如，主要卧室要求床能在两个方向布置，因此开间尺寸常取 3.6 m，深度方向常取 3.90～4.50 m；小卧室开间尺寸常取 2.70～3.00 m。医院病房主要应满足病床的布置及进行医护活动的要求，3～4 人的病房开间尺寸常取 3.30～3.60 m，6～8 人的病房开间尺寸常取 5.70～6.00 m。图 10.6 和图 10.7 分别为卧室和病房的开间及进深尺寸示例。

图 10.6　卧室开间和进深尺寸

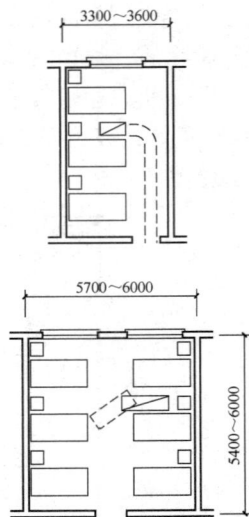

图 10.7　病房开间和进深尺寸

(2) 满足视听要求。有的房间(如教室、会堂、观众厅等)平面尺寸除应满足家具设备布置及人们的活动要求外，还应保证有良好的视听条件。中学教室平面尺寸常取 6.00 m×9.00 m、6.30 m×9.00 m、6.60 m×9.00 m、6.90 m×9.00 m 等。教室的视线要求与平面尺寸关系如图 10.8 所示。

从视听的功能考虑，教室的平面尺寸应满足以下要求：第一排座位距黑板的距离应大于等于 2.00 m；最后一排距黑板的距离不宜大于 8.50 m；为避免学生过于斜视，水平视角应大于等于 30°。

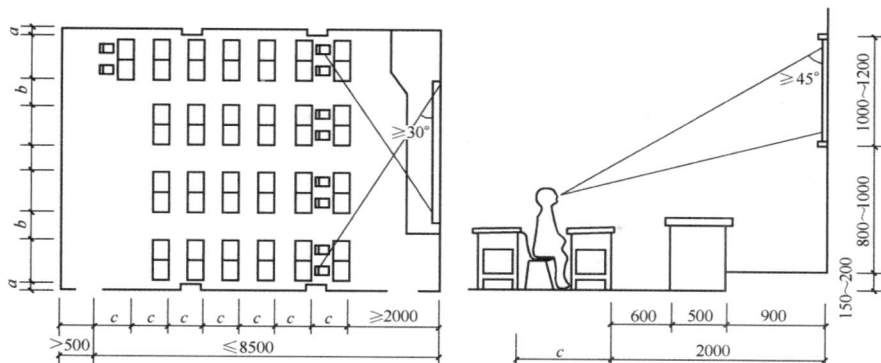

图 10.8　教室的视线要求与平面尺寸关系

(3) 良好的天然采光。一般房间多采用单侧或双侧采光，因此，房间的深度常受到采光的限制。一般单侧采光时，进深不大于窗上口至地面距离的 2 倍；双侧采光时，进深可较单侧采光时增大一倍。采光方式与进深的关系如图 10.9 所示。

民用建筑采光等级表.pdf

(4) 经济合理的结构布置。较经济的开间尺寸是不大于 4.00 m，钢筋混凝土梁较经济的跨度是不大于 9.00 m。对于由多个开间组成的大房间，如教室、会议室、餐厅等，应尽量统一开间尺寸，减少构件类型。同时符合《建筑模数协调统一标准》(GB/TJ 50002—2013)。

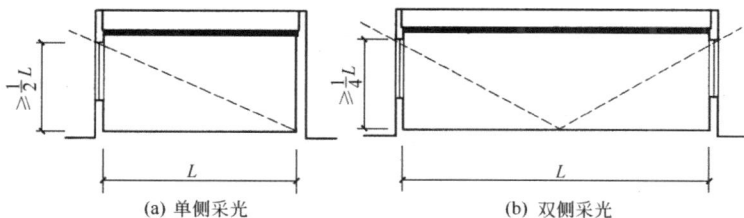

(a) 单侧采光　　　　　　　(b) 双侧采光

图 10.9　采光方式与进深的关系

4. 房间的门、窗设置

门的宽度取决于人流股数及家具设备的大小等因素。门的数量根据交通疏散的要求和防火规范来确定。一般 60 m² 以下，人数不超过 50 人可设一个。公共建筑应不少于两个。

窗口面积的大小主要根据房间的使用要求、房间面积及当地日照情况等因素来考虑。根据不同房间的使用要求，建筑采光标准分为五级，每级规定相应的窗地面积比，即房间窗口总面积与地面积的比值。

门、窗位置应尽量使墙面完整，便于家具设备布置和充分利用室内的有效面积，应有利于采光、通风，应方便交通，利于疏散。图 10.10 所示为卧室、集体宿舍门位置的比较。

门的开启方向应不影响交通，便于安全疏散，防止紧靠在一起的门扇相互碰撞。图 10.11 所示为紧靠在一起的门的开启方向。

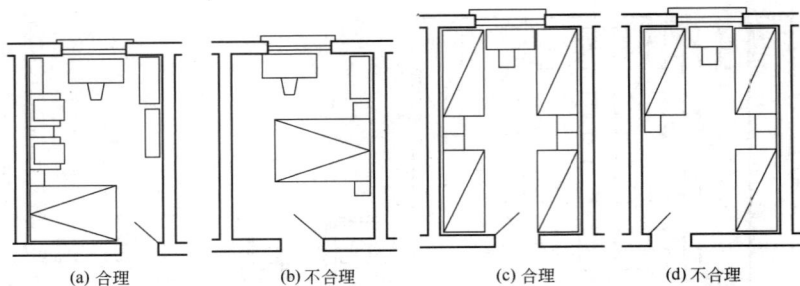

(a) 合理　　　　(b) 不合理　　　　(c) 合理　　　　(d) 不合理

图 10.10　卧室、集体宿舍门位置的比较

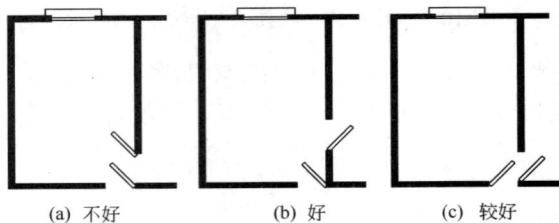

(a) 不好　　　　　　(b) 好　　　　　　(c) 较好

图 10.11　紧靠在一起的门的开启方向

10.2.3　辅助房间设计

1. 厨房

厨房设计应满足以下几方面的要求。

(1) 由卧室、起居室(厅)、厨房和卫生间等组成的住宅套型的厨房使用面积，不应小于 4.0 m²；由兼起居的卧室、厨房和卫生间等组成的住宅最小套型的厨房使用面积，不应小于 3.5 m²。厨房应有良好的采光和通风条件。

(2) 尽量利用厨房的有效空间布置足够的贮藏设施，如壁柜、吊柜等。为方便存取，吊柜底距地高度不应超过 1.7 m。应设置洗涤池、案台、炉灶及排油烟机、热水器等设施，或为其预留位置。

(3) 厨房的墙面、地面应考虑防水，便于清洁，地面应比一般房间地面低 20～30 mm。

(4) 厨房室内布置应符合操作流程，并保证必要的操作空间。厨房的布置形式有单排、双排、L 形、U 形、半岛形和岛形几种。单排布置设备的厨房净宽不应小于 1.50 m；双排布置设备的厨房其两排设备之间的净距不应小于 0.90 m。

2. 卫生间

1) 卫生间的设备及数量

卫生间的卫生设备有大便器、小便器、洗手盆和污水池等。卫生间的设备及组合尺寸如图 10.12 所示。卫生间设备的数量及小便槽的长度主要取决于使用人数、使用对象及使用特点。

部分民用建筑
卫生间设备数量
参考指标.pdf

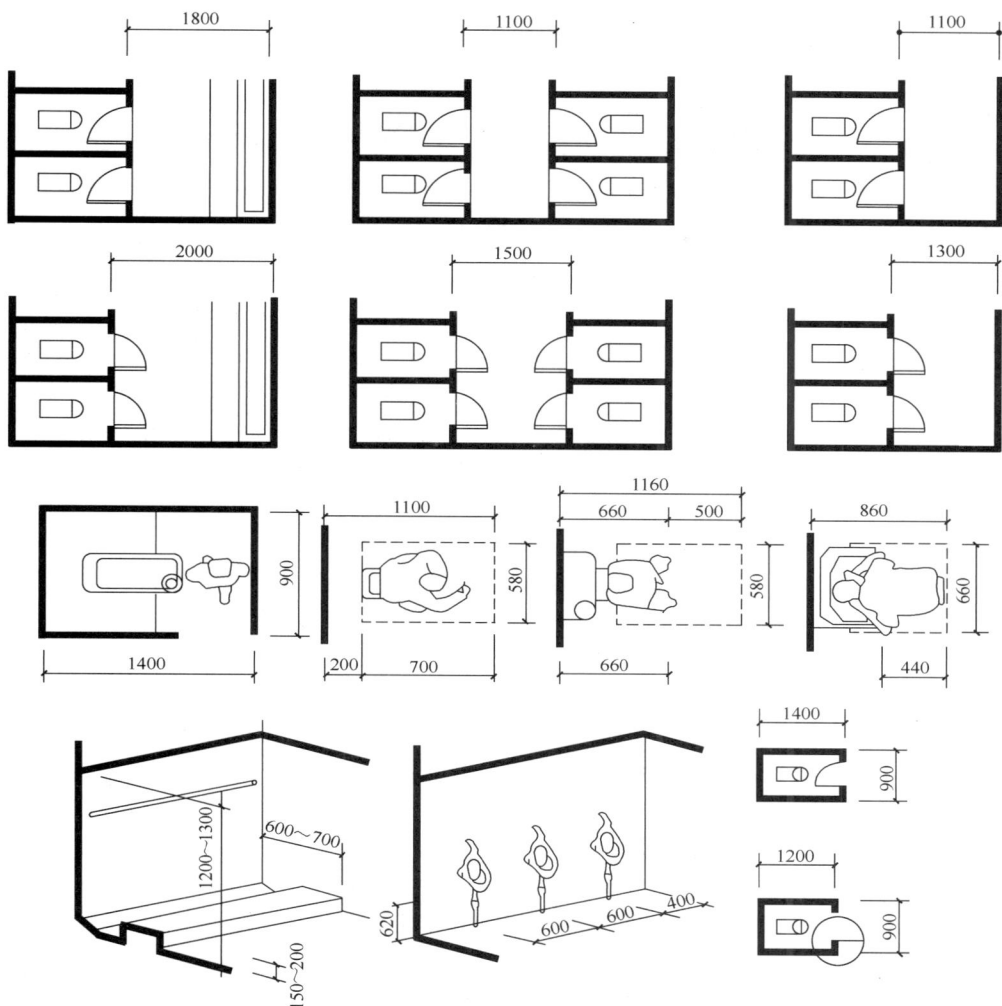

图 10.12 卫生间的设备及组合尺寸

男、女厕位的比例应根据使用特点、使用人数确定。当男、女使用人数基本均衡时，男厕厕位(含大、小便器)与女厕厕位数量的比例宜为 1∶1～1∶1.5；在商场、体育场馆、学校、观演建筑、交通建筑、公园等场所，厕位数量比不宜小于 1∶1.5～1∶2。

2) 卫生间设计的一般要求

(1) 卫生间在建筑物中常处于人流交通线上并与走道及楼梯间相联系，应设前室，以前室作为公共交通空间和卫生间的缓冲地，并使卫生间隐蔽一些。

(2) 大量人群使用的卫生间，应有良好的天然采光与通风功能。少数人使用的卫生间允许间接采光，但必须有抽风设施。

(3) 卫生间位置应有利于节省管道，减少立管并靠近室外给排水管道。同层平面中男、女厕所最好并排布置，避免管道分散。多层建筑中应尽可能把卫生间布置在上下相对应的位置。每套住宅应设卫生间，应至少配置便器、洗浴器、洗面器三件卫生设备或为其预留设置位置及条件。三件卫生设备集中配置的卫生间的使用面积应不小于 2.50 m^2。

3) 卫生间布置

卫生间应设前室，带前室的卫生间有利于隐蔽，可以改善通往卫生间的走道和过厅的卫生条件。前室的深度应不小于 1.5～2.0 m，其布置形式如图 10.13 所示。当卫生间面积小，不可能布置前室时，应注意门的开启方向，务必使卫生间蹲位及小便器处于隐蔽位置。卫生间按使用对象不同，又可分为专用卫生间及公共卫生间。专用卫生间的布置示例如图 10.14 所示；公共卫生间常与浴室、盥洗室布置在一起，其布置示例如图 10.15 所示。

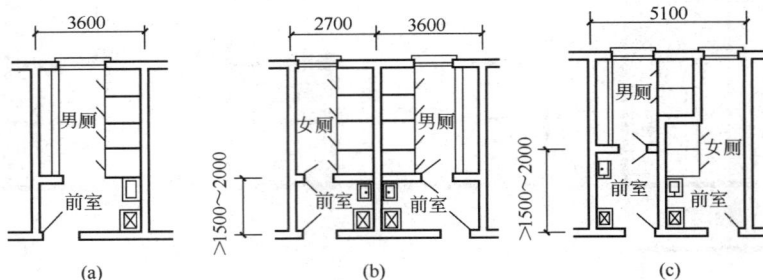

图 10.13　设前室卫生间的布置形式

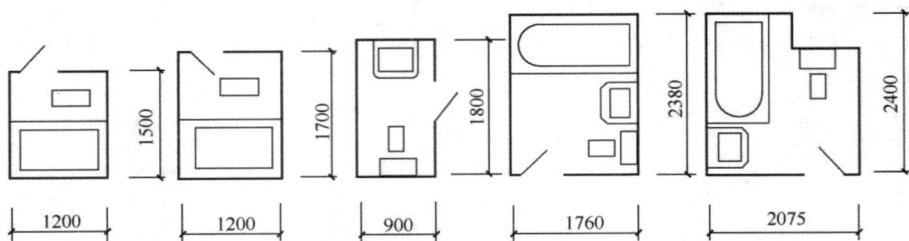

图 10.14　专用卫生间布置示例

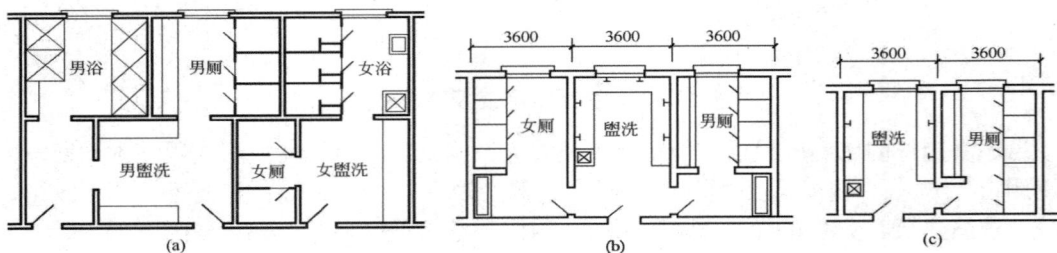

图 10.15　公共卫生间布置示例

3. 浴室和盥洗室

浴室和盥洗室的主要设备有洗脸盆、污水池、淋浴器，有的还设置浴盆等。除此以外，公共浴室还设有更衣室，其中主要设备有挂衣钩、衣柜、更衣凳等。设计时可根据使用人数确定卫生器具的数量，同时结合设备尺寸及人体活动所需的空间尺寸进行布置。淋浴设备及组合尺寸如图 10.16 所示。面盆、浴盆设备及组合尺寸如图 10.17 所示。

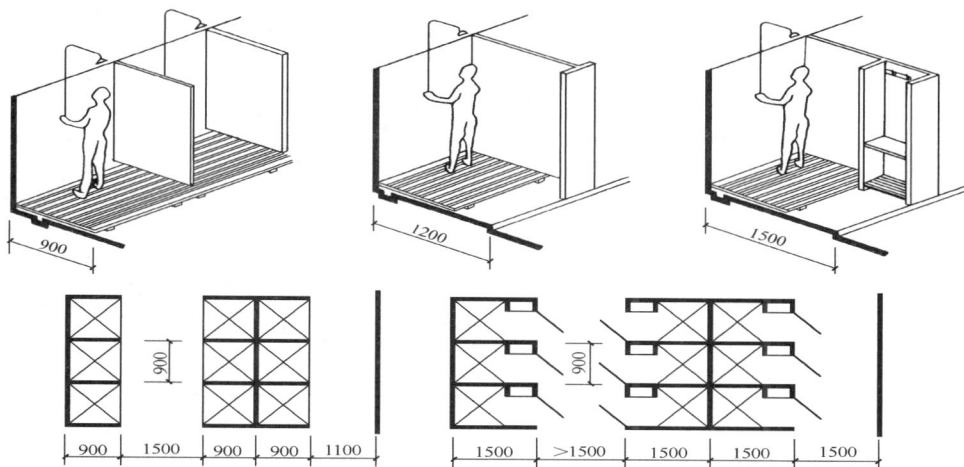

图 10.16　淋浴设备及组合尺寸

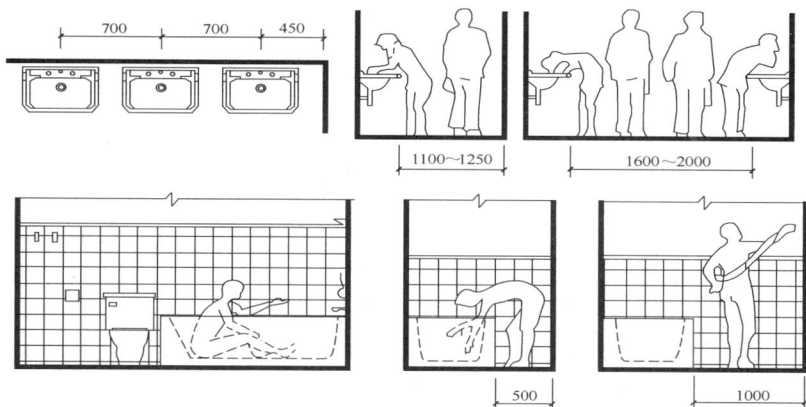

图 10.17　面盆、浴盆设备及组合尺寸

10.2.4　交通联系部分的设计

交通联系部分包括水平交通空间(走道)、垂直交通空间(楼梯、电梯、自动扶梯)、交通枢纽空间(门厅)等。

1. 走道

1) 走道的类型

走道又称为过道、走廊，有内廊和外廊之分。按走道的使用性质不同，可以分为三种情况：完全为交通需要而设置的走道、主要作为交通联系同时也兼有其他功能的走道和多种功能综合使用的走道，如展览馆的走道应满足边走边看的要求。

2) 走道的宽度和长度

走道的宽度和长度主要根据人流和家具通行、安全疏散、防火规范、走道性质和空间感受来综合考虑。为了满足人的行走和紧急情况下的疏散要求，我国《建筑设计防火规范》

(GB 50016—2014(2018 年版))规定除剧场、电影院、礼堂、体育馆外的其他公共建筑，其房间疏散门、安全出口、疏散走道和疏散楼梯的各自总净宽度，应符合下列规定。

(1) 每层的房间疏散门、安全出口、疏散走道和疏散楼梯的各自总净宽度，应根据疏散人数按每 100 人的最小疏散净宽度不小于表 10.1 的规定计算确定。当每层疏散人数不等时，疏散楼梯的总净宽度可分层计算，地上建筑内下层楼梯的总净宽度应按该层及以上疏散人数最多一层的人数计算；地下建筑内上层楼梯的总净宽度应按该层及以下疏散人数最多一层的人数计算；不应低于表 10.1 所示的指标。

表 10.1　疏散走道、安全出口、疏散楼梯和房间疏散门每 100 人的净宽度

单位：m

楼层位置		耐火等级		
		一、二级	三 级	四 级
地上楼层	1~2 层	0.65	0.75	1.00
	3 层	0.75	1.00	—
	≥4 层	1.00	1.25	—
地下楼层	与地面出入口地面的高差 $\Delta H \leqslant 10$ m	0.75	—	—
	与地面出入口地面的高差 $\Delta H > 10$ m	1.00	—	—

(2) 地下或半地下人员密集的厅、室和歌舞娱乐放映游艺场所，其房间疏散门、安全出口、疏散走道和疏散楼梯的各自总净宽度，应根据疏散人数按每 100 人不小于 1.00 m 计算确定。

(3) 首层外门的总净宽度应按该建筑疏散人数最多一层的人数计算确定，不供其他楼层人员疏散的外门，可按本层的疏散人数计算确定。

(4) 歌舞娱乐放映游艺场所中录像厅的疏散人数，应根据厅、室的建筑面积按不小于 1.0 人/m² 计算；其他歌舞娱乐放映游艺场所的疏散人数，应根据厅、室的建筑面积按不小于 0.5 人/m² 计算。有固定座位的场所，其疏散人数可按实际座位数的 1.1 倍计算。

(5) 展览厅的疏散人数应根据展览厅的建筑面积和人员密度计算，展览厅内的人员密度不宜小于 0.75 人/m²。综上所述，一般民用建筑常用走道的宽度如下。

教学楼：内廊 2.10～3.00 m，外廊 1.8～2.1 m。门诊部：内廊 2.40～3.00 m，外廊 3.00 m (兼候诊)。办公楼：内廊 2.10～2.40 m，外廊 1.50～1.80 m。旅馆：内廊 1.50～2.10 m，外廊 1.50～1.80 m。作为局部联系或住宅内部走道的宽度不应小于 0.90 m。

走道的长度应根据建筑物的性质、耐火等级及防火规范来确定。应符合《建筑设计防火规范》(GB 50016—2014(2018 年版))的要求。

3) 走道的采光和通风

走道的采光和通风主要依靠天然采光和自然通风。内走道一般是通过直接和间接采光，如过道、走道尽头开窗，利用楼梯间、门厅或走道两侧房间设高窗等来解决。

2. 楼梯

有关楼梯的形式，楼梯的宽度和数量设计要求详见第 5 章。楼梯的数量应根据使用人数及防火规范要求来确定。高层建筑的垂直交通以电梯为主，其他有特殊功能要求的多层建

筑，如大型宾馆、百货公司、医院等，除设置楼梯外，还需设置电梯、自动扶梯以解决垂直升降的问题。有关电梯、自动扶梯的设计构造见第 5 章拓展知识，坡道构造见 5.4.2 节。

3. 门厅

门厅作为交通枢纽，其主要作用是接纳、分配人流，作为室内外空间过渡及各方面交通(过道、楼梯等)的衔接。同时，根据建筑物使用性质的不同，门厅还兼有其他功能，如医院门厅常设挂号、收费、取药的房间，因此，民用建筑中门厅是建筑设计应重点处理的部分。门厅的大小应根据各类建筑的使用性质、规模及质量标准等因素来确定，设计时可参考有关面积定额指标。

门厅的布局可分为对称式与非对称式两种。设计门厅时应注意：门厅应处于总平面中明显而突出的位置，门厅内部设计要有明确的导向性，同时交通流线组织要简明醒目，减少相互干扰。重视门厅内的空间组合和建筑造型要求。门厅对外出口的宽度按防火规范的要求，不得小于通向该门厅的走道、楼梯宽度的总和。

部分民用建筑门厅面积的参考指标.pdf

10.2.5　建筑平面组合设计

1. 平面组合设计的任务

建筑平面组合设计就是将建筑平面中的使用部分、交通联系部分有机地联系起来，使之成为一个使用方便、结构合理、体型简洁、构图完整、造价经济及与环境协调的建筑物。平面组合形式考虑的因素有使用功能、结构类型、设备管线、建筑造型、基地环境。平面组合形式有走道式、套间式、大厅式、单元式、庭院式和混合式。

2. 平面组合设计的要求

1) 使用功能

平面组合的优劣主要体现在合理的功能分区及明确的流线组织两个方面。当然，采光、通风和朝向等要求也应予以充分的重视。

(1) 功能分区合理。合理的功能分区是将建筑物若干部分按不同的功能要求进行分类，并根据它们之间的密切程度加以划分，使之分区明确、联系方便。在分析功能关系时，常借助功能分析图来形象地表示各类建筑物的功能关系及联系顺序。教学楼、住宅功能分析如图 10.18 和图 10.19 所示，住宅平面设计示例如图 10.20 所示。

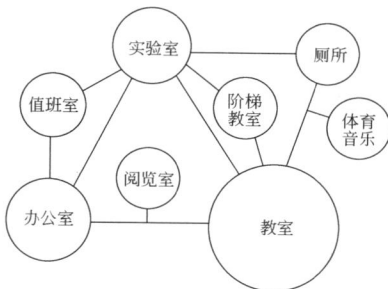

图 10.18　教学楼功能分析

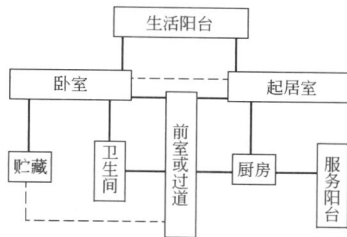

图 10.19　住宅功能分析

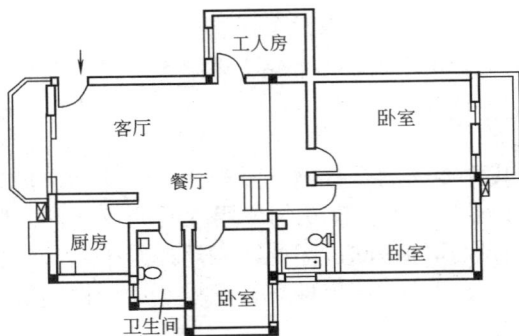

图 10.20　住宅平面设计示例图

(2) 流线组织明确。流线分为人流及货流两类。所谓流线组织明确，就是使各种流线简捷、通畅，不迂回逆行，尽量避免相互交叉。

2) 结构类型

目前民用建筑常用的结构类型有混合结构、框架结构、剪力墙结构、框剪结构和空间结构。根据建筑的层数、造价、施工等合理选择结构类型。

3) 设备管线

民用建筑中的设备管线主要包括给水排水、空气调节以及电气照明等所需的设备管线，它们都占有一定的空间。在满足使用要求的同时，应尽量将设备管线集中布置、上下对齐，方便使用，有利于施工和节约管线。图 10.21 所示为旅馆卫生间管线集中布置示例。

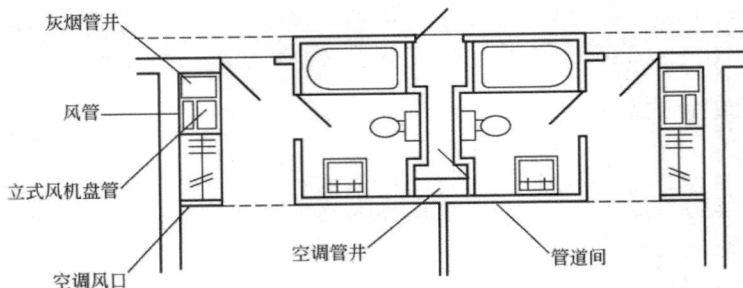

图 10.21　旅馆卫生间管线布置示例

4) 建筑造型

建筑造型会影响建筑的平面组合。当然，造型本身是离不开功能要求的，它一般是内部空间布局的直接反映。但是，简洁、完美的造型要求以及不同建筑物的外部性格特征又会反过来影响建筑的平面布局及平面形状。

5) 基地环境

建筑与自然的协调是既古老又不乏新意的话题，个体建筑构图过程中，既要考虑通风、朝向，也要与山水地形相结合，移步换景，随时协调个体与全局、个体与环境的关系。如北京香山饭店是贝聿铭对中国结与中国古典园林文化的巧妙结合，将其与周围的古松环境结合起来，令建筑具有自然的雅趣，掩映在松风之中，体现了中华民族建筑艺术的精华，如图 10.22 所示。

图 10.22　北京香山饭店

3. 平面组合形式

平面组合就是根据使用功能特点及交通路线的组织，将不同的房间组合起来。常见的平面组合形式如下。

1) 走道式组合

走道式组合的特点是使用房间与交通联系部分明确分开，各房间沿走道一侧或两侧并列布置，房间门直接开向走道，通过走道相互联系；各房间基本上不被交通穿越，能较好地保持相对独立性；各房间有直接的天然采光和通风，结构简单，施工方便等。这种形式广泛应用于一般民用建筑，特别适用于相同房间数量较多的建筑，如学校、宿舍、医院和旅馆等。

根据房间与走道的布置关系不同，走道式组合又可分为外走道与内走道两种组合。

(1) 外走道组合可保证主要房间有好的朝向和良好的采光、通风条件，但这种布局会造成走道过长，交通面积大。个别建筑由于特殊要求，也采用双侧外走道形式。

(2) 内走道组合各房间沿走道两侧布置，平面紧凑，外墙长度较短，对寒冷地区建筑热工有利。但这种布局难免出现一部分使用房间朝向较差，且走道采光、通风较差，房间之间相互干扰较大的问题。

2) 套间式组合

套间式组合的特点是用穿套的方式按一定的序列组织空间。房间与房间之间相互穿套，不再通过走道联系。其平面布置紧凑，面积利用率高，房间之间联系方便，但各房间使用不灵活，相互干扰大，适用于住宅、展览馆等。

3) 大厅式组合

大厅式组合是以公共活动的大厅为主穿插布置辅助房间。这种组合的特点是主体房间使用人数多、面积大、层高较高，辅助房间与大厅相比，尺寸大小悬殊，常布置在大厅周围并与主体房间保持一定的联系，适用于影剧院、体育馆等。

4) 单元式组合

将关系密切的房间组合在一起成为一个相对独立的整体，称为单元。将一种或多种单元按地形和环境情况在水平或垂直方向重复组合起来成为一幢建筑，称为单元式组合。其具有能提高建筑标准化，节省设计工作量；功能分区明确，平面布置紧凑，单元与单元之间相对独立、互不干扰；布局灵活，能适应不同的地形，满足朝向要求，形成多种不同组合形式的优点。因此，广泛用于大量民用建筑，如住宅、学校、医院等。

5) 混合式组合

混合式组合是指采用两种或两种以上的基本组合形式将各房间连接起来。适用于功能复杂的建筑，如文化宫、俱乐部等建筑。

4. 建筑平面组合与总平面的关系

基地的人文环境条件，基地本身的地形、地貌、日照、景观等条件也为设计提供了必要的线索。

1) 基地的大小、形状和道路布置

基地的大小和形状直接影响建筑的平面布局、外轮廓形状和尺寸。基地内的道路布置及人流方向是确定出/入口和门厅平面位置的主要因素。因此，在平面组合设计中，应密切结合基地的大小、形状和道路布置等外在条件，使建筑平面布置的形式、外轮廓形状和尺寸以及出/入口的位置等符合城市总体规划的要求。图 10.23 所示为某中学教学楼的总平面图，该教学楼位于学校的主轴线上，建筑布局较好地控制了校园空间的划分与联系。

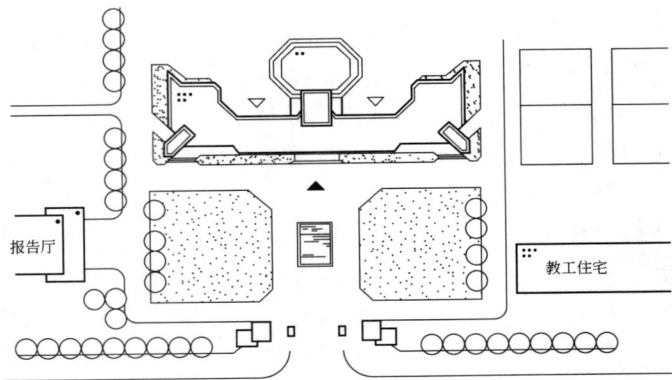

图 10.23　某中学教学楼的总平面图

2) 基地的地形条件

基地地形若为坡地，则应将建筑平面组合与地面高差结合起来，以减少土方量，可以造成富于变化的内部空间和外部形式。坡地建筑的布置方式：当地面坡度在 25% 以上时，建筑物适宜平行于等高线布置；当地面坡度在 25% 以下时，建筑物应结合朝向要求布置。

3) 建筑物的朝向和间距

(1) 朝向应从以下几方面来考虑。

① 日照。我国大部分地区属于夏季热、冬季冷的状况。为保证室内冬暖夏凉的效果，建筑物的朝向应为南向，南偏东或偏西少许角度(15°)。在严寒地区，由于冬季时间长、夏季不太热，应争取日照，建筑朝向以东、南、西为宜。

② 风。根据当地的气候特点及夏季或冬季的主导风向，应适当调整建筑物的朝向，使夏季可获得良好的自然通风条件，而冬季又可避免寒风的侵袭。

③ 基地环境。对于人流集中的公共建筑的房屋朝向，主要考虑人流走向、道路位置和邻近建筑的关系；对于风景区的建筑，则应以创造优美的景观作为考虑朝向的主要因素。

(2) 间距是指建筑物之间的距离，主要应根据日照、通风等卫生条件与建筑防火安全要求来确定。除此以外，还应综合考虑防止声音和视线干扰，绿化、道路及室外工程所需要的间距以及地形利用、建筑空间处理等问题。建筑物的日照间距如图 10.24 所示。

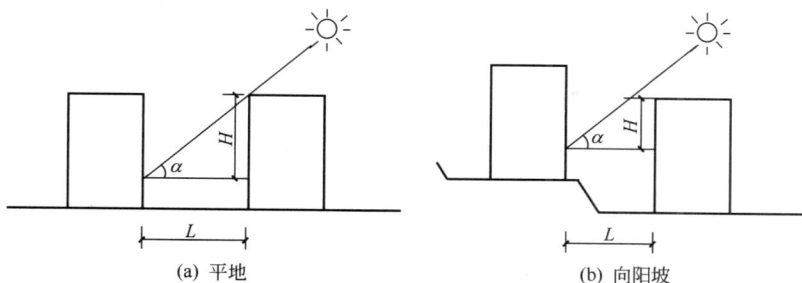

| (a) 平地 | (b) 向阳坡 |

图 10.24　建筑物的日照间距

日照间距的计算公式为

$$L = \frac{H}{\tan \alpha}$$

式中：L——房屋水平间距；

　　　H——南向前排房屋檐口至后排房屋底层窗台的垂直高度；

　　　α——当房屋朝正南向时冬至日正午的太阳高度角。

我国大部分地区日照间距约为 $(1.0 \sim 1.7)H$。因为太阳高度角在南方要大于北方，所以越往南日照间距越小，越往北则日照间距越大。

对于大多数的民用建筑，日照间距是确定房屋间距的主要依据，因为在一般情况下，只要满足了日照间距，其他要求也能满足。但有的建筑由于所处的周围环境不同，以及使用功能要求不同，房屋间距也不同，如教学楼为了保证教室的采光和防止声音、视线的干扰，间距要求应大于或等于 $2.5H$，而最小间距不小于 12 m。又如医院建筑，考虑卫生要求，间距应大于 $2.0H$，对于 $1 \sim 2$ 层病房，间距不小于 25 m；$3 \sim 4$ 层病房，间距不小于 30 m；对于传染病房与非传染病房的间距，应不小于 40 m。为节省用地，实际设计采用的建筑物间距可能会略小于理论计算的日照间距。

10.3　建筑剖面设计

建筑剖面设计是建筑设计的基本组成内容之一，它与平面设计从两个不同方面来反映建筑物内部空间的关系。平面设计着重解决内部空间在水平方向上的问题，而剖面设计是根据建筑物的用途、规模、环境条件及人们的使用要求，解决建筑物在高度方向上的布置问题。其内容包括确定建筑物的层数和房间的剖面形式，决定建筑各部分在高度方向上的尺寸，进行建筑空间组合，处理室内空间并加以利用等。

10.3.1　房间的剖面形状

房间的剖面形状分为矩形和非矩形两类，大多数民用建筑均采用矩形，非矩形剖面常用于有特殊要求的房间。房间的剖面形状是根据室内房间的使用性质和活动特点，采光和通风、结构类型、设备位置、室内空间比例关系来确定的；同时也要结合具体的建筑技术、经济条件及特定的艺术构思进行考虑，使之既满足使用功能，又能达到一定的艺术效果。

1. 使用要求

在民用建筑中，绝大多数的建筑是属于一般功能要求的，如住宅、学校、办公楼、旅馆和商店等，这类建筑房间的剖面形状多采用矩形；有视线要求的房间主要是指影剧院的观众厅、体育馆的比赛大厅及教学楼中的阶梯教室等。这类房间除平面形状、大小应满足一定的视距、视角要求外，地面还应有一定的坡度，以满足良好的视觉要求。

1) 视线要求

在剖面设计中，为了保证良好的视觉条件，即视线无遮挡，需要将座位逐排升高，使室内地面形成一定的坡度。地面的升起坡度主要与设计视点的位置及视线升高值有关。另外，第一排座位的位置、排距等对地面的升起坡度也有影响。图 10.25 所示为电影院和体育馆设计视点与地面坡度的关系。

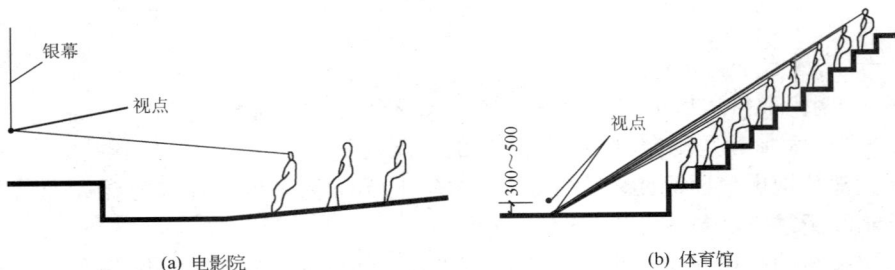

(a) 电影院   (b) 体育馆

图 10.25 设计视点与地面坡度的关系

视线升高值 C 的确定与人眼到头顶的高度和视觉标准有关，一般定为 120 mm。当对位排列(即后排人的视线擦过前排人的头顶而过)时，C 值取 120 mm；当错位排列(即后排人的视线擦过前面隔一排人的头顶而过)时，C 值取 60 mm，如图 10.26 所示。以上两种座位排列法均可保证视线无遮挡的要求。某中学演示教室的地面升高剖面图如图 10.27 所示。

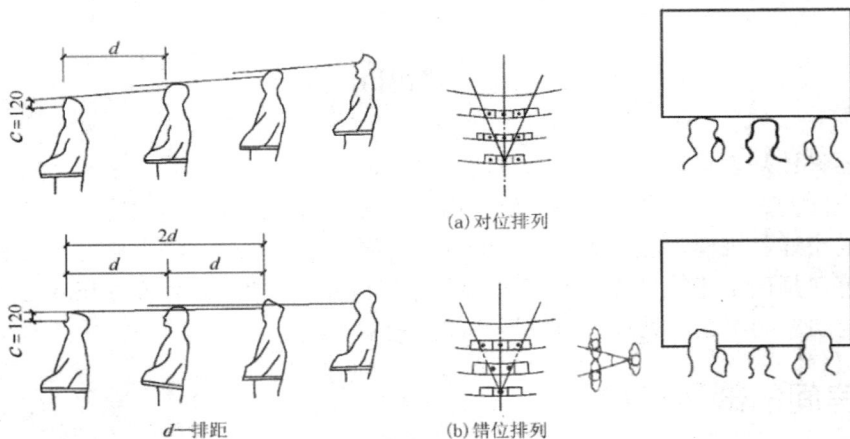

(a) 对位排列

(b) 错位排列

d—排距

图 10.26 视觉标准与地面升起关系

2) 音质要求

凡剧院、电影院及礼堂等建筑物，大厅的音质要求对房间的剖面形状影响都很大。图 10.28 所示为观众厅的几种剖面形状示意图。为保证室内声场分布均匀，防止出现空白区、回声和聚焦等现象，在剖面设计中要注意对顶棚、墙面和地面的处理。为有效地利用声能，加强各处的直达声，必须使大厅地面逐渐升高。此外，顶棚的高度和形状是保证声音清楚、真实的重要因素。它的形状应使大厅各座位都能获得均匀的反射声，同时能加强声压不足的部位。一般来说，凹面易产生聚焦，声场分布不均匀；凸面是声扩散面，不会产生聚焦，声场分布均匀。因此，大厅顶棚应尽量避免采用凹曲面或拱顶。

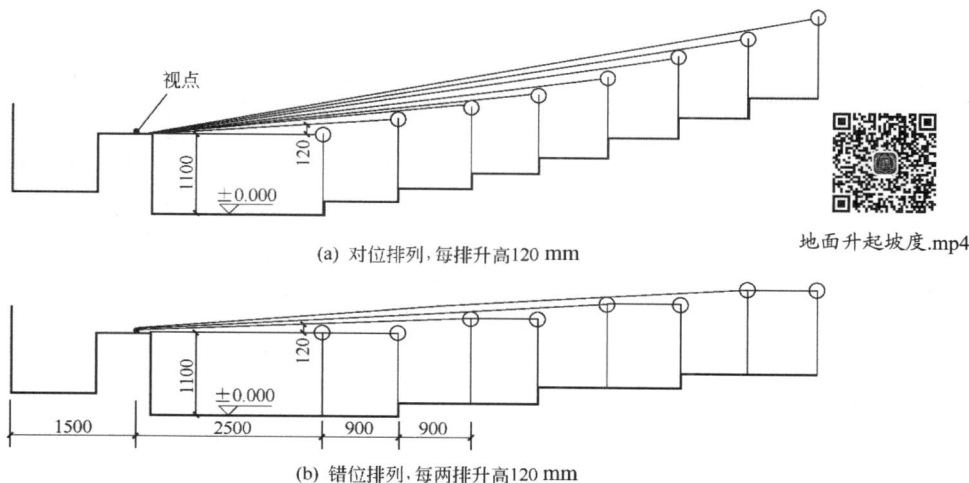

(a) 对位排列，每排升高120 mm

地面升起坡度.mp4

(b) 错位排列，每两排升高120 mm

图 10.27　某中学演示教室的地面升高剖面图

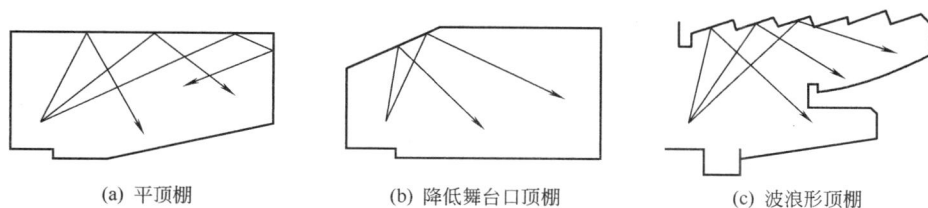

(a) 平顶棚 　　　　(b) 降低舞台口顶棚 　　　　(c) 波浪形顶棚

图 10.28　观众厅的几种剖面形状示意图

2. 结构、材料和施工的影响

矩形的剖面形状规整、简单，有利于采用梁板式结构布置，同时施工也较简单，常用于大量民用建筑。大型公共建筑，如体育馆的比赛大厅、大型展览馆、候机厅等，常采用悬索结构、钢筋混凝土薄壳、钢桁架等结构类型。由于结构类型不同，建筑材料、施工技术的不同，所以形成了各种非矩形的剖面形状，如图 10.29 所示。

3. 室内采光、通风的要求

进深不大的房间，通常采用侧窗采光和通风已足够满足室内生活的需求。当房间进深大,侧窗不能满足上述要求时,常设置各种形式的天窗,从而形成了各种不同的剖面形状,如图 10.30 所示。

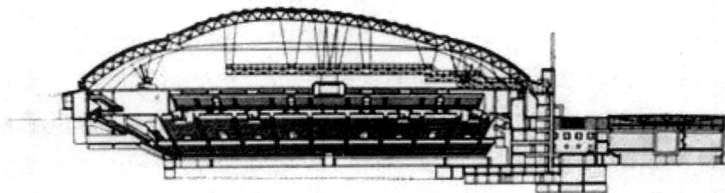

图 10.29 体育馆比赛大厅的剖面形状示意图

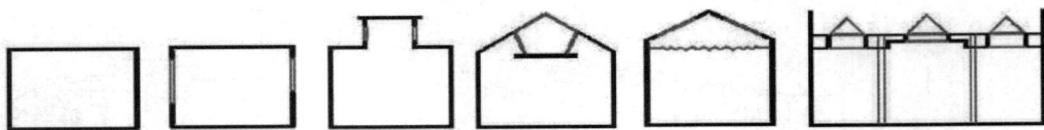

图 10.30 不同采光方式形成的剖面形状

有的房间虽然进深不大,但具有特殊要求,如展览馆中的陈列室,为使室内照度均匀、稳定、柔和并减轻或消除眩光的影响,避免直射阳光损害陈列品,常设置各种不同形式的采光窗。对于厨房一类的房间,由于在操作过程中常散发出大量蒸汽、油烟等,可在顶部设置排气窗以加速排除有害气体。

10.3.2 房屋各部分高度的确定

1. 房间的层高和净高

房间的层高是指该层楼地面到上一层楼地面之间的距离。房间的净高是指楼地面到结构层(梁、板)底面或顶棚下表面之间的距离,如图 10.31 所示。

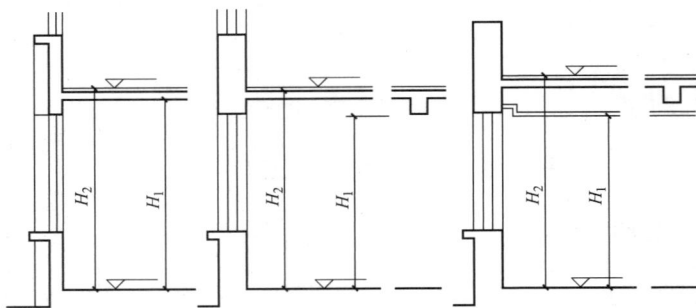

图 10.31 房间的净高和层高

H_1—净高;H_2—层高

在通常情况下,房间高度的确定主要考虑以下几个因素。

1) 人体活动及家具设备的要求

房间净高应不低于 2.2 m。卧室使用人数少,面积不大,高度常取 2.7~3.0 m;教室使用人数多，面积相应增大，高度一般取 3.3～3.6 m；公共建筑的门厅人流较多，高度可较其他房间适当提高；商店营业厅净高受房间面积及客流量多少等因素的影响，国内大中型营业厅(无空调设备的)底层层高为 4.2～6.0 m，二层层高为 3.6～5.1 m。

房间的家具设备以及人们使用家具设备的必要空间，也直接影响房间的净高和层高。如学生宿舍通常设有双层床，因而层高不宜小于 3.3 m；医院手术室净高应考虑手术台、无影灯以及手术操作所必需的空间，净高不应小于 3.0 m；游泳馆比赛大厅，房间净高应考虑跳水台的高度、跳水台至顶棚的最小高度，如图 10.32 所示。

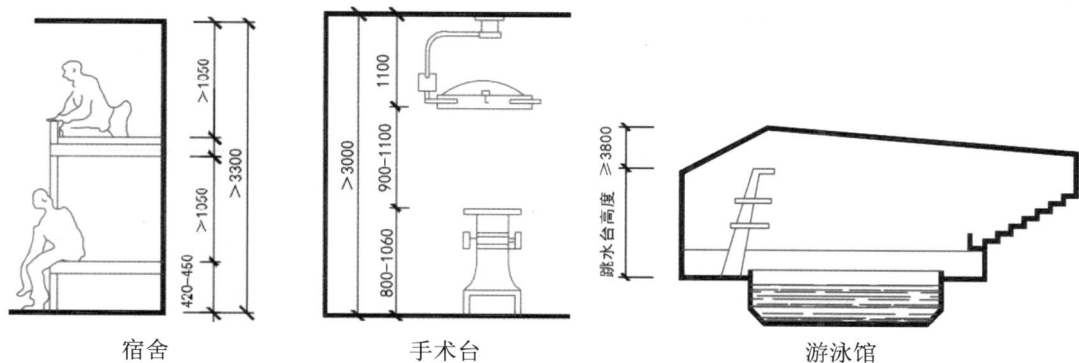

图 10.32　不同家具设备对房间净高和层高的影响

2) 采光、通风要求

房间的高度应有利于天然采光和自然通风。房间里光线的照射深度，主要是由窗户的高度来决定的，进深越大，要求窗户上沿的位置越高，即相应房间的净高也要高一些。当房间采用单侧采光时，通常窗户上沿离地的高度，应大于房间进深长度的一半。当房间允许两侧开窗时，房间的净高不小于总深度的 1/4，如图 10.33 所示。

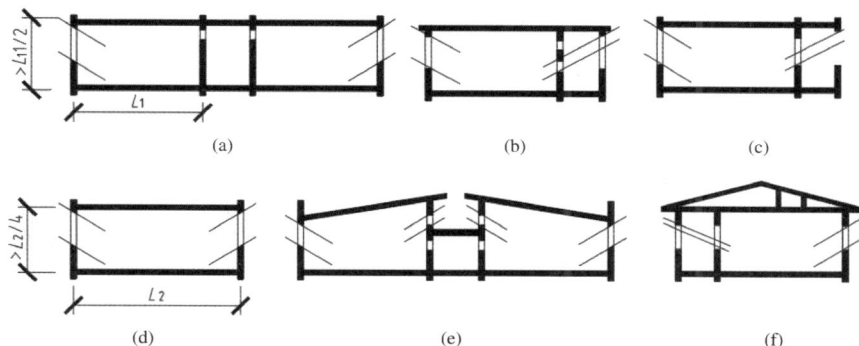

图 10.33　不同采光方式

关于房间的通风要求，室内进/出风口在剖面上的高低位置，也对房间净高有一定的影响。潮湿和炎热地区的民用房屋，经常利用空气的气压差来组织室内穿堂风，如在内墙上开设高窗，或在门上设置亮子等改善室内的通风条件，在这些情况下，房间净高相应要高一些。对容纳人数较多的公共建筑，还应考虑房间正常的气容量，以保证必要的卫生条件。

3) 室内空间比例

一般来说,面积大的房间高度要高一些,面积小的房间则可适当降低高度。不同的比例尺度会给人以不同的心理效果:高而窄的比例易使人产生兴奋、激昂、向上的情绪,且具有严肃感,但过高就会觉得不亲切甚至会产生恐惧感;宽而低的空间使人感觉宁静、开阔、亲切,但过低又会使人产生压抑、沉闷的感觉。图 10.34 所示为不同空间比例给人以不同感受的示例。

4) 结构高度及其布置方式的影响

层高等于净高加上楼板层结构的高度。在满足房间净高要求的前提下,其层高尺寸随结构层的高度而变化,结构层越高,层高越大,应考虑梁所占的空间高度。

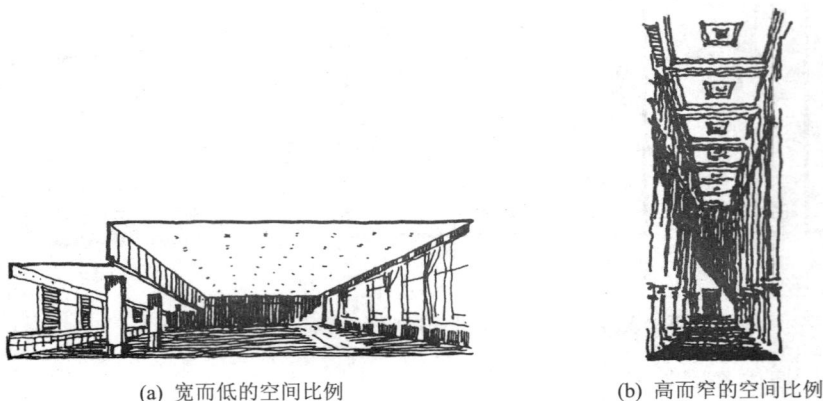

(a) 宽而低的空间比例　　　　　　(b) 高而窄的空间比例

图 10.34　不同空间比例给人不同的感受

5) 建筑经济效果

层高是影响建筑造价的一个重要因素。在满足使用、采光、通风、室内观感的前提下,适当降低层高可相应减小房屋的间距,减轻房屋自重,改善结构受力情况,节约材料。

2. 窗台高度

窗台高度与使用要求、人体尺度、家具尺寸及通风要求有关。大多数的民用建筑,窗台高度主要考虑方便人们工作、学习,保证书桌上有充足的光线。图 10.35 所示为民用建筑窗台的高度。

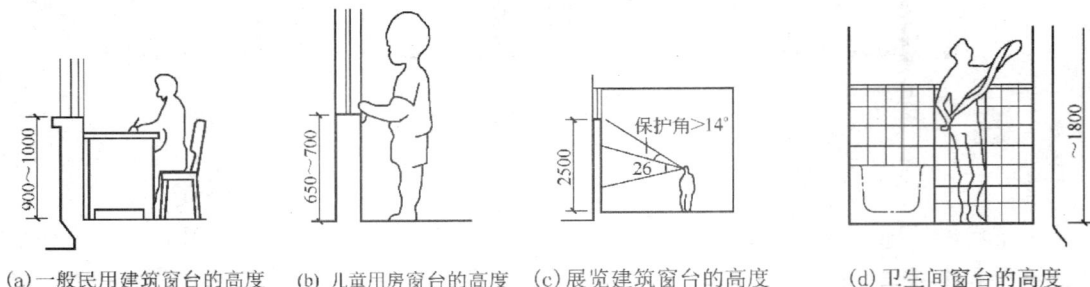

(a)一般民用建筑窗台的高度　(b) 儿童用房窗台的高度　(c) 展览建筑窗台的高度　(d) 卫生间窗台的高度

图 10.35　民用建筑窗台的高度

一般窗台的高度常取为 900～1000 mm,这样窗台距桌面的高度可以控制在 100～

200 mm，保证了桌面上充足的光线，并使桌上纸张不致被风吹出窗外。对于有特殊要求的房间，如托儿所、幼儿园窗台高度应考虑儿童的身高及家具设备的尺寸，医院儿童病房为方便护士照顾病儿，窗台高度均应较一般民用建筑低一些。设有高侧窗的陈列室，为消除或减少眩光，应避免陈列品靠近窗台布置。实践中总结出窗台到陈列品的距离要使保护角大于 14°。为此，一般将窗下口提高到离地 2.5 m 以上。卫生间、浴室窗台可提高到 1800 mm 左右。

公共建筑的房间(如餐厅、休息厅、娱乐活动场所)、疗养建筑和旅游建筑，为使室内阳光充足和便于观赏室外景色，丰富室内空间，常将窗台做得很低，甚至采用落地窗。

3. 室内、室外地面高差

为了防止室外雨水流入室内，并防止墙身受潮，一般民用建筑常把室内地坪适当提高，以使建筑物室内外地面形成一定高差，该高差主要由以下因素确定。

(1) 内外联系方便。住宅、商店、医院等建筑的室外踏步的级数常以不超过四级，即室内外地面高差不大于 600 mm 为好。而仓库类建筑物，为便于运输，在入口处常设置坡道，为不使坡道过长影响室外道路布置，室内外地面高差以不超过 300 mm 为宜。

(2) 防水、防潮要求。室内外地面高度差一般大于或等于 300 mm。

(3) 地形及环境条件。位于山地和坡地的建筑物，应结合地形的起伏变化和室外道路布置等因素，综合确定底层地面标高，使其既方便内外联系，又有利于室外排水和减少土石方工程量。

(4) 建筑物的性格特征。一般民用建筑应具有亲切、平易近人的感觉，因此，室内外高差不宜过大。纪念性建筑物除在平面空间布局及造型上反映出其独有的性格特征以外，还常借助室内外高差值的增大，如采用高的台基和较多的踏步处理，以增强严肃、庄重、雄伟的气氛。

10.3.3　房屋的层数

影响房屋层数的因素有以下几方面。

1. 使用要求

住宅、办公楼和旅馆等建筑，可采用多层和高层。对于托儿所、幼儿园等建筑，考虑到儿童的生理特点和安全，同时为便于室内与室外活动场所的联系，其层数不宜超过 3 层。医院门诊部为方便病人就诊，层数也以不超过 3 层为宜。影剧院、体育馆等一类公共建筑都具有面积和高度较大的房间，人流集中，为迅速而安全地进行疏散，宜建成低层。

2. 建筑结构的类型、材料和施工要求

建筑结构的类型和材料是决定房屋层数的基本因素。如一般混合结构的建筑是以墙或柱承重的梁板结构体系，一般为1～6层，常用于一般大量民用建筑，如住宅、宿舍、中小学教学楼、中小型办公楼、医院和食堂等。多层和高层建筑，可采用梁柱承重的框架结构、剪力墙结构或框架剪力墙结构等结构体系。空间结构体系，如薄壳、网架、悬索等则适用于低层大跨度建筑，如影剧院、体育馆、仓库及食堂等，如图 10.36 所示。

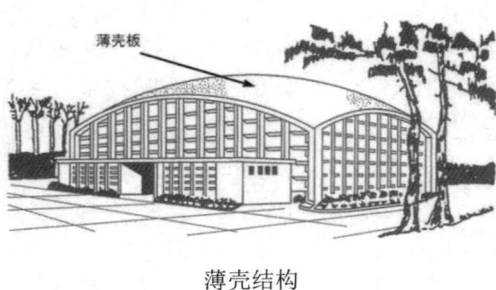

薄壳结构

杭州奥体博览城网球中心桁架钢结构
"花瓣屋顶"

图 10.36 空间结构体系

3. 地震烈度

地震烈度不同，对房屋的层数和高度要求也不同。如钢筋混凝土房屋最大适用高度如表 10.2 所示。

表 10.2 钢筋混凝土房屋最大适用高度

单位：m

结构类型	设防烈度				
	6 度	7 度	8 度		9 度
			0.20g	0.30g	
框架	60	50	40	35	24
框架—抗震墙	130	120	100	80	50
抗震墙	140	120	100	80	60

4. 建筑基地环境与城市规划要求

房屋的层数与所在地段的大小、高低起伏变化有关。特别是位于城市街道两侧、广场周围及风景园林区等位置时，必须重视建筑与环境的关系，做到与周围建筑物、道路、绿化等协调一致。同时要符合当地城市规划部门对整个城市面貌的统一要求。

10.3.4 建筑空间的组合与利用

1. 建筑空间的组合

建筑空间的组合，就是根据内部使用要求，结合基地环境等条件将各种不同形状、大小、高低的空间组合起来，使之成为使用方便、结构合理、体型简洁完美的整体。图 10.37 所示为大小、高低不同的建筑空间组合形式。

建筑空间的组合方式有高层加裙房、错层、跃层三种。

(1) 在高层建筑的底层部位建造的高度小于 24 m 的房屋称为裙房。图 10.37(a)为高层加裙房的方式，裙房只能在高层建筑的三面兴建，可用作消防通道，其大多数用作服务性建筑。

(2) 错层剖面组合是指在建筑物纵向和横向剖面中，房屋几部分之间的楼地面，高低错开，主要适合坡地上建筑或建筑体之间由于房屋高度不同造成高差的情况，如住宅、中小学教学楼等。错层之间的高差可用楼梯或室外台阶来解决，如图 10.38 所示。

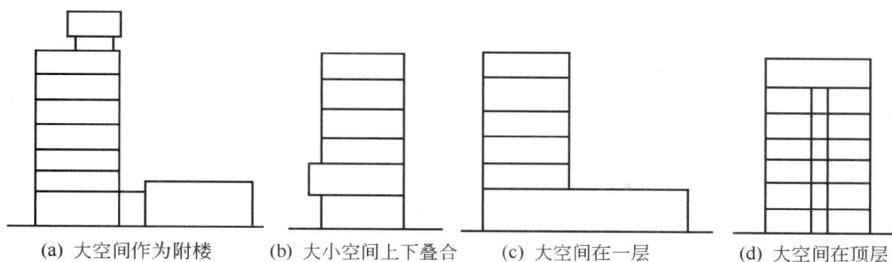

(a) 大空间作为附楼 (b) 大小空间上下叠合 (c) 大空间在一层 (d) 大空间在顶层

图 10.37　大小、高低不同的建筑空间组合形式

(3) 跃层式剖面组合方式主要用于住宅建筑。这些房屋每隔 1～2 层设置一条公共走廊，每个住户可用前后相通的一层和上下层房间、住户内部以小楼梯上下联系。其特点是节约公共交通面积，各住户之间干扰小，由于每户两个朝向，通风条件好，但其结构布置和施工均较复杂，每户面积大，标准高。

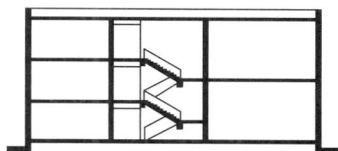

图 10.38　以楼梯解决错层高差

2. 建筑空间的利用

1) 夹层空间的利用

在公共建筑中的营业厅、体育馆、影剧院、候机楼等，由于功能要求，其主体空间与辅助空间的面积和层高不一致，因此，常采取在大空间周围布置夹层的方式，以达到利用空间及丰富室内空间的效果。图 10.39 所示为利用夹层空间的示例。

2) 房间上部空间的利用

房间上部空间主要是指除人们日常活动和家具布置以外的空间。如住宅中常利用房间上部空间设置搁板、吊柜作为储藏之用，如图 10.40 所示。

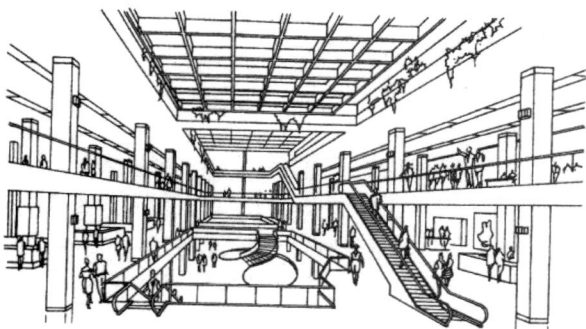

图 10.39　夹层空间的利用

图 10.40　住宅房间上部空间的利用

3) 楼梯间及走道空间的利用

一般民用建筑楼梯间底层休息平台下至少有半层高，可作为布置储藏室及作辅助用房和出/入口之用。同时，楼梯间顶层有一层半的空间高度，也可以利用其部分空间布置一个小储藏间。民用建筑走道主要用于人流通行，其面积和宽度都较小，高度也相应要求低一

些，居住型的建筑中常利用走道上空布置储藏空间，示例如图 10.41 所示。

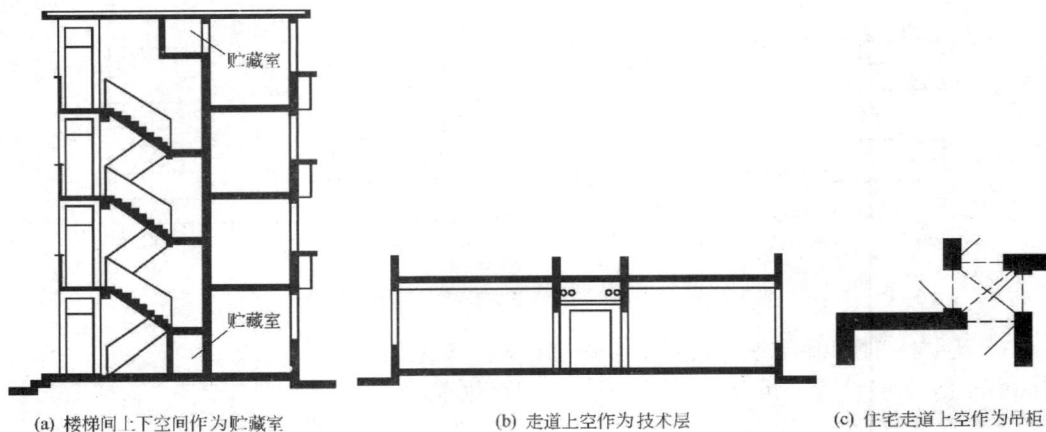

(a) 楼梯间上下空间作为贮藏室　　(b) 走道上空作为技术层　　(c) 住宅走道上空作为吊柜

图 10.41　楼梯间及走道空间的利用

10.4　建筑体型及立面设计

建筑的外部形象包括体型和立面两个方面，是建筑造型设计的一个主要组成部分。建筑体型设计主要是对建筑外形总的体量、形状、比例、尺度等方面的确定，并针对不同类型建筑采用相应的体型组合方式。体型组合对建筑形象的总体效果具有重要影响，而立面设计是建筑物体型的进一步深化。体型和立面处理贯穿于整个建筑设计的始终，在设计中应将二者作为一个有机的整体统一考虑。建筑体型及立面设计是在内部空间及功能合理的基础上，在物质技术条件的制约下考虑到所处的地理位置及环境的协调，对外部形象从总的体型到各个立面以及细部，按照一定的美学规律加以处理，以求得完美的建筑形象。

10.4.1　建筑体型和立面设计的原则

1. 反映建筑使用功能的要求和特征

建筑是为了满足人们生产和生活需要而创造出的物质空间环境。各类建筑由于使用功能的千差万别，室内空间全然不同，决定了建筑的不同外部体型及立面特征。如住宅建筑重复排列的阳台、尺度不大的窗户，形成了生活气息浓郁的居住建筑性格特征(见图 10.42)。行政办公大楼建筑具有庄重、雄伟的外观特征(见图 10.43)。商业建筑与城市建设发展和居民生活密切相关，具有强烈的空间秩序，在建筑样式上既富于变化，又有机联系，形成优美的建筑景观，如图 10.44 所示。

2. 反映物质技术条件的特点

建筑不同于一般的艺术品，它必须运用大量的建筑材料，并通过一定的结构施工技术等手段才能建成。因此，建筑体型及立面设计必然在很大程度上受物质技术条件的制约，并反映出结构、材料和施工的特点。图 10.45 是北京国家体育场的外形结构，主要由 24 榀门式钢架组成，其钢结构是当今世界施工难度最大、最复杂的建筑之一。

图 10.42　某小区住宅楼

图 10.43　某行政办公大楼

图 10.44　某商业区

3. 符合城市规划及基地环境的要求

建筑本身就是构成城市空间和环境的重要因素，它不可避免地要受城市规划、基地环境的某些制约，所以建筑基地的地形、地质、气候、方位、朝向、形状、大小、道路、绿化以及与原有建筑群的关系等，都对建筑的外部形象有极大影响。如美国建筑大师弗兰克·劳埃德·赖特设计的流水别墅，建于幽雅的山泉峡谷之中，建筑凌跃于奔泻而下的瀑布之上，与山石、流水、树林融为一体，如图 10.46 所示。

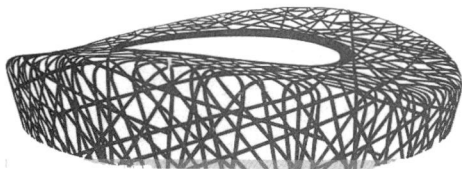

图 10.45　北京国家体育场

图 10.46　流水别墅

10.4.2　建筑美的构图规律

建筑造型有其内在的规律，人们要创造出美的建筑，就必须遵循建筑美的法则，如统一与变化、均衡与稳定、韵律与对比、比例和尺度等。不同的时代、地区、民族，尽管建筑形式千差万别，人们的审美观各不相同，但这些建筑美的基本法则都是一致的，是被人们普遍承认的客观规律，因而具有普遍性。

1. 统一与变化

统一与变化是建筑构图的一条重要原则，它是一切形式美的基本规律，具有广泛的普遍性和概括性。

1) 以简单的几何形体求统一

任何简单容易被人们辨认的几何形体都具有一种必然的统一。图 10.47 所示为基本的建筑形体。

2) 主从分明，以陪衬求统一

复杂体型的建筑物根据功能的要求常包括主要部分和从属部分，如果不加以区别对待，建筑会显得平淡、松散，缺乏统一性。在外形设计中，恰当地处理好主要与从属、重点与一般的关系，使建筑主从分明，以次衬主，就可以加强建筑的表现力，取得完整统一的效果。图 10.48 所示为以低衬高的建筑示例。

2. 均衡与稳定

一幢建筑物由于各体量的大小、高低、材料的质感、色彩的深浅、虚实变化不同，常表现出不同的轻重感。一般来说，体量大的、实体的、材料粗糙及色彩暗的，感觉上要重些；体量小的、通透的、材料光洁和色彩明快的，感觉上要轻一些。研究均衡与稳定，就是要使建筑形象显得安定、平稳。

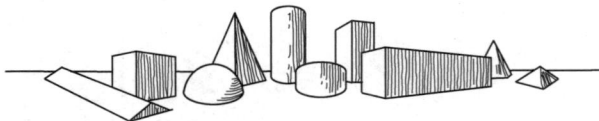

图 10.47 基本的建筑形体

图 10.48 以低衬高的建筑示例

1) 均衡

均衡主要研究建筑物各部分前、后、左、右的轻重关系。在建筑构图中，人们的均衡感与力学原理有着密切的联系。均衡的力学原理如图 10.49 所示，支点表示均衡中心，根据均衡中心的位置不同，又可分为对称的均衡与不对称的均衡。

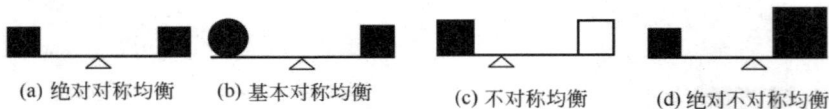

(a) 绝对对称均衡   (b) 基本对称均衡   (c) 不对称均衡   (d) 绝对不对称均衡

图 10.49 均衡的力学原理

对称的建筑是绝对均衡的，如图 10.50 所示，以中轴线为中心并加以重点强调，两侧对称容易取得完整统一的效果，给人以端庄、雄伟、严肃的感觉，常用于纪念性建筑或者其他需要表现庄严、隆重的公共建筑。

(a) 对称均衡示意图　　　　(b) 某纪念馆示例

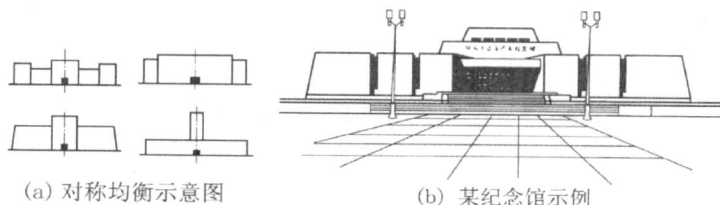

图 10.50　对称均衡

　　不对称均衡如图 10.51 所示，是将均衡中心(视觉上最突出的主要出/入口)偏于建筑的一侧，利用不同体量、材质、色彩、虚实变化等的平衡达到不对称均衡的目的，它与对称均衡相比显得轻巧、活泼。

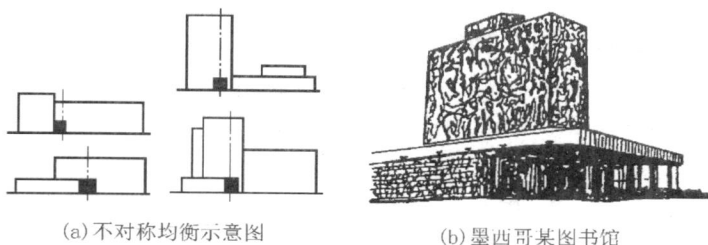

(a)不对称均衡示意图　　　　(b)墨西哥某图书馆

图 10.51　不对称均衡

2) 稳定

　　稳定是指建筑整体上下之间的轻重关系。一般来说，上面小，下面大，由底部向上逐层缩小的手法可获得稳定感，如图 10.52 所示。近代建造了不少底层架空的建筑，利用悬臂结构的特性、粗糙材料的质感和浓郁的色彩加强底层的厚重感，同样可达到稳定的效果。图 10.53 所示为上大下小的稳定构图。

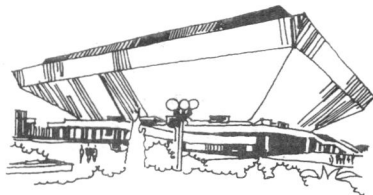

图 10.52　上小下大的稳定构图　　　　图 10.53　上大下小的稳定构图

3. 韵律与对比

1) 韵律

　　韵律是使同一要素或不同要素有规律地重复出现的手法。它广泛渗透于自然界的一切事物和现象中，如心跳、呼吸、水纹、树叶等，这种有规律的变化和有秩序的重复所形成的节奏，能给人以美的感受。韵律美按其形式特点可分为以下几种类型。

　　(1) 连续的韵律。连续的韵律是运用一种或几种建筑要素的连续、重复排列所产生的韵律感。各组成部分保持着恒定的距离和关系，可以无限地连绵延长，如图 10.54 所示。

(2) 渐变的韵律。渐变的韵律是将某些要素，如体量的大小、高低，色彩的冷暖、浓淡，质感的粗细、轻重等进行有规律的增减。由于这种变化是取渐变的形式以造成统一和谐的韵律感，故称为渐变的韵律，如图 10.55 所示。

图 10.54　连续的韵律

图 10.55　渐变的韵律

(3) 起伏的韵律。渐变的韵律如果按照一定的规律时增时减，或具有不规则的节奏感即为起伏的韵律。这种形式活泼而富有运动感，如图 10.56 所示。

(4) 交错的韵律。各要素按一定规律交织、穿插可形成交错的韵律。各要素间相互制约，一隐一显，表现出一种有组织的变化，这种手法在建筑构图中更加强调相互穿插的处理，形成一种丰富的韵律感，如图 10.57 所示。

另外，建筑物由于使用功能的要求和结构技术的影响也存在着很多重复的因素，如建筑形体、空间、构件，乃至门窗、阳台、凹廊、雨篷和色彩等，这就为建筑造型提供了很多有规律的依据。在建筑构图中，有意识地对自然界一切事物和现象加以模仿和运用，可呈现出以具有条理性、重复性和连续性为特征的韵律美。

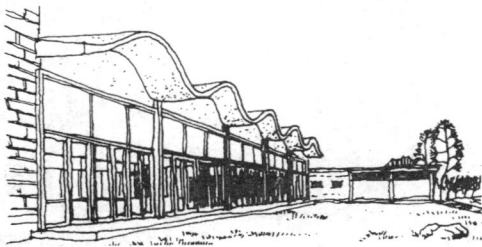

图 10.56　起伏的韵律

图 10.57　交错的韵律

2) 对比

建筑造型设计中的对比，具体表现在体量的大小、长短、高低、粗细的对比，形状的方圆、锐钝的对比，线条的曲直、横竖的对比，以及方向、虚实、色彩、质地和光影等方面的对比。在同一因素之间通过对比、相互衬托，就能产生出不同的形象效果。对比强烈，则变化大，感觉明显，建筑中很多重点突出的处理手法往往是采取强烈对比的结果；对比小，则变化小，易于取得相互呼应、和谐、协调统一的效果。因此，在建筑设计中恰当地运用对比的强弱是取得统一与变化的有效手段。体量形状的对比实例，如巴西首都巴西利亚的国会大厦(见图 10.58)，体型处理运用了竖向的两片板式办公楼与横向体量的政府宫的对比，上院和下院一正一反两个碗状的议会厅的对比，以及整个建筑体型的直与曲、高与低、虚与实的对比，给人留下强烈的印象。此外，这组建筑还充分运用了钢筋混凝土的雕塑感、玻璃窗洞的透明感以及大型坡道的流畅感，从而协调了整个建筑的统一气氛。再如坦桑尼亚国会大厦，如图 10.59 所示，由于功能特点及气候条件，实墙面积很大，而开窗极小，虚实对比极为强烈。

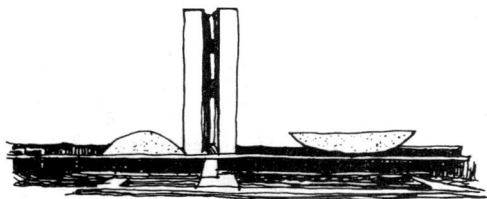

图 10.58　巴西国会大厦(体量对比)

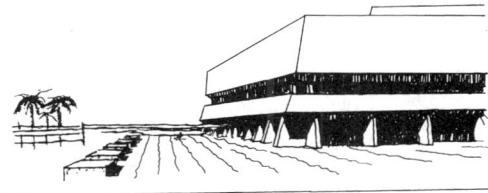

图 10.59　坦桑尼亚国会大厦(虚实对比)

4. 比例与尺度

1) 比例

比例是指长、宽、高三个方向之间的大小关系。无论是整体或局部，以及整体与局部之间，局部与局部之间，都存在着比例关系。如整幢建筑与单个房间长、宽、高之比，门窗或整个立面的高宽比，立面中的门窗与墙面之比，门窗本身的高宽比等。良好的比例能给人以和谐、完美的感受；反之，比例失调，就无法使人产生美感。

一般来说，抽象的几何形状以及若干几何形状之间的组合，处理得当就可获得良好的比例而易于为人们所接受。在建筑的外观上，矩形最为常见，建筑物的轮廓、门窗和开间等都会形成不同的矩形，如果这些矩形的对角线有某种平行或垂直、重合的关系，将有助于形成和谐的比例关系。以对角线相互重合、垂直及平行的方法，可使窗与窗、窗与墙面之间保持相同的比例关系，如图 10.60 所示。

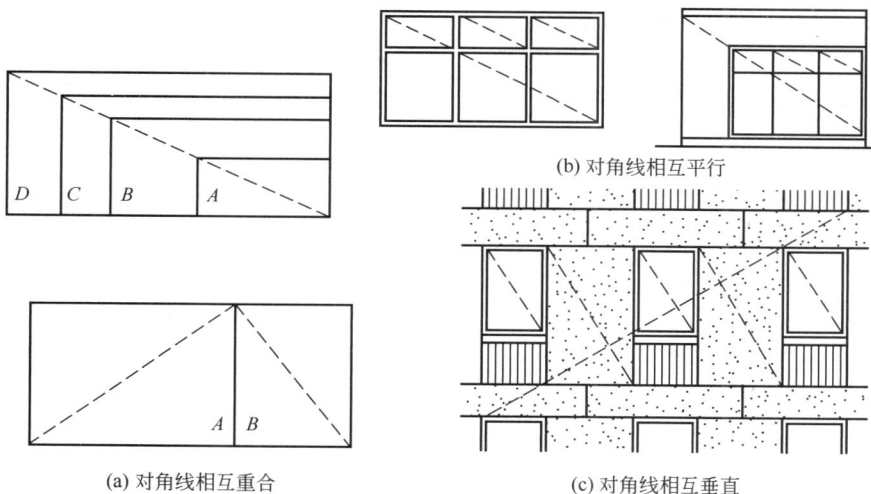

(b) 对角线相互平行

(a) 对角线相互重合

(c) 对角线相互垂直

图 10.60　以相似比例求得和谐统一

2）尺度

尺度是研究建筑物整体和局部构件给人感觉上的大小与其真实大小之间的关系。抽象的几何形体显示不了尺度感，但一经尺度处理，人们就可以感觉出它的大小来。在建筑设计过程中，常常以人或与人体活动有关的一些不变因素如门、台阶和栏杆等作为比较标准，通过与它们的对比而获得一定的尺度感。建筑设计中，尺度的处理通常有三种方法。

(1) 自然的尺度。以参照人体大小来度量建筑物的实际大小，从而给人的印象与建筑物真实大小一致，常用于住宅、办公楼和学校等建筑。

(2) 夸张的尺度。运用夸张的手法给人以超过真实大小的尺度感，常用于纪念性建筑或大型公共建筑，以表现庄严、雄伟的气氛。

(3) 亲切的尺度。以较小的尺度获得小于真实大小的感觉，给人以亲切宜人的尺度感，常用来创造小巧、亲切、舒适的气氛，如庭院建筑等。图 10.61 所示为苏州留园的示例。

图 10.61　苏州留园(亲切的尺度)

10.4.3　建筑体型及立面设计的方法

建筑体型不论简单还是复杂，都是由一些基本的几何形体组合而成的，基本上可以归纳为单一体型和组合体型两大类。设计中采用哪种体型，并不是按建筑物的规模大小来决定的，如中小型建筑，不一定都是单一体型；大型公共建筑也不一定都是组合体型，应视具体的功能要求和设计者的意图来确定。

1. 体型的组合

1）单一体型

单一体型是指整幢房屋基本上是一个比较完整的、简单的几何形体。这类体型的特点是平面和体型都较为完整单一，复杂的内部空间都组合在一个完整的体型中，平面形式多采用对称的正方形、三角形、圆形、多边形、风车形和 Y 形等单一的几何形状，如图 10.62 所示。单一体型的建筑没有明显的主从关系和组合关系，常给人以造型统一、简洁大方、轮廓鲜明和强烈的印象。

2）单元组合体型

一般民用建筑如住宅、学校和医院等常采用单元组合体型。它是将几个独立体量的单元按一定的方式组合起来，其具有以下特点。

(1) 组合灵活。结合基地大小、形状、朝向、道路走向、地形起伏变化，建筑单元可随意增减、高低错落，既可形成简单的一字形体型，也可形成锯齿形、台阶式等体型。

(2) 建筑物没有明显的均衡中心及体型的主从关系，这就要求单元本身具有良好的造型。单元的连续重复，可以形成强烈的韵律感。图 10.63 所示为单元组合体型建筑。

3）复杂体型

复杂体型是由两个以上的体量组合而成的，体型丰富，更适用于功能关系比较复杂的建筑物。由于复杂体型存在着多个体量，进行体量与体量之间相互协调与统一时应注意以下几方面。

(1) 主次关系。组合时应突出主体，有重点、有中心，主从分明，巧妙结合以形成有组织、有秩序、不杂乱的完整统一体。

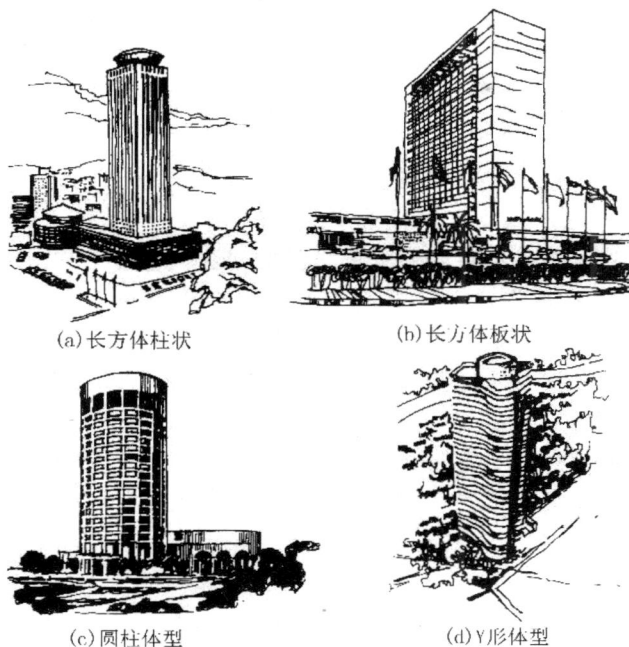

(a) 长方体柱状　　　　(b) 长方体板状

(c) 圆柱体型　　　　(d) Y形体型

图 10.62　单一体型建筑

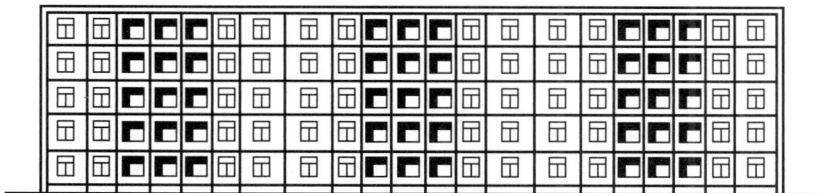

图 10.63　单元组合体型

(2) 对比。运用体量的大小、形状、方向、高低和曲直等方面的对比，可以突出主体，突破单调感，从而求得丰富、变化的造型效果。

(3) 均衡与稳定。体型组合的均衡包括对称与非对称两种方式。对称的构图是均衡的，容易取得完整的效果。对于非对称方式要特别注意各部分体量的大小变化、轻重关系、均衡中心的位置，以求得视觉上的均衡。

2. 体型的转折与转角处理

转折主要是指建筑物沿道路或地形的变化做曲折变化。根据功能和造型的需要，转角地带的建筑体型常采用主、附体相结合，以附体陪衬主体、主从分明的方式；也可采取局部体量升高以形成塔楼的形式，以塔楼控制整个建筑物及周围道路，使交叉口、主要入口更加醒目。体型的转折与转角处理方案如图 10.64 所示。

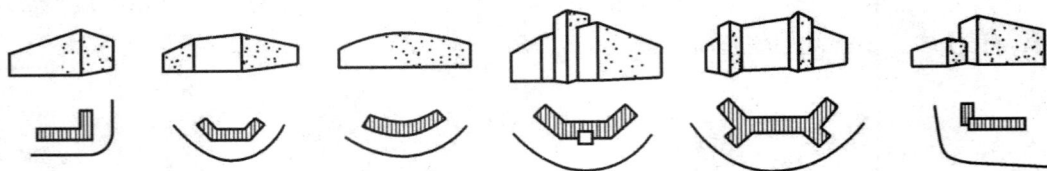

图 10.64　体型的转折与转角处理方案

3. 体量的连接

(1) 直接连接。在体型组合中，将不同体量的面直接相连称为直接连接。这种方式具有体型分明、简洁、整体性强的优点，常用于功能要求各房间联系紧密的建筑。

(2) 以走廊或连接体相连。这种方式的特点是各体量之间既相对独立又互相联系，走廊的开敞或封闭、单层或多层，常随不同功能、地区特点、创作意图而定，使建筑物给人以轻快、舒展的感觉。

(3) 咬接。各体量之间相互穿插，体型较复杂，但组合紧凑，整体性强，较前者易于获得有机整体的效果，是组合设计中较为常用的一种方式。常见的体量连接形式如图 10.65 所示。

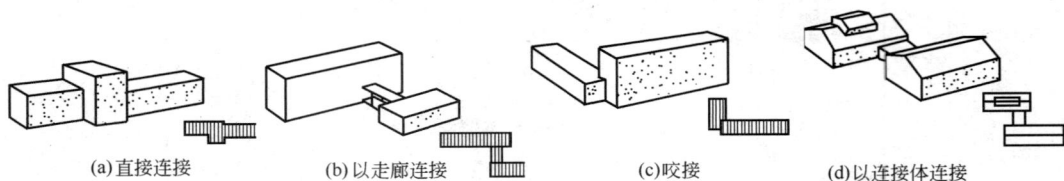

(a)直接连接　　(b)以走廊连接　　(c)咬接　　(d)以连接体连接

图 10.65　常用的体量连接形式

4. 立面设计

建筑立面是由许多部件组成的，这些部件包括门窗、墙柱、阳台、遮阳板、雨篷、檐口、勒脚和花饰等。立面设计就是恰当地确定这些部件的尺寸大小、比例关系以及材料色彩等。通过形的变换、面的虚实对比、线的方向变化等，求得外形的统一与变化和内部空间与外形的协调统一。

1) 进行立面处理的注意事项

在推敲建筑立面时不能孤立地处理某个面，必须注意几个面的相互协调和相邻面的衔接以取得统一。建筑造型是一种空间艺术，研究立面造型不能只局限在立面的尺寸大小和形状上，应考虑建筑空间的透视效果。

2) 立面处理的方法

(1) 立面的比例与尺度。

立面的比例与尺度的处理是与建筑功能、材料性能和结构类型分不开的，由于使用性质、容纳人数、空间大小和层高等的不同，会形成全然不同的比例和尺度关系。建筑立面常借助门窗、细部等的尺度处理反映建筑物的真实大小。

　　(2) 立面的虚实与凹凸。

　　建筑立面中"虚"的部分是指窗、门窗洞口、空廊、门廊及凹廊等，给人以轻巧、通透的感觉；"实"的部分主要是指墙、柱、屋面和栏板等，给人以厚重、封闭的感觉。巧妙地处理建筑外观上的虚实关系，可以获得轻巧生动、坚实有力的外观形象。

　　以虚为主、虚多实少的处理手法能获得轻巧、开朗的效果，以虚为主的处理效果如图 10.66 所示。以实为主、实多虚少的处理手法能产生稳定、庄严、雄伟的效果，以实为主的处理效果如图 10.67 所示。虚实相当的处理容易给人以单调、呆板的感觉。在功能允许的条件下，可以适当将虚的部分和实的部分集中，使建筑物产生一定的变化。

　　由于功能和构造上的需要，建筑外立面常出现一些凹凸部分。凸的部分一般有阳台、雨篷、遮阳板、挑檐、凸柱和突出的楼梯间等。凹的部分有凹廊、门洞等。通过凹凸关系的处理可以加强光影变化，增强建筑物的体积感，丰富立面效果，住宅立面的凹凸、虚实处理如图 10.68 所示。

图 10.66　以虚为主的处理　　　图 10.67　以实为主的处理　　　图 10.68　住宅立面凹凸、
　　　　　　　　　　　　　　　　　　　　　　　　　　　　　　　　　　　　　虚实的处理

　　3) 立面的线条处理

　　线条本身都具有一种特殊的表现力和多种造型的功能。从方向变化来看，垂直线条处理立面具有挺拔、高耸、向上的视觉，如图 10.69 所示；水平线条处理立面使人感到舒展与连续、宁静与亲切，如图 10.70 所示；斜线处理具有动态的感觉；网格线处理具有丰富的图案效果，给人以生动、活泼而有秩序的感觉。从处理线条的粗细、曲折变化来看，粗线条表现厚重、有力；细线条具有精致、柔和的效果；直线表现刚强、坚定；曲线则显得优雅、轻盈。建筑立面上客观存在着各种线条，如立柱、墙垛、窗台、遮阳板、檐口、通长的栏板、窗间墙和分格线等。

图 10.69　垂直线条的立面处理　　　　　图 10.70　水平线条的立面处理

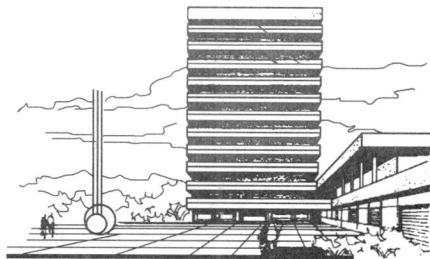

4) 立面的色彩与质感

不同的色彩具有不同的表现力,会给人以不同的感受。以浅色为基调的建筑给人以明快清新的感觉,深色显得稳重,橙黄等暖色调使人感到热烈、兴奋;青、蓝、紫、绿等色调使人感到宁静。运用不同色彩的处理,可以表现出不同建筑物的性格、地方特点及民族风格。

建筑的外形色彩设计包括大面积墙面基调色的选用和墙面上不同色彩的构图等两方面,设计中应注意以下问题。

(1) 色彩处理必须和谐统一且富有变化,在用色上可采取以大面积基调色为主,局部运用其他色彩形成对比而突出重点。

(2) 色彩的运用必须与建筑物的性质相一致,与环境密切协调。建筑立面由于材料的质感不同,也会给人以不同的感觉。如天然石材和砖的质地粗糙,具有厚重及坚固感;金属及光滑表面的材料使人感觉轻巧、细腻。立面设计中,常常利用材料质感的处理来增强建筑物的表现力,如图 10.71 所示。

(3) 基调色的选择应结合各地的气候特征,寒冷地区宜采用暖色调,炎热地区多偏于采用冷色调。

5) 立面的重点与细部处理

根据功能和造型的需要,在建筑物的某些局部位置进行重点和细部处理,可以突出主体,打破单调感。立面的重点处理常常是通过对比手法取得的。建筑物重点处理的部位如下。

(1) 建筑物的主要出/入口及楼梯间是人流最多的部位,如图 10.72 和图 10.73 所示。

图 10.71 立面中材料质感的处理   图 10.72 某文化中心入口   图 10.73 某展览馆入口

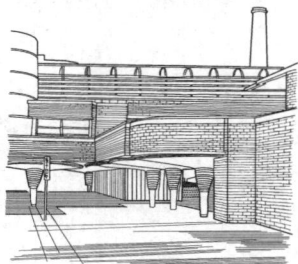

(2) 根据建筑造型上的特点,重点表现有特征的部分,如体量中的转折、转角、立面的突出部分及上部结束部分,如车站钟楼、商店橱窗和房屋檐口等。

(3) 为了使建筑物于统一中有变化,避免单调,以达到一定的美观要求,也常在反映该建筑性格的重要部位,如对住宅的阳台、凹廊,公共建筑中的柱头、檐口等部位进行处理,如图 10.74 所示。

在立面设计中,对于体量较小或当人们接近时才能看得清的部分,如墙面勒脚、花格、漏窗、檐口细部、窗套、栏杆、遮阳板、雨篷、花台及其他细部装饰等的处理,称为细部处理。细部处理必须从整体出发,接近人体的细部应充分发挥材料色泽、纹理、质感和光泽度的美感作用。对于位置较高的细部,一般应着重于总体轮廓和注意色彩、线条等大的效果,而不宜刻画得过于细腻。

(a) 檐口　　　　　　　　　　　　　　　(b) 阳台

图 10.74　檐口、阳台的局部处理

10.5　单　元　小　结

内　容	知识要点	能力要求
建筑设计的内容、依据	建筑设计的内容、依据	熟悉建筑设计的内容、依据
建筑平面设计	平面设计的内容；使用房间设计；辅助房间设计；交通联系部分的设计；建筑平面组合设计	熟悉平面设计的内容，掌握使用房间、辅助房间及交通联系部分的设计；对建筑平面组合设计及设计依据有一定的了解
建筑剖面设计	房间的剖面形状；房屋各部分高度的确定；房屋的层数；建筑空间的组合与利用	熟悉剖面设计的内容，了解人的各种活动对建筑的形状、高度、层数与空间的要求，理解建筑空间利用的概念
建筑体型及立面设计	建筑体型和立面设计的原则；建筑构图规律；建筑体型及立面设计的方法	熟悉建筑体型和立面设计的原则，了解建筑构图规律及建筑体型与立面设计的方法

10.6　复习思考题

一、名词解释

1. 采光面积比　　2. 大厅式组合　　3. 尺度　　4. 视线升高值　　5. 均衡

二、选择题

1. 建筑立面的重点处理常采用_____手法。
    A. 韵律　　　　　　B. 对比　　　　　　C. 统一　　　　　　D. 均衡
2. 根据建筑功能要求，_____的立面适合采用以虚为主的处理手法。
    A. 电影院　　　　　B. 体育馆　　　　　C. 博物馆　　　　　D. 纪念馆
3. 住宅中卧室、厨房、阳台的门宽一般分别为_____mm。
    A. 1000、900、800　　　　　　　　B. 900、800、700
    C. 900、800、800　　　　　　　　D. 900、900、900

三、简答题

1. 建筑平面设计包含哪些内容？卫生间的平面设计应满足哪些要求？

2. 房间尺寸指的是什么? 确定其尺寸应考虑哪些因素?

3. 交通联系空间按位置分由哪三部分组成? 每部分又包括哪些内容?

4. 影响建筑平面组合的因素有哪些? 建筑平面组合的基本形式有哪些? 举例说明。

5. 建筑层数与哪些因素有关? 如何进行剖面空间的组合?

6. 建筑体型及立面设计的原则有哪些? 建筑体型组合的方法有哪些?

7. 建筑构图的基本规律有哪些? 如何进行立面设计?

第 11 章 建筑设计实例

内容提要：本章组织了 5 个课程设计作业，包括墙体构造设计、楼梯尺度测量和楼梯设计、平屋顶构造设计、单层厂房定位轴线布置设计，以及两个案例识读、绘制。

教学目标：

● 教学中可通过选作构造实训作业，巩固学过的相关建筑知识及其构造原理；

● 熟悉建筑施工图的设计深度要求，并掌握识读、绘制建筑施工图的技能。

一套建筑施工图由于专业设计分工的不同，主要分为建筑施工图、结构施工图和水暖电(设备)施工图三大部分。

建筑施工图主要表示建筑物的总体布局、外部造型、内部布置、细部构造、装修和施工要求等。基本图纸包括总平面图、建筑平面图、立面图和剖面图等；详图包括墙身、楼梯、门窗、厕所、屋檐及各种装修、构造的详细做法。

课程实训是为了全面训练学生识读、绘制施工图和建筑设计的能力，检验学生学习和运用建筑构造知识的程度而设置的。本章的 5 个课程设计作业和两个案例，可由教师根据实际情况选择安排。

11.1 建筑墙身节点构造详图设计

墙体是建筑物的重要组成部分，墙体细部构造处理得当与否，对建筑功能、建筑空间、环境气氛和美观影响很大，应根据不同的使用和装饰要求选择相应的材料、构造方法，以达到设计的实用性、经济性、装饰性。这里安排了墙体细部构造的部分设计。

11.1.1 墙体构造设计

1. 目的要求

通过本设计重点掌握除屋顶檐口以外的墙身剖面构造，训练绘制和识读施工图的能力。

2. 设计条件

(1) 住宅建筑的外墙，墙上开窗，层高分别为 2.8 m、3.0 m、3.2 m。

(2) 外墙采用非承重砖墙或承重砖墙，厚度由学生按当地习惯做法自定(如 240 mm、370 mm 等)。

(3) 采用钢筋混凝土现浇楼板，板的厚度由学生选用(如 80 mm、90 mm、100 mm 等)。

(4) 室内外地面高差为 300 mm 或 450 mm，室外地坪及室内地面做法由学生按当地习惯自行确定。

(5) 墙面装修方案由学生自行确定。

(6) 外墙构造应结合当地习惯考虑保温或隔热等节能做法。

3. 设计内容及深度要求

1) 设计内容

要求沿外墙有窗的部位纵剖，绘制基础以上至二层楼踢脚板以下部分的墙身剖面图，剖切部位如图 11.1 所示。重点绘制以下大样(比例均为 1:10)。

①内外墙面装修(包括清水墙)；②窗过梁(窗套)；③内外窗台；④勒脚、室内地面及墙身防潮处理；⑤散水或明沟及室外地坪。

2) 绘图要求

(1) 用 3#绘图纸一张(禁用描图纸)以铅笔或墨笔绘成。图中线条、材料符号等一律按建筑制图标准表示。

(2) 要求字体工整，线条粗细分明。

3) 设计深度

(1) 绘出定位轴线及编号圆圈、详图编号及详图索引号。

(2) 绘制墙身、勒脚、内外墙面装修厚度、做法和所用材料。

(3) 绘制水平防潮层，注明材料和做法，并标注标高。

(4) 绘制散水(或明沟)和室外地面(坪)，用多层构造引出线标注其材料、做法、强度等级和尺寸，标注散水宽度、坡度方向和坡度值，标注室外地面标高。注意标出散水与勒脚之间的构造处理。

(5) 绘制室内首层地面构造，用多层构造引出线标注，绘制踢脚板，标注室内地面标高。

(6) 绘制室内外窗台，表明形状和饰面，标注窗台的厚度、宽度、坡度方向和坡度值，标注窗台顶面标高。

(7) 绘制窗框轮廓线，不需要绘制细部(也可参照图集绘制窗框，其位置应正确，断面形状应准确，与内外窗台的连接应清楚)。

(8) 绘制窗过梁，注明尺寸和下皮标高。

各节点的构造做法很多，可按参考资料任选一种绘制。

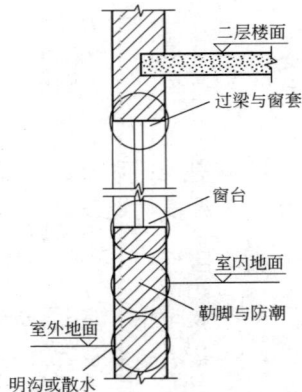

图 11.1 墙身剖面图

11.1.2 工程实例

(1) 工程概况：我国南方地区的某一幢四层砖混结构私人住宅楼，每层建筑面积为 120 m²。建筑物四角和内外墙交接处有构造柱与圈梁进行拉结，整体性和刚度满足要求。

(2) 墙身节点详图如图 11.2 所示。

该墙身节点沿外墙有窗的部位纵剖，绘制了地梁以上至二层楼板以下部分的墙身剖面图，重点绘制如下大样(比例均为 1:10)。

①内外墙面装修；②窗过梁(窗套)；③内外窗台、踢脚板做法；④勒脚、室内地面、楼面及墙身防潮处理；⑤散水及室外地坪。

该墙身节点详图大样绘制基本满足要求，但仍然存在一些不足，需要学习讨论。

(1) 讨论墙厚 180 mm，是否满足结构承载要求？

(2) 标注内容：详图中缺少洞口高尺寸、窗台做法、圈梁、地梁及楼板混凝土标号等。有关墙身建筑设计图纸的设计深度和标注要求，详见 11.6 节内容。

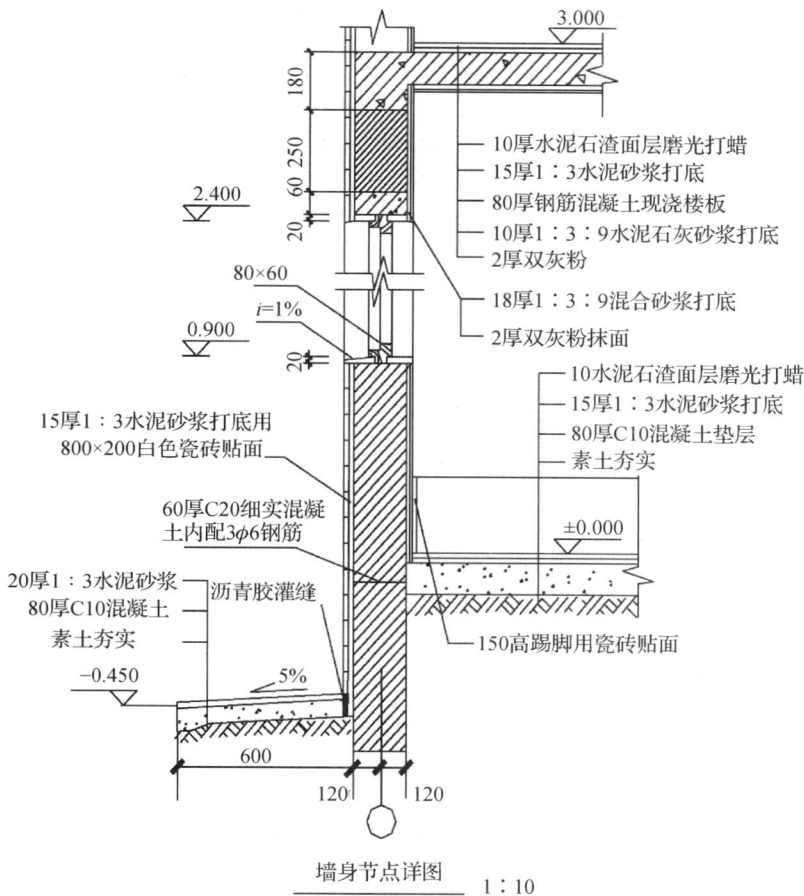

图 11.2　外墙节点详图

11.2　楼梯尺度测量

1. 目的要求

楼梯是建筑构造学习中的难点，通过对楼梯尺度实物的测量，熟悉楼梯承重方案的选择和楼梯构造及各细部尺寸要求，训练识读能力，为 11.3 节建筑楼梯设计奠定基础。

2. 测量要求

(1) 选择所在学校的某一教学楼或宿舍楼，测量某平行双跑楼梯。

(2) 由学生自己选择某一层，通过实地观察，明确楼梯的位置、类型、结构形式、楼梯层数；查看各梯段及楼梯平台(中间、楼层平台)的起始位置、级数，测量梯段、楼梯平台宽度和踏步、净高、栏杆等各细部位尺寸，填写在楼梯尺度测量表中(见表 11.1)。

(3) 查看楼梯间墙、地面、梯段侧边及梯段底部装修做法，并写出其做法。

(4) 绘出所测量楼梯的平面图和剖面图。

用 3#绘图纸(禁用描图纸) 一张以铅笔绘成。图中线条、材料符号等一律按建筑制图标准表示，要求字体工整，线条粗细分明。

表 11.1　楼梯尺度测量表

楼梯尺度测量表

姓名：	班级：	组别：	完成时间：

楼梯的类型：　　　　结构形式：　　　　楼梯层数：　　　　所测量的楼层：

楼梯平面图

楼梯剖面图

1、踏步宽度g＿＿＿mm
2、踏步高度r＿＿＿mm
3、梯段宽度d＿＿＿mm
4、楼梯井宽c＿＿＿mm
5、平台宽度b＿＿＿mm
6、栏杆高度h＿＿＿mm
7、净空高度h_0＿＿＿mm
8、梯段步数n＿＿＿mm
9、楼层步数N＿＿＿级

11.3　建筑楼梯设计

楼梯设计应根据使用要求，选择合适的形式，布置恰当的位置，根据使用性质、人流通行情况及防火规范综合确定楼梯的宽度及数量，并根据使用对象和使用场合选择最合适的坡度。这里只介绍在已知楼梯间的层高、开间、进深尺寸的前提下楼梯的设计问题。

11.3.1　楼梯设计

1. 目的要求

通过楼梯构造设计，掌握楼梯方案选择和楼梯构造设计的主要内容，训练绘制和识读施工图的能力。

2. 设计条件

(1) 某五层砖混结构内廊式办公楼的次要楼梯，层高为 3.30 m，室内外高差为 0.45 m。

(2) 采用平行双跑楼梯，楼梯间开间为 3.30 m，进深为 5.70 m，楼梯底层中间平台下做通道，底层局部平面如图 11.3 所示。

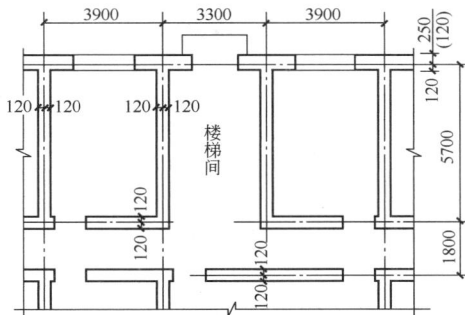

图 11.3　某内廊式办公楼底层局部平面

(3) 楼梯间的门洞口尺寸为 1500 mm× 2100 mm，窗洞口尺寸为 1500 mm×1800 mm；房间的门洞口尺寸为 900 mm×2100 mm，窗洞口尺寸为 1800 mm×1800 mm。

(4) 采用现浇整体式钢筋混凝土楼梯，梯段形式、步数、踏步尺寸、栏杆(栏板)形式、踏步面装修做法及材料由学生按当地习惯自行确定。

(5) 楼梯间的墙体为砖墙，窗可用木窗、钢窗、铝合金窗及塑钢窗。

(6) 楼层地面、平台地面做法及材料由学生自行确定。参考 11.7 节的案例。

3. 设计内容及深度要求

1) 设计内容

按所给出的平面图，在各层平面中设计布置底层通道、各梯段、平台、栏杆和扶手等。绘制以下内容。

(1) 楼梯间底层、二层、顶层 3 个平面图,比例为 1∶50。

(2) 楼梯间剖面图,比例为 1∶30。

(3) 楼梯节点详图(2～3 个)。

2) 绘图要求

用 2#绘图纸 (禁用描图纸) 一张以铅笔绘成。图中线条、材料符号等一律按建筑制图标准表示,要求字体工整,线条粗细分明。

3) 设计深度

(1) 在楼梯各平面图中绘出定位轴线,标出定位轴线至墙边的尺寸。在底层平面图中绘出楼梯间墙、门窗,楼梯踏步平台及栏杆扶手、折断线。以各层地面为基准标注楼梯的上、下指示箭头,并在上行指示线旁注明到上层的步数和踏步尺寸。

(2) 在楼梯各层平面图中注明中间平台及各层地面的标高。

(3) 在首层楼梯平面图中注明剖面剖切线的位置及编号,注意剖切线的剖视方向。剖切线应通过楼梯间的门和窗,还应绘出室外台阶或坡道、部分散水的投影等。

(4) 平面图上标注三道尺寸。

① 进深方向。

第一道:平台净宽、梯段长(踏面宽×步数)。第二道:楼梯间净长。第三道:楼梯间进深轴线尺寸。

② 开间方向。

第一道:楼梯段宽度和楼梯井宽度。第二道:楼梯间净宽。第三道:楼梯间开间轴线尺寸。

③ 内部标注楼层和中间平台标高、室内外地面标高,标注楼梯上下行指示线;注明该层楼梯的踏步数和踏步尺寸。

④ 注写图名、比例,底层平面图还应标注剖切符号。

(5) 首层平面图上要绘出室外(内)台阶、散水。二层平面图应绘出雨篷,三层及三层以上平面图不再绘雨篷。

(6) 剖面图应注意剖视方向,不要把方向弄错。剖面图可绘制顶层栏杆扶手,其上用折断线切断,暂不绘屋顶。

(7) 剖面图的内容为楼梯的断面形式,栏杆(栏板)、扶手的形式,墙、楼板和楼层地面,顶棚、台阶,室外地面,首层地面等。

(8) 标注标高:楼梯间底层地面,室内地面,室外地面,各层平台,各层地面,窗台及窗顶,门顶,雨篷上、下皮等处。

(9) 在剖面图中绘出定位轴线,并标注定位轴线间的尺寸,注出详图索引号。

(10) 详图应注明材料、做法和尺寸。与详图无关的连续部分可用折断线断开,注出详图编号。有关楼梯建筑设计图纸设计深度要求和标注,详见 11.6 节。

11.3.2　楼梯设计举例

1. 楼梯的设计步骤

楼梯的设计步骤如下,各细部尺寸和符号的含义如图 5.4 和图 5.5 所示。

(1) 确定踏步的宽和高：$g + r = 450$ mm；$g + 2r = 600 \sim 620$ mm。

(2) 楼梯段宽度 B_1。

(3) 踏步数量：$n = H/h$。

(4) 梯段踏步数：$2 \leqslant n \leqslant 18$。

(5) 楼梯梯段长度：$L_1 = (n-1)g$。

(6) 梯井宽：$B_2 = (B-2B_1)$（B 为开间净宽度）$\geqslant 150$ mm。

(7) 平台深度：$L_2 \geqslant B_1$；$L_2 = B_1 + 1/2\ g$。

(8) 首层净高：$H_1 \geqslant 2$ m。

2. 设计举例

已知某单元住宅，一梯两户，耐火等级为二级；楼梯开间为 2.7 m，进深为 5.1 m；层高为 2.7 m，共三层，底层平台下供人通行，楼梯间承重墙厚 240 mm，轴线居中，门宽 1.0 m。试设计该楼梯。

根据计算结果绘制完成的楼梯平面及剖面图如图 11.4 所示。设计计算步骤如下。

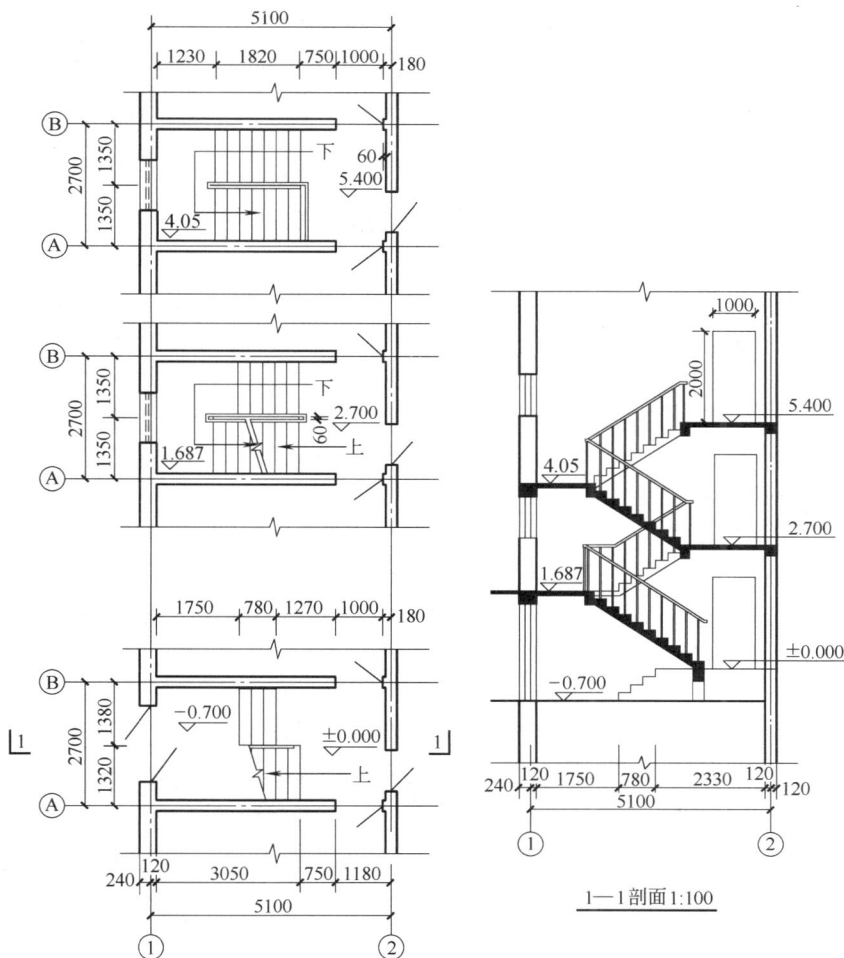

图 11.4 楼梯平面及剖面图

(1) 由于是住宅，一楼两户，取楼梯段宽为 1.2 m。

(2) 选双跑式楼梯，设楼梯井宽 60 mm，则楼梯间开间为 1.2×2+0.06+0.24=2.7 m。

(3) 考虑到是住宅，取踏步面宽为 b=260 mm，h=[(600～610)−260]÷2=170～175 mm。

(4) 确定楼梯级数。2700÷170=15.88(级)，选16级，则楼梯踏步高为2700÷16=168.75 mm，符合表 5.1 中的最大高度规定。采用双跑楼梯，则每跑为 8 级。

(5) 确定平台深度及标高。按照平台深度大于等于楼梯段净宽要求，取平台深度为 1.23 m(加 0.12 m 墙厚，则平台边缘至楼梯间纵轴线距离为 1.35 m)。

底层平台下需要人通行，净高不得小于 2 m，设休息平台梁高为 0.3 m。若第一跑与第二跑为等长，则第一个休息平台面标高仅 1.35 m(2.7÷2=1.35)，扣除休息平台的结构尺寸 0.3 m，梁底标高仅 1.05 m，这显然不符合通行要求。解决这一问题的方法是适当加长第一跑(注意，还要考虑楼层净高是否满足要求)以及提高室内外高差，并将室外的台阶移至室内。把第一跑加长到 10 级，休息平台面高为 10×0.16875=1.6875 m，扣除休息平台梁高度 0.3 m，标高为 1.3875 m。取室内外高差为 0.7 m，4 级台阶(700÷4=175 mm)移至室内，则底层平台下高度为 1.3875+0.7=2.0875 m，符合要求。

(6) 确定楼梯间进深。底层第一跑为 10 级(计 9 个踏面)，则楼梯间的尺寸为 9×0.26+1.23+0.12+1=4.69 m，余 410 mm 考虑住宅入户开门要求，进深符合要求。

(7) 楼梯踏步构造、楼梯栏杆构造、扶手端部与墙的连接、楼梯扶手等构造参见 5.3 节的相关内容。

11.4　平屋顶构造设计

屋顶是房屋建筑构造的一个重要部分，屋顶有组织排水的设计方法和屋顶构造节点详图设计是学习的重要内容。

1. 目的要求

通过本次设计，使学生掌握屋顶有组织排水的设计方法和屋顶构造节点详图设计，训练绘制和识读施工图的能力。

2. 设计条件

(1) 某六层宿舍，层高为 3.30 m，底层地面标高为±0.000 m，室外标高为−0.300 m，顶层地面标高为 16.500 m，屋面结构层标高为 19.765 m。图 11.5 所示为某宿舍楼顶层平面图。

(2) 采用钢筋混凝土框架结构，楼板均为现浇钢筋混凝土板。

(3) 下部各层门窗及入口的洞口平面位置与顶层门窗洞口的平面位置相同。

(4) 屋面为非上人屋面，无特别的使用要求，采用卷材防水。

(5) 该建筑物所在地年降雨量为 900 mm，每小时最大降雨量为 100 mm。

3. 设计内容及深度要求

1) 设计内容

绘制该宿舍楼的屋顶平面图和屋顶节点详图。

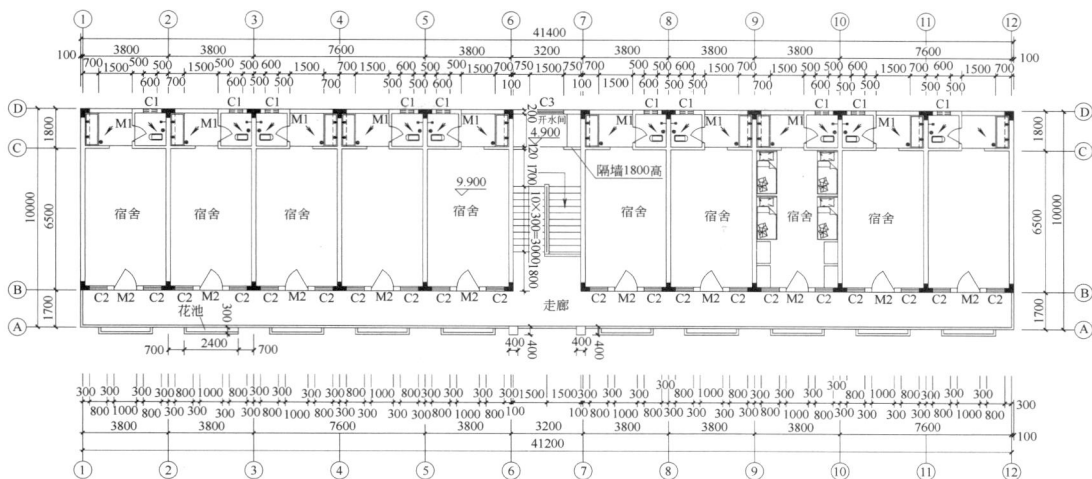

图 11.5 某宿舍楼顶层平面图(比例为 1∶100)

(1) 屋顶平面图(比例为 1∶100)。绘制出屋顶平面图,明确表示出排水分区、排水坡度、雨水口位置、穿出屋顶的突出物的位置等。要求绘制檐沟轮廓线、檐口边线或女儿墙的轮廓线、建筑物的分水线,并标注其位置;绘制雨水口的位置;标注出屋面各坡度方向和坡度值;标注出详图索引号,参见图 6.24～6.26 所示屋面雨水口构造示意图。

(2) 屋顶节点详图(比例为 1∶10)。屋顶节点详图包括檐口节点详图、泛水节点详图和雨水口节点详图,详图用断面图形式表示。

2) 设计要求

用一张 3#图纸完成。图中线条、材料等,一律按建筑制图标准表示。各种节点的构造做法很多,可任选一种做法进行绘制。图中必须注明具体尺寸、做法和所用材料。要求字体工整,线条粗细分明。有关屋面建筑设计图纸的设计深度要求和标注,详见 11.6 节。

11.5 单层厂房定位轴线布置

单层厂房的定位轴线是确定厂房主要构件的位置及其标志尺寸的基线,也是设备定位、安装及厂房施工放线的依据。

11.5.1 单层厂房定位轴线布置设计

1. 目的要求

通过绘制单层双跨不等高厂房定位轴线平面图及各柱与墙定位轴线详图,掌握单层厂房定位轴线布置的基本原则和方法,培养识读与绘制施工图的能力,进一步提高绘图技巧。

2. 设计条件

(1) 某金工装配车间平面轮廓示意图如图 11.6 所示。

(2) 低跨为 5 t 吊车,轨顶标高为 6.60 m,柱顶标高为 8.70 m。

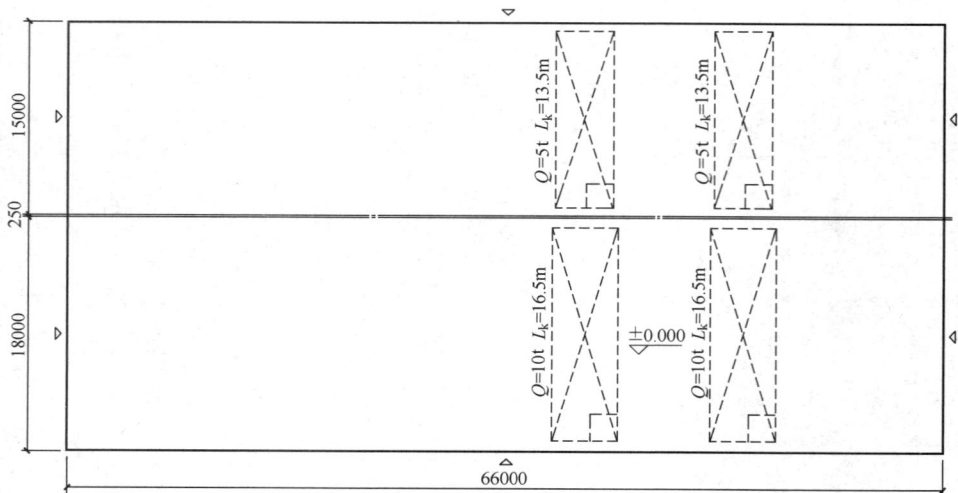

图 11.6　某金工装配车间平面轮廓示意图

（3）高跨为 10 t 吊车，轨顶标高为 9.00 m，柱顶标高为 10.10 m。

（4）车间平面轮廓示意图中有"△"符号处设大门，山墙大门的尺寸为 2100 mm×3000 mm，纵墙大门的尺寸为 3300 mm×3600 mm，室内外地面高差为 150 mm。

（5）在每一个柱距间可设高、低侧窗，窗宽为 3600 mm。

（6）外墙可为砖墙或砌块墙。

3. 设计内容及深度要求

1）设计内容

（1）平面图(比例为 1∶200)。

①布置柱网，划分定位轴线。②山墙处设抗风柱(柱距取 4～6 m)。③确定围护结构及门窗的位置，每个入口设坡道，墙脚设散水。④表示吊车轮廓、吊车轨道中心线，标明吊车吨位 Q、吊车跨度 L_k、吊车轨顶标高 H、柱与轴线的关系以及吊车轨顶中心线至纵向定位轴线的水平距离、内外地坪标高。

（2）局部剖面图(比例为 1∶20)。

局部剖面图在此表示牛腿及以上部分(以下折断)，包括柱、外墙、吊车梁、侧窗、屋架(中间部分折断)以及相关的围护结构等与定位轴线的联系。

局部剖面图的内容包括：

① 平行不等高跨中列柱与定位轴线的联系(按条件图设双轴线)。

② 外墙、纵向边列柱与定位轴线的联系。

（3）节点平面详图(比例 1)的内容包括：

① 外纵墙、边柱与纵、横向定位轴线的定位。

② 外墙、端部边柱与纵、横向定位轴线的定位。

③ 山墙、端部中柱与纵、横向定位轴线的定位。

④ 不等高跨处中柱与纵、横向定位轴线的定位。

⑤ 山墙、抗风柱与定位轴线的定位。

2) 绘图要求

用 2#(或 2#加长图)绘图纸一张(禁用描图纸)以铅笔或墨笔绘成。图中线条、材料符号等一律按建筑制图标准表示。要求字体工整，线条粗细分明。

3) 设计深度

(1) 绘出外墙、柱、吊车梁、侧窗、屋架。

(2) 标明定位轴线与屋架端部标志尺寸的关系以及插入距 A、联系尺寸 D、封墙厚度 B。

(3) 吊车轨顶中心线至定位轴线的水平距离 e。

(4) 标明索引号及比例。

(5) 在适当位置布置 4 部吊车梯；天沟端头及檐沟适当部位设置雨水管；在适当部位设置屋面消防梯；在厂房中部设置柱间支撑。

(6) 标注局部剖面图索引号。

(7) 标注三道尺寸线(门窗定位尺寸、轴线或柱距的尺寸、总尺寸)及室内外标高。

(8) 注写图名和比例。

11.5.2　构造设计参考资料

单层厂房设计参考资料如图 11.7～图 11.15 所示，吊车设计有关参数如表 11.2 所示。

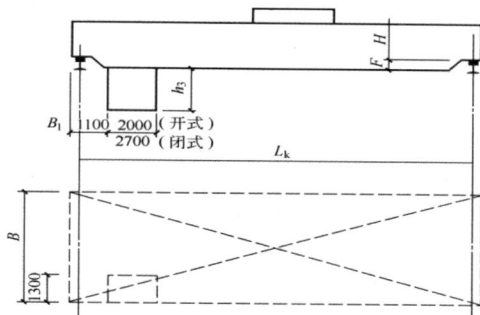

图 11.7　吊车设计有关参数

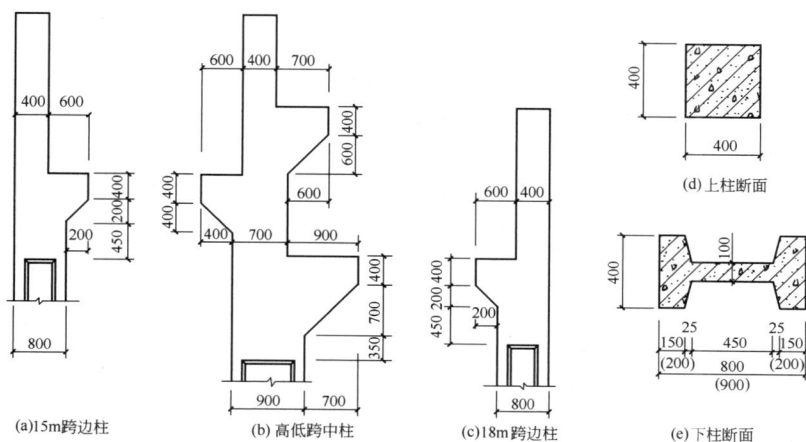

图 11.8　钢筋混凝土柱

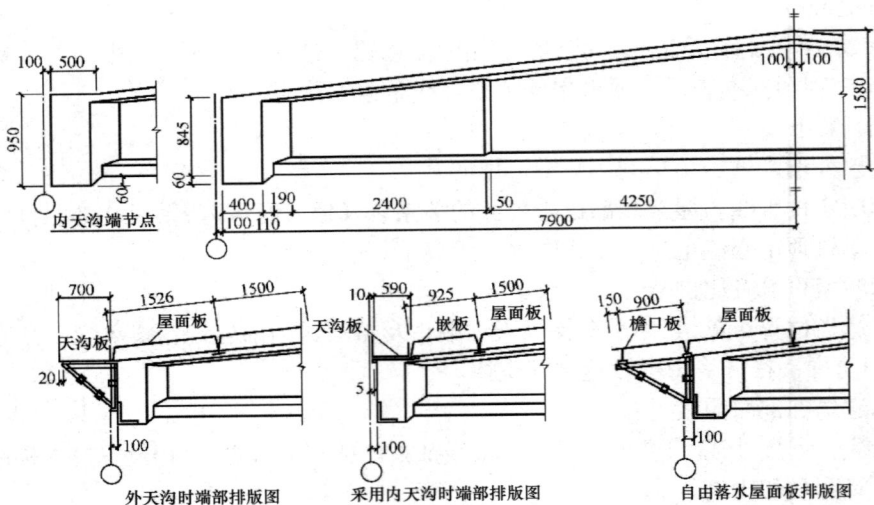

内天沟端节点

外天沟时端部排版图 　采用内天沟时端部排版图 　自由落水屋面板排版图

图 11.9　15 m 双坡工字形屋面梁

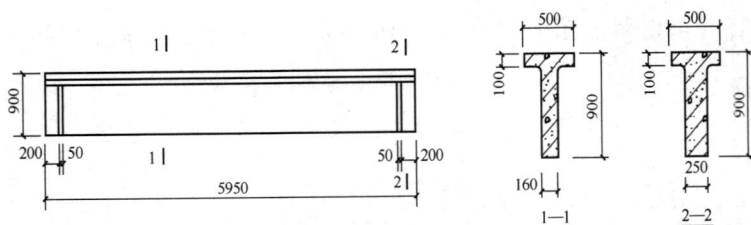

图 11.10　钢筋混凝土吊车梁

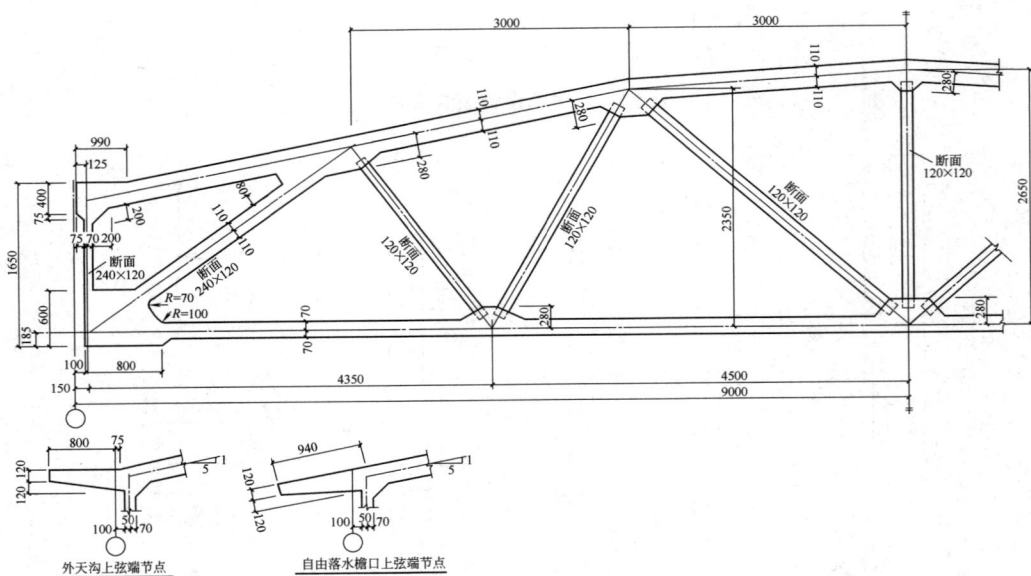

外天沟上弦端节点 　　自由落水檐口上弦端节点

图 11.11　预应力钢筋混凝土折线形屋架(跨度为 18 m)

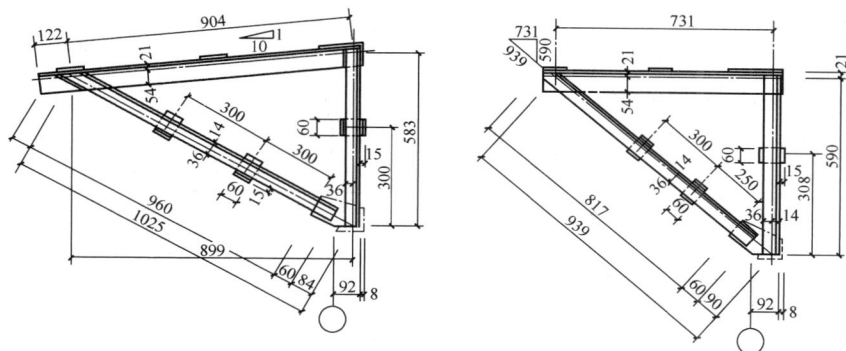

图 11.12　15 m 屋面梁檐口用钢牛腿图

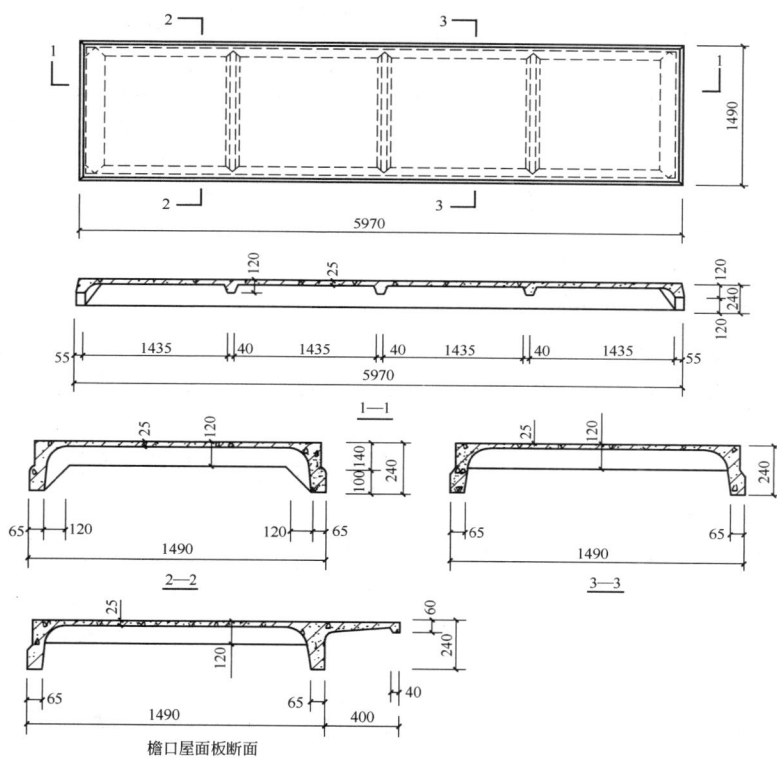

图 11.13　1.5 m×6.0 m 预应力钢筋混凝土屋面板

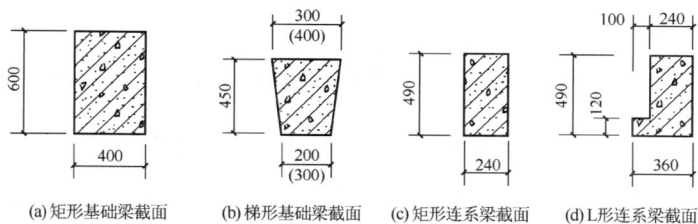

(a) 矩形基础梁截面　(b) 梯形基础梁截面　(c) 矩形连系梁截面　(d) L形连系梁截面

图 11.14　钢筋混凝土基础梁和连系梁断面

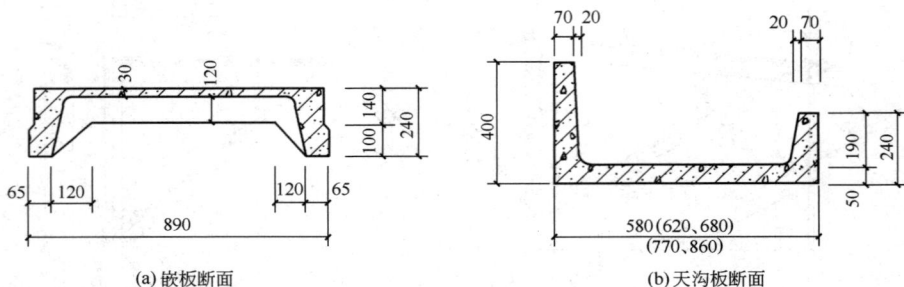

(a) 嵌板断面　　　　　　　　　　　(b) 天沟板断面

图 11.15　钢筋混凝土嵌板、天沟板断面

设计时可直接参考《预应力钢筋混凝土工字形屋面梁(15 m 双坡)》(05G414—4)、《预应力钢筋混凝土折线形屋架》(04 G 415—1)等标准图集及其他构件的标准图集。

表 11.2　吊车设计有关参数

参　　数	5 吨吊车	10 吨吊车
吊车起重量 Q/kN	50	100
吊车跨度 L_k/ m	13.5	16.5
吊车最大宽度 B/ mm	4540	5440
轨道中心至吊车外端距离 B_1/ mm	230	230
轨道顶面至吊车顶端距离 H/ mm	1719	1860
吊车大梁地面至轨道顶面距离 F/ mm	126	176
操作室地面至大梁底面距离 h_3/ mm	2000	2350

11.6　建筑施工图纸绘制深度要求

建筑施工图的绘制要严格遵守国家颁布的《房屋建筑制图统一标准》(GB/T 50001—2017)、《建筑制图标准》(GB/T 50104—2010)等制图标准中的有关规定。建筑制图图纸幅面、图纸比例、图线、字体、符号、尺寸的组成与表示、标高符号等绘图具体内容、规定和要求，可在拓展知识中下载学习。

依据《建筑工程设计文件编制深度规定》(2016 版)在施工图设计阶段，建筑施工图纸绘制的深度要求如下。

建筑制图基本规定.pdf

1. 平面图绘制的深度要求

平面图绘制的深度要求如下。

(1) 承重墙、柱及其定位轴线和轴线编号、轴线总尺寸(或外包总尺寸)、轴线间尺寸(柱距、跨度)、门窗洞口尺寸、分段尺寸。

(2) 内外门窗位置、编号，门的开启方向，注明房间名称或编号，库房(储藏)注明储存物品的火灾危险性类别。

(3) 墙身厚度(包括承重墙和非承重墙)，柱与壁柱截面尺寸(必要时)及其与轴线关系尺寸，当围护结构为幕墙时，标明幕墙与主体结构的定位关系及平面凹凸变化的轮廓尺寸；

玻璃幕墙部分标注立面分格间距的中心尺寸。

(4) 变形缝位置、尺寸及做法索引。

(5) 主要建筑设备和固定家具的位置及相关做法索引，如卫生器具、雨水管、水池、台、橱、柜、隔断等。

(6) 电梯、自动扶梯、自动步道及传送带(注明规格)、楼梯(爬梯)位置，以及楼梯上下方向示意和编号索引。

(7) 主要结构和建筑构造部件的位置、尺寸和做法索引，如中庭、天窗、地沟、地坑、重要设备或设备基础的位置尺寸、各种平台、夹层、人孔、阳台、雨篷、台阶、坡道、散水、明沟等。

(8) 楼地面预留孔洞和通气管道、管线竖井、烟囱、垃圾道等位置、尺寸和做法索引，以及墙体(主要为填充墙、承重砌体墙)预留洞的位置、尺寸与标高或高度等。

(9) 车库的停车位、无障碍车位和通行路线。

(10) 特殊工艺要求的土建配合尺寸及工业建筑中的地面荷载、起重设备的起重量、行车轨距和轨顶标高等。

(11) 建筑中用于检修维护的天桥、栅顶、马道等的位置、尺寸、材料和做法索引。

(12) 室外地面标高、首层地面标高、各楼层标高、地下室各层标高。

(13) 首层平面标注剖切线位置、编号及指北针或风玫瑰。

(14) 有关平面节点详图或详图索引号。

(15) 每层建筑面积、防火分区面积、防火分区分隔位置及安全出口位置示意，图中标注计算疏散宽度及最远疏散点到达安全出口的距离(宜单独成图)；当整层仅为一个防火分区时，可不注防火分区面积，或以示意图(简图)形式在各层平面中表示。

(16) 住宅平面图中标注各房间使用面积、阳台面积。

(17) 屋面平面应有女儿墙、檐口、天沟、坡度、坡向、雨水口、屋脊(分水线)、变形缝、楼梯间、水箱间、电梯机房、天窗及挡风板、屋面上人孔、检修梯、室外消防楼梯、出屋面管道井及其他构筑物，必要的详图索引号、标高等；表述内容单一的屋面可缩小比例绘制。

(18) 根据工程性质及复杂程度，必要时可选择绘制局部放大平面图。

(19) 建筑平面较长、较大时，可分区绘制，但须在各分区平面图适当位置绘出分区组合示意图，并明显表示本分区部位编号。

(20) 图纸名称、比例。

(21) 图纸的省略：如系对称平面，对称部分的内部尺寸可省略，对称轴部位用对称符号表示，但轴线号不得省略；楼层平面除轴线间等主要尺寸及轴线编号外，与首层相同的尺寸可省略；楼层标准层可共用同一平面，但需注明层次范围及各层的标高。

(22) 装配式建筑应在平面中用不同图例注明预制构件(如预制夹心外墙、预制墙体、预制楼梯、叠合阳台等)的位置，并标注构件截面尺寸及其与轴线关系尺寸；预制构件大样图及为了控制尺寸及一体化装修相关的预埋点定位。

2. 立面图绘制的深度要求

立面图绘制的深度要求如下。

(1) 两端轴线编号，当立面转折较复杂时可用展开立面表示，但应准确注明转角处的轴线编号。

(2) 立面外轮廓及主要结构和建筑构造部件的位置，如女儿墙顶、檐口、柱、变形缝、室外楼梯和垂直爬梯、室外空调机搁板、外遮阳构件、阳台、栏杆、台阶、坡道、花台、雨篷、烟囱、勒脚、门窗(消防救援窗)、幕墙、洞口、门头、雨水管，以及其他装饰构件、线脚和粉刷分格线等，当为预制构件或成品部件时，按照建筑制图标准规定的不同图例示意，装配式建筑立面应反映出预制构件的分块拼缝，包括拼缝分布位置及宽度等。

(3) 建筑的总高度、楼层位置辅助线、楼层数、楼层层高和标高以及关键控制标高的标注，如女儿墙或檐口标高等；外墙的留洞应注尺寸与标高或高度尺寸(宽×高×深)及定位关系尺寸。

(4) 平、剖面未能表示出来的屋顶、檐口、女儿墙、窗台以及其他装饰构件、线脚等的标高或尺寸。

(5) 在平面图上表达不清的窗编号。

(6) 各部分装饰用料名称或代号，构造节点详图索引。

(7) 剖面图上无法表达的构造节点详图索引。

(8) 图纸名称、比例。

(9) 各个方向的立面应绘制齐全，但差异小、左右对称的立面可简略；内部院落或看不到的局部立面，可在相关剖面图上表示，若剖面图未能表示完全时，则需单独绘出。

3. 剖面图绘制的深度要求

剖面图绘制的深度要求如下。

(1) 剖视位置应选在层高不同、层数不同、内外部空间比较复杂、具有代表性的部位；建筑空间局部不同处以及平面、立面均表达不清的部位，可绘制局部剖面。

(2) 墙、柱、轴线和轴线编号。

(3) 剖切到或可见的主要结构和建筑构造部件，如室外地面、底层地(楼)面、地坑、地沟、各层楼板、夹层、平台、吊顶、屋架、屋顶、出屋顶烟囱、天窗、挡风板、檐口、女儿墙、幕墙、爬梯、门、窗、外遮阳构件、楼梯、台阶、坡道、散水、平台、阳台、雨篷、洞口及其他装修等可见的内容。

(4) 高度尺寸包括外部尺寸与内部尺寸两部分。外部尺寸为3道。

第一道：门、窗、窗台、洞口高度、窗上部、室内外高差、女儿墙高度、阳台栏杆高度。

第二道：层间高度尺寸。

第三道：总外包尺寸(总高度，从室外地坪至檐部)。

内部尺寸：地坑(沟)深度、隔断、内窗、洞口、平台、吊顶等尺寸。

(5) 标高。主要结构和建筑构造部件的标高，如室内地面、楼面(含地下室)、平台、雨篷、吊顶、屋面板、屋面檐口、女儿墙顶、高出屋面的建筑物、构筑物及其他屋面特殊构件等的标高，室外地面标高。

(6) 节点构造详图索引号。

(7) 图纸名称、比例。设计示例如图11.16所示。

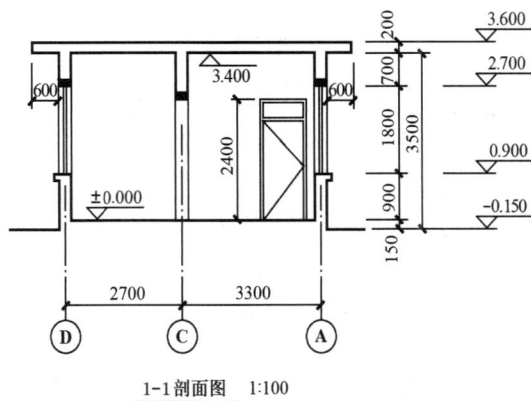

图 11.16　剖面图尺寸标注示例

4．详图绘制的深度要求

详图绘制的深度要求如下。

(1) 内外墙、屋面等节点，绘出不同构造层次，表达节能设计内容，标注各材料名称及具体技术要求，注明细部和厚度尺寸等。

(2) 楼梯、电梯、厨房、卫生间、阳台、管沟、设备基础等局部平面放大和构造详图，注明相关的轴线和轴线编号以及细部尺寸，设施的布置和定位、相互的构造关系及具体技术要求等，应提供预制外墙构件之间拼缝防水和保温的构造做法。

(3) 其他需要表示的建筑部位及构配件详图。

(4) 室内外装饰方面的构造、线脚、图案等；标注材料及细部尺寸、与主体结构的连接等。

(5) 门、窗、幕墙绘制立面图，标注洞口和分格尺寸，对开启位置、面积大小和开启方式，用料材质、颜色等做出规定和标注。

(6) 对另行专项委托的幕墙工程、金属、玻璃、膜结构等特殊屋面工程和特殊门窗等，应标注构件定位和建筑控制尺寸。

11.7　民用建筑设计实例

为了更好地识读施工图纸，这里提供了别墅和学生公寓建筑施工图各一套。通过学习掌握建筑施工图的识读方法和表达方法。

11.7.1　某别墅建筑施工图

某别墅建设地点在江苏省××市。建筑面积为 390.98 m²，建筑层数为 1+3，建筑高度为 10.1 m。设计合理使用年限为 50 年，防火设计的建筑分类为低层住宅，建筑耐火等级为地上二级、地下一级。建筑防水等级屋面为二级、地下室为二级(顶板有种植土为一级)。别墅的建筑南立面图如图 11.17 所示，其他图纸可以扫码下载。

某别墅建筑施工图纸.docx　　某别墅建筑施工图纸.pdf　　某别墅建筑施工图纸.zip

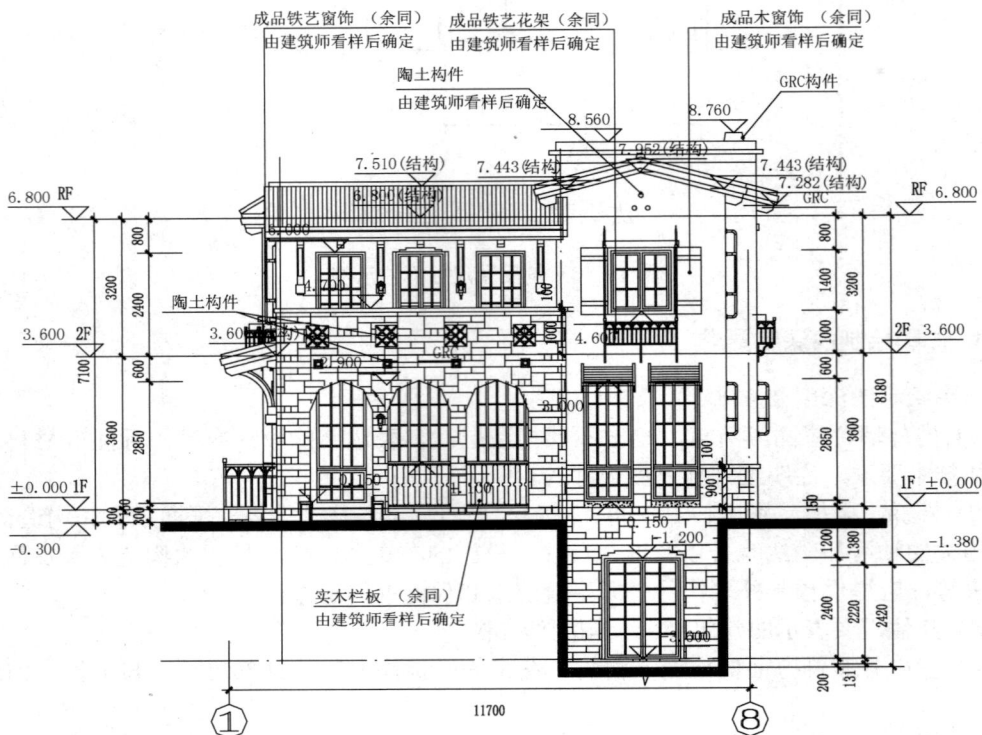

成品铁艺窗饰（余同）
由建筑师看样后确定

成品铁艺花架（余同）
由建筑师看样后确定

成品木窗饰（余同）
由建筑师看样后确定

陶土构件
由建筑师看样后确定

GRC构件

陶土构件

实木栏板（余同）
由建筑师看样后确定

图 11.17　南立面图

11.7.2　学生公寓楼建筑施工图

1．工程概况

本工程为一幢十七层学生公寓楼，局部十八层，建筑高度为 68.10 m，室内外高差为 0.600 m，总建筑面积为 12 668.18 m²。其中，地上建筑面积为 11 998.18 m²，地下建筑面积为 670.00 m²，建筑基底面积为 1 472.50 m²。该学生公寓共计 208 间 6 人宿舍，其中包括一间无障碍宿舍。本工程的建筑结构形式为框架——剪力墙结构，建筑设计使用年限为 50 年，抗震设防烈度为 8 度，其合理使用年限为 50 年，为一类高层公共建筑，地上、地下耐火等级均为一级，室内环境控制级别为Ⅱ类。

2．设计依据

(1) 规划土地管理处批准的建设用地范围图。
(2) 建设单位通过的方案。

(3) 现行的国家有关建筑设计规范、规程和规定。

3. 设计范围和设计尺寸单位

本工程为一幢十七层框架——剪力墙结构学生公寓楼，设计的主要范围包括建筑、结构、给排水、暖通、电气，不包括散水以外的其他工程。本工程除总平面尺寸标高以 m 为单位外，其余尺寸以 mm 为单位。

4. 门窗

建筑外门窗抗风压性能、气密性能、水密性能。外窗气密性等级为 6 级，外门气密性等级为 4 级；内木门窗油漆选用乳白色漆。

门采用钢制防火门，窗采用 70 系列断桥隔热铝合金内平开窗和金属型材中空玻璃窗(固定窗)，铝合金门窗均为表面氟碳喷涂黑色。外窗除楼梯间外，其余外墙开启扇均安纱窗。铝合金门窗以及单块玻璃面积大于等于 1.5 m² 的窗，采用钢化玻璃。门窗立樘：外门窗立樘居墙中，内门窗立樘居墙中；卫生间的门扇宜高出楼地面 20 mm；管道井检修门与外侧墙面取平，并应高出楼地面 150 mm(首层为 250 mm)做 C20 砼门槛，宽同墙厚。平开窗加设限位器，推拉门、窗均应加设防窗扇脱落的限位装置以及防从外面拆卸的安全装置。门窗参考大样示意图如图 11.18 所示。

5. 墙体

项目为钢筋混凝土框架结构，内外围护墙采用 200、300 厚的加气混凝土砌块，M7.5 混合砂浆砌筑。卫生间、盥洗室、洗衣房、电梯间墙体采用 300、200 厚 KP2 型 MU10 多孔砖，用 M7.5 水泥砂浆砌筑。外墙轴线距外墙外平 200 mm，内墙轴线均居墙中。在室内地坪下约 60 mm 处做 20 厚 1∶2 水泥砂浆内加 3%～5%防水剂的墙身防潮层。室内地坪标高变化处防潮层应重叠搭接并在有高低差埋土一侧的墙身做 20 厚 1∶2 水泥砂浆防潮层，如埋土一侧为室外，还应刷 1.2 厚聚氨酯防水涂料。

6. 建筑施工图

建筑总平面图如图 11.19 所示。本项目部分施工图如图 11.20～图 11.22 所示。项目案例的平面图、立面图、剖面图、楼梯剖面图、墙身大样图、节点详图、门窗表等 CAD 图可以扫码下载使用。

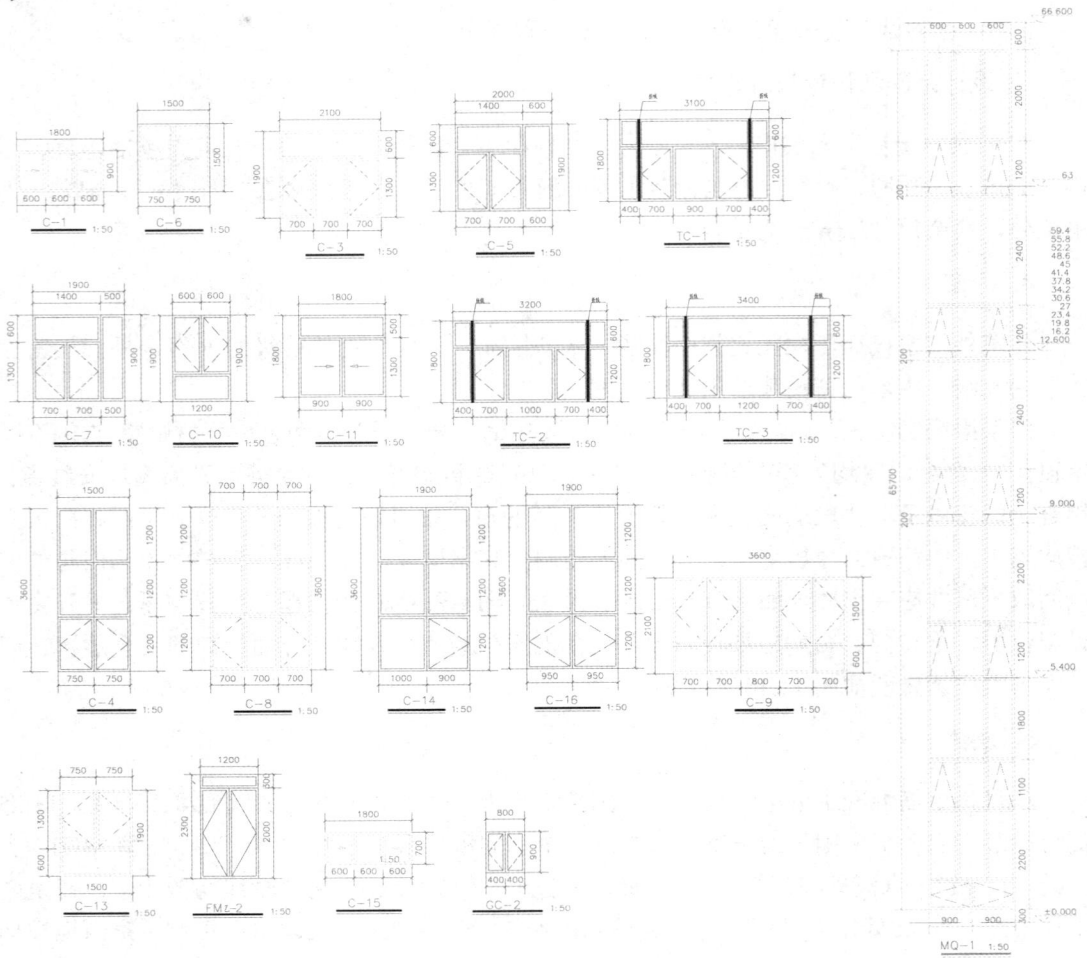

图 11.18　门窗示意图

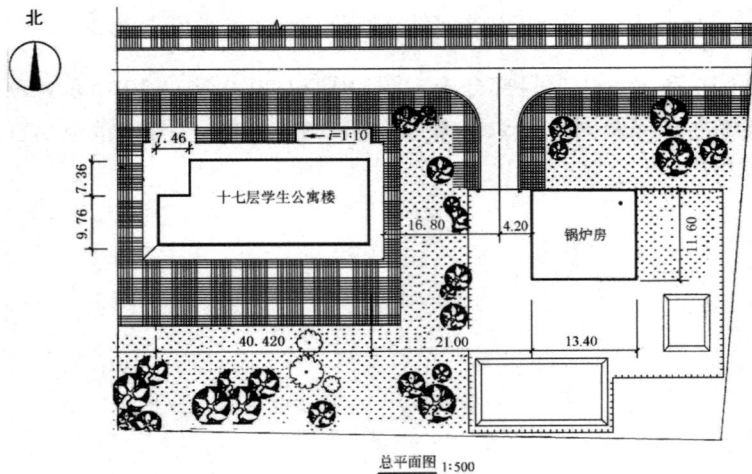

总平面图　1:500

学生公寓楼
CAD 图纸.zip

门窗表.pdf

图 11.19　建筑总平面示意图

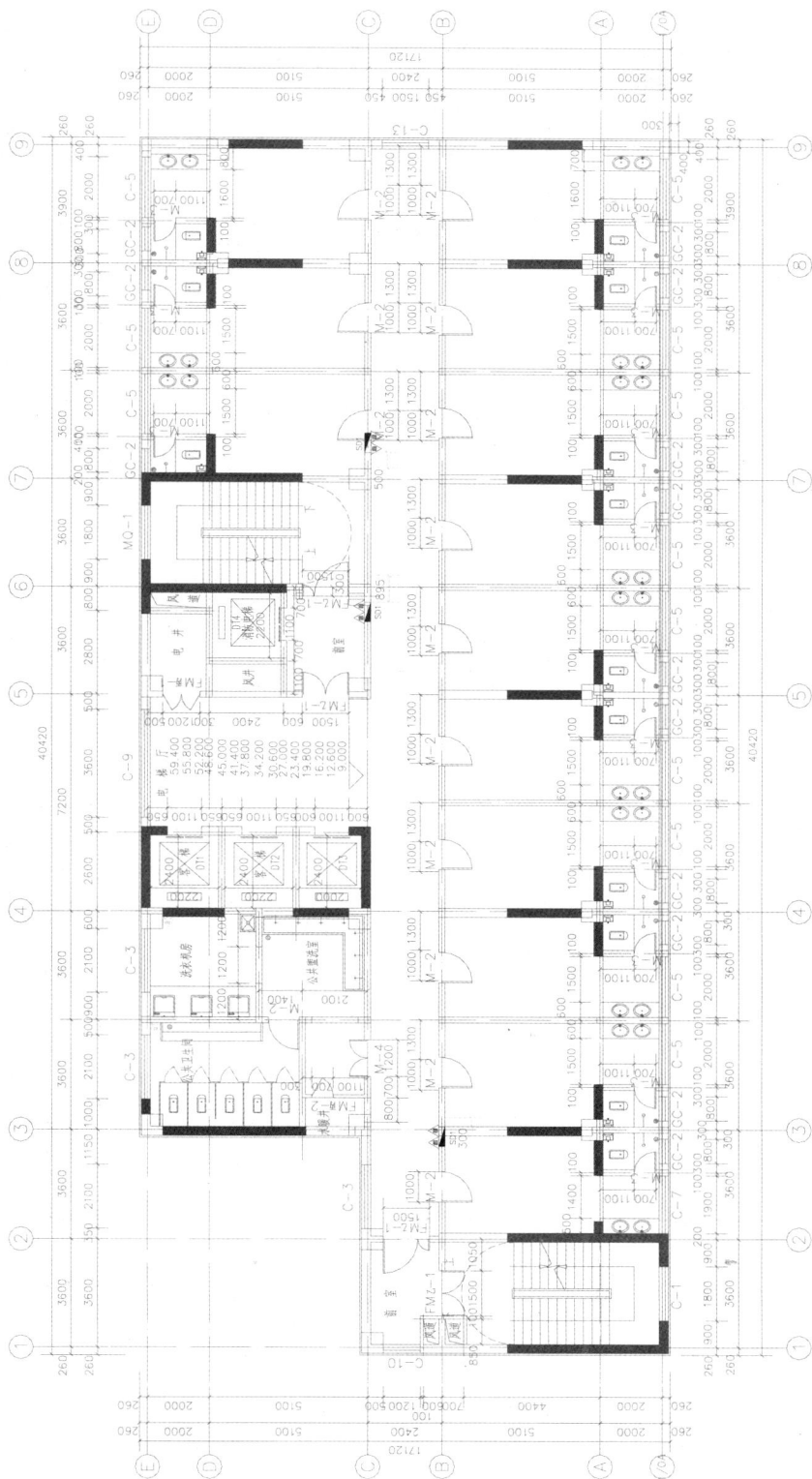

图 11.20 三到十七层平面图

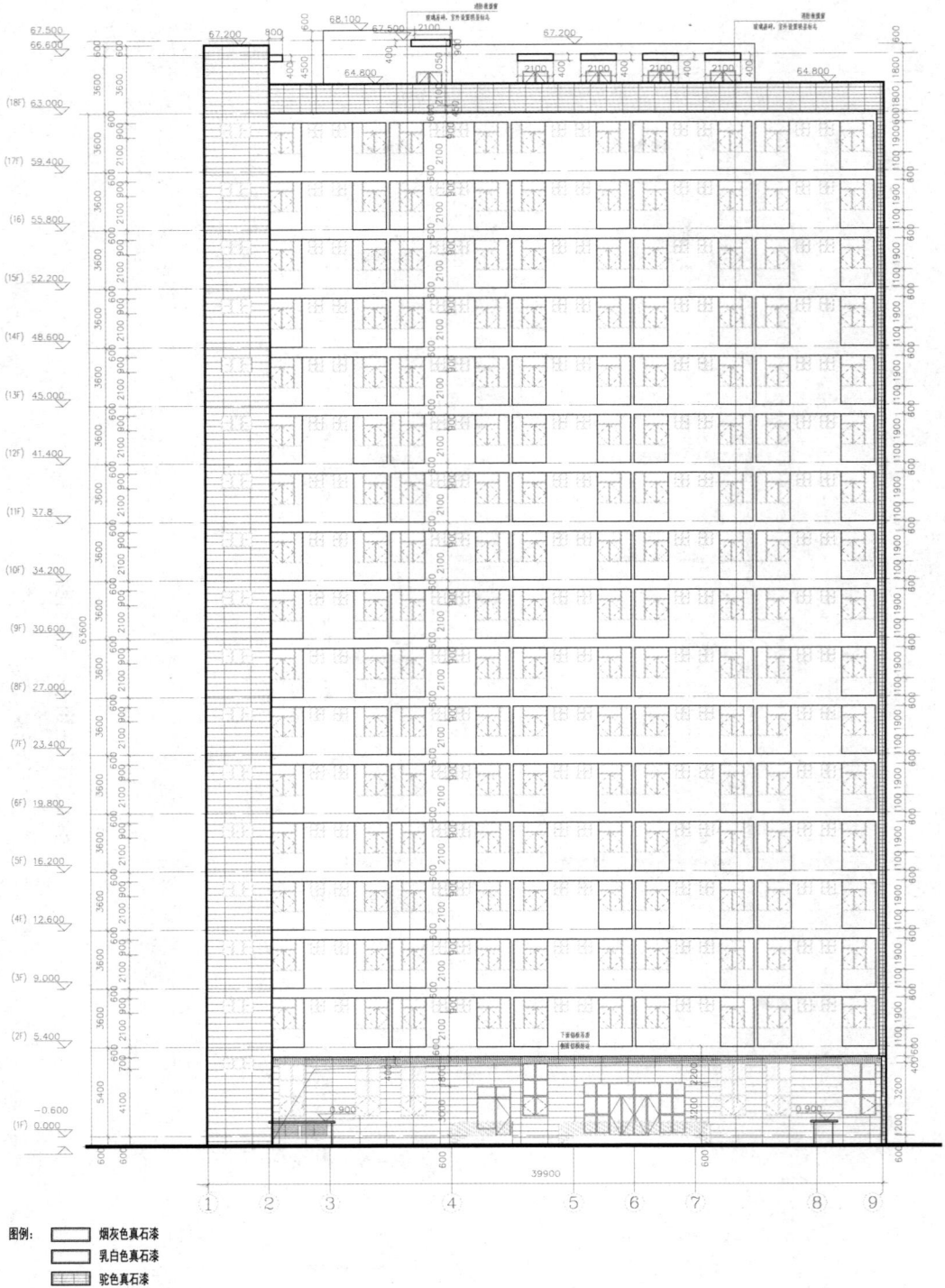

图例:
烟灰色真石漆
乳白色真石漆
驼色真石漆

图 11.21 ①~⑨立面图

图 11.22 1—1 剖面图

11.8　单　元　小　结

内　容	知识要点	能力要求
5个课程设计大作业	墙身大样；楼梯尺度测量和设计；平屋顶构造；单层厂房定位轴线布置	巩固学过的相关建筑知识及其构造原理，达到绘制施工图的深度要求
建筑施工图纸绘制深度要求	建筑平面图、立面图、剖面图、详图等绘制的深度要求	熟悉建筑平面图、立面图、剖面图、详图等绘制的深度要求
两个施工案例	建筑施工图的图示内容和要求，建筑施工图上表达的建筑信息及各种图示方法	掌握建筑施工图的识读方法、建筑设计图示方法和构造，提高识读施工图的能力；了解节能设计的主要内容

11.9　复习思考题

一、名词解释

1. 风玫瑰图　　2. 图线的线宽　　3. 索引符号　　4. 详图符号

二、选择题

1. 建筑平面图常用的比例是(　　)。

　　A. 1∶100　　　　　B. 1∶500　　　　　C. 1∶20　　　　　D. 1∶50

2. 图样上的尺寸除了尺寸数字外还包括(　　)。

　　A. 尺寸界线　　　　B. 尺寸线　　　　　C. 尺寸起止符号

3. 平面图、立面图、剖面图中的剖切符号线型应使用(　　)。

　　A. 粗实线　　　　　B. 中粗实线　　　　C. 粗虚线　　　　　D. 细实线

4. 详图符号的圆直径为(　　)。

　　A. 10 mm　　　　　B. 12 mm　　　　　C. 14 mm　　　　　D. 24 mm

三、简答题与绘图题

1. 绘出学生自己所在宿舍的地面构造详图，按制图规定标注出各个层次的构造(尺寸、材料及材料强度等级)。

2. 根据当地的实际教学，选择性地完成课程实训中墙身、楼梯、平屋顶构造、单层厂房定位轴线课程设计等作业，设计条件也可由教师给出。

3. 建筑平面图、立面图、剖面图绘制的深度要求有哪些？标注的内容分别有哪些？

4. 识读两个案例施工图纸，对照绘制深度要求熟悉建筑平面图、立面图、剖面图等内容。教师可根据教学要求，布置抄绘部分图纸，提高绘图技巧。

参 考 文 献

[1] 李必瑜. 房屋建筑学[M]. 武汉：武汉工业大学出版社，2003.

[2] 南京工学院建筑系. 建筑构造(第一册)[M]. 北京：中国建筑工业出版社，1981.

[3] 赵研，陈卫华，姬慧. 建筑构造[M]. 北京：中国建筑工业出版社，2000.

[4] 舒秋华. 房屋建筑学[M]. 武汉：武汉工业大学出版社，2001.

[5] 袁雪峰，张海梅. 房屋建筑学[M]. 3版. 北京：科学出版社，2005.

[6] 李祯祥. 房屋建筑学(上册)[M]. 北京：中国建筑工业出版社，1999.

[7] 林晓东. 建筑装饰构造[M]. 天津：天津科学技术出版社，1997.

[8] 吴健. 装饰构造[M]. 南京：东南大学出版社，2002.

[9] 韩建新，刘广洁. 建筑装饰构造[M]. 2版. 北京：中国建筑工业出版社，2004.

[10] 陈卫华. 建筑装饰构造[M]. 北京：中国建筑工业出版社，2000.

[11] 赵研. 房屋建筑学[M]. 北京：高等教育出版社，2002.

[12] 崔艳秋，姜丽荣. 房屋建筑学课程设计指导[M]. 北京：中国建筑工业出版社，1999.

[13] 苏炜. 房屋建筑学[M]. 北京：化学工业出版社，2005.

[14] 夏林涛，李燕. 建筑构造与识图[M]. 北京：机械工业出版社，2012.

[15] 《房屋建筑制图统一标准》GB/T 50001—2017

[16] 《总图制图标准》GB/T 50103—2010

[17] 《建筑制图标准》GB/T 50104—2010

[18] 《住宅设计规范》GB 50096—2011

[19] 《建筑防火通用规范》GB 55037—2022

[20] 《民用建筑设计统一标准》GB 50352—2019

[21] 《建筑设计防火规范》GB 50016—2014 (2018 年版)

[22] 《混凝土结构设计规范》GB 50010—2010

[23] 《混凝土结构通用规范》GB 55008—2021

[24] 《房屋建筑制图统一标准》GB/T 50001—2017

[25] 《建筑与市政工程防水通用规范》GB55030—2022

[26] 《屋面工程技术规范》GB 50345—2012

[27] 《建筑抗震设计规范》GB 50011—2010

[28] 《厂房建筑模数协调标准》GB/T 50006—2010

[29] 《通用桥式起重机》GB/T 14405—2011

[30] 《建筑地基基础设计规范》GB 50007—2011

[31] 《地下工程防水技术规范》GB 50108—2008

[32] 《民用建筑热工设计规范》GB 50176—2016